可信赖人工智能系列丛书

人工智能安全导论

刘艾杉　郭园方　王嘉凯　刘祥龙　王蕴红　陶大程◎编著

U0290879

电子工业出版社

Publishing House of Electronics Industry

北京·BEIJING

内 容 简 介

本书全面系统地介绍了人工智能安全的基础知识、理论方法和行业应用，分为四个部分，共 12 章。第一部分为第 1～2 章，详细讲解了人工智能的发展历史与安全挑战，还介绍了包括机器学习、深度学习在内的人工智能基础知识。第二部分为第 3～5 章，主要讲解人工智能的内生安全问题。该部分从人工智能系统的生命周期展开分析，探讨人工智能本身存在的缺陷和安全挑战，包括人工智能对抗安全、隐私安全及稳定安全。第三部分为第 6～9 章，主要分析人工智能的衍生安全问题。该部分详细探讨了编辑内容安全、生成内容安全及决策安全。第四部分为第 10～11 章，阐述了人工智能领域的其他安全问题和智能应用安全实践。该部分与上文所述的人工智能安全问题共同形成人工智能安全技术体系。第 12 章对全书进行总结，并对人工智能安全的未来发展进行了展望。此外，本书附录给出了人工智能安全相关研究资源，供读者进一步查阅。

本书既适合高等院校计算机、人工智能、网络安全相关专业的高年级本科生和研究生，以及相关领域的研究员和学者阅读；也适合关注人工智能应用及其社会影响力的政策制定者、法律工作者、社会科学研究人士等阅读。

图书在版编目（CIP）数据

人工智能安全导论 / 刘艾杉等编著. -- 北京：电
子工业出版社, 2025. 1. -- (可信赖人工智能系列丛书
). -- ISBN 978-7-121-48945-7

Ⅰ. TP393.08

中国国家版本馆 CIP 数据核字第 2024Y6J732 号

责任编辑：李黎明

印　　刷：北京启航东方印刷有限公司

装　　订：北京启航东方印刷有限公司

出版发行：电子工业出版社

北京市海淀区万寿路 173 信箱　邮编　100036

开　　本：880×1230　1/16　印张：21.75　字数：556.8 千字

版　　次：2025 年 1 月第 1 版

印　　次：2025 年 1 月第 1 次印刷

定　　价：128.00 元

凡所购买电子工业出版社图书有缺损问题，请向购买书店调换。若书店售缺，请与本社发行部联系，联系及邮购电话：(010) 88254888，88258888。

质量投诉请发邮件至 zlts@phei.com.cn，盗版侵权举报请发邮件至 dbqq@phei.com.cn。

本书咨询联系方式：010-88254417，lilm@phei.com.cn。

  人工智能自20世纪50年代在达特茅斯会议诞生以来，已走过近70年的发展历程。彼时，人工智能仅是学术论文中的概念，计算机的计算能力远不及今日的水平。然而，我们始终坚信，人工智能终将成为人类社会不可或缺的组成部分。正是这种信念，激励着科研人员不断探索未知领域，突破技术瓶颈。

  在数十年的研究生涯中，我亲眼见证了人工智能从实验室的理论构想到如今赋能各行各业发展的巨变。技术的进步固然令人振奋，但随之而来的安全挑战也日益显著。

  安全不仅是技术发展的前提，更是技术得以持续进步与广泛应用的基石。人工智能安全性不仅关系到技术本身的可靠性和稳健性，更关系到社会的安全与稳定。缺乏坚实安全保障的技术，无论人工智能的理论构想多么先进，实践应用多么广泛，都将面临严峻的风险。在大模型对话系统应用领域，智能系统会隐蔽地创造虚假信息，以假乱真，进而误导用户；在自动驾驶领域，智能系统承载着确保驾乘人员生命安全的重大责任，高度依赖技术精准性，任何算法层面的安全漏洞，都可能导致灾难性的交通事故，给公共安全带来威胁；在金融领域，智能系统已成为交易执行与风险评估的关键工具，一旦智能系统遭受恶意攻击，不仅会迅速招致巨额经济损失，更可能触发金融市场的动荡……随着人工智能技术持续向纵深发展，其安全性问题正日益凸显为亟待解决的重要课题。

  《人工智能安全导论》这本书正是在这一背景下诞生的。本书结构清晰，内容翔实，涵盖了人工智能安全的基本概念、核心技术、主要挑战及应对策略。本书融合基础理论与实际应用，系统地梳理了人工智能安全领域的发展动态和最新研究成果，深入浅出地介绍分析了人工智能安全领域的相关理论与实践，全面阐释了包括数据安全、模型安全、系统安全等在内的各类人工智能安全问题，深入分析了当前人工智能技术在实际应用中可能面临的安全威胁及解决方案，既具理论深度，又有实践指导意义，展现了对人工智能安全问题的深刻思考。

  本书编写团队由国内外人工智能和信息安全领域的专家学者组成，他们在各自的研究领域都具有深厚功底和独到见解，他们的研究成果和实践经验为本书增添了丰富的内容。值得一提的是，本书不局限于技术维度的讨论，而是进一步探讨了人工智能安全的伦理问题和法律问题。这些内容对于全面理解人工智能安全问题的本质特征，研究完善相关制度规范具有重要的参考价值。在科技日新月异的当下，这样一种融合多学科多领域背景的思考和探讨方式显得尤为珍贵。

我非常欣慰看到这本书面世。总体上，这本书不仅是对当前人工智能安全领域研究成果的全面总结，更是对未来研究探索方向的指引。对于从事人工智能研究的学者、技术人员，以及对人工智能或人工智能安全问题感兴趣的广大读者而言，这无疑是一部难得的佳作。希望更多的读者从中受益，共同为构建一个安全、和谐、可信的智能社会而努力，让人工智能技术的健康发展真正服务于人类福祉。

中山大学网络空间与安全学院院长，教授

2024年10月于北京

　　近年来，以深度学习为代表的人工智能技术掀起产业革新与应用进步的浪潮，智能系统已经广泛地应用于工业、金融与社会管理等各个方面。人工智能技术与不同行业结合形成的"AI+X"模式已经深刻地改变了原有的产业发展轨迹，与此同时，也带来了前所未有的安全风险。这些风险不仅关系到技术本身的健康发展，还将引发新时代人机关系的重塑与挑战。规范人工智能健康发展、解决人工智能安全问题的首要问题在于如何建立一套完整、有效、可行的人工智能安全哲学体系与技术规范，从而构建产业发展的"压舱石"，让技术更好地造福人类。

　　智能算法模型的安全性，是智能应用成功的基石。设想一下，如果自动驾驶汽车的感知算法无法准确地识别行人，那么它所带来的不仅仅是交通事故，更是对生命的威胁。同样，深度伪造技术可以利用人工智能生成模型算法，对视频、图像、语音和文字中的人脸信息进行高精度篡改和伪造，这不仅会损害公众的信任，更可能对国家形象造成极大的威胁。这些并非危言耸听，而是现实中已经出现的真实问题。正如2014年提出的对抗样本概念，它能够利用精心设计的、人类难以感知的微小噪声对人工智能模型甚至是商用系统的预测结果产生定向误导，使其产生错误的决策行为。以上例子表明，虽然我们可以使用一个在测试集上精准度良好的人工智能算法模型，但如果这个模型的安全性不足，整个人工智能应用系统的可用性就会大大降低。

　　为了确保人工智能的高安全性和可信赖性，对人工智能技术安全性的研究和分析显得至关重要。本书将从人工智能的内生安全和衍生安全两个维度，深入探讨智能算法面临的威胁和挑战，并提出相应的解决方案。从内部视角看，人工智能作为一个系统，不可避免地存在脆弱性；从外部视角看，作为一种技术，人工智能在不同领域的广泛应用，使其容易被利用，引发其他领域的安全问题。

　　本书共四部分。第一部分包含2章，主要介绍和说明人工智能安全基础。这一部分将详细地说明人工智能的发展历史与安全挑战，并介绍包括机器学习、深度学习在内的基础人工智能知识，为读者进一步学习本书奠定基础。本书的第二部分包含3章，主要讲解人工智能的内生安全问题。这一部分将从人工智能系统的生命周期展开分析，探讨和解析人工智能本身所存在的缺陷和安全挑战，包括人工智能对抗安全、隐私安全及稳定安全。第二部分中的每章都会对人工智能的内生安全问题进行详细说明并给出相关的防御手段和解决方案。本书的第三部分包含4章，主要分析人工智能的衍生安全问题。这一部分将详细探讨编辑内容安全、生成内容安全及决策安全，为读者阐明人工智能技术对社会衍生出的安全问题和挑战。本书的第四部分包含2章，主要阐述人工智能领域的其他安全问题，包括智能应用与信息安全、智能应用安全实践。这一部分与上文所述的人工智能安全问题将形成人工智能安全技术体系。另外，本书对人工智能安全的未来发展进行了展望，并总结了包括图书、综述论文、代码、平台、标准、法律法规等在内的人工智能安全相关研究资源，希望能够帮助读者更加全面地掌握和了解领域内的相关知识。

　　本书汇集了作者团队10余年来在人工智能安全领域的科研经验和教学实践，系统地阐述了人工智能安全的基础概念、理论体系、关键技术和实际应用，不仅全面分析了人工智能全生命周期的安全威胁和解决方案，还整合了课程视频、典型案例和算法代码等丰富资源，旨在为读者提供一个深入理解人工智能安全的知识框架和实践体系，帮助读者有效应对人工智能的安全挑战。

　　最后，我们要特别感谢张天缘、张鑫伟、肖宜松、郭骏、胡琏、吴斯扬、赵晓涵、邓翔宇、李思民、苗荟、尹子鑫、卓文琦、徐维娜、肖圣鹏等志愿者同学，他们在繁忙的学习工作中抽出宝贵的时间、投入大量的热情参与到本书的相关工作中（排名不分先后）。同时，我们要感谢电子工业出版社的李黎明编辑及其同事，没有你们的鼎力支持和密切协作，本书难以如此顺利地完成。人工智能技术的发展历史悠久，人工智能安全技术又是其中的研究重点和热点，在工业界和学术界都呈现出百花齐放、日新月异的态势。在这种情况下，尽管本书力求全面，也难免有疏漏之处。我们期待读者的宝贵意见，以期不断完善。

刘艾杉　郭园方　王嘉凯　刘祥龙　王蕴红　陶大程

2024年7月于北京

目录
CONTENTS

第一部分　人工智能安全基础篇

第二部分　人工智能内生安全篇

第三部分　人工智能衍生安全篇

第四部分　其他安全问题篇

参考文献

附录

第一部分
人工智能安全基础篇

自1956年"人工智能"的概念在达特茅斯会议上诞生以来，近70年人工智能相关技术迅速发展。随着信息环境和数据基础的深刻变革，人工智能与不同行业结合形成的"AI+X"模式已经改变了原有的产业发展轨迹，不仅极大地推动了领域发展，还创造了海量的社会、经济效益。例如，2017年，基于深度学习技术的AlphaGo在复杂的围棋比赛中击败了世界围棋冠军；2022年，由OpenAI研发的ChatGPT凭借其丰富的智能语言交互、智能内容生成和创作能力席卷全球，并深刻地影响了人们的生活和工作方式。可以看到，作为一种重要的驱动力量，人工智能技术正在显著而深刻地影响着经济发展、社会进步、国际政治等多个领域。

从互联网、云计算及大数据等技术的发展历程中可以看出，一项新技术从诞生到广泛应用的发展过程通常都会伴生新的安全问题，人工智能技术也不例外。随着人工智能应用的推广和发展，诸如对抗样本、深度伪造等不断涌现的新型安全问题带来了严重的安全隐患，形成了厝火积薪的局面。例如，2020年，一辆特斯拉汽车在日本东京街头开启自动驾驶模式后，由于识别错误而产生撞人的严重事故；在俄乌冲突中，基于AI换脸、人脸合成等深度伪造技术的伪造视频在社交平台上广泛传播，造成了极大的舆论危机。在此背景下，为了确保人工智能的高安全性和可信赖性，开展针对人工智能技术的安全性研究和分析显得尤为重要。

基于上述背景，本书主要从人工智能的内生安全和衍生安全两个维度展开深入讨论。具体来说，人工智能的内生安全问题是指由于人工智能算法本身的不可靠而导致其无法达到预设目标的问题；而人工智能的衍生安全问题则是由于人工智能技术被恶意使用从而在其他领域引发的安全性问题。

本书第一部分是人工智能安全基础篇，其内容如下：首先，简要介绍人工智能的基本概念和发展历程，明确人工智能技术所面临的安全挑战；其次，从机器学习和深度学习两个方面为读者提供相关背景知识，辅助读者更好地学习本书的后续章节。

CHAPTER 1 ▶ 第 1 章

人工智能安全概述

近年来，以深度学习为代表的人工智能技术不仅在计算机视觉、语音识别和自然语言处理等领域取得显著进展，而且在公共安全、金融经济和国防安全等领域发挥了极其关键的作用。然而，由于现实应用场景的开放性，以大数据训练和经验性规则为基础的深度学习方法常常面临着环境动态变化、输入不确定性，甚至是恶意攻击等问题。这些问题暴露出深度学习方法在安全性、可信性等方面存在风险和隐患，极大地制约了其自身的发展和应用。

本章内容概览如图1-1所示。首先，讲解人工智能的概念与发展历程；其次，分析人工智能的安全挑战。在阅读本章时，需要读者重点掌握的内容主要是人工智能的安全挑战（以"*"进行标识）。通过对本章的学习，读者可以把握人工智能的基本概念，并系统地了解人工智能的安全挑战体系，为进一步详细学习后续章节奠定基础。

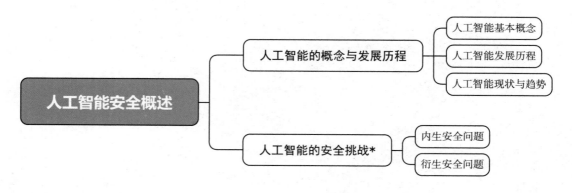

图 1-1　本章内容概览

1.1　人工智能的概念与发展历程

1.1.1　人工智能基本概念

人工智能，这个曾经在科幻领域出现的概念，现在已经渗透到我们生活的方方面面。在众多文学作品中，人工智能被设想为忠诚的伙伴或拥有独立思考能力的对手，这些设想不仅激发了我们的想象力，也激发了科学家们探索机器智能的潜力。

人工智能的概念正式提出于1956年的达特茅斯会议。尽管人工智能技术目前已取得显著进展，但作为一个多学科交叉的领域，它尚未达成一个被普遍接受的统一定义。《大英百科全书》将人工智能描述为数字计算机或其控制的机器人执行智能生物体特有任务的能力；美国人工智能学会则将其视为对人类思维和智能行为的科学理解，并通过计算机进行模仿和体现的学科。这些定义虽各有侧重点，但都围绕着研究人类智能活动规律，构建能够执行通常需要人类智能完成的任务的系统所需要的技术科学。人工智能的研究目标就是模拟和扩展对人类智能的认知和决策过程。然而，人工智能的本质，包括意识、自我和思维等，仍然是复杂且难以完全理解的问题。我们对人工智能的理解仍然是有限的，这也使得定义人工智能成为一个挑战。

随着时间的推移，人工智能技术也在一步步地演进。从早期的逻辑推理和问题解决，到专家系统，再到现代的深度学习和神经网络，每一步进展都是对智能概念的进一步理解和应用。这些技术的发展不仅提高了机器处理复杂问题的能力，也加深了我们对人工智能的理解。随着算法的不断优化和数据量的爆炸性增长，人工智能在图像识别、自然语言处理、游戏等领域取得了令人瞩目的成就。

相对而言，人工智能技术更加强调机器在面对动态环境变化时展示出自我调节并进行自主决策的能力，并且能够随着经验的积累不断演进并优化其性能，从而能够克服人类生理限制并长时间地从事重复性和高危性任务。

1.1.2　人工智能发展历程

人类对人工智能的探索是不断发现和解决未知的过程，其道路是曲折起伏的。本书将人工智能的发展历程划分为如下几个阶段。

1.诞生阶段：1950年至1956年

在这个阶段，学术界诞生了控制论和早期神经网络的雏形，并提出了"图灵测试"和"人工智能"的概念。

1950年，阿兰·图灵发表了名为《计算机器与智能》的划时代论文[1]，在论文中，他提出了一个关键问题："机器能够思考吗？"这个问题不仅在哲学层面引发了对机器智能的深入讨论，也为人工智能学科的确立奠定了基础。图灵还在论文中预言了创造出具有真正智能的机器的可能性。他首次提出使用"图灵测试"来进行人工智能测试，即如果一台机器能够与人类进行对话问答而不被辨别出其身份，那么这台机器就是具备智能的。这一测试是人工智能在哲学方面的第一个严肃的提案，也使得图灵能够令人信服地说明

"思考的机器"是可能的。

1951 年，马文·明斯基与他的同学迪安·埃德蒙兹合作建立了第一个模拟老鼠在迷宫中寻找出路的人工神经网络。他们设计了第一台神经计算机 SNARC，其突触的权重（突触渗透性的测量）可以根据执行特定任务的成功（赫布学习）程度进行调整。机器由管子、电机和离合器构成，它成功地模拟了老鼠在迷宫中寻找食物的行为。尤为重要的是，机器还必须拥有过去的记忆，以便在面对不同情况时能有效地运行。系统完成后，可以跟踪迷宫内老鼠的所有动作，并且发现只有通过设计错误才可以引入多个会相互作用的老鼠。在各种随意的尝试之后，老鼠开始在逻辑基础上"思考"，这有助于它们做出正确的选择，然后更先进的老鼠会被留下的老鼠跟随。

1956 年，在美国汉诺斯小镇的达特茅斯学院，约翰·麦卡锡、马文·明斯基和克劳德·艾尔伍德·香农等众多科学家举办了为期两个月的暑期研讨班。在研讨班的会议中，科学家们讨论了会议的主题——用机器来模仿人类学习及其他方面的智能，最终提出了"人工智能"（Artificial Intelligence，AI）这一概念。因此，1956 年也被广泛认为是人工智能的元年。

2. 黄金阶段：1956 年至 1974 年

在人工智能被提出后，工业界和学术界展现出了极大的热情并形成了一系列的早期成果，如机器定理证明、跳棋程序，人工智能的发展进入黄金阶段。

美国斯坦福大学研发的 Shakey 机器人，基于搜索推理的思想，具有可以在复杂的环境下进行对象识别、自主推理、路径规划及控制等功能。来自麻省理工学院（MIT）AI 实验室的马文·明斯基等人于 1960 年提出人工智能研究应该聚焦在简化的场景，即微观世界（Micro-world）理论。

但是，第一代人工智能研究者们对人工智能技术的发展前景过于乐观，认为短期内就可以获得重大突破。例如，他们预计人工智能短期内就可以击败世界国际象棋冠军，机器在若干年内能达到普通人的智能水平。但随着接二连三的失败和预期目标的落空（如机器翻译失误），现实中人工智能的发展走入低谷，人工智能技术也逐渐迎来寒冬阶段。

3. 寒冬阶段：1974 年至 1980 年

20 世纪 70 年代初，人工智能研究不仅受到了尖锐的批评，还遇到了严重的资金困境。过于乐观的估计拉高了投资者们的期望，然而研究者们往往无法实现他们先前声称的目标，这便导致投资者们更加失望。同时，在这个阶段，人工智能技术也面临着多项难题。

（1）算力有限

2011 年，典型的视觉应用需要 $10^4 \sim 10^6$ MIPS 的算力。然而，20 世纪 70 年代，普通计算机只有不到 1MIPS 的算力。

（2）组合爆炸与不可解

1972 年，理查德·卡普的研究表明，很多问题的时间复杂度为指数级别，这意味着当时人工智能研究者们提出的验证性实验方案无法真正应用于实际。

（3）常识问题

对于视觉和自然语言处理这类问题，计算机程序需要知道某种"常识"信息，通常需要从海量的数据中提取，然而在 20 世纪 70 年代，这样的数据库根本无法建立。与此同时，马文·明斯基对感知器的毁灭性批评导致连接主义（又称神经网络）的研究停滞了10年之久。

4.大发展阶段：1980年至1987年

随着资金和投入的回归，人工智能技术在20世纪80年代进入稳步发展阶段。例如，日本在这个阶段推出了第五代计算机项目。在大发展阶段，最重要也最亮眼的技术当属专家系统（Expert System）。

专家系统基于构建的知识库和推理机，通过人机交互可以在一定程度上实现任务的智能求解。为了避免"常识问题"，专家系统通常被限定至一个狭窄领域的专业知识范围内。专家系统的成功来源于其专业知识的应用，这使得基于知识的系统和知识工程成为人工智能研究的主流方向之一。

在这一时期，连接主义也得到复兴。1982年，约翰·霍普菲尔德证明神经网络可以用一种全新的方式学习和处理信息，这种网络后来被称为Hopfield网络。1986年，大卫·鲁梅尔哈特和杰弗里·辛顿提出了一种名为反向传播的神经网络训练方法[2]。

5.缓慢发展阶段：1987年至2010年

专家系统激起了工业界的热情，同时给他们带来了巨大的失望。随着智能应用的规模不断扩大，专家系统本身存在的领域狭窄、缺乏常识等致命缺陷被一次次放大，让其在真实应用场景中显得捉襟见肘。

在这个阶段，互联网技术的发展也加速了人工智能技术的实用化。其中的典型案例为IBM公司的深蓝（Deep Blue）超级计算机于1997年战胜世界国际象棋冠军卡斯帕罗夫。

在这一阶段，人工智能技术本身发展相对缓慢，其更多在"幕后"支撑和应用于其他大规模系统上，如数据挖掘、工业机器人和语音识别。

6.蓬勃发展的深度学习阶段：2010年至今

随着大数据、云计算、互联网、物联网等技术的发展，以深度神经网络为代表的人工智能技术得到进一步发展。激活函数、归一化[3]、ResNet[4]等新方法，解决了在传统神经网络中训练难的问题，使得人工神经网络取得由浅到深的突破，最终形成了以深度学习为模式的深度神经网络。这使得人工智能技术的性能获得显著提升，并在大量应用问题上超越了传统方法，甚至在一些任务上超过了人类。例如，DeepMind公司研发的基于深度学习的AlphaGo[5]于2016年在人机围棋对弈中战胜世界围棋冠军李世石；基于深度学习的大模型技术（如ChatGPT）进一步深刻地改变着人类的工作方式。当前，基于深度学习的人工智能技术大幅度跨越了科学与应用之间的技术鸿沟，迎来爆发式增长的新高潮。

1.1.3　人工智能现状与趋势

1.发展现状

当前，由于深度学习算法的蓬勃发展，人工智能技术在多个领域取得突破性进展。下文将对当前人工智能领域最具代表性的技术发展现状进行梳理。

（1）多模态预训练大模型

随着深度学习技术的不断发展和应用，多模态统一建模已成为人工智能领域的重要研究方向。多模态学习的目标是通过对齐多个模态之间的语义和表征关系，使智能算法能够更好地处理多模态数据并具备更强大的表达能力。基于多领域知识，构建统一的、跨场景的、多任务的多模态基础模型已成为人工智能的重点发展方向。未来，大模型作为关键基础设施，将实现文本、图像、音频统一知识表示，成为认知智能快速发展的重要推动力。

自OpenAI于2020年推出GPT-3以来，众多企业和研究机构相继推出超大规模多模态预训练模型，如Switch Transformer、DALL·E、CLIP、MT-NLG、盘古、悟道2.0、书生。2022年，BEiT-3多模态基础模型通过统一的模型框架和骨干网络建模，在视觉-语言任务处理领域表现出色，能够更加轻松地完成多模态编码及处理不同的下游任务。这些大模型不断刷新纪录，模型的参数量也从十亿级逐步增长至万亿级。建立统一的、跨场景的、多任务的多模态基础模型成为人工智能发展的主流趋势之一，也给产品化和商业化带来更多可能性。

（2）生成式人工智能

生成式人工智能（Artificial Intelligence Generated Content，AIGC）技术是利用现有文本、图像或音频创建新内容的技术。近年来，AIGC技术在多个领域取得重大进展。在图像生成领域，存在以DALL·E 2、Stable Diffusion为代表的扩散模型（Diffusion Model）；在自然语言处理领域，有基于GPT-3.5的ChatGPT；在代码生成领域，出现了基于Codex的Copilot和AlphaCode。

现阶段的生成式人工智能算法通常被用来生成产品原型或初稿，应用场景涵盖图文创作、代码生成、游戏设计、广告设计、艺术平面设计等。其中，最为典型的应用当属ChatGPT。得益于文本和代码相结合的预训练大模型的发展，ChatGPT引入了人工标注数据和强化学习来进行持续训练和优化。因此，大模型能够理解人类的指令，根据人类的反馈来判断答案的质量，给出可解释的答案，并对不合适的问题给出合理的回复，形成一个可迭代反馈的闭环。

随着内容创造的爆发式增长，如何做到内容在质量和语义上的可控，确保数据的安全可控、创作版权的可信，成为生成式人工智能面临的主要挑战。

（3）AI for Science

人工智能与科学研究的融合不断深入，开始逐渐"颠覆"传统科学研究的范式。近年来，人工智能对海量数据的分析能力能够让研究者不再局限于常规的"推导定理式"研究，而是可以基于高维数据提取相关信息，继而加速科学研究进程。

DeepMind公司提出的AlphaFold 2在国际蛋白质结构预测竞赛中拔得头筹。它能够精准地预测蛋白质的3D结构，其准确性可以与使用冷冻电子显微镜等实验技术解析的3D结构相媲美[6]。

与此同时，DeepMind公司发布了一个名为AlphaTensor的研究成果，发现了人类数学家几十年来所忽视的捷径：为矩阵乘法设计更高效的算法。这显著提升了计算机图形学、数字通信、神经网络训练和科学计算等领域的计算效率。更令人惊喜的是，人工智能与力学、化学、材料学、生物学乃至工程等领域的融合探索不断涌现，未来也将不断拓展人工智能在科学发现领域应用的深度和广度。

（4）可信人工智能

以深度学习为核心的人工智能技术正在不断暴露出由其自身特性引发的可信风险隐患。例如，智能算法存在脆弱和易受攻击的缺陷，对抗样本攻击、后门攻击、投毒攻击等恶意攻击使得智能系统的可靠性难以得到足够的信任[7-8]；智能算法的黑箱模型具备高度复杂性，其算法不透明容易引发不确定性风险；智能算法产生的结果过度依赖训练数据，如果训练数据中存在偏见歧视，就会产生不公平的智能决策。

美国谷歌公司的研究者发现并定义了出现在计算机视觉领域的对抗样本，它隐藏了微小的人眼无法区分的恶意噪声，这会导致人工智能算法模型产生错误的预测结果，并对人工智能的安全性和可靠性构成了严重的威胁。

目前，如何提升智能算法的鲁棒性、可解释性、隐私性和公平性等特征已经成为构建可信人工智能的重要研究部分，大量的研究团队和科研人员对相关领域开展了一系列体系化研究。

（5）开源智能算法框架

开源智能算法框架技术可以推动并构建人工智能行业，它们以体系化、开放化为特点，为研发平台技术工具链的发展提供了强有力的支持。

围绕机器学习和深度学习等技术，人工智能系统的开发工具链日益成熟。包括谷歌的 TensorFlow、Facebook 的 PyTorch、百度的 PaddlePaddle 和华为的 MindSpore 在内的智能算法编程框架已初步形成较为完备的开源工具体系。它们的共同特点包括基于 Linux 生态系统、具备分布式深度学习数据库、具有商业级即插即用功能、广泛支持多种流行开发语言，以及可以与硬件结合。

2.发展趋势

（1）通用人工智能技术

目前的人工智能是一个专用系统，仅能应对特定场景下的特定任务，无法处理训练数据集外的数据，也无法适应其训练目标外的任务场景。通用人工智能的研究方向是研究像人一样思考，并且可以从事多种任务的人工智能，这也是人工智能领域必然的发展趋势。

（2）自主学习的智能系统

当前，人工智能领域的大量研究集中在深度学习。然而，深度学习面临着一些挑战和局限，其中之一就是需要大量的人工干预。例如，研究者需要自主选择设计模型，自主对任务场景进行适配、训练。这种针对特定场景进行特定设计、训练、适配的学习方法费时费力，因此，研究具备自主学习能力的智能算法显得尤为重要。

（3）多学科领域交叉

人工智能是计算机科学、数学、认知科学、神经科学等多个学科高度交叉的、综合性复合型学科，其发展也需要多个学科进行深度融合。

一方面，随着生物学、脑科学、生命科学和心理学等学科的不断发展，人工智能计算范式将会发生根本的变化；另一方面，人工智能技术也可以促进生物学、生命科学、化学、物理学等传统科学的发展，实现真正的"基于人工智能的科学发现"。

（4）可信人工智能技术

随着人工智能技术步入蓬勃发展阶段，其赋能的深入引发了一系列的挑战和风险。为了应对这些挑战和风险，全球各国纷纷加速完善人工智能治理的规则体系，以确保智能算法应用的安全性、可信性、可靠性。

可信人工智能技术面向人工智能治理体系建设和打造安全可信生态的相关需求，是当前人工智能领域的重要研究方向之一，其理念是确保人工智能系统的安全性、稳定性、可解释性、隐私保护和公平性等特征达到一定标准。随着技术的不断进步和应用场景的不断拓展，可信人工智能技术的研究将持续升温，其理念会逐步贯彻到人工智能的全生命周期之中。

1.2　人工智能的安全挑战

近年来，以深度学习为代表的人工智能技术不断掀起产业革新与应用进步浪潮，智能系统已经广泛应用于工业、金融与社会管理等各个方面，人工智能技术与不同行业结合形成的"AI+X"模式已经改变了原有的产业发展轨迹。然而，人工智能的安全问题是一个持续存在的挑战。随着人工智能技术在各个领域的广泛应用，对抗样本等新型智能系统威胁也在不断演变和升级。为应对不断升级的新型智能系统威胁，研究者们进行了深入探索。

Szegedy等人在2013年提出了对抗样本（Adversarial Examples）的概念[7]。对抗样本通过在输入数据中添加精心设计的、人类难以察觉的微小干扰，误导人工智能模型的预测结果。人眼无法识别的微小的对抗噪声，即可误导人工智能的对抗样本示例[8]，如图1-2所示。此外，国内外相关研究发现，基于深度神经网络的人工智能算法在人脸识别、自动驾驶、物体检测等领域的应用，都极易受到噪声的干扰，进而产生不可预期的错误，甚至引发严重的安全问题[9-11]。

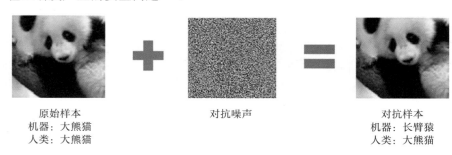

原始样本　　　　　　　对抗噪声　　　　　　　对抗样本
机器：大熊猫　　　　　　　　　　　　　　　　机器：长臂猿
人类：大熊猫　　　　　　　　　　　　　　　　人类：大熊猫

图1-2　对抗样本示例

深度伪造（Deepfake）技术利用人工智能中的生成模型算法对视频、图像、语音、文字中的信息和内容进行篡改，生成指定目标对象的逼真的伪造信息（Faceswap）[12]。显然，深度伪造技术的深入发展对社会安全、网络安全甚至政治安全都产生了严重的威胁，给国家形象、公众信任带来极大的挑战。深度伪造技术示例如图1-3所示，图1-3（a）为原始图像，图1-3（b）为使用深度伪造技术替换人脸的图像。

人脸伪造

（a）原始图像　　　　　　（b）替换人脸的图像

图1-3　深度伪造技术示例

近年来，国内外高度重视探索智能系统安全保障的实施路径，开展了大量智能系统安全相关的理论探索、方法研究、标准建立和政策规范制定。

自2019年以来，中国先后发布了《新一代人工智能治理原则——发展负责任的人工智能》《人工智能安全标准化白皮书（2023版）》《关于加强科技伦理治理的意见》《国家安全战略（2021—2025年）》等一系列指导性文件，以规范人工智能安全、健康、有序地发展，提升其在实际应用中的可信性、可靠性、可控性。

国际上，以美国为代表的发达国家发布了《负责任的人工智能战略和实施途径》《人工智能国家安全委员会最终报告》《人工智能准则：美国国防部使用人工智能的伦理建议》《人工智能白皮书：通往卓越与信任的欧洲之路》等文件，指出了人工智能系统安全的必要性和重要性，并强调了可信赖性在未来人工智能发展中的关键作用。

从人工智能内部视角来看，人工智能就像一个系统，难以避免地存在脆弱性，即人工智能的内生安全问题。从人工智能外部视角来看，作为一种技术，人工智能被广泛应用至不同领域的各种系统中，其很容易被利用，从而引发其他领域的安全性问题，即人工智能的衍生安全问题。人工智能内生安全问题与衍生安全问题如图1-4所示。

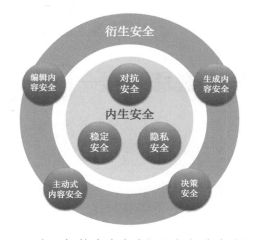

图1-4　人工智能内生安全问题与衍生安全问题

详细来说，人工智能的内生安全问题主要是指新技术本身的脆弱性导致其本身出现漏洞，无法达到预设的功能目标的问题。从内生安全的角度来看，安全问题的产生一方面是新技术本身不够成熟，存在一些安全漏洞，但通常可以通过漏洞识别并打补丁修复的方式进行改进，如不同版本操作系统中出现的安全漏洞和升级补丁包；另一方面可能是新技术在设计和实现之初就不够完备，存在天然的缺陷，使得某些客观存在的问题无法通过简单的"修修补补"得到解决。

人工智能的衍生安全问题是指人工智能的应用引发的其他领域的安全性问题。以上文所提及的深度伪造技术为例，其危险性并非是人工智能本身存在安全问题，而是人工智能在图像、视频生成等领域的应用所带来的安全性、社会性挑战，即由人工智能技术本身所衍生出来的在其他领域内产生的安全性问题。

基于此，本书的后续章节将主要从人工智能的内生安全和衍生安全两个角度展开说明和分析，并在此基础上构建人工智能安全体系架构，如图1-5所示。

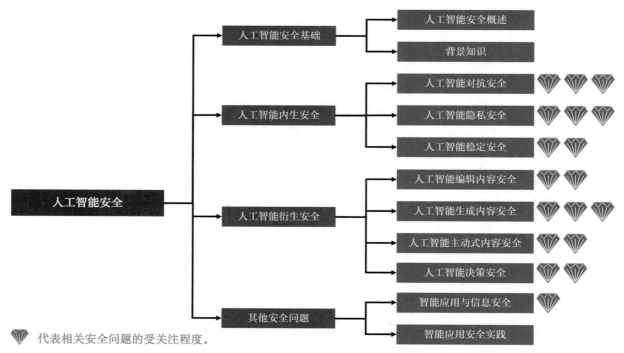

代表相关安全问题的受关注程度。

图 1-5   人工智能安全体系架构

1.2.1　内生安全问题

人工智能系统是一类可以产生（类）人类智能行为的计算机系统。尽管"智能"的含义广泛，但一般认为，人工智能系统中的"智能"具备知识获取能力、学习能力、推理能力和问题求解能力。在此基础上，人工智能系统在处理对象、处理方式和处理结果上都表现出与传统系统截然不同的特点，具有鲜明的适应性、不确定性和演化性。

在处理对象上，人工智能系统不仅能处理数据，还能处理知识，这也表示其对不可预知的输入具有适应性。在处理方式上，人工智能系统往往采用人工智能的计算范式，以启发式、非确定性的求解算法为主，这些算法大多可解释性弱，导致人工智能系统不确定性高。在处理结果上，人工智能系统往往具有与环境交互的能力，具备根据反馈学习、进化的特征。人工智能系统的应用非常广泛，如百度、谷歌等智能搜索系统，就是其中非常典型的案例。

由于人工智能系统具有演进性的特点，因此其生命周期往往较长，并会经历多个阶段，包括设计训练、测试推理和部署应用，而这个过程往往会反复迭代并长期运行。在人工智能系统的生命周期中，每个阶段都可能面临不同的风险和安全挑战。整体而言，人工智能系统的特性决定了其遭遇安全风险的可能性贯穿了整个生命周期。人工智能系统生命周期的不同阶段都存在种种威胁其应用安全的潜在威胁。

本书的第二部分，即第3~5章，将会从人工智能的对抗安全、隐私安全和稳定安全的角度介绍人工智能的内生安全性挑战和解决方案，以促进人工智能形成全面、深入、准确的安全保障能力，更好地推动智能应用新范式、新发展、新愿景。

1.2.2 衍生安全问题

在智能时代，人工智能被广泛应用于各行各业，它们可被用于编辑、生成各种各样的多媒体内容，如影视制作、文案脚本。此外，人工智能在许多实际应用中，会自动处理、分析数据，从而做出决策以供用户参考或执行，如兴趣推荐、快递派单。

人工智能的应用越来越深入每个人的生活，但其也面临相应的衍生安全问题。一方面，当前的人工智能通过编辑可以生成极其逼真、令人难辨真假的多媒体内容，如果人工智能被恶意用于制作虚假的多媒体内容，就可能导致一系列负面结果，如侵害个人隐私、抹黑公众人物、网络诈骗、公开虚假的消息引发社会动荡；另一方面，当前主流的以深度学习为核心的人工智能算法通常为黑盒算法，其做出的决策通常难以建模，人工智能算法在实际应用时，对相关人群的影响是多方面的，因此，在许多实际应用领域中，人工智能算法所给出的决策结果可能显得不懂人心、不近人情，从而引发伦理等相关的社会治理安全风险。总而言之，人工智能除了自身所面临的种种内生安全问题，在实际应用中也面临不同的衍生安全问题。

本书的第三部分，即第6～9章，将会从人工智能的两大衍生安全问题——人工智能被恶意使用导致的安全问题、人工智能在实际应用中所面临的决策安全问题，介绍具体的衍生安全问题及相应的解决方案，为人工智能在当前社会中进行多样化实际应用提供可靠的安全保障手段。

扫码查看参考文献

CHAPTER 2 ▶ 第 2 章

背景知识

人工智能是计算机科学的一个重要分支，其发展历程漫长而复杂。第1章详细介绍了人工智能的基本概念和发展历程，并明确指出了人工智能存在的安全挑战。人工智能之所以能达到如此高的发展水平，除了以深度学习为基础的技术和方法上的突破，还得益于互联网、云计算、大数据等技术的发展，这些技术对人工智能的进步起到了极大的助推作用。

本章将详细介绍当前人工智能领域最主要的技术推手——深度学习，内容概览如图2-1所示。作为机器学习中很重要的一部分，本章也将简要地介绍机器学习领域中的一些重要概念和基础知识。此外，信息安全是人工智能安全讨论的重点，本章也将简要介绍信息安全领域中的一些重要概念和基础知识。

通过学习本章知识，读者可以对机器学习、深度学习、信息安全有初步的了解和认识，从而更好地学习和阅读后续章节。在本章中，需要读者重点掌握的内容包括监督学习和神经网络基础（以"*"进行标识），这些可以作为本科生的基础教学内容；其余进阶内容可以作为相关领域研究生进一步学习的内容。为了更好地学习本章内容，读者需要具备的先导知识包括高等数学、线性代数等。

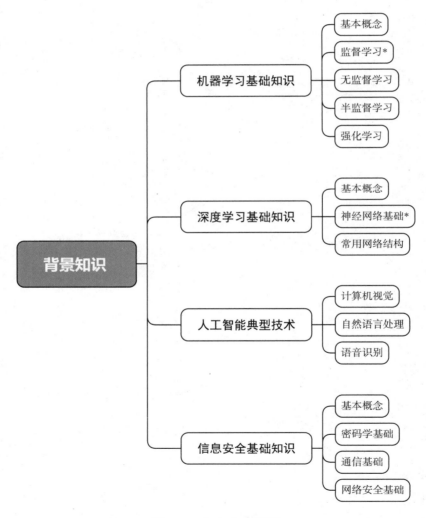

图2-1   本章内容概览

2.1 机器学习基础知识

2.1.1 基本概念

机器学习是人工智能领域的一个重要分支，其概念最早由 IBM 公司的计算机科学家亚瑟·塞缪尔提出，旨在使计算机系统通过学习和经验积累改进性能，并自动适应新数据和新情境。机器学习的核心思想是通过从数据中发现的模式和规律来进行预测、分类和决策，而无须明确编程指令。机器学习的主要目标是使计算机系统具备学习能力，能够从数据中获取知识并应用于实际问题的解决。

根据学习方式和目标的不同，机器学习可以划分为监督学习、无监督学习、半监督学习和强化学习。

1. 监督学习

监督学习是机器学习最常见的类型之一，它利用已标记的训练数据来训练模型，并通过输入新的未标记数据来进行预测或分类。在监督学习中，算法通过学习输入和输出（监督信号）之间的模式和规律来建立模型，从而能够预测或分类新的输入数据。

监督学习模型主要分为判别模型和生成模型两种。二者在学习目标和应用任务两个方面有明显区别。

（1）学习目标

判别模型旨在学习样本的条件概率分布，通过对标签和特征之间的关系进行建模以完成分类或回归任务。常见的判别模型包括决策树、感知机、支持向量机、逻辑回归和深度神经网络等，这些模型通过学习样本的边界或决策函数来区分不同类别的样本。

生成模型则通过学习样本的联合概率分布，对标签和特征之间的关系进行建模。生成模型关注的是如何生成数据的过程，即给定特征生成标签的条件概率分布，典型的生成模型包括朴素贝叶斯、隐马尔可夫模型和受限玻尔兹曼机。生成模型可以用于生成新的样本，或者用于推断未观察到的变量。

（2）应用任务

判别模型和生成模型在应用上有不同的特点。判别模型适用于分类和回归任务，可以通过学习样本的边界来进行预测；生成模型则适用于建模数据的分布和生成过程，可以用于样本生成和概率推断。在实际应用中，监督学习模型的选择是否合适，往往取决于具体的问题和数据集。判别模型通常在数据量较大且特征维度较高时表现较好，而生成模型则在数据量较少或存在缺失数据时有一定优势。此外，还有许多混合模型和集成学习方法，其结合了判别模型和生成模型的优点，以提高模型的性能和鲁棒性。

2. 无监督学习

无监督学习的目标是从无标签的训练数据中发现数据的内在结构、模式和关联。与监督学习需要标注的训练数据相比，无监督学习更加自由和灵活，能够在大规模未标记数据中进行学习和发现。此外，无监督学习不依赖事先标记好的训练样本，而是通过对数据的分析和处理来获取有用的信息，主要涉及数据的聚类、降维、异常检测、关联规则挖掘等任务。

无监督学习的算法有很多种，其中一种常见的算法是聚类，它将数据分成不同的组或类别，使得同一组内的数据更加相似，不同组之间的数据差异较大。聚类算法的目标是在不知道真实标签的情况下，自动发现数据的内在结构和模式。另一种常见的算法是降维，它可以将高维数据映射到低维空间，以便更好地将数据可视化和理解数据。常见的降维算法包括主成分分析和流形学习，它们可以在减少数据维度的同时保留数据的重要特征。

无监督学习在许多领域都有广泛的应用。在数据分析和可视化中，无监督学习可以帮助我们发现数据中的内在结构和模式，从而洞察数据的特征和关联。例如，在推荐系统中，无监督学习可以通过分析用户行为和兴趣来提供个性化的推荐和服务；在基因组学和蛋白质结构预测中，无监督学习可以帮助科学家理解基因和蛋白质之间的关系。

3. 半监督学习

半监督学习结合了监督学习和无监督学习的特点，旨在利用有标签的训练数据和大量的无标签数据进行学习和预测。与监督学习仅使用有标签数据不同，半监督学习能够充分利用未标记数据的信息，通过无标签数据中的隐含结构和模式来增强模型的训练，提高模型的性能和对未知数据的泛化能力。半监督学习的核心思想是假设在同一数据流中，相似的样本在输入空间中也具有相似的输出。

半监督学习的学习方式主要有两种：生成模型和自学习方法。生成模型试图对有标签数据和无标签数据的联合概率分布进行建模，通过建立概率模型，生成模型可以估计无标签数据的标签，并根据这些估计的标签进行训练和预测；典型的生成模型包括半监督朴素贝叶斯和半监督高斯混合模型等。自学习方法通过使用有标签数据训练初始模型，然后使用该模型对无标签数据进行预测，并将预测结果作为标签加入训练数据中，逐步扩充有标签数据集，这样反复迭代的过程可以提高模型的性能。自学习方法常用的算法包括自训练方法和多视角学习。

在现实生活中，半监督学习应用广泛。例如，在医学图像分析中，利用少量有标签的图像和大量无标签的图像，可以提高疾病诊断的准确性；在自然语言处理中，利用大量无标签的文本数据进行语义分析和文本分类。此外，半监督学习在网络安全、推荐系统、金融风险评估等领域中发挥重要作用。

4. 强化学习

强化学习是机器学习中新兴的一个研究分支，其学习方式和目标与监督学习和无监督学习有所不同。

强化学习的主要构成要素包括智能体、环境、行动、状态和奖励。智能体是强化学习的主体，它通过与环境的交互来学习和决策；智能体在每个时间步选择一个行动，其目标是通过选择最优的行动策略来获取最大化的奖励。环境是智能体所处的外部环境，它对智能体的行动做出响应，并提供反馈信息；环境可以是确定性的或不确定性的，它根据智能体的行动来改变状态。行动是智能体在给定状态下可以采取的可行动作，智能体根据当前状态选择行动，并将其作用于环境。状态表示环境的特定情况或配置，状态可以是完全可观测的（智能体能够准确感知环境），也可以是部分可观测的（智能体只能通过观测到的信息来估计环境的状态）。奖励是智能体根据其行动所获得的反馈信号，用于指导智能体的学习过程；奖励可以是正向的（表示鼓励），也可以是负向的（表示惩罚）。

强化学习的目标是通过智能体与环境的交互来学习一个最优的行动策略，使得智能体能够在给定的环境下获得最大化的累积奖励。为了达到这个目标，强化学习算法会通过尝试不同的行动，根据环境的反馈来调整策略。通过不断试错和优化，智能体逐渐学习到在不同状态下采取最优行动的策略。常用的强化学习算法包括马尔可夫决策过程、Q-Learning、Policy Gradient 及 PPO。

强化学习在实际中也有较为广泛的应用，如机器人控制、游戏玩法、自动驾驶。强化学习能够让智能体通过与环境的互动来获得经验和知识，从而具备更加智能和自主的决策能力，为解决复杂的实际问题提供了一种有效的学习方法。

2.1.2　监督学习

监督学习的方法多种多样，但主要用于解决两种任务：分类任务与回归任务。

分类任务的目标是将输入数据分配到预定义的类别中。在分类任务中，模型学习输入数据与其对应类别之间的关系，并根据学习到的模型对新的输入进行分类。常见的分类算法包括决策树、支持向量机、逻辑回归和随机森林，这些算法可以根据输入特征对数据进行判定，并将其分配到相应的类别中。

回归任务的目标是通过建立输入数据与连续输出之间的关系，对未知数据的输出进行预测。回归模型可以通过学习输入数据的特征和输出的连续值之间的关系来进行预测。常见的回归算法包括线性回归、多项式回归和支持向量回归，这些算法都可以根据输入特征对输出值进行预测，如预测销售额、房价等连续变量。

分类任务和回归任务的区别在于模型输出结果的连续性。分类任务的输出是离散的，表示数据属于某个预定义的类别；而回归任务的输出是连续的，可以表示任意值。接下来将介绍一些常见的监督学习算法。

1.决策树

决策树（算法）通过构建树形结构来进行决策，其中每个节点代表一个特征，每个分支代表该特征的取值，最终的叶节点表示分类或回归的结果。

（1）决策树构建

决策树的构建过程可以分为三个主要步骤：特征选择、树的生成和树的修剪。

①特征选择

特征选择是决策树构建的关键步骤之一，旨在找到最具分类能力的特征。常用的特征选择方法有信息增益、信息增益率和基尼系数。这些方法通过计算特征对数据集的纯度提升程度，选择具有最大纯度提升程度的特征作为当前节点的划分标准。

②树的生成

树的生成是基于选定的特征构建树的递归过程。从根节点开始，根据选定的特征进行数据集的划分，每个子节点对应划分后的子数据集。不断重复这个过程，直到满足终止条件，如节点包含的样本全部属于同一类别、达到预定义的树的深度。

③树的修剪

树的修剪是为了减小过拟合风险而进行的优化步骤。通过剪枝操作，将一些子树或叶节点进行合并或删除来降低模型的复杂度。常用的修剪方法有预剪枝和后剪枝。预剪枝是指在树的构建过程中进行剪枝判断，根据验证集的性能指标来判断是否剪枝；后剪枝是指在树的构建完成后，通过交叉验证等方法来决定剪枝策略。

（2）常用的决策树算法

常用的决策树算法包括ID3算法、C4.5算法和CART算法，它们在构建决策树的过程中存在一些区别。

①ID3算法

ID3算法使用信息增益来选择最佳的划分属性。它计算每个属性的信息增益，选择信息增益最大的属性进行划分。ID3算法适用于离散型特征，对于连续型特征需要进行离散化处理。信息增益公式化表达为

$$\text{Gain}(D,A) = H(D) - H(D|A) \tag{2.1}$$

其中，D、A分别表示训练数据集和特征，$H(\cdot)$表示信息熵公式，$H(D)$表示计算数据集的经验熵，$H(D|A)$表示计算特征A对数据集D的经验条件熵。

②C4.5算法

C4.5算法是ID3算法的改进版本，它使用信息增益率来选择划分属性。信息增益率考虑了属性的取值数目对信息增益的影响，更加公平地对待具有不同取值数目的属性。此外，C4.5算法能够处理缺失值，并支持剪枝操作，从而提高决策树的泛化能力。信息增益率表达式为

$$\text{Gain\_ratio}(D,A) = \frac{\text{Gain}(D,A)}{\text{IV}(A)} \tag{2.2}$$

其中，$\text{IV}(A)$表示特征属性A的信息熵，其公式化表达为

$$\text{IV}(A) = -\sum_{v=1}^{V} \frac{|D^v|}{|D|} \log_2 \frac{|D^v|}{|D|} \tag{2.3}$$

其中，V表示依据特征A对样本集D划分后的类别数量，$|D^v|$表示v类别的样本数量。

③CART算法

CART（Classification and Regression Trees）算法既可以用于分类问题，也可以用于回归问题。CART算法通过计算基尼系数来选择最佳的划分属性。基尼系数衡量了一个样本集合的不纯度，CART算法选择基尼系数最小的属性进行划分。CART算法生成的决策树是二叉树结构，每个非叶子节点只有两个子节点。基尼系数的计算方法为

$$\text{Gini}(D) = 1 - \sum_{k=1}^{K} p_k^2 \tag{2.4}$$

$$\text{Gini}(D,A) = \frac{|D^1|}{|D|} \text{Gini}(D^1) + \frac{|D^2|}{|D|} \text{Gini}(D^2) \tag{2.5}$$

其中，p_k表示分类k出现的概率。对于CART决策树，根据特征A的取值将样本分为D^1、D^2两部分，再进一步计算特征A条件下的基尼系数。

2.支持向量机

支持向量机（Support Vector Machine，SVM）是一种经典的二分类判别模型，其关键思想是通过寻找一个最优超平面，将不同类别的样本分隔开。

在支持向量机中，数据集表示为一个特征空间，每个样本由一组特征向量表示。支持向量机模型的目标是找到一个超平面，使得离该超平面最近的样本点到该超平面的距离最大化，这些离超平面最近的样本点被称为支持向量。通过最大化这个距离，支持向量机可以在保持较好泛化性能的同时实现良好的分类

效果。

特征向量通过核函数进行映射，它将输入数据从原始空间映射到高维特征空间，使得原始空间中的非线性问题在高维空间中变得线性可分。常见的核函数包括线性核函数、多项式核函数及高斯核函数。

（1）线性核函数

线性核（Linear Kernel）函数是最简单的核函数，它不进行任何映射，直接在原始空间中进行线性分类。它适用于原始空间已经是线性可分的情况。

（2）多项式核函数

多项式核（Polynomial Kernel）函数将数据映射到高维空间，并通过多项式函数来进行分类。它可以处理一定程度上的非线性问题，但随着多项式阶数的增加，模型的复杂度也会增加。

（3）高斯核函数

高斯核（Gaussian Kernel）函数也称为径向基函数（Radial Basis Function，RBF），它将数据映射到无穷维的特征空间，并通过高斯分布来进行分类。高斯核函数能够处理更加复杂的非线性问题，并且具有较好的拟合能力。

支持向量机的决策函数公式化表达为

$$f(x) = \text{sign}(\boldsymbol{w}^{\text{T}}\boldsymbol{x}_i + b) \tag{2.6}$$

其中，$\boldsymbol{x}_i$ 表示输入样本的特征向量，$\boldsymbol{w}$ 表示超平面的法向量，b 表示超平面的偏置。

支持向量机的优化目标是使所有样本到超平面的距离都大于某个距离，并使该距离最大化，可以通过优化问题求解。支持向量机的优化目标公式化表达为

$$\max \frac{1}{||\boldsymbol{w}||^2} \quad \text{s.t.} \quad y_i\left(\boldsymbol{w}^{\text{T}}\boldsymbol{x}_i + b\right) \geq 1, \quad \forall i \tag{2.7}$$

其中，y_i 表示训练样本的标签。该优化目标的含义是要最大化超平面与最近的训练样本之间的间隔，并且确保所有样本都满足约束条件，即位于正确的类别一侧。

为便于求解这一带约束条件的目标函数，可以使用拉格朗日乘数法将上述问题转换为对偶问题，得到的优化目标公式化表达为

$$\min \frac{1}{2}\sum_{i=1}^{n}\sum_{j=1}^{n}\lambda_i\lambda_j y_i y_j\left(\boldsymbol{x}_i^{\text{T}}\cdot\boldsymbol{x}_j\right) - \sum_{i=1}^{n}\lambda_i \quad \text{s.t.} \quad \sum_{i=1}^{n}\lambda_i y_i = 0, \quad \lambda_i \geq 0, \forall i \tag{2.8}$$

其中，n 表示训练样本的数量；λ_i 表示拉格朗日乘数，用于对每个样本施加约束。

通过求解上述优化问题，可以得到最优的超平面参数，进而进行样本分类预测。需要注意的是，式（2.8）描述了线性可分的情况，即针对硬间隔数据的 SVM 算法。对于线性不可分的情况，可以通过引入松弛变量和惩罚项，使用软间隔支持向量机来处理。

3. 逻辑回归

逻辑回归是一种广泛应用于分类问题的统计学习方法，它通过建立输入特征与输出类别之间的关系，来预测离散的输出变量。逻辑回归模型基于逻辑函数（又称为 Sigmoid 函数），将输入特征的线性组合映射到一个介于 0～1 的概率值。

逻辑回归模型假设输出变量服从二项分布，即具有两个可能的类别（通常标记为 0 和 1），并且通过对

输入特征的线性组合进行逻辑函数转换来表示输入特征与类别之间的概率关系。逻辑函数的形式为

$$P\left(y = 1|x\right) = \frac{1}{\left(1 + e^{-z}\right)} \tag{2.9}$$

其中，$P\left(y = 1|x\right)$表示在给定输入特征 x 的条件下，输出变量为类别 1 的概率；z 表示输入特征的线性组合（$z = \boldsymbol{w}^{\mathrm{T}}\boldsymbol{x} + b$）。逻辑函数将 z 映射到 0～1 的概率值，可以用来表示样本属于类别 1 的概率。

逻辑回归模型的训练过程就是通过最大似然估计或梯度下降等优化方法，寻找最佳的权重 $\boldsymbol{w}$ 和偏置 b，使得模型预测的概率值与实际观测的类别尽可能一致。一旦训练完成，就可以将新的输入特征传入模型，利用逻辑函数得到相应的概率值，并根据设定的阈值进行分类决策。

4. 线性回归

线性回归模型是一种用于建立输入特征和连续输出之间关系的统计模型。它假设输入特征和连续输出之间存在线性关系，并通过拟合一个线性方程来进行预测。

线性回归模型的公式化表达为

$$y = w_1 x_1 + w_2 x_2 + \cdots + w_n x_n + b \tag{2.10}$$

其中，y 表示输出变量（连续值），$w_1, w_2, \cdots, w_n$ 表示权重（系数），$x_1, x_2, \cdots, x_n$ 表示输入特征，b 表示偏置（截距）。

模型的目标是找到最佳的权重和偏置，使模型预测的输出与实际观测值之间的差异最小化。通常使用最小二乘法作为损失函数来衡量预测误差，并通过梯度下降等优化算法来求解最优的权重和偏置。线性回归模型简单易懂、计算效率高，适用于处理线性关系较强的问题，但是对非线性关系的建模能力有限。在实际应用中，线性回归模型常用于预测房价、销售量、股票价格等连续变量的问题。

5. 朴素贝叶斯

朴素贝叶斯算法是一种基于概率统计的分类算法，常用于文本分类、垃圾邮件过滤、情感分析等任务。该算法基于贝叶斯定理和条件独立性假设，通过计算后验概率来进行分类。

假设一个训练集包含 n 个样本，每个样本都有多个特征 $x = \{x_1, x_2, \cdots, x_m\}$，以及对应的类别 y_i。朴素贝叶斯算法的目标是通过训练集学习每个特征在各个类别下的条件概率分布，从而在给定新的样本特征时，计算出样本属于每个类别的后验概率，进而选择概率最高的类别作为分类结果。后验概率表示在给定特征 x 的条件下，样本属于类别 y_i 的概率为

$$P\left(y_i|x\right) = \frac{P\left(x|y_i\right)P\left(y_i\right)}{P\left(x\right)} \tag{2.11}$$

其中，$P\left(x\right)$ 表示的是样本 x 呈现出的特征形式的概率，可以通过训练集中特征的统计频率来计算；$P\left(y_i\right)$ 表示类别 y_i 的先验概率，可以通过统计训练集中各个类别的样本数量来计算；$P\left(x|y_i\right)$ 表示给定类别 y_i 的条件下特征 x 的概率。根据条件独立性假设，将特征之间的条件概率分解为各个特征的独立条件概率的乘积，即 $P\left(x|y_i\right) = \prod_{j=1}^{m} P\left(x_j|y_i\right)$。

朴素贝叶斯算法的优点在于简单高效，具有较好的可解释性和可扩展性，对于数据缺失和噪声具有一

定的鲁棒性。然而，需要注意的是，朴素贝叶斯算法也存在一些限制。例如，它的条件独立性假设可能不符合实际情况，特征之间的相关性可能会影响分类效果。因此，在应用朴素贝叶斯算法时，需要根据具体问题选择合适的特征，并进行适当的特征工程处理，以提高分类准确度。

6.神经网络

神经网络是模仿生物神经系统的结构和功能的一种算法，其历史可以追溯到20世纪50—60年代。神经网络最初以感知机的形式出现，包含输入层、输出层和隐藏层，通过隐藏层对输入的特征向量进行变换，并由输出层给出分类结果。然而，单层感知机存在无法拟合复杂问题的限制。

20世纪80年代，杰弗里·辛顿和大卫·鲁梅尔哈特等研究者改进了感知机，引入了具有多层隐藏层的多层感知机（Multi-Layer Perceptron，MLP）。多层感知机摆脱了早期离散传输函数的限制，通过采用连续函数，如Sigmoid函数或tanh函数，来模拟神经元的响应。在训练算法上，多层感知机引入了反向传播算法，使得多层感知机在复杂问题上具备了拟合能力。反向传播算法将训练样本的输入传递到网络中，并将网络的输出与期望输出进行比较，计算出误差后再将误差反向传播回网络，调整网络中连接权重的值，以减小误差。这个过程反复进行，直到网络的输出与期望输出的误差达到可接受的程度。

人工神经网络是由许多功能相对简单的形式神经元相互连接而构成的复杂网络系统。尽管它并非大脑的完美模拟，但通过学习能够获取外部知识并存储在网络中。随着硬件的发展和算法的改进，神经网络在不同的任务和数据类型上展现了卓越的性能，并在计算机视觉、自然语言处理、语音识别等领域取得了重大突破。2.2节将详细地讲解神经网络涉及的结构、原理及优化算法。

2.1.3　无监督学习

1.聚类

聚类（Clustering）是一种无监督学习的方法，用于将相似的数据样本分组成具有相同特征的集合，即将数据划分为不同的类别或簇。

K均值聚类是一种常见的无监督学习算法，用于将数据集划分为K个不同的簇。该算法通过迭代计算簇中心，并将数据点分配给最近的簇来实现聚类。

K均值聚类的优化目标是最小化数据点与其所分配的簇中心之间的距离平方之和，即簇内平方和（SSE），其公式化表达为

$$SSE = \sum_{i=1}^{K} \sum_{x \in C_i} \left\| x - \mu_i \right\|^2 \tag{2.12}$$

其中，K表示簇的数量，C_i表示第i个簇，x表示数据点，μ_i表示第i个簇的中心。

K均值聚类的优点包括简单易实现、计算效率高等，但也存在一些限制。例如，对初始簇中心的选择敏感，对簇的形状和大小有假设，对异常值和噪声敏感。为了提高K均值聚类的性能，可以采用多次运行取SSE最小的聚类结果、调整簇的数量、使用评估指标（如轮廓系数）等方法。

除了K均值聚类，还有其他聚类方法，如层次聚类、密度聚类、谱聚类。这些聚类方法在许多领域中都有广泛的应用，如市场细分、图像分割、社交网络分析，可以帮助我们理解数据的结构和模式，发现潜在的群组和规律，为后续的数据分析和决策提供支持。

2.降维

降维（Dimensionality Reduction）是一种常用的数据处理技术，旨在减少数据的维度，保留最重要的信息，同时降低数据的复杂性和存储需求。通过降维，可以简化数据集，去除冗余特征，并提高模型的效率和可解释性。

主成分分析（Principal Component Analysis，PCA）是一种常见的降维方法。它通过线性变换将原始数据映射到新坐标系中，新坐标系的特点是特征之间互相独立。主成分分析的目标是找到一组正交的主成分，它们能够解释原始数据中最大的方差。这些主成分按照方差的大小排列，选择保留最重要的主成分就可以实现数据的降维。主成分分析的步骤如下所述。

步骤1：数据标准化。对原始数据进行标准化处理，使得每个特征的均值为0，方差为1。

步骤2：协方差矩阵计算。计算标准化后数据的协方差矩阵，它描述了不同特征之间的相关性。

步骤3：特征值分解。对协方差矩阵进行特征值分解，得到特征值和对应的特征向量。

步骤4：特征值选择。按照特征值的大小选择保留的主成分个数。

步骤5：投影变换。将原始数据映射到选定的主成分上，得到降维后的数据。

主成分分析的优点包括简单易实现、不依赖类别标签、能够保留最重要的信息等，但也有一些限制，如不能处理非线性关系和异常值。

除了主成分分析，常见的降维方法还包括线性判别分析（Linear Discriminant Analysis，LDA）、独立成分分析（Independent Component Analysis，ICA）和 t-分布邻域嵌入算法（t-distributed Stochastic Neighbor Embedding，t-SNE）。这些方法适用于不同的数据场景和目标，可以根据具体需求选择合适的降维方法。

2.1.4　半监督学习

1.半监督朴素贝叶斯

半监督朴素贝叶斯（Semi-Supervised Naive Bayes）是一种在传统朴素贝叶斯基础上改进的方法。该方法假设所有特征之间相互独立，引入无标签数据来提升分类性能。传统的朴素贝叶斯分类器通常使用有标签的训练数据来估计类别的先验概率和特征的条件概率，然后利用这些概率进行分类预测。半监督学习除了利用有标签的训练数据，还可以利用无标签的数据，也就是未标注的样本数据。无标签数据虽然没有类别标签，但它们包含了宝贵的特征分布信息，可以用来帮助优化分类器。

半监督朴素贝叶斯的核心思想是通过最大化无标签数据的似然函数来调整模型的参数。具体来说，它使用有标签数据来估计类别的先验概率和特征的条件概率，然后使用这些参数对无标签数据分配类别标签。通过无标签数据的分类结果，可以更新模型的参数，并不断迭代优化分类器。

半监督朴素贝叶斯的优势在于其可以充分利用无标签数据的信息，提升分类器的性能，帮助解决标注数据不足的问题，扩展有监督学习的范围，提供更全面的数据分布信息，进而改善模型的泛化能力和鲁棒性。但是，在实践过程中，无标签数据的质量对分类性能有重要影响，不准确的无标签数据可能会引入噪声，如果无标签数据与有标签数据的分布存在较大差异，则可能会导致性能下降。

2. 自训练方法

自训练（Self-Training）方法的基本思想是利用有标签数据训练一个初始的分类器，使用这个分类器对无标签数据进行预测，并将预测结果置信度较高的样本添加到有标签数据集中，作为新的有标签数据，然后使用扩充后的有标签数据集重新训练分类器。这个过程会重复进行，直到达到一定的停止条件。

自训练方法的关键在于如何确定无标签数据的标签。一种常用的策略是让分类器将无标签数据的预测结果中置信度较高（预测概率高于设定阈值）的样本作为有标签数据，这些样本被认为是预测得比较可靠的。然而，由于分类器在某些情况下可能产生错误的高置信度预测，所以这种策略也存在一定的风险。

自训练方法的优势在于其简单易实现，并且能够有效利用无标签数据提升分类器性能。该方法可以扩充有标签数据集，进而增加训练样本的多样性，提高模型的泛化能力。此外，由于自训练方法允许利用大量的未标注数据进行训练，因此它还可以降低人工标注数据的成本。

但是，自训练方法也存在一些限制和挑战。一方面，由于自训练方法依赖初始分类器的质量，所以初始分类器的准确性对最终结果影响较大；另一方面，自训练方法可能面临标签噪声的问题，如将错误的标签添加到有标签数据集中，从而影响模型的性能。因此，在应用自训练方法时，需要仔细选择合适的阈值或准则来确定置信度较高的样本。

3. 多视角学习

多视角学习（Multi-View Learning）旨在利用来自多个视角或多个特征空间的信息提高学习性能。传统的监督学习任务通常只使用单一视角或特征空间的数据进行建模和预测。然而，现实世界中的数据往往具有多个视角或多个特征集，这些视角或特征集可以提供不同的视角和信息。多视角学习的核心思想是引入一个函数对特定视图进行建模，并对所有函数进行联合优化，以利用同一输入数据的冗余视图提高学习性能。多视角的来源有多种源输入（如人物识别可以用脸、指纹等作为不同源的输入）及多个特征子集（如可以用颜色、文字等作为不同的特征表述图像）。多视角学习算法主要有协同训练、多核学习和子空间学习。

（1）协同训练

协同训练（Co-Training）基于两个或多个视角的数据具有互补性的假设，通过交叉训练来提高分类器的性能。在协同训练中，每个视角的数据被分为有标签数据和无标签数据两个部分。在每个轮次中，一个视角的有标签数据被用于训练分类器，然后利用该分类器对另一个视角的无标签数据进行标记，将其作为有标签数据的一部分加入训练中。通过迭代这个过程，协同训练可以利用不同视角之间的互补信息来提高学习性能。

（2）多核学习

多核学习（Multi-Kernel Learning）利用不同视角数据之间的关系，使用多个核函数来学习多个视角之间的权重或组合方式。每个视角都可以使用不同的核函数来描述数据之间的相似度。通过对这些核函数进行线性或非线性的组合，可以获得更准确的模型。多核学习的目标是通过优化视角权重或核函数的组合来最大化学习性能。

（3）子空间学习

子空间学习（Sub-Space Learning）假设不同视角的数据存在于一个共享的潜在子空间，该子空间可以捕捉到数据的共同结构和特征。将数据映射到这个共享子空间中，可以减少视角之间的异构性和冗余性，提取出更有信息量的特征。子空间学习方法可以通过线性或非线性的映射方式来实现，如主成分分析和非负矩阵分解等。

2.1.5　强化学习

1.马尔可夫决策过程

在强化学习中，马尔可夫决策过程（Markov Decision Process，MDP）是用于描述智能体与环境之间交互过程的一种形式化框架的一个重要概念。

马尔可夫决策过程由状态空间 S（State Space）、动作空间 A（Action Space）、状态转移概率 T（Transition Probability）、奖励函数 R（Reward Function）和折扣因子 γ（Discount Factor）五个核心要素组成，以一个五元组 $<S,A,T,R,\gamma>$ 表示。

（1）状态空间 S

状态空间 S 表示智能体可能处于的不同状态的集合。状态取决于具体的问题，可以是离散的，也可以是连续的。智能体的决策过程根据当前的状态来进行，$S_t \in S$ 表示 t 时刻环境的状态。

（2）动作空间 A

动作空间 A 表示智能体可以选择的动作的集合。动作与状态空间类似，也取决于具体的问题，可以是离散的或连续的。智能体根据当前的状态选择一个动作来与环境进行交互，$A_t \in A$ 表示 t 时刻智能体的动作。

（3）状态转移概率 T

状态转移概率 T 表示在给定当前状态和选择的动作下，智能体转移到下一个状态的概率分布。它描述了环境对智能体行为的响应。状态转移概率可以用函数 T 表示。

$$T = p(s',r|s,a) = p(S_t = s', R_t = r|S_{t-1} = s, A_{t-1} = a) \tag{2.13}$$

（4）奖励函数 R

奖励函数 R 用于评估智能体在特定状态下执行特定动作的即时奖励，$R_t(S_t = s, A_t = a)$ 表示 t 时刻智能体获得的奖励。奖励函数可以是确定性的或随机的，也可以是正数、负数或零。它是智能体进行决策的重要指导信号。

（5）折扣因子 γ

折扣因子 γ 表示对未来奖励的折现程度。强化学习的目标是最大化累积奖励 $G_t = \sum_{k=0}^{\infty} \gamma^k R_{t+k+1}$，折扣因子用于平衡当前奖励和未来奖励的相对重要性，取值通常为 $0\sim1$。

基于马尔可夫决策过程，强化学习的目标是找到一种策略 $\pi(s) = p(A_t = a|S_t = s)$，即在给定状态下选择动作的决策规则，使累积奖励最大化。常见的求解方法包括值函数和策略优化。值函数用于评估状态或状态-动作对的长期累积奖励，而策略优化直接学习一个最优的决策策略。

2.Q-Learning

Q-Learning 是强化学习算法中基于价值的算法，它基于一种称为 Q 值的函数，用于评估在给定状态下采取不同动作的价值。该算法的核心思想是通过不断更新和迭代 Q 值来学习最优策略。Q-Learning 算法的基本步骤如下所述。

步骤 1：初始化 Q 值表。为每个状态-动作对初始化一个 Q 值。

步骤 2：选择动作。根据当前状态和一定的策略选择一个动作，可以使用 ε-greedy 策略，在探索和利用之间进行平衡。

步骤 3：执行动作并观察奖励和下一个状态。执行所选的动作，观察环境返回的奖励和下一个状态。

步骤 4：更新 Q 值。使用 Q-Learning 算法更新规则更新 Q 值表中的 Q 值，其公式化表达为

$$Q(s,a) = (1 - \alpha)Q(s,a) + \alpha\{R + \gamma * \max[Q(s',a')]\} \tag{2.14}$$

其中，$Q(s,a)$ 表示当前状态下采取动作 a 的 Q 值，α 表示学习率（$0 \leqslant \alpha \leqslant 1$），$R$ 表示获得的奖励，γ 表示折扣因子，s' 表示下一个状态，a' 表示在下一个状态下根据当前策略选择的动作。

步骤 5：更新状态。将当前状态更新为下一个状态。

步骤 6：重复步骤 2～步骤 5，重复执行上述步骤，直到达到停止条件（如达到最大迭代次数或收敛）。

通过不断地执行上述步骤，Q-Learning 算法可以逐渐学习到最优的 Q 值表，从而得到最优的策略。

需要注意的是，Q-Learning 算法是一种基于模型的强化学习算法，它不需要事先了解环境的动态特性，只通过与环境的交互进行学习。因此，Q-Learning 算法适用于许多实际问题，并在许多应用中取得了成功，如机器人控制和游戏策略。

3.Policy Gradient

与 Q-Learning 这类值函数方法不同，Policy Gradient 直接优化策略函数的参数，以最大化累积奖励。在 Policy Gradient 算法中定义策略函数 $\pi(a|s;\theta)$，它表示在给定状态 s 下选择动作 a 的概率，参数 θ 表示策略函数的权重。Policy Gradient 算法的目标是通过调整 θ，使策略函数能够产生更高的累积奖励。算法的关键步骤如下所述。

步骤 1：收集经验。使用当前策略函数与环境进行交互，生成一系列的状态、动作和奖励 $\{s_1,a_1,r_1,s_2,\cdots,s_t,a_t,r_t\}$。

步骤 2：计算累积奖励。根据生成的经验轨迹，计算每个状态-动作对的累积奖励。

步骤 3：计算策略梯度。根据策略梯度定理，计算目标函数 $J(\theta)$ 关于参数 θ 的梯度。策略梯度公式化表达为

$$\nabla_\theta J(\theta) = E[R\nabla_\theta \log\pi(a|s;\theta)] \tag{2.15}$$

其中，R 表示累积奖励，$E[\cdot]$ 表示期望操作，$\log\pi(a|s;\theta)$ 表示选择动作 a 的对数概率（以 log 为自然对数）。

步骤 4：更新策略函数。使用梯度上升法更新策略函数的参数，以增大目标函数 $J(\theta)$。可以采用梯度上升的方式更新参数，如使用随机梯度上升法或其他优化算法。

步骤 5：重复执行步骤 1～步骤 4，不断收集经验、计算累积奖励、计算策略梯度并更新策略函数的参数，直至达到预定的收敛条件或训练次数。

Policy Gradient 算法的优点在于可以直接优化策略函数，适用于连续动作空间和高维状态空间的问题。它在训练过程中能够实现自适应学习和探索，有很好的收敛性质。在具体的实现中，还会引入一些技巧和

改进，如基于价值函数的优势函数和使用基线函数减小方差，以进一步提升算法的性能和稳定性。

4.PPO

PPO（Proximal Policy Optimization）是一种基于近端策略优化的算法，旨在通过最大化一个近似目标函数来更新策略函数的参数。相对于传统的 Policy Gradient 算法，PPO 算法引入了截断函数（Clipped Surrogate Objective）来限制策略比率的变化范围，以控制更新步长，从而实现更好的收敛性和稳定性。

策略比率（Policy Ratio）用于衡量更新前后策略函数在给定状态下选择动作的概率比值，其公式化表达为

$$r(\theta) = \frac{\pi(a|s;\theta)}{\pi_{old}(a|s;\theta)} \tag{2.16}$$

其中，$\pi(a|s;\theta)$ 表示更新后的策略函数，$\pi_{old}(a|s;\theta)$ 表示更新前的策略函数。

截断函数用于限制策略比率的变化范围，其公式化表达为

$$L(\theta) = \min(r(\theta)A, \text{clip}(r(\theta), 1-\varepsilon, 1+\varepsilon)A) \tag{2.17}$$

其中，A 表示优势函数，即当前策略与基准策略之间的优势差异；$\text{clip}(\cdot)$ 函数用于限制策略比率的取值范围，保证更新幅度不过大。

PPO 算法的目标是最大化截断函数 $L(\theta)$，通过优化目标函数来更新策略函数的参数 θ。常用随机梯度上升法或其他优化算法，对目标函数的梯度进行迭代更新。

PPO 算法还包括其他重要的组成部分，如价值函数的优化和经验回放，旨在提高算法的稳定性和学习效果。在具体的实现中需要进行一些细节处理，如使用多个并行环境进行采样、设置合适的学习率和截断范围。由于具有良好的收敛性和稳定性，PPO 算法已广泛应用于解决连续动作空间和高维状态空间等强化学习问题。

2.2 深度学习基础知识

2.2.1 基本概念

深度学习是一种基于人工神经网络的机器学习方法，旨在通过构建多层次的神经网络模型，使模型自动学习数据的高层次抽象特征，并实现复杂任务的高性能预测和决策。深度学习的核心思想是通过模拟人脑神经元之间的连接和信息传递方式来实现对数据的深层次理解和表征。

深度学习的主要特点是具有多层次的非线性变换能力和大规模的参数学习能力。通过层层叠加的神经网络结构，深度学习模型可以从原始数据中自动提取出丰富的特征表示，无须手动设计特征，从而大大减少了人工特征工程的负担。深度学习模型的训练过程通常使用大量标签数据，通过反向传播算法来优化网络参数，使得模型能够逐步提升性能。

深度学习在各个领域都取得了巨大的成功。例如，在计算机视觉领域，深度学习在图像分类、目标检测、人脸识别等任务上的性能有显著提升，甚至超越了人类水平；在自然语言处理领域，深度学习在语音识别、机器翻译、文本生成等任务上取得了重要进展，机器能够更准确地理解和生成人类语言。此外，深度学习也广泛应用于其他领域，如推荐系统、智能交通、医疗诊断和金融分析。

深度学习的算法模型包括多层感知机、卷积神经网络、循环神经网络、长短期记忆网络及生成对抗网络。这些模型在结构和学习算法上有所不同，适用于不同类型的数据和任务。

尽管深度学习在很多领域取得了巨大成功，但也面临一些挑战。深度学习模型通常需要大量的有标签数据进行训练，而在某些领域数据标注的成本很高；深度学习模型的训练过程需要大量的计算资源和时间。此外，模型的解释性也是一个挑战，深度学习模型往往是黑盒模型，其决策过程难以解释。

2.2.2 神经网络基础

1.神经元

神经元是神经网络的基本单元，它模拟了生物神经系统中的神经元，用于处理和传递信息。神经元接收输入信号，并将这些信号加权求和后通过激活函数进行非线性变换，将输入信号转换为输出信号。单个神经元的基本结构如图2-2所示。

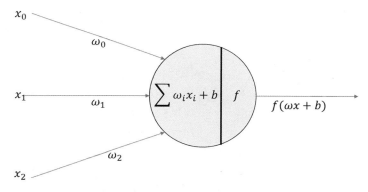

图2-2　单个神经元的基本结构

单个神经元将输入信号转换为输出信号的步骤如下所述。

步骤1：输入权重。每个输入信号 x_i 都有一个对应的权重 ω_i 来调节其在神经元中的影响力，权重决定了输入信号对神经元输出的贡献程度。

步骤2：加权求和。神经元将输入信号与对应的权重相乘，并将所有加权后的输入信号求和，得到一个加权和。

步骤3：偏置。偏置 b 是一个常量，用于调整神经元的激活阈值。它可以看作一个额外的输入，其权重为偏置本身。

步骤4：激活函数。激活函数 f 对加权和进行非线性变换，将其映射到一个特定的输出范围。常见的激活函数包括Sigmoid函数和ReLU函数。

步骤5：输出信号。激活函数的输出 $f(\omega x + b)$ 即神经元的最终输出信号，它可以作为下一层神经元的输入或者网络的输出。

神经元通过输入权重、加权求和、激活函数等操作将输入信号转换为输出信号，并将信息传递给网络的下一层。多个神经元通过连接形成神经网络，层与层之间的连接权重可以通过训练过程中的参数优化来自动学习。

神经网络结构是由神经元、层和网络构成的，它可以包含多个神经元和多个层，形成深度网络。通过逐层的信息传递和非线性变换，神经网络可以通过对复杂的输入数据进行高度抽象和特征提取来学习及预测各种任务。

2.激活函数

激活函数是神经网络中的一种数学函数，用于引入非线性特性和非线性映射，以提高神经网络的表达能力。在深度学习中，激活函数是神经网络中每个神经元的关键组成部分，其通过对输入信号进行非线性变换，将神经元转换为激活状态输出。常见的五种激活函数及其公式如下所示。

（1）Sigmoid 函数

$$f(x) = \frac{1}{1 + e^{-x}} \tag{2.18}$$

特点：Sigmoid 函数将输入值映射到[0,1]，输出具有平滑的 S 型曲线。由于其输出在 0 和 1 之间，所以常用于二分类问题，将输出解释为概率值。

（2）双曲正切函数（tanh 函数）

$$f(x) = \frac{e^x - e^{-x}}{e^x + e^{-x}} \tag{2.19}$$

特点：tanh 函数将输入值映射到[−1,1]，输出 S 型曲线。其与 Sigmoid 函数类似，但输出值的范围更广泛，适用于处理负数输入。

（3）ReLU 函数

$$f(x) = \max(0, x) \tag{2.20}$$

特点：对于 ReLU 函数，当输入为正数时，输出等于输入；当输入为负数时，输出为 0。其能够有效地处理稀疏激活和减轻梯度消失的问题，是目前最常用的激活函数之一。

（4）Leaky ReLU 函数

$$f(x) = \max(0.01x, x) \tag{2.21}$$

特点：Leaky ReLU 函数与 ReLU 函数类似，但当输入为负数时，输出为输入的一小部分，通常设置为较小的斜率值来解决 ReLU 函数负数区域的问题。

（5）Softmax 函数

$$f(x_i) = \frac{e^{x_i}}{\sum e^{x_i}} \tag{2.22}$$

特点：Softmax 函数常用于多分类问题，将输入向量转换为概率分布，使得所有输出的总和为 1。其能够将多个输出值映射到一个概率分布上。

这些激活函数在神经网络中起到引入非线性映射的作用，使得网络能够适应非线性的数据模式和复杂的任务。通过引入非线性数据模式，激活函数能够增加神经网络的表达能力，提高模型的灵活性和准确性。

在选择激活函数时，需要根据具体的问题和网络结构来进行合适的选择。例如，对于二分类问题，可以使用 Sigmoid 函数作为输出层的激活函数；对于多分类问题，可以使用 Softmax 函数作为输出层的激活函数；而在隐藏层中，ReLU 函数通常是一个较好的选择，因为它在训练过程中具有更快的收敛速度。

3. 全连接神经网络

全连接神经网络（Fully Connected Neural Network）是最基础的神经网络模型。在全连接神经网络中，每个神经元都与上一层的所有神经元相连，形成了全连接的关系。

全连接神经网络通常由多个层组成，包括输入层、隐藏层和输出层。输入层负责接收原始数据或特征向量作为输入，隐藏层负责对输入进行非线性变换和特征提取，输出层根据隐藏层的输出产生最终的预测结果。全连接单隐藏层神经网络如图 2-3 所示。

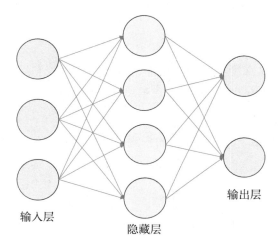

图 2-3　全连接单隐藏层神经网络

在全连接神经网络中，每个神经元都有权重和偏置。权重用于调整输入信号在神经元中的影响力，偏置用于调整神经元的激活阈值。每个神经元都将上一层的输出与对应的权重相乘，并对所有加权后的输入求和，然后通过激活函数进行非线性变换，产生神经元的输出。

全连接神经网络的训练过程通常采用反向传播算法，通过最小化损失函数来优化网络参数。反向传播算法通过计算损失函数对每个参数的梯度，并利用梯度下降法更新参数，从而不断调整权重和偏置，使网络能够更准确地进行预测。

全连接神经网络在许多机器学习和深度学习任务中被广泛应用，它可以用于图像分类、目标检测、语音识别、自然语言处理等各种任务。全连接神经网络具有较强的表达能力和适应性，能够从大量的输入数据中学习复杂的非线性关系，并通过层层堆叠的隐藏层提取高级特征。然而，全连接神经网络的参数量随着网络规模的增大而急剧增加，导致模型复杂度和计算量的增加，同时容易出现过拟合的问题。

4. 正向传播

正向传播（Forward Propagation）是神经网络中的一种基本计算方式，也是神经网络进行训练和预测的核心过程。在正向传播中，神经网络从输入层开始进行逐层计算，最终得到输出层的结果。

正向传播的过程可以简单地描述为将输入数据通过权重矩阵进行线性变换，再加上偏置得到隐藏层的输出，然后将隐藏层的输出通过激活函数进行非线性变换，最后得到输出层的结果。

在神经网络中，每个神经元都有一个权重和一个偏置。权重用于调整输入数据的重要性，偏置用于调整神经元的激活阈值。在正向传播过程中，每个神经元都会将上一层的输出乘以自己的权重，再加上自己的偏置，得到自己的输入信号。然后，这个输入信号会通过激活函数进行非线性变换，并传递到下一层。

正向传播过程的公式化表达为

$$z^{(l)} = \omega^{(l)} x^{(l-1)} + b^{(l)} \tag{2.23}$$

$$x^{(l)} = f\left(z^{(l)}\right) \tag{2.24}$$

其中，$z^{(l)}$ 表示第 l 层神经元的输入信号，$\omega^{(l)}$ 表示第 l 层神经元的权重，$x^{(l-1)}$ 表示第 $l-1$ 层神经元的输出，$b^{(l)}$ 表示第 l 层神经元的偏置，$f(\cdot)$ 表示激活函数。

正向传播是神经网络中一个非常重要的步骤。通过正向传播，神经网络可以将输入数据映射到输出空间中，并且不断优化权重和偏置，使得输出结果更加准确。

5. 损失函数

损失函数（Loss Function）是深度学习中一个非常重要的概念，它用于衡量模型预测结果与真实值之间的差距。在训练过程中，通过优化损失函数来调整模型的网络参数权重 ω 和偏置 b，能够使模型的预测结果更加准确。

损失函数通常是一个标量函数，它接收模型的预测输出和真实值作为输入，并输出一个标量值。这个标量值表示模型预测结果与真实值之间的差距。损失函数的值越小，模型的预测结果与真实值之间的差距就越小，模型的性能就越好。

在深度学习中，不同的任务需要使用不同的损失函数，常见的损失函数如下所示。

（1）均方误差

均方误差（Mean Squared Error，MSE）是用于回归问题的一种常见的损失函数，是预测值与真实值之间差距的平方和除以样本数量。均方误差公式化表达为

$$\text{MSE} = \frac{1}{n} \sum_{i=1}^{n} \left(y_i - \hat{y}_i\right)^2 \tag{2.25}$$

其中，y_i 表示第 i 个样本的真实值，$\hat{y}_i$ 表示第 i 个样本的预测值，n 表示样本数量。

均方误差越小，模型的预测结果与真实值之间的差距就越小。均方误差的缺点是对异常值敏感，预测值与真实值之间差距越大，惩罚越大。

（2）平均绝对误差

平均绝对误差（Mean Absolute Error，MAE）也是回归问题中常用的损失函数，用于计算预测值与真实值之间的绝对误差的平均值。绝对值损失相当于进行中值回归，与均方误差相比，对异常点的鲁棒性更好一些。虽然相对于均方误差，平均绝对误差对异常值不敏感，但它没有考虑差异的平方，可能会导致优化过程较慢。平均绝对误差公式化表达为

$$\text{MAE} = \frac{1}{n} \sum_{i=1}^{n} \left| y_i - \hat{y}_i \right| \tag{2.26}$$

（3）对数损失

对数损失（Log Loss）是分类问题中常见的损失函数，通常用于二分类问题。它是交叉熵损失的特例，对于二分类问题，交叉熵损失可以简化为对数损失的形式。对数损失公式化表达为

$$L(\hat{y}, y) = -\frac{1}{n} \sum_{i=1}^{n} \left[y_i \log \hat{y_i} + \left(1 - y_i\right) \log \left(1 - \hat{y_i}\right) \right] \tag{2.27}$$

（4）交叉熵

交叉熵（Cross Entropy，CE）是分类问题中常用的损失函数之一，适用于多类别分类任务。它通过计算预测概率分布与真实标签之间的交叉熵来衡量模型的性能。交叉熵损失对于错误的分类预测会给予较大的惩罚。交叉熵本身刻画的是两个概率分布间的差距，定义 p 为真实分布，q 为预测分布，二者的交叉熵公式化表达为

$$H(p, q) = -\sum p(x) \log \left(q(x)\right) \tag{2.28}$$

交叉熵越小，两个概率分布越接近。

在深度学习中，神经网络经过 Softmax 函数等激活函数之后，把神经网络的输出变成了一个概率分布，从而可以通过交叉熵来计算预测的概率分布与真实分布之间的差距。交叉熵公式化表达为

$$CE = -\frac{1}{n} \sum_{i=1}^{n} \sum_{j=1}^{m} y_{ij} \log \hat{y_{ij}} \tag{2.29}$$

其中，y_{ij} 表示第 i 个样本的真实标签是否为第 j 个类别，$\hat{y_{ij}}$ 表示第 i 个样本属于第 j 个类别的概率，n 表示样本数量，m 表示类别数量。

交叉熵可以解决平方损失函数权重更新过慢的问题，具有"误差大的时候，权重更新快；误差小的时候，权重更新慢"的良好性质。

6. 反向传播

反向传播（Back Propagation，BP）是神经网络中一种常用的训练算法。该算法常常与最优化方法（如梯度下降法）结合使用，用于调整网络中各个神经元之间的连接权重，使网络的输出结果更加准确。反向传播算法的核心思想是利用链式法则计算损失函数对每个权重的导数，然后根据导数的大小调整权重。

具体来说，反向传播算法会从输出层开始，计算每个神经元对损失函数的贡献，并将误差逐层向前传递。每一层都会根据链式法则计算出当前层神经元对损失函数的导数，并将其传递给上一层神经元。

误差反向传播公式是反向传播算法的核心公式，它用于计算每个神经元对损失函数的导数。误差反向传播公式为

$$\frac{\partial L}{\partial \omega_{ij}} = \frac{\partial L}{\partial y_j} \frac{\partial y_i}{\partial z_i} \frac{\partial z_i}{\partial \omega_{ij}} \tag{2.30}$$

其中，L 表示损失函数，ω_{ij} 表示连接第 j 个神经元和第 i 个神经元之间的权重，y_i 表示第 i 个神经元的输出值，z_i 表示第 i 个神经元的加权和。

误差反向传播公式可以看作链式法则的一个具体应用。在计算每个神经元对损失函数的导数时，需要依次计算出当前神经元对输入值和权重的导数，并对其做乘法运算，最终得到的结果就是当前神经元对损失函数的导数。

7.梯度下降

梯度下降（Gradient Descent）是一种常用的优化算法，用于求解最小化损失函数的问题。将模型的参数表示为一个向量，梯度下降算法的目标就是找到使损失函数最小的参数向量。换言之，梯度下降算法的核心思想是利用损失函数的梯度信息来调整参数向量，从而使损失函数逐步减小。

具体来说，每个时间步都需要计算出当前参数向量在梯度方向上的变化量，并将变化量加到当前参数向量上，从而得到一个新的参数向量。不断地迭代这个过程，就可以逐步接近损失函数的最小值。

梯度下降算法有三种常见的形式：批量梯度下降、随机梯度下降和小批量梯度下降。

（1）批量梯度下降

批量梯度下降（Batch Gradient Descent）是最常见的梯度下降形式，它在每个时间步会计算出所有训练样本的损失函数梯度，并将其平均值作为当前参数向量在梯度方向上的变化量。批量梯度下降的公式化表达为

$$\boldsymbol{\theta}_{t+1} = \boldsymbol{\theta}_t - \alpha \frac{1}{n} \sum_{i=1}^{n} \nabla_{\boldsymbol{\theta}} L_i(\boldsymbol{\theta}_t) \tag{2.31}$$

其中，$\boldsymbol{\theta}_t$ 表示当前参数向量，α 表示学习率，L_i 表示第 i 个训练样本的损失函数，n 表示训练样本的总数量。

该算法能收敛到较好的结果，在某一段时间内是非常受欢迎的优化算法。但随着训练数据规模的剧增，批量梯度下降算法的速度受到了严重影响。该算法要求在每次参数更新时使用全部的训练数据，因而所需的时间开销太大，在深度学习领域难以被接受。

（2）随机梯度下降

随机梯度下降（Stochastic Gradient Descent）是一种更加快速但不稳定的优化算法，它在每个时间步只会计算一个训练样本的损失函数梯度，并将其作为当前参数向量在梯度方向上的变化量。随机梯度下降的公式化表达为

$$\boldsymbol{\theta}_{t+1} = \boldsymbol{\theta}_t - \alpha \nabla_{\boldsymbol{\theta}} L_i(\boldsymbol{\theta}_t) \tag{2.32}$$

其中，i 表示在当前时间步选择的训练样本。

相比于批量梯度下降，随机梯度下降的优点是更加高效，特别是在大规模数据集上。然而，由于随机梯度的方向不一定指向全局最优解，它可能在最优解附近振荡，导致收敛不稳定。

（3）小批量梯度下降

小批量梯度下降（Mini-Batch Gradient Descent）是介于批量梯度下降和随机梯度下降之间的一种优化算法，它在每个时间步会计算一小部分训练样本的损失函数梯度，并将其平均值作为当前参数向量在梯度方向上的变化量。小批量梯度下降的公式化表达为

$$\boldsymbol{\theta}_{t+1} = \boldsymbol{\theta}_t - \alpha \frac{1}{m} \sum_{i=1}^{m} \nabla_{\boldsymbol{\theta}} L_i(\boldsymbol{\theta}_t) \tag{2.33}$$

其中，m 表示在每个时间步选择的训练样本数量。

与批量梯度下降相比，小批量梯度下降通常具有更高的内存效率和更快的收敛速度。每次迭代只使用一小批样本的信息，不仅占用更少的内存，而且可以更频繁地更新参数，从而加速算法的收敛过程。此外，小批量梯度下降可以提供更好的泛化性能和更稳定的收敛性。通过使用一小批样本的平均梯度来减小方差，有助于提供更准确的梯度估计并更平滑地更新参数，降低振荡的可能性，并能够使模型更好地学习

数据的整体特征。在实际应用中，小批量梯度下降是一种常用的优化算法，广泛应用于深度学习中的模型训练过程。

2.2.3　常用网络结构

1.卷积神经网络

卷积神经网络（Convolutional Neural Network，CNN）是一种专门用来处理图像等具有网格结构数据的深度学习模型，被广泛应用于计算机视觉、自然语言处理等领域。它主要通过卷积、池化等操作，实现对图像、语音等高维数据的特征提取和分类。

（1）卷积神经网络的基本结构

卷积神经网络的基本结构包括卷积层、池化层和全连接层。

①卷积层

卷积层（Convolutional Layer）是卷积神经网络的核心，通过卷积操作提取图像等数据的特征。卷积操作可以看作一种滑动窗口的操作，将窗口内的数据与卷积核进行卷积运算，得到一个新的特征图。通过多个卷积层的叠加，可以逐步提取出图像的高层次特征。卷积神经网络中的卷积操作用公式化表达为

$$(f*g)(x,y) = \sum_{i=-a}^{a}\sum_{j=-b}^{b} f(i,j) g(x-i,y-j) \tag{2.34}$$

其中，f 表示输入图像，g 表示卷积核，a 和 b 分别表示卷积核的宽度和高度。

②池化层

池化层（Pooling Layer）是用于减小特征图大小的操作，可以有效地减少计算量和内存消耗。常见的池化操作包括最大池化和平均池化，它们分别取窗口内数据的最大值和平均值作为池化结果。池化操作的公式化表达为

$$y_{i,j} = \max_{(m,n)\in R_{i,j}} x_{m,n} \tag{2.35}$$

其中，x 表示输入特征图，y 表示池化后的特征图，$R_{i,j}$ 表示以 (i,j) 为中心的池化窗口。

③全连接层

全连接层（Fully Connected Layer）是用于分类的操作，它将特征图展开成一维向量后，通过全连接层实现对不同类别的分类。在训练过程中，全连接层通过反向传播算法对网络参数进行优化，以最小化损失函数。

卷积神经网络的优点在于可以自动学习特征，减少了人工提取特征的工作量，并且可以处理高维数据，具有较好的泛化性能。此外，卷积神经网络可以通过迁移学习等方法实现对小样本数据的快速训练和优化。

在计算机视觉领域，卷积神经网络被广泛应用于图像分类、目标检测、图像分割等任务。其中，图像分类是指将输入图像分为不同类别，常用于人脸识别、车辆识别等场景；目标检测是指在图像中检测出目标物体并标注位置和大小，常用于智能监控、自动驾驶等场景；图像分割是指将图像分为不同的区域或像素点，并标注其类别或属性，常用于医学影像分析、地理信息系统等领域。

（2）经典的卷积神经网络模型架构

①LeNet

LeNet 是由 Yann LeCun 等人于 1998 年提出的早期的卷积神经网络模型之一，主要用于手写数字识别任务，包含卷积层、池化层和全连接层等基本结构。LeNet 的结构相对简单，但是在当时的手写数字识别任务中表现出了较好的性能。

②AlexNet

AlexNet 是由 Alex Krizhevsky 等人于 2012 年提出的一种卷积神经网络模型，在 ImageNet 图像分类比赛中取得了当时最好的成绩。AlexNet 采用了多层卷积层和池化层，并且引入了 ReLU 激活函数和 Dropout 正则化技术，有效地提高了模型的性能。

③VGG

VGG（Visual Geometry Group，视觉几何组）是由 Karen Simonyan 和 Andrew Zisserman 于 2014 年提出的一种卷积神经网络模型，通过增加卷积层和减小池化窗口的大小来提高模型的性能。VGG 使用了多个 3×3 的卷积核来代替一个较大的卷积核，从而减少了参数量，并且可以有效地提高模型的准确率。

④GoogLeNet

GoogLeNet 是由 Google 团队于 2014 年提出的一种卷积神经网络模型，通过采用 Inception 模块来提高模型的性能。Inception 模块包含多个大小不同的卷积核和池化层，可以同时提取不同尺度的特征。此外，GoogLeNet 引入了辅助分类器（Auxiliary Classifier）来加速模型的训练。

⑤ResNet

ResNet（Residual Network，残差网络）是由 Kaiming He 等人于 2015 年提出的一种卷积神经网络模型，它通过引入残差连接来解决深度网络训练过程中的梯度消失问题。ResNet 使用了多个残差块来构建网络结构，并且可以通过增加残差块的数量来提高模型的性能。ResNet 在 ImageNet 图像分类比赛中取得了当时最好的成绩，并且在后续的目标检测和图像分割任务中得到了广泛应用。

这些模型通过不断地优化网络结构和算法，实现了对图像分类、目标检测和图像分割等任务的高效处理和准确识别。

2.循环神经网络

循环神经网络（Recurrent Neural Network，RNN）是一种用于处理序列数据的神经网络模型。与传统的前馈神经网络不同，循环神经网络引入了循环连接，使得信息可以在网络中进行持续传递和共享。

循环神经网络的核心思想是利用过去的信息来影响当前的输出，从而建立起对序列数据的上下文理解和记忆能力。它通过在神经网络中引入时间维度，可以对任意长度的序列数据进行处理，包括文本、语音、时间序列等。

（1）循环神经网络的关键组成部分

在循环神经网络中，主要有三个关键组成部分：输入层、隐藏层和输出层。其中，隐藏层的输出将会作为下一个时间步的输入，形成信息的循环传递。循环神经网络的基本结构和公式说明如下。

①输入层

输入层接受序列数据的输入，并将其表示为向量形式。对于文本数据，可以使用词嵌入（Word

Emedding）等技术将单词转换为向量表示。

②隐藏层

循环神经网络的隐藏层是其关键部分，用于捕捉序列数据中的时序信息。隐藏层中的神经元具有循环连接，使得信息可以在不同时间步之间传递。隐藏层的公式化表达为

$$h_t = f(\boldsymbol{W}_x * x_t + \boldsymbol{W}_h * h_{t-1} + b) \tag{2.36}$$

其中，h_t 表示当前时间步的隐藏状态，x_t 表示当前时间步的输入，h_{t-1} 表示上一个时间步的隐藏状态，$\boldsymbol{W}_x$ 和 $\boldsymbol{W}_h$ 分别表示输入和隐藏状态的权重矩阵，b 表示偏置，$f(\cdot)$ 为激活函数。

通过不断迭代上述计算公式，循环神经网络可以在序列数据中逐步传递信息和更新隐藏状态，实现对上下文的建模。

③输出层

输出层根据隐藏层的输出进行计算，并生成模型的预测结果。可以根据具体的任务选择不同的输出层结构和激活函数。例如，对于文本分类任务，可以使用全连接层和Softmax函数进行分类。

（2）改进的循环神经网络模型

循环神经网络的训练过程主要通过反向传播算法进行。在反向传播中，可以使用梯度下降法或其他优化算法来调整网络的参数，使预测结果与真实标签之间的误差最小化。需要注意的是，传统的循环神经网络在处理长期依赖性问题时存在梯度消失或梯度爆炸的问题。为了解决这个问题，研究者们提出了一些改进的循环神经网络模型，如长短期记忆网络和门控循环单元。

①长短期记忆网络

长短期记忆网络（Long Short-Term Memory，LSTM）是一种引入门控机制的循环神经网络，其核心思想是通过门控机制选择性地记忆和遗忘信息，解决了传统循环神经网络中的长期依赖问题。

具体来说，长短期记忆网络中的计算关键单元包括输入门（Input Gate）——控制当前输入的信息是否进入细胞状态；遗忘门（Forget Gate）——控制细胞状态上一时刻的信息是否保留到当前时刻；细胞状态更新（Cell State Update）——根据输入门和遗忘门的控制，更新细胞状态；输出门（Output Gate）：控制细胞状态的哪些部分被输出到隐藏状态。

②门控循环单元

门控循环单元（Gated Recurrent Unit，GRU）是另一种引入门控机制的循环神经网络结构，与长短期记忆网络相比，它的参数更少、计算量更小。门控循环单元通过将遗忘门和输入门整合为一个更新门，同时合并细胞状态和隐藏状态为一个单一的状态向量，减少了长短期记忆网络中的参数量。门控循环单元的关键计算单元包括：更新门（Update Gate）——决定细胞状态更新的权重；重置门（Reset Gate）——控制隐藏状态在当前时刻如何考虑前一个时刻的信息。

循环神经网络在多个领域都有广泛应用。例如，在自然语言处理中用于机器翻译、语言模型和情感分析；在语音识别中用于语音与文本的转换；在时间序列预测中用于股票价格预测、天气预测。基于其对序列数据的建模能力，循环神经网络已经成为深度学习领域中的重要技术之一。

3.生成对抗网络

生成对抗网络（Generative Adversarial Networks，GAN）是一种深度学习模型，用于生成逼真的数据样

本。生成对抗网络由一个生成器（Generator）网络和一个判别器（Discriminator）网络组成，它们通过对抗训练的方式相互竞争，以提高生成器的生成能力。生成对抗网络在计算机视觉、自然语言处理、生成艺术等领域具有广泛的应用。

（1）生成对抗网络的训练过程

生成对抗网络的目标是通过生成器网络生成与真实数据样本相似的假数据样本，并通过判别器网络区分出真实数据样本和假数据样本。生成器的目标是生成尽可能逼真的假数据样本，使判别器无法准确区分真假数据样本，而判别器的目标是尽可能准确地区分真假数据样本。生成对抗网络的核心思想是根据最小-最大目标进行对抗性训练。目标的公式化表达为

$$\min_G \max_D E_{x \sim p_{data}}[\log D(x)] + E_{z \sim p_z}[\log(1 - D(G(z)))] \tag{2.37}$$

其中，$x \sim p_{data}$ 表示真实数据分布，$z \sim p_z$ 表示隐向量空间的分布。

生成对抗网络训练过程的步骤如下所述。

步骤1：初始化生成器 G 和判别器 D 的参数。

步骤2：在每个训练迭代中，从真实数据分布中随机采样一批真实数据样本 x，并从噪声分布中采样一批随机噪声向量 z。

步骤3：生成器 G 接收一个随机噪声隐向量 z 作为输入，经过一系列的转换操作生成一批假数据样本 $G(z)$。

步骤4：将真实数据样本 x 和假数据样本 $G(z)$ 输入给判别器 D，并计算对应样本为真实样本的概率 $D(x)$ 和对应样本为假样本的概率 $D(G(z))$。

步骤5：计算生成器 G 的损失函数，通常用生成器生成的假数据样本被判别器判断为真实样本的概率的负对数作为生成器的损失，即 $L_G = -\log(D(G(z)))$。

步骤6：计算判别器 D 的损失函数。通常用判别器判断真实数据样本为真实样本、判断假数据样本为假样本的概率的负对数之和作为判别器的损失，即 $L_D = -\log(D(x)) - \log(1 - D(G(z)))$。

步骤7：通过反向传播算法更新生成器 G 和判别器 D 的参数。

步骤8：重复以上步骤，交替更新生成器 G 和判别器 D，直到达到预定的训练迭代次数或生成器生成的假数据样本达到期望的质量。

需要注意的是，生成对抗网络的训练过程是一种非凸优化问题，具有挑战性。训练生成对抗网络需要仔细调整学习率、网络结构、损失函数等超参数，以及处理训练不稳定、模式崩溃等问题。

（2）改进的生成对抗网络模型

在生成对抗网络的发展过程中，研究者们也提出了许多改进的生成对抗网络模型，如 DCGAN、CGAN、WGAN，以解决原始生成对抗网络在训练稳定性、生成图像质量和多样性等方面的问题。

①DCGAN

DCGAN（Deep Convolutional GAN，深度卷积生成对抗网络）通过引入卷积神经网络结构，以增强生成器和判别器的建模能力，适用于图像生成任务。DCGAN的主要改进包括使用卷积层和转置卷积层替代全连接层，以处理图像数据的空间结构；使用批量归一化（Batch Normalization）来加速训练过程和稳定模型；使用 Leaky ReLU 激活函数来避免梯度消失问题。

②CGAN

CGAN（Conditional GAN，条件生成对抗网络）在原始生成对抗网络的基础上增加了条件信息的输入，使生成器能够根据给定的条件生成特定类别的数据样本。具体来说，生成器的输入为随机噪声向量 z 和条件向量 c，即 $G(z,c)$；判别器的输入为真实数据样本 x 和条件向量 c，即 $D(x,c)$；生成器和判别器的损失函数与原始生成对抗网络类似，但将条件向量 c 作为额外输入。

③WGAN

WGAN（Wasserstein GAN，瓦瑟斯坦生成对抗网络）使用 Wasserstein 距离来度量真实数据分布与生成数据分布之间的差异，通过解决原始生成对抗网络中的梯度消失和模式崩溃问题来提高生成器的训练稳定性。在 WGAN 中，判别器的损失函数不再是一个概率，而是一个实数，表示生成样本与真实样本之间的差异。生成器的损失函数仍然是最小化判别器对生成样本的输出。二者的公式化表达为

$$L_D = \max_{||\omega|| \leqslant 1} \left[E_{x \sim p_{\text{data}}} \left[D(x) \right] - E_{z \sim p_z} \left[D(G(z)) \right] \right] \tag{2.38}$$

$$L_G = - E_{z \sim p_z} \left[D(G(z)) \right] \tag{2.39}$$

为了确保判别器满足 Lipschitz 连续性，WGAN 还采用了权重裁剪的技巧，在优化过程中限制判别器的权重，这有助于提高训练的稳定性和生成器的表现。

2.3　人工智能典型技术

2.3.1　计算机视觉

1. 图像分类

图像分类是一种图像处理技术，它通过分析图像中呈现的各种特征来区分不同类别的目标。该技术利用计算机进行精确的定量分析，将图像内的每个像素或区域归入预定义的类别中，从而取代人工视觉判断的过程。

在图像分类中，首先需要从图像中提取有用的特征，以便计算机理解图像的内容。传统方法会手动设计一些特征提取方法，如边缘检测、纹理分析和颜色直方图。然而，随着深度学习的发展，卷积神经网络等方法已经能够自动学习适合任务的特征。

卷积神经网络是图像分类中最常用的深度学习方法。在图像处理中，它表现出色，能够自动学习图像的层次性特征，这些特征从简单的边缘和纹理开始，逐渐深化到更高级的形状和物体部件。常见的典型架构包括 AlexNet、VGGNet 和 ResNet，这些模型都在不同程度上推动了计算机视觉的发展，并且在实际应用中取得了重要的成就。随着时间的推移，卷积神经网络在图像分类领域还涌现了许多其他的变种和改进，以满足不同任务和性能需求。

图像分类的训练需要大量已标注的图像数据集。这些数据集包含了不同类别的图像及每个图像对应的

标签，如猫、狗、汽车。常用的图像数据集包括ImageNet、CIFAR-10和MNIST。训练一个图像分类模型涉及多个关键步骤。首先，将大量的图像数据输入模型中；然后，模型根据这些数据逐渐调整其内部参数，使其能够对不同类别的图像进行正确分类。此外，训练过程通常涉及随机梯度下降等优化算法，使预测与实际标签之间的差距最小化。

2.目标检测

目标检测是计算机视觉中一项重要的任务，它涉及在图像或视频中定位和识别多个不同类别的物体。与图像分类只需要确定图像中是否存在某个物体不同，目标检测还需要精确地确定物体的位置，通常通过边界框（Bounding Box）来实现。目标检测相对于图像分类更为复杂，因为它需要解决三个关键问题：其一是物体的数量和种类未知的问题，需要对不同数量和种类的目标进行检测和分类；其二是目标可能出现在图像的任何位置的问题，需要准确地定位目标的边界框；其三是目标的尺度、姿态和外观可能会变化的问题，需要具有一定的鲁棒性。

目标检测方法可以分为传统方法和基于深度学习的方法。早期的目标检测方法主要基于特征工程，通过使用手动设计的特征来检测目标。典型的方法包括基于滑动窗口的方法、Haar特征和方向梯度直方图（Histogram of Oriented Gradients，HOG）特征结合分类器及级联分类器。然而，这些方法由于需要大量的人工特征工程，因此在复杂场景中的表现有限。

在深度学习方法中，基于卷积神经网络的方法在目标检测领域取得了显著进展。主要的基于深度学习目标检测方法包括以下三种。

（1）R-CNN

R-CNN（Region-based Convolutional Neural Network）是第一个成功将深度学习引入目标检测的方法。它将图像分割成不同的区域，然后对每个区域应用卷积神经网络进行特征提取和分类。

（2）YOLO

YOLO（You Only Look Once）是一种实时目标检测方法，它将目标检测问题视为回归问题，同时预测目标的边界框和类别。YOLO的速度快，适用于实时应用。

（3）SSD

SSD（Single Shot Multi-Box Detector）是一种利用多个尺度的特征图的目标检测的方法，它通过在不同尺度上预测不同大小的边界框来实现多尺度检测。

目标检测模型的训练需要大量标注的数据集，如COCO、PASCAL VOC和MS COCO。这些数据集中的标签不仅需要标注目标的类别信息，还需要指明目标在图像中的位置信息。评估目标检测模型的性能通常使用指标，如准确率、精确率、召回率和平均精确率。

目标检测在许多领域都有广泛的应用，包括自动驾驶、安全监控、无人机、医疗图像分析等。凭借强大的技术支持，它能够为实时监测、精准定位和智能决策提供有力保障。随着深度学习的发展，目标检测在准确性和效率方面取得了显著进展，为各种实际应用提供了更强大的解决方案。

3.目标跟踪

目标跟踪是计算机视觉领域中的一项重要任务，它涉及在视频序列中持续地定位和跟踪一个移动的目标。目标跟踪技术的发展使得计算机能够实时分析视频流并识别感兴趣的目标，有着广泛的应用，如视频监控、自动驾驶、无人机导航。

传统的目标跟踪方法通常基于特征工程，其中常用的特征包括颜色直方图、纹理特征、形状特征等。一些常见的传统方法包括均值漂移、卡尔曼滤波、粒子滤波等。这些方法在一些简单场景下表现良好，但在复杂场景下的鲁棒性受限。在深度学习方法中，基于卷积神经网络的方法在目标跟踪中得到了广泛应用。典型的基于深度学习的目标跟踪方法包括 Siamese 网络、DeepSORT 和 MOT 网络。

（1）Siamese 网络

Siamese 网络是一种双支网络，接受两个输入，通过共享权重来比较输入的相似度。Siamese 网络可以用于目标的模板匹配，判断当前帧中的目标是否与模板匹配。

（2）DeepSORT

DeepSORT（Deep Learning based SORT）结合了目标检测和目标跟踪，使用卷积神经网络进行特征提取，并使用卡尔曼滤波和匈牙利算法进行目标关联，从而实现对单个目标的稳定跟踪。

（3）MOT 网络

MOT（Multiple Object Tracking）网络旨在实现对多个目标的跟踪，在每个时间步中基于卷积神经网络提取目标特征，并使用关联算法将目标与先前帧中的轨迹关联起来。

目标跟踪算法的评估通常使用公开的数据集，如 OTB（Object Tracking Benchmark）和 VOT（Visual Object Tracking）数据集。评估指标包括跟踪成功率（Success Rate）和跟踪精度（Precision）。

4. 语义分割

语义分割涉及将图像中的每个像素分配给预定义的语义类别，从而实现对图像的精细级别的语义理解。与目标检测只关注目标的位置不同，语义分割要求对每个像素进行分类，以准确地识别图像中的不同物体和区域。语义分割技术在许多领域都有广泛的应用，如自动驾驶中的道路分割、医疗图像中的器官分割、地块分类及遥感图像分析，它为图像中的细粒度语义理解提供了关键支持。

语义分割任务相对于图像分类和目标检测更具挑战性，这是因为它需要同时考虑像素级别的细节和整体的语义信息。这些挑战通常包括三个方面：其一是像素级别的分类，因为需要为图像中的每个像素分配一个语义标签，使分类结果更细致、更准确；其二是相邻区域的一致性，因为相邻像素通常属于相同的物体或区域，因此需要考虑像素之间的空间关系；其三是不同尺度和形状的物体，因为图像中可能存在不同尺度和形状的物体，所以需要模型具有一定的鲁棒性。

传统的语义分割方法通常基于特征工程，通过手动设计的特征来进行像素级别的分类。常见的传统方法包括基于图像分割的方法（如分水岭算法）和条件随机场（Conditional Random Field，CRF）。在深度学习方法中，基于卷积神经网络的方法在语义分割中取得了显著进展。典型的基于深度学习的语义分割方法包括 UNet、DeepLab 系列及 Mask R-CNN。

（1）UNet

UNet 是一种编码-解码结构的网络，通过融合不同尺度的特征来提高语义分割的准确性，适用于医疗图像分割任务。

（2）DeepLab 系列

DeepLab 系列模型使用空洞卷积（Dilated Convolution）来扩大感受野，从而在保持细节的同时捕获更广泛的上下文信息。

（3）Mask R-CNN

Mask R-CNN不仅可以进行目标检测，还可以为每个检测到的目标生成精确的分割掩码，实现目标检测和语义分割的联合任务。

语义分割算法的训练和评估通常使用带有像素级别标签的数据集，如Cityscapes、PASCAL VOC及ADE20K。评估指标包括像素准确率和平均交并比（mIoU）。

5.三维重建

三维重建（3D Reconstruction）是计算机视觉领域中的一项重要技术，旨在从多个二维图像或其他传感器数据中恢复出三维物体的几何结构和外观，主要包括点云重建和立体重建。三维重建在计算机图形学、虚拟现实、增强现实、机器人导航等领域有广泛应用。

（1）点云重建

点云重建是三维重建中的一项关键技术，用于从多个图像或传感器数据中生成三维空间中的点集表示。点云表示物体的表面几何形状，每个点都包含了其在三维空间中的坐标信息。常见的点云重建方法包括立体视觉和结构光。立体视觉（Stereo Vision）使用从不同角度拍摄的图像，通过计算视差（左右图像中相应点之间的偏移量）来推断深度信息，从而生成点云。结构光（Structured Light）使用投射结构化光纹或编码来捕捉物体表面的形状，然后从拍摄的图像中恢复出三维点云。

（2）立体重建

立体重建（Stereo Reconstruction）基于视差的原理，用于从多个视角的图像中恢复出三维物体的几何结构。通过利用不同视角下的图像信息，立体重建能够计算出物体表面不同点的深度或三维坐标，从而生成三维模型。视差是指从不同的视角观察同一物体时，物体上的某个点在不同图像中的位置偏移量。这种视差信息可以通过计算两幅图像中相应点之间的水平像素偏移来获取。根据视差和相机参数，可以反推出物体表面上点的深度信息，从而实现立体重建。

视差计算是立体重建的核心步骤。通过在两幅图像中匹配相应的特征点（如角点、边缘点），可以计算出这些特征点的视差值。视差值越大，表示物体点离相机越远；而视差值越小，表示物体点离相机越近。立体匹配算法用于在两幅图像中找到对应的特征点，从而计算视差。常见的立体匹配算法包括三个方面：其一是基于区域的匹配，将图像分割为不同的区域，然后在每个区域中寻找匹配点；其二是基于特征点的匹配，在图像中提取关键点或焦点，然后进行匹配；其三是基于深度学习的匹配，使用卷积神经网络等深度学习模型来学习视差映射。

通过计算视差，可以生成深度图，其中每个像素表示对应点的深度。深度图可以进一步转换为点云，其中每个点的位置是由深度图中对应像素的深度值确定的。另外，通过将多个视角的点云或深度图进行配准和融合，可以生成更完整的三维模型。这个模型可以在可视化、分析、模拟等方面应用，包括但不限于机器人导航、自主驾驶、工业制造等。

2.3.2　自然语言处理

1.机器翻译

机器翻译是自然语言处理领域的一项重要技术，旨在将一种语言的文本内容自动转换为另一种语言的文本内容。机器翻译在全球化背景下有广泛的应用，涵盖了商务、文化交流、科研等多个领域。

传统的机器翻译方法主要依赖两种策略：基于规则的方法和统计机器翻译。基于规则的方法通过使用人工定义的翻译规则和语法知识来进行翻译，其局限性在于涵盖的语言规则和词汇有限。统计机器翻译（Statistical Machine Translation，SMT）通过使用大量双语平行语料来训练翻译模型，在统计机器翻译中，著名的方法包括IBM模型和短语翻译模型。

近年来，深度学习技术在机器翻译领域的应用取得了巨大的成功，如神经网络机器翻译（Neural Machine Translation，NMT）。该方法利用神经网络模型从大规模的平行语料中学习翻译模型，克服了传统方法中对规则和特征的依赖。主要的神经网络机器翻译方法包括编码-解码模型和变换器（Transformer）模型两种。

编码-解码模型通过使用编码器将序列（源语言）编码为一个中间表示，然后解码器接收这个中间表示作为输入并生成输出序列（目标语言）。常见的模型包括基于循环神经网络的Seq2Seq模型及基于Transformer架构的模型。基于Transformer架构的模型在机器翻译领域引入了自注意力机制，能够同时考虑输入序列中的所有位置，极大提升了翻译质量和并行计算能力。此外，训练模型（如GPT和BERT）在一定程度上也应用于翻译任务。

基于神经网络的端到端的机器翻译，直接从源语言生成目标语言，无须传统方法中的翻译流程。这种方法简化了模型架构，并在一定程度上提升了翻译速度和质量。

此外，迁移学习在机器翻译中的应用是将已经训练好的翻译模型应用于不同的语言对，从而减少对大量平行语料的依赖。多语言模型则通过共享一部分参数来处理多种语言，使得模型在多种语言间能够共享知识。为了克服数据稀缺的问题，研究者们使用数据增强和自监督学习等方法来提升翻译模型的性能。这些方法通过在源语言和目标语言之间生成伪造数据来增加训练数据的多样性。

2.情感分析

情感分析也被称为情感判定、情感检测或情感态度分析，旨在通过分析文本中的情感和情绪来判断文本的情感极性，通常分为积极、消极和中性三种情感类别。情感分析在社交媒体分析、市场调研、舆情监测等领域有广泛应用。情感分析的步骤通常包括文本预处理、特征提取及情感分类。

（1）文本预处理

情感分析的第一步是对文本进行预处理，包括分词、去除停用词和词干化。这有助于将文本转换为计算机可以处理的形式。

（2）特征提取

情感分析的第二步是进行特征提取，特征提取是将文本转换为可供机器学习算法处理的特征向量的过程。常用的特征提取方法包括词袋模型、反向文件频率及词嵌入。词袋（Bag of Words，BoW）模型将文本表示为词语的频率或出现与否，从而生成一个稀疏的向量表示。反向文件频率（Term Frequency-Inverse

Document Frequency，TF-IDF）将词袋模型的词频加上逆文档频率的权重，用于捕捉词语在文本集合中的重要性。词嵌入使用词嵌入模型（如 Word2Vec、GloVe 和 BERT）将词语映射为低维连续向量，以捕捉词语的语义信息。

（3）情感分类

在提取文本特征后，需要使用机器学习算法对文本的情感进行分类。常用的分类算法包括朴素贝叶斯、支持向量机及深度学习模型。朴素贝叶斯在特征独立性假设下，通过贝叶斯定理来进行分类。支持向量机通过寻找一个超平面，将不同类别的样本分开，以实现分类。深度学习模型是基于神经网络的模型，如循环神经网络、卷积神经网络及 Transformer，使用深度学习模型能够更好地捕捉文本中的复杂语义和上下文信息。

除了机器学习算法，还可以使用情感词典和规则方法来进行情感分析。情感词典是包含词语情感极性的词典，通过计算文本中的情感词语得分来确定文本情感；规则方法则基于人工定义的规则来判断文本情感。多种方法的结合通常可以提高情感分析的性能，如将机器学习模型与情感词典结合，或使用混合特征表示。

3. 问答系统

问答系统（Question Answering System，QA 系统）是自然语言处理中的一项重要技术，旨在使计算机能够理解人类提出的问题，并以自然语言形式回答问题。问答系统可以用于多种场景，如智能助手、知识库检索及在线客服。

问答系统的首要任务是从大量的文本数据中检索和提取与问题相关的信息。这通常涉及对语料库或知识库的搜索和匹配。问答系统采用了多种技术和策略，包括关键词检索、倒排索引和利用知识图谱。基于问题中的关键词进行检索，从语料库中找到包含这些关键词的文本段落是最简单的方法；使用倒排索引可以加速信息检索的过程，它记录了每个词语在文本中的位置，可以快速定位匹配的文本。此外，在一些问答系统中，还使用知识图谱作为知识源，通过图谱中的实体关系来回答问题。

随着多媒体数据的增加，一些问答系统可以处理多种数据类型，如文本、图像、视频和音频。这种多模态问答需要系统能够理解多种数据，并将其整合在一起后回答问题。此外，问答系统可以基于不同的技术方法来实现。具体来说，基于规则的方法通过使用预定义的规则和模式来回答问题；统计方法通过训练模型从大量数据中学习答案模式；深度学习方法利用神经网络以端到端的方式学习问题和答案之间的映射关系。在自然语言处理领域，基于不同的技术诞生了一些经典的问答系统，它们代表着不同的方法和思想。

（1）检索型问答系统

使用信息检索技术从大量文本中检索与问题相关的信息，然后从检索到的信息中提取答案。例如，IBM Watson 模型作为一个使用信息检索、自然语言处理和机器学习等多种技术的著名的问答系统，在 2011 年击败了《危险边缘》（*Jeopardy*!）电视节目中的人类冠军，展示了其强大的检索和推理能力。

（2）基于规则的问答系统

使用预定义的规则和模式来回答问题，适用于特定领域。例如，基于模板匹配和规则的问答系统——ALICE（Artificial Linguistic Internet Computer Entity）模型，它作为一个早期的聊天机器人，使用预先编写的规则和模式来进行对话和问答。

（3）统计机器翻译方法

将问题翻译成语料库中的句子，然后从翻译结果中抽取答案。例如，Statistical QA Model 将问题翻译成句子，并使用统计机器翻译方法生成翻译结果，然后从翻译结果中抽取答案。

（4）深度学习方法

随着深度学习的兴起，许多基于神经网络的问答系统取得了重大进展。T5（Text-to-Text Transfer Transformer）模型将所有自然语言处理任务视为文本到文本的转换问题，包括问答。通过对输入问题进行编码，T5 模型可以生成问题的答案。BERT（Bidirectional Encoder Representations from Transformers）模型是一种预训练模型，通过在大规模语料上进行预训练来处理问答任务。Fine-Tuning BERT 模型可用于将问题和上下文进行编码，生成答案或判断答案的正确性。循环神经网络模型和长短期记忆网络模型都被用于序列到序列的问题（如机器翻译），在问答系统中，二者都可以用来理解问题和生成答案。

总之，问答系统是自然语言处理中的一项复杂技术，涉及信息检索、语义理解、答案生成等多个环节。随着深度学习技术的发展，问答系统在处理复杂问题和生成更准确、更自然的答案方面取得了显著进展。

4. 文本生成

文本生成是指通过利用计算机算法和模型，将非结构化数据，如图像、数据表、其他文本，转换为自然语言文本的过程。

（1）文本生成的步骤

文本生成是自然语言处理中的一项关键技术，涉及语言模型、统计方法，以及近年来日益重要的深度学习方法。这些技术可以用于各种应用，如文本摘要、对话生成、故事创作。文本生成的步骤如下所述。

步骤1：数据预处理。对输入数据进行清洗、标准化和向量化，以便模型能够处理。

步骤2：特征提取。根据不同的任务，选择适当的特征提取方法，如图像特征、情感特征。

步骤3：语言模型。使用统计方法或深度学习模型构建语言模型，以预测下一个词或字符。

步骤4：生成文本。基于训练好的模型，从初始标记（如起始标记或图像特征）开始，逐步生成文本。

步骤5：评估和后处理。对生成的文本进行评估，可以使用自动评估指标或人工评估，根据需要可进行后处理以提高生成文本的质量和流畅性。

（2）经典模型

文本生成技术始于基于规则和模板的方法，随后发展为基于统计的方法，如 N-Gram 模型和马尔可夫链模型。近年来，深度学习方法的兴起为文本生成技术带来了重大突破，包括基于循环神经网络的模型、基于长短期记忆网络的模型和基于 Transformer 的模型。模型的引入，尤其是 Transformer 的引入，为生成任务带来了革命性的变革，产生了许多成功的预训练模型，如 GPT 系列和 BERT。

①基于循环神经网络的模型

循环神经网络适用于序列数据的神经网络。在文本生成中，循环神经网络可以用于将前一个时间步的隐藏状态作为输入，生成下一个时间步的输出。然而，传统的循环神经网络存在梯度消失问题，难以捕捉长距离的上下文信息。

②基于长短期记忆网络的模型

长短期记忆网络是一种改进的循环神经网络，通过门控机制解决了梯度消失问题。长短期记忆网络中的记忆单元允许信息流畅地通过，有助于捕获长序列中的依赖关系。它在文本生成中常用于生成连贯的、长序列的文本。

③基于Transformer的模型

基于Transformer的模型是一种基于注意力机制的深度学习模型，适用于并行计算。在文本生成中，Transformer通常被应用于编码-解码结构，它通过自注意力机制和多头注意力机制，可以有效地捕获上下文信息。基于Transformer的预训练模型包括GPT系列模型和BERT等。GPT系列模型通过在大规模语料库上进行预训练来学习丰富的语言表示，在文本生成中，GPT系列模型可以通过无监督学习方式生成高质量的连贯文本。BERT主要用于填充式生成（从一段被遮蔽的文本中预测被遮蔽的部分），虽然主要用于生成预测任务，但其表达学习能力也在文本生成中得到了应用。

这些典型模型在文本生成领域发挥了重要作用，各自在模型结构、训练策略和应用领域上有不同的优势。随着自然语言处理领域的发展，这些模型将继续演化和创新，为文本生成任务带来更好的效果。

2.3.3 语音识别

语音识别技术也被称为自动语音识别（Automatic Speech Recognition，ASR），它是一种将人类语音转换为机器可处理的文本或命令的技术。

语音识别技术在许多领域中得到了广泛应用，如虚拟助手、语音命令、语音搜索及语音翻译。语音识别技术的基本原理是将人类的声音信号转换为文本。转化过程的步骤如下所述。

步骤1：声音信号采集。从麦克风或其他录音设备中采集人类语音输入，获得声音信号。

步骤2：预处理。对声音信号进行预处理，包括去除噪声、归一化音频等，以提高识别的准确性。

步骤3：特征提取。从预处理后的声音信号中提取特征，通常使用梅尔频率倒谱系数或其他声学特征表示声音频谱。

步骤4：声学模型训练。使用训练数据集训练声学模型，如隐马尔可夫模型和深度学习模型，将声学特征映射到文本。

步骤5：解码结果。在识别阶段，将声学模型的输出与语言模型结合，使用搜索算法来找到最有可能的文本序列，即解码结果。

语音识别技术起源于20世纪50年代。早期主要采用基于模板匹配和规则的方法，但受语音的多样性和环境噪声限制。随着时间的推移，隐马尔可夫模型被引入，此举为语音识别技术的突破性发展做出了巨大贡献。进入21世纪，深度学习方法（如卷积神经网络和循环神经网络）的兴起使语音识别性能大幅提升。此后，Transformer模型等的引入，进一步提升了语音识别的效果。

典型的模型包括隐马尔可夫模型（早期常用的声学模型，通过状态转移模型描述语音信号的序列特性）、深度神经网络（用于声学特征到音素的映射，提高语音识别的准确性）、长短期记忆网络（循环神经网络的一种变体，解决了长序列中的梯度消失问题，适用于处理长时依赖关系），以及Transformer模型（通过注意力机制来捕捉上下文信息，适用于语音识别任务）。

尽管目前相关技术已经取得了非常大的进步，但语音识别仍面临一些挑战，如噪声环境下的准确性、多样的说话人和口音，以及上下文的理解。未来，随着深度学习技术的发展，语音识别有望进一步提高准确性，实现更自然的人机交互，在更多应用领域得到广泛应用。

2.4 信息安全基础知识

2.4.1 基本概念

信息安全是一个随着历史发展，内涵不断丰富的概念。信息安全最早指通信保密，始于 20 世纪 40—70 年代（又称为通信安全时代），其重点是通过密码技术解决通信保密问题，保证数据的机密性和完整性。20 世纪 70—80 年代，随着计算机技术的发展，信息安全涵盖了计算机安全，不仅要求确保计算机系统中的硬件、软件的可用性，还要求确保系统中信息的机密性、完整性和可用性。20 世纪 80—90 年代，信息技术安全逐步受到关注，信息安全进一步涵盖了信息技术安全，核心目标是实现对信息系统和信息在存储、处理和传输过程中的保护，采取必要的安全措施来抵御潜在的威胁。20 世纪 90 年代后期，随着计算机技术和信息技术的广泛应用，信息安全的内容逐渐完善，其目标是信息保障，重点在于保障国家信息基础设施不被破坏，确保信息基础设施在受到攻击的前提下能够最大限度地发挥作用，强调系统的鲁棒性和容灾特性。

国际标准化组织（ISO）对信息安全的定义[1]：为数据处理系统建立和采用的技术、管理上的安全保护，使计算机硬件、软件、数据不因偶然的或恶意的原因而遭到破坏、更改、泄露。

信息安全具有三大基本属性，分别是机密性（Confidentiality，即信息不应被非授权访问）、完整性（Intergrity，即信息应具备一致性，不被人为或非人为篡改）和可用性（Availability，即信息资源随时可向授权用户提供服务），简称信息安全三要素（CIA）。机密性是指保证信息不被非授权访问，即使非授权用户得到信息也无法知晓信息内容；完整性是指维护信息的一致性，即信息在生成、传输、存储和使用过程中不应该发生人为或非人为的非授权篡改；可用性是指保障信息资源随时可提供服务的能力特性，即授权用户可以根据需要随时访问所需信息[2]。信息完整性涉及两个方面，一是数据完整性，即确保数据不被篡改或损坏；二是系统完整性，即确保系统不被非法操控，能够按照预定目标正常运行。

除了这三个基本属性，信息安全还具有不可否认性（Non-Repudiation）、可认证性（Authentication）、可审计性（Accountability）和可靠性（Reliability）。不可否认性要求无论发送方还是接收方都不能抵赖所进行的信息传输。可认证性确保信息使用者和信息服务者都是真实用户。可审计性确保实体（包括合法实体和实施反击的实体）的行为可以被唯一地区别、跟踪和记录。可靠性是指信息系统能够在规定条件下和规定时间内完成规定功能的可能性。一般认为，安全的信息交换应该至少满足机密性、完整性、可用性、不可否认性和可审计性。根据 ISO 给出的定义，信息安全主要涵盖五个方面。

（1）通信安全

通信安全是建立在信号层面的安全，为信息的可靠传输提供物理保障。通信安全是信息安全的基础。

（2）数据安全

数据安全是指信息通信中存储及流通数据的安全。数据安全包括保护网络中的数据不被篡改、非法增删、复制、解密、显示、使用，以及保护数据的隐私安全等。数据安全是保障信息安全最根本的目的。

（3）网络安全

网络安全通常包括计算机安全或计算机网络安全，是指网络信息系统的硬件、软件及其系统中的数据受到保护，不因偶然的或者恶意的破坏更改、泄露，系统能连续、可靠、正常地运行，服务不中断。网络安全是信息安全的重要内容。

（4）应用安全

应用安全主要体现在应用系统的安全，应用系统的安全着重于构建安全的系统基础架构，利用专业的安全工具持续监测并修复潜在的安全漏洞，从而增强应用系统的防护能力。

（5）管理安全

管理安全是信息安全不可或缺的部分。不明确的职权分配、不完善的管理制度和缺乏可操作性等问题都可能导致管理安全风险的增加。此外，某些信息的传播对社会可能造成不良影响，这些不良影响可以被认为是对信息的管理不当导致的，也属于管理安全的范畴。

2.4.2 密码学基础

随着现代通信技术、网络技术、计算机技术的飞速发展，密码技术的应用越来越广泛。密码技术是保障信息和信息系统安全的核心技术之一，它起源于保密通信技术，过去主要应用于军事领域，现在已经融入生活中的方方面面。密码学又分为密码编码学（Cryptography）和密码分析学（Cryptanalysis）两大部分，其中，密码编码学是研究如何对信息编码以实现信息安全和通信安全的学科，而密码分析学是研究如何破解或攻击受保护信息的学科。这两者既相互对立，又相互促进，共同推动密码学不断向前发展。

1.基本概念

（1）密码学常用的术语

明文（Plaintext/Message）是待加密的信息，通常用 P 或 M 表示。明文可以是文本文件、图像、数字化存储的语音流或数字化的视频图像的比特流。

密文（Ciphertext）是明文经过加密处理后的形式，通常用 C 表示。

加密（Encryption）是用某种方法伪装信息以隐藏它的内容的过程。

加密算法（Encryption Algorithm）是将明文变换为密文的变换函数，通常用 E 表示。

解密（Decryption）是把密文转换成明文的过程。

解密算法（Decryption Algorithm）是将密文变换为明文的变换函数，通常用 D 表示。

密钥（Key）是变换函数所用的一个控制参数。加密算法和解密算法的操作通常是在一组密钥控制下进行的，分别称为加密密钥和解密密钥，通常用 K 表示。

密码分析（Cryptanalysis）是截获密文者试图通过分析截获的密文从而推断出原来的明文或密钥的过程。

密码系统（Cryptosystem）是用于加密和解密的系统。当加密时，系统输入明文和加密密钥，加密变换后，输出密文；当解密时，系统输入密文和解密密钥，解密变换后，输出明文。

（2）密码系统模型

在基于密码技术的信息系统中，为了便于研究其一般规律，通常将密码系统抽象为一般模型。密码系统模型如图 2-4 所示。在对称密码体制中，加密密钥 K_1 和解密密钥 K_2 是相同的，或者虽然两者不相同，但如果已知其中一个密钥，就能很容易地推导出另一个密钥。在通常情况下，加密算法是解密算法的逆过程或逆函数。在非对称密码体制中，作为公钥的加密密钥 K_1 和作为私钥的解密密钥 K_2 在本质上是完全不同的，已知其中一个密钥推导出另一个密钥在计算上是不可行的，并且解密算法一般不是加密算法的逆过程或逆函数。

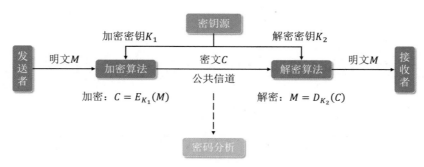

图 2-4　密码系统模型

2. 密码体制

密码体制是指密码系统实现加密和解密功能的密码方案，要素是密码算法和密钥。从出现时间上，密码体制可分为古典密码体制（Classical Cryptosystem）和现代密码体制（Modern Cryptosystem）。

（1）古典密码体制

古典密码作为密码学发展的初级阶段，一般认为从古代延续至 19 世纪末。这个时期，加密方法大多比较简单，手动或机械操作即可实现加密与解密。由于其安全性差，目前应用很少。替代和置换是古典密码中用到的两种基本处理技巧，它们在现代密码学中也得到了广泛使用。

①替代密码

替代密码（Substitution Cipher）将明文中的每个字符替换成另一个字符而形成密文，接收者对密文做反向替换就可以恢复为明文。古典密码体制中采用替代运算的典型密码算法有单表（替代）密码、多表（替代）密码等。

②置换密码

置换密码（Permutation Cipher）是指，在加密过程中，明文的字符保持相同，但顺序被重新打乱的一种加密技术，因而又被称为换位密码。这里介绍一种较为常见的置换处理方法：将明文按行写在一张格纸上，然后按列的方式读出结果，即密文；为了增加变换的复杂性，可以设定读出列的不同次序（算法的密钥）。如果将置换密码与其他密码技术结合，则可以得出十分有效的密码编码方案。

（2）现代密码体制

从密钥使用策略上，现代密码又可分为对称密码体制（Symmetric Key Cryptosystem）和非对称密码体制（Asymmetric Key Cryptosystem）。

①对称密码体制

对称密码体制又称为秘密密钥体制（Secret Key Cryptosystem）、单钥密码体制（One Key Cryptosystem）或传统密码体制（Traditional Cryptosystem）。在对称密码体制中，加密密钥 K_1 和解密密钥 K_2 是相同的，或者虽然两者不相同，但已知其中一个密钥就能很容易地推出另一个密钥，因此信息的发送者和接收者必须对所使用的密钥完全保密，不能让第三方知道。根据加密过程中对数据的处理方式不同，对称密码体制可以分为分组密码和序列密码两类，经典的对称密码算法包括 AES、DES、RC4 和 A5 等。

对称密码体制的优点为加密和解密的速度较快，具有较高的数据吞吐率，并且适合硬件实现。但是，对称密码体制又具有密钥量大且难以管理、密钥分发需要安全通道、难以解决不可否认性问题等缺点。多人用对称密码算法进行保密通信时，其密钥量会按通信人数的平方增长，导致密钥管理越来越复杂。

②非对称密码体制

非对称密码体制又称为双钥密码体制（Double Key Cryptosystem）或公开密钥密码体制（Public Key Cryptosystem）。在非对称密码体制中，加密密钥 K_1 和解密密钥 K_2 是完全不同的，一个是对外公开的公钥，可以通过公钥证书进行注册公开，另一个是必须保密的私钥，只有拥有者才知道，不能从公钥推出私钥，或者说从公钥推出私钥在计算上是不可行的。典型的非对称密码体制包括 RSA、ECC、Rabin、Elgamal 和 NTRU 等。

非对称密码体制主要是为了解决对称密码体制中难以解决的问题而提出的。在非对称密码体制中，公钥是向所有人公开的，而使用公钥加密的信息通过相应的私钥才能解密。因此，当用户需要安全地向对方发送一个加密通信的密钥时，只需要使用对方的公钥来加密该密钥，这样，只有持有相应私钥的接收方才能解密并获取到加密通信的密钥。得到所发送来的对称密钥，每个用户只需要保存好自己的私钥，对外公布自己的公钥，这便极大地减少了密钥量，降低了密钥管理难度。此外，非对称密码体制可以有效地实现数字签名，即用户使用自己的私钥对信息进行加密（签名），任何人都可用该用户公布的公钥来验证其签名的有效性。相应地，与对称密码体制相比，非对称密码体制存在加密解密速度更慢、密钥长度更长、密文长度往往大于明文长度等缺点。

3.密码攻击

密码体制的设计者和使用者都非常关心密码分析问题，因为密码体制的分析结果是评价这一密码体制安全性的重要依据。从本质上讲，解密或破译是密码分析者在不知道解密密钥的情况下从截获的密文中恢复出明文或者获得密钥的过程。但密码分析者具备的条件是不尽相同的，根据密码分析者可获得的密码分析的信息量，可以把针对密码体制的攻击划分为五种类型[2]。

（1）唯密文攻击

唯密文攻击是指密码分析者除了拥有所截获的一些信息的明文，没有其他可以利用的信息。在这种情况下一般采用穷举搜索法，即对截获的密文依次用所有可能密钥进行尝试，直到得到有意义的明文。只要有足够多的计算资源和存储资源，从理论上讲，穷举搜索法是可以成功的。经不起这种攻击的密码体制被认为是不安全的。

（2）已知明文攻击

已知明文攻击是指密码分析者不仅掌握了相当数量的密文，而且能够获取一些明文-密文对。在这种情况下需要通过明文-密文对推导出用来加密的密钥或推导出一个算法，此算法可以对用同一密钥加密的任何新的信息进行解密。推导需要用到若干对明文-密文对，而在现实中，密码分析者可能通过各种手段得到更多的信息，即如果能得到一对明文-密文对，那么进一步得到更多明文-密文对并不是十分困难的事。因此，对于现代密码体制的基本要求是不仅要经受得住唯密文攻击，还要经受得住已知明文攻击。

（3）选择明文攻击

选择明文攻击是指密码分析者不仅能够获得一定数量的明文-密文对，而且可以在使用同一未知密钥的情况下，使用任意明文生成相应的密文。

（4）选择密文攻击

选择密文攻击是指密码分析者能在使用同一未知密钥的情况下，使用任意密文生成相应的明文。如果在解密系统中能选择特定的密文信息，则通过该密文信息对应的明文有可能推导出密钥的结构或产生更多关于密钥的信息。这种攻击往往使密码分析者能够通过某种手段暂时控制解密器。

（5）选择文本攻击

选择文本攻击是选择明文攻击和选择密文攻击的组合，即密码分析者在掌握密码算法的前提下，不仅能够选择明文并得到对应的密文，而且能选择密文并得到对应的明文。这种情况往往是密码分析者通过某种手段暂时控制了加密器和解密器。

这五种攻击强度通常是依次递增的。如果一个密码系统能够抵抗选择明文攻击，那么它很可能也能够抵抗已知明文攻击和唯密文攻击。在信息安全中，针对密码体制的攻击不限于以上五种攻击类型，还包括借助通信攻击、网络攻击等手段直接获取密钥，以及一些非技术手段，如通过威胁、勒索、贿赂、购买等方式获取密钥或相关信息。

2.4.3 通信基础

人类社会需要进行信息交互。人们通过听觉、视觉、嗅觉、触觉等感官感知现实世界以获取信息，并通过通信传递信息。通信是指按照达成的协议，信息在人、地点、进程和机器之间进行的传递。通信作为信息科学的一个重要领域，与人类的社会活动、个人生活与科学活动密切相关，并有其独立的技术体系。

1.基本概念

通信的最基本形式是点与点之间建立的通信系统。按照传输信号的类别，通信系统可分为模拟通信系统和数字通信系统，它们分别传输模拟信号和数字信号。模拟信号是代表信息的信号及其参数，如幅度、频率或相位，随着信息连续变化的信号，它在幅度上连续，但在时间上可以连续或不连续。数字信号是不仅在时间上是离散的，而且在幅度上也是离散的信号。理论上，任何一个通信系统都可以视为由信源（发送端）、信道与信宿（接收端）三部分组成。实际上，通信系统还包括连接信道的发射/接收设备、调制/解调器、编码/译码器、加解密设备及噪声源等。数字通信系统模型示意如图2-5所示，其中仅表示了两个用户间的单向通信，对于双向通信还需要完成相反方向的信息传送工作。

图 2-5　数字通信系统模型示意

（1）信源

信源是发出信息的信息源，其作用是把待传输的信息转换成原始电信号。原始电信号是没有经过调制的信号，频率较低，也被称为模拟基带信号。在通信中，信源是指向信宿发出信息的部件。不同信源构成不同形式的通信系统，如人与人之间通信的电话通信系统和计算机之间通信的数据通信系统。

（2）编码/译码器和调制/解调器

编码/译码器和调制/解调器的作用是把信源发出的信息转换成适合在信道上传输的信号。编码器通过差错控制编码对信号噪声或干扰造成的差错进行控制；译码器进行与编码器相反的变换。调制器将基带信号转换成其频带适合信道传输的信号；解调器进行与调制器相反的变换，将信道中传输的信号恢复成基带信号。此外，在数字通信系统中传输模拟信号时，可以通过编码/译码器对模拟信号进行编码/译码来转换成数字信号传输。

（3）信道

信道是数据传输的通路，即连接发送端和接收端通信设备之间的传输媒介。信道按传输媒体（又称为传输媒介）的不同，可分为有线信道和无线信道两大类。有线信道使用有形的实体介质作为传输媒介，如电缆和光纤；无线信道是一种形象的比喻，是指通信两端之间不以实体连接，如地面波、短波电离层反射、视距中继和卫星。信道按限定范围可分为物理信道和逻辑信道。物理信道是用于传输信号的物理通路，它由传输介质和通信设备组成；逻辑信道是在物理信道的基础上，发送与接收信号的双方及中间节点所构成的逻辑通路。信道按传输信号可分为模拟信道和数字信道。模拟信道用于传输模拟连续信号，如连续变化的电磁波和电信号；数字信道则用于传输数字离散信号，如断续变化的电压脉冲和光脉冲。

（4）信宿

信宿是信息接收者。在通信中，信宿是从信源接收信息的部件，其将复原的原始信号转换成相应的信息。信宿可以与信源相对应，构成"人-人通信"或"机-机通信"，如电话机将对方传来的电信号还原成声音；信宿也可以与信源不一致，构成"人-机通信"或"机-人通信"。

（5）噪声源

噪声源是指在实际通信系统中客观存在的干扰噪声、电磁干扰等。系统的噪声源众多，从发出和接收信息的周围环境、各种设备的电子器件，到信道所受到的外部电磁干扰，都会对信号产生噪声影响。为便于分析，一般将系统内所存在的干扰折合到信道中，用噪声源表示。

上述通信系统采用的是最基本的通信方式——点对点通信。但是，信息系统并不仅仅是由许多点对点通信系统组成的，它还需要将众多这样的系统通过交换系统按照一定的拓扑结构组合成通信网，通过网内选路功能满足任意两个用户之间都能交互信息的需求。

2.通信网络协议

在通信网中，通信双方必须遵守共同的约定，即通信双方必须使用相同的格式，采用一致的时序发送和接收信息，通信双方之间这种管理信息传递和交换的规则称为通信协议。通信网络协议是设计和开发通信设备和通信系统的基础。

通信网络协议十分繁杂，涉及面很广，因此制定协议通常采用分层次法，把整个协议分成若干个层次，各层之间既相互独立，又相互联系，每一层完成一定的功能，下一层为上一层提供服务。国际标准化组织ISO提出的OSI（Open System Interconnect）参考模型，即开放式通信系统互连参考模型，是实现各个网络之间互通的一个标准化理想模型。OSI参考模型将计算机网络体系结构划分为七层，每一层实现各自的功能和协议，并完成与相邻层的接口通信，各层在计算机网络系统中的作用如图2-6所示。

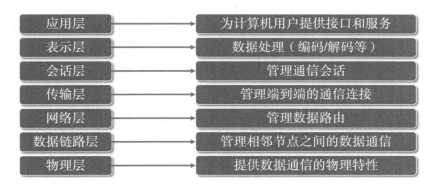

图2-6 OSI参考模型

由于OSI参考模型过于复杂，后来演化出TCP/IP（Transmission Control Protocol / Internet Protocol，传输控制协议/互联网协议）模型。TCP/IP参考模型将OSI参考模型由七层简化成四层，将应用层、表示层、会话层统一为应用层，将数据链路层和物理层统一为网络接口层。与OSI参考模型不同，TCP/IP模型没有官方的标准文件加以规定，因此在不同的资料中TCP/IP的层次划分不完全一致。

TCP/IP泛指以TCP和IP为基础的一个协议簇，而不仅仅指TCP和IP两个协议。目前，TCP/IP已经成为一种得到广泛应用的工业标准。

3.物联网通信

为便于读者阅读和理解后续章节，这里简要介绍物联网基本概念及其通信架构。目前，互联网主要以人与人之间的交流为核心，但是物联网的出现改变了这一情景。交流不再局限于人与人之间，人与物之间、物与物之间也可以进行"交流"和"通信"，顾名思义，物联网就是物物相连的互联网。目前，物联网包含两个主要概念：一是物联网的核心基础为互联网，它是互联网的延伸；二是物联网扩展了用户端，使其覆盖了物体间的信息交换，实现了物与物的通信。

（1）技术特征

国际电信联盟（ITU）将物联网定义为信息社会的一个全球基础设施，它基于现有和未来可互操作的信息和通信技术，通过物理的、虚拟的物物相连来提供更好的服务。

归结起来，物联网有四个技术特征[3]：一是物体数字化，将物理实体改造成彼此可寻址、可识别、可交互、可协同的"智能"物体；二是泛在互联，以互联网为基础，将数字化、智能化的物体接入其中，实现无处不在的互联；三是信息感知与交互，在网络互联的基础上，实现信息的感知、采集，以及在此基础之上的响应、控制；四是信息处理与服务，支持信息处理，为用户提供基于物物相连的新型信息化服务。在这几个特征中，泛在互联、信息感知与交互，以及信息处理与服务都和通信有着密切的关系，因此通信可以说是物联网的基础架构。

（2）典型的体系架构

目前，国内外提出了很多物联网的体系架构，最典型的是国际电信联盟电信标准化部门的建议中所提出的泛在传感器网络（Ubiquitous Sensor Network，USN）体系架构[3]。

USN体系架构将物联网划分成五个层次，分别为传感器网络层、接入网络层、骨干网络层、网络中间件层和应用层[3]。欧洲电信标准化协会（ETSI）联合各国各通信标准化组织（共七家）成立物联网领域国际标准化组织——oneM2M，并给出更为简洁的oneM2M体系架构，将物联网划分成三层，分别为应用层、服务层和网络层。USN体系架构和oneM2M体系架构对物联网应用的构建具有较强的指导意义，但是不能完整、详细地反映出物联网系统实现中的组网方式、通信特点、功能组成等。为了便于读者对物联网通信的理解，本书参考相关书籍资料，采用物联网通信结构，将物联网关于通信部分抽象为若干环节并进行划分。

①接触节点

接触节点分为感知节点和执行节点两种类型。物联网应用面对外界各种物体，经常需要对其进行多种参数的感知和获取，包括位置、速度、方向、成分等，这些参数都由接触环节的感知节点来获取。感知节点在向后续节点发送数据的同时，也可能需要从后续节点获取必要的信息，如相关参数的设置。执行节点的主要任务是接收物联网应用系统，特别是决策者发来的执行命令、控制指令，产生一定的行为，从而对外界产生影响。在必要时，执行节点还需要将结果反馈给后续节点。

②末端网

在实际应用中，很多应用系统接触环节中的节点在获取数据后，并不能直接把数据发送到互联网上，而是需要借助一定的通信技术，先把数据传送给某些特殊的节点（如主机、网关），再由这些特殊节点将数据中转给互联网，这部分工作类似于末端神经将信号传送到主干神经网，因此这里称之为末端网。

③接入网

接入网是指从骨干网络到用户终端之间的所有设备。在物联网中，接入网是末端网和互联网的中介。传统的接入网主要以铜缆形式为用户提供一般的语音业务和少量的数据业务，如电话网及其拨号上网技术等。随着社会发展，网络接入需求增加，一系列接入网新技术应运而生，其中包括混合光纤/同轴（Hybrid Fiber-Coaxial，HFC）接入技术、以太网到户（Ethenet to The Home，ETTH）技术、光纤到户（Fiber To The X，FTTx，"x"指不同的接入点）技术、无线局域网（Wireless Local Area Network，WLAN）技术、无线广域网（Wireless Wide Area Network，WWAN）技术，以及以4G、5G为代表的蜂窝接入技术等。

④互联网

互联网目前是物联网的核心，负责将不同的物联网应用互联。

2.4.4　网络安全基础

狭义的网络安全是指采用各种技术和管理措施保障网络系统正常运行，从而确保网络数据的可用性、完整性和保密性。然而，网络安全的具体含义会随着"角度"的变化而变化，从用户（如个人、企业）角度来说，它防止与个人隐私或商业利益相关的敏感信息在网络上传输时受到机密性、完整性和真实性的威胁；从网络管理者角度来说，它是针对网络黑客的攻击行为而采取的各种防御和管理措施，以避免本地系统及网络信息遭受控制或破坏等威胁；从安全保密角度来说，它防范对国家、社会产生的危害；从网络安全意识形态来说，它是保持社会稳定、绿色网络环境健康持续发展的重要一环。

1. 软件安全定义及属性

（1）基本概念

目前，有关软件安全的相关术语还没有统一的定义，下面列出几种比较权威的定义及说明。

国家标准《信息技术 软件安全保障规范》（GB/T 30998—2014）将软件安全定义为，"软件工程与软件保障的一个方面，它提供一种系统的方法来标识、分析和追踪对危害，以及具有危害性功能（如数据和命令）的软件缓解措施与控制。"这一定义侧重的是软件的安全开发过程和方法，指出了软件安全与软件工程的从属关系。此定义与美国国家航空航天局（NASA）在2013年颁布的《软件安全标准》一致。

软件安全领域的权威专家 Gary McGraw 博士在其早期文献中描述软件安全为，"软件安全是使软件在受到恶意攻击的情形下依然能正确运行的软件工程化思想。"这一定义强调通过工程化手段改进软件的开发过程，以确保软件在面临恶意攻击时仍能保持其功能，即通过系统化、规范化和数量化的软件安全工程方法，来指导如何构建安全的软件。软件安全工程化的三个支柱分别是风险管理、软件安全切入点和安全知识。其中，风险管理是一种贯穿软件开发生命周期的战略性方法；而软件安全切入点是在软件开发生命周期中保障软件安全的一套最佳实际操作方法，包括安全需求分析、威胁建模、安全测试、代码审计和安全操作等[4]。

（2）属性

软件已成为信息系统中的关键组成部分，因而可以参照信息安全三要素来对软件安全的属性进行定义和描述。软件安全属性包括信息安全的三大基本安全属性，即机密性、完整性和可用性。此外，对于安全性要求较高的应用系统，软件还应当具备可认证性、授权、可审计性、不可否认性、可控性和可存活性等安全属性。

① 机密性

国家标准《信息技术 系统及软件完整性级别》（GB/T 18492—2001）将安全保密性定义为，"对系统各项的保护，使其免于受到偶然的或恶意的访问、使用、更改、破坏及泄露。"

② 完整性

软件的完整性可被理解为软件产品能够按照预期的功能运行，不受任何有意的或者无意的非法错误所破坏的软件安全属性，其强调软件开发中软件工程过程必须满足的需求。

③ 可用性

软件的可用性是一个多因素概念，涉及易用性、有效性、用户满意度等。可用性通过把这些因素与实际使用的环境相关联来评价特定的目标。破坏网络和有关系统正常运行的拒绝服务攻击就属于对可用性的破坏。

④ 可认证性

可认证性（Authentication）比鉴别有更深刻的含义，包含对传输、信息及信息源的真实性的核实。软件是访问内部网络、系统与数据库的渠道，因此对于内部敏感信息的访问必须得到批准。认证就是通过验证身份信息来保证访问主体与所声称身份是唯一对应的。

⑤授权

在软件安全中，访问主体通过认证，只能表明访问主体的真实身份得到验证，但并不能表明该主体可以被授予所请求资源的所有访问权限。

⑥可审计性

在软件安全中，审计（Audit）是根据公认的标准和指导规范，对软件从计划、研发、实施到运行维护进行审查评价，对软件及其业务应用的完整性、效能、效率、安全性进行检测、评估和控制，以确认预定的业务目标得以实现，并提出一系列改进建议的管理活动。这些审计活动涉及软件开发的可审计性和软件功能的可审计性。

⑦不可否认性

在软件安全中，不可否认性旨在解决用户或者应用系统对于已有动作的否认问题。

⑧可控性

软件的可控性是一种系统性的风险控制概念，涉及对应用系统的认证授权和监控管理，确保实体身份的真实性，确保内容的安全和合法，确保系统状态被可授权方所控制。

⑨可存活性

软件是信息系统的核心，其可存活性涉及信息安全和业务风险管理，不仅需要对抗网络入侵者，还要保证在各种网络攻击的情况下实现业务目标。

2.硬件安全基本概念

硬件（Hardware）通常指单片机、计算机硬件、软件程序的载体及交互接口。硬件无处不在，手机、计算机、键盘、鼠标、空调等一切具备电子电路的设备，都可以称为硬件。

电路（Electrical Circuit）又称为电子回路，是由电气设备和电子元器件按一定方式连接起来，为电荷流通提供路径的总体[5]。电子元器件（Electronic Component）是电子电路的基本元素，也是组成硬件的基本组件。电子元器件通常是个别封装，并具有两个或两个以上的引线或金属节点，相互连接可以构成一个具有特定功能的电子电路，如放大器、无线电接收机和振荡器。电子元器件可以是单独封装（如电阻器、电容器、二极管），也可以是各种不同复杂度的群组，如集成电路。集成电路（Integrated Circuit）采用特定的加工工艺，按照一定电路互联，把一个电路中所需的晶体管、电容、电阻等元器件集成在一小块半导体晶片上并装在一个管壳内，成为能执行特定电路或系统功能的微型结构，如运算放大器、排阻、逻辑门。

单片机（Single-Chip Micro-Computer，单片微型计算机），又称为微控制器（Micro-Controller），是把中央处理器、存储器、定时/计数器、各种输入/输出接口等都集成在一块集成电路芯片上的微型计算机[5]。单片机在生活中很常见，几乎所有的手机、计算机、家电都可以看成单片机系统，复杂的单片机可能包含嵌入式。嵌入式一般是指嵌入式系统（Embedded System），是一种嵌入机械或电气系统内部、具有专属功能的计算机系统，通常要求具备实时计算性能[5]。嵌入式系统的关键特性是专用于处理特定的任务。现代嵌入式系统通常基于微控制器工作，其物理形态包括便携设备（如电子表、MP3播放器）、大型固定装置

（如交通灯、工厂控制器）和大型复杂系统（如混合动力汽车、磁共振成像设备）。单片机和嵌入式都是信息系统中常见的硬件。

在计算机技术发展早期，硬件被视为支持整个计算机系统的可信平台，是负责运行从软件层传递指令的抽象层。因此，与硬件相关的安全性研究通常聚焦于加密算法的硬件实现，以达到利用硬件提升加密应用程序计算性能和效率的目的。传统意义上的硬件安全是指密码芯片安全，这类芯片架构比较相似，通常包括低功耗的单片机、密码运算单元、接口电路等关键组件，整个芯片的核心功能集中在密钥存储和安全密码运算上，一般功能比较单一，不介入互联网。因此，密码芯片是一种边界比较清晰的黑盒系统，作为一个可信组件被置入计算机系统中，用于保护密钥、进行身份认证等。然而，安全领域的研究者们并未考虑硬件本身的保护问题，他们往往认为集成电路供应链本身既封闭又复杂，攻击者无法轻易攻击集成电路。随着尖端工艺代工成本的攀升和现代集成电路平台设计日趋复杂，原本局限于一个国家甚至一家公司的集成电路供应链已经遍布全球。在这种背景下，硬件电路设计中的第三方资源——尤其是用于外包芯片制造和集成电路开发的第三方知识产权——在现代电路设计领域与制造中得到了广泛应用。这类资源的利用虽然在很大程度上减少了设计工作量、降低了制造成本、缩短了产品上市时间，但是，对第三方资源及服务的高度依赖也引发了安全问题，即突破攻击者无法轻松访问封闭的集成电路供应链这一防线。

硬件安全的概念在硬件木马出现后被正式引入[5]。学术界和工业界开始采取措施去缓解或防止相关威胁的发生。硬件安全最初指的是硬件木马的设计、分类、检测和隔离，其概念从测试解决方案延伸到形式化验证方法。形式化验证方法被证明在硬件的安全验证中颇为有效。近年来，硬件安全研究的演进已经从硬件木马的检测转移至可信硬件的开发，如借助电路制作过程中的工艺偏差生成特定芯片的指纹。硬件安全领域的另一个趋势是开发增强安全性的硬件基础设施来保护设备，即开发能够将安全性、保护和身份验证集成到专用工具链的新型硬件基础设施。此外，在集成电路供应链全球化的背景下，硬件 IP 的保护也引起了关注，成为硬件安全领域中的热门项目。

本章小结

本章广泛介绍了机器学习和深度学习中的基础知识，以及人工智能领域的典型技术。在机器学习部分，简要地介绍了监督学习、无监督学习、半监督学习和强化学习等关键内容；在深度学习部分，系统性地探讨了神经网络的基础原理，以便读者深入了解神经网络架构的构建。此外，本章介绍了人工智能领域中的典型技术，以及包含密码学、通信、网络安全在内的信息安全领域的基础知识。

通过学习本章知识，读者可以基本理解机器学习和深度学习相关基础知识，形成坚实的概念框架，同时熟悉人工智能领域中的关键技术，为更深入地学习和实践奠定一定的基础。

扫码查看参考文献

第二部分
人工智能内生安全篇

　　本部分将主要为读者讲解人工智能的内生安全问题。新技术之所以存在内生安全问题，其中一个原因是新技术自身不够成熟，存在一些安全漏洞；另一个原因则可能是新技术在设计和实现之初就存在天然的缺陷。对于前者，通常可以通过漏洞识别及打补丁修复的方式进行改进（如不同版本操作系统中出现的安全漏洞和升级补丁包），而后者客观存在的问题往往无法通过简单的"修修补补"解决。本书所讨论的人工智能内生安全问题大多数属于后者。

　　由于人工智能算法具有演进性，所以其生命周期往往较长，从设计训练、测试推理到部署应用，通常会进行反复迭代和长期运行。人工智能算法在其生命周期的不同阶段所面临的风险和安全挑战有所不同。在设计训练阶段，主要的风险是训练数据的安全没有得到充分保障，容易受到投毒攻击、后门攻击等影响，攻击者可以轻松地将带有"后门"的样本埋进训练数据中，使得训练完毕的模型在遇到触发器后执行攻击者预设的动作。在测试推理阶段，由于现实应用场景的开放性，测试数据中经常会含有噪声，攻击者不需要获取模型的训练数据，也不必操纵模型的训练过程，只需要将攻击噪声以某种特定的形式添加在输入数据中并传送给模型，即可导致模型失效。在部署应用阶段，整个智能系统面临着复杂的运行环境，攻击者可能会利用软硬件的漏洞或恶意查询来破坏系统的稳定性，导致系统崩溃或数据泄露。本部分将关注人工智能算法生命周期的每个阶段所存在的安全挑战，系统地剖析其存在的对抗安全、隐私安全及稳定安全等内生安全问题。

CHAPTER 3 ▶ 第 3 章

人工智能对抗安全

　　本章将详细介绍人工智能安全领域的一个重要研究方向——人工智能对抗安全。众所周知，在人工智能模型的生命周期中，模型训练设计阶段占有非常重要的地位，通常在这一阶段所付出的努力决定了人工智能模型能否高效地利用海量数据获取有用的知识，并根据任务需求做出正确的判定。但是，在模型训练设计阶段，人工智能模型面临一定的安全风险，如投毒攻击和后门攻击。其中，投毒攻击是指通过各种手段向训练数据中"投喂"带毒样本，从而使得模型学习受到干扰，不能准确地完成预定任务；后门攻击则是在投毒攻击的基础上提出更高的要求，通过注入带有触发器的数据，使模型在面对干净样本时表现正常，而仅在面对带有触发器的样本时表现出脆弱性，即表现出一种"后门"行为。在模型训练设计阶段完成后的测试推理阶段，人工智能模型也存在着巨大的被攻击的安全风险。基于大数据训练和经验性规则的人工智能模型对于环境的依赖性较强，现实应用场景的开放性引入的不确定因素使人工智能模型面临着环境的动态变化、输入的不确定性，甚至恶意的攻击，如对抗样本攻击，可以轻而易举地攻破绝大部分人工智能模型。

　　本章将主要从对抗样本攻击、投毒攻击、后门攻击、防御与检测手段这四个方面进行介绍，内容概览如图3-1所示。通过对本章知识的学习，读者可以系统地建立对模型训练设计阶段和模型测试推理阶段的主要安全挑战及防护手段的认识。在本章中，读者需要重点掌握的内容包括：数字世界对抗样本中的基于梯度的攻击和基于迁移的攻击方法、物理世界对抗样本中的基于平面的攻击方法、标签操纵投毒攻击中的随机标签翻转攻击及单目标类别后门攻击中的BadNet方法。标签操纵投毒攻击中的基于优化的标签翻转攻击、数据操纵投毒攻击中的基于梯度的投毒攻击、单目标类别后门攻击中的不可见后门攻击等内容则作为进阶掌握的内容。

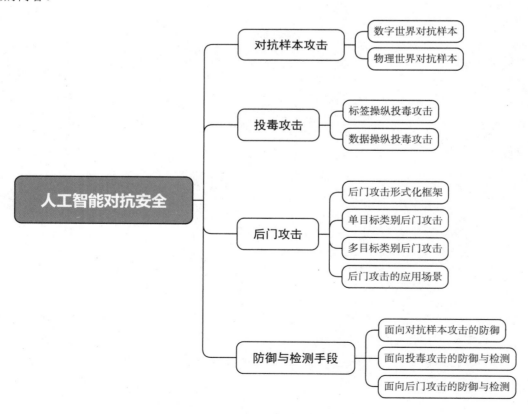

图 3-1　本章内容概览

3.1 对抗样本攻击

在模型测试推理阶段，人工智能模型往往可能受到对抗样本攻击，从而做出错误的决策，这导致了较高的应用安全风险。当前，由对抗样本引起的对抗安全性研究已然成为人工智能安全研究的重点，并深刻影响着基于深度学习的人工智能的发展方向。通过研究对抗样本生成方法并进行攻击，可以达到误导模型的效果。例如，一些研究通过生成具有攻击性的样本使模型错误地输出特定结果，可能会造成经济上的损失或者影响相关人员的生命安全。

一个典型的对抗样本攻击商品识别模型的案例——智能识别商品场景中的对抗贴纸如图 3-2 所示。只要将商标状的对抗贴纸放置在物品上，就能够使模型将塑料杯识别为太阳镜，将牛奶识别为存储架。显然，当这种贴纸出现在真实的人工智能结算场景中时，必然会导致计价错误，使商家或顾客遭受经济上的损失。

当然，对抗样本也有对社会积极的一面，如对抗样本能够通过测试评估等方式帮助人们发现人工智能模型的缺陷。

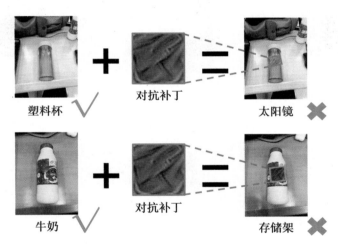

图 3-2　智能识别商品场景中的对抗贴纸

近年来，随着关于对抗样本的研究不断深入，人工智能领域展现出众多具有不同特点、面向不同任务、产生不同效果的对抗攻击工作，这种繁荣的态势可以称之为百花齐放。在对抗样本攻击的类型划分方面，依据攻击对目标模型信息的依赖程度不同，对抗样本攻击可以分为白盒对抗攻击和黑盒对抗攻击。白盒对抗攻击需要完全掌握待攻击模型的参数、梯度等信息并高度依赖此类信息进行攻击；黑盒对抗攻击中攻击者则并不能掌握或不完全掌握这些信息。依据攻击发生的环境，对抗样本攻击可以分为数字世界对抗样本和物理世界对抗样本。数字世界对抗样本多用于理论研究，有较强的强度约束，却不具有真实世界可实现性的模型；而物理世界对抗样本可以通过多种方式在真实世界中制造出来，并有效影响运行中的模型。考虑到人工智能具有较强的应用性，本书将主要采用第二种分类方式，通过介绍数字世界对抗样本和物理世界对抗样本，帮助读者建立对对抗样本攻击的总体认知。

需要指出的是，尽管对抗样本最早在图像领域被提出，但实际上，它也存在于自然语言处理领域和语音处理领域。更确切地说，当前基于深度学习的人工智能对对抗样本的脆弱性是具有泛在性的，Heaven 等人于2019年在 *Nature* 发表的一篇文章就指出这一基本事实[1]。因此，本节将以视觉领域的对抗样本攻击为主线进行介绍，对自然语言处理领域和语音处理领域的对抗样本攻击仅作了解性表述。

对抗样本-图像

定义：在机器视觉场景中，对抗样本通常可以被理解为一种人类视觉难以感知却可以攻击并误导深度学习预测的微小噪声。

示例：对抗样本示例如图3-3所示，人眼无法识别的微小的对抗噪声即可误导机器模型。深度神经网络将原始图片识别为大熊猫，但当加入了微小的人眼无法感知的对抗噪声后，神经网络就以极高的置信度将其识别为了长臂猿。由此可见，对抗样本可以帮助我们突破对模型机理的理解，对于提升模型的可解释性、可用性和效果具有重要的意义。

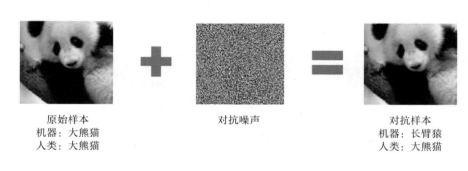

原始样本　　　　　　　　　对抗噪声　　　　　　　　对抗样本
机器：大熊猫　　　　　　　　　　　　　　　　　　机器：长臂猿
人类：大熊猫　　　　　　　　　　　　　　　　　　人类：大熊猫

图3-3　对抗样本示例

3.1.1　数字世界对抗样本

2013年，Szegedy等人提出了对抗样本[2]的概念，并明确了对抗样本的两个重要特征，其一是可以误导模型的输出，其二是人类难以发现。对抗样本揭示了以深度神经网络为基础的人工智能模型的脆弱性，引起了众多研究者的重视。早期的对抗样本攻击主要集中在数字世界，专注于影响模型在推理阶段的正常表现，不涉及模型在真实世界部署后的应用安全研究。

数字世界对抗样本的研究得到了广泛关注和迅速发展。根据不同的对抗样本生成策略，数字世界中的对抗样本生成方法可以分为基于梯度的对抗攻击、基于优化的对抗攻击、基于迁移的对抗攻击、基于决策的对抗攻击，以及基于GAN的对抗攻击等多种方法，这些方法构成了有脉络可循的数字世界对抗样本生成策略研究体系。需要指出的是，在最早的对抗样本生成方法中，即Szegedy等人于2013年提出的L-BFGS约束近似方法[2]，其对抗样本生成方法就类似于基于优化的对抗攻击方法，即通过优化扰动变量找到一个近似解。

1.基于梯度的对抗攻击

快速梯度符号法（Fast Gradient Sign Method，FGSM）是学术界第一个基于梯度的对抗攻击方法，也是最为经典的对抗攻击方法，它是由Goodfellow等人提出的[3]，该方法利用模型中的梯度信息快速计算生成对抗样本。具体来说，对于一个线性模型 $f(x) = \boldsymbol{w}^\mathrm{T} x + b$，如果对其输入 x 添加扰动，则其输出将变为

$f(\tilde{x}) = \boldsymbol{w}^\mathrm{T} x + \boldsymbol{w}^\mathrm{T} \boldsymbol{\eta} + b$，其中 $\tilde{x} = x + \eta$。为了保证添加到 x 上的扰动 η 的不可见性（微小扰动），要求 $\|\eta\|_\infty < \varepsilon$；为了尽可能地增加扰动对输出结果的影响，将 η 定义为 $\varepsilon \cdot \mathrm{sign}(\boldsymbol{w})$，其中 $\mathrm{sign}(\cdot)$ 表示符号函数。对于 n 维向量 $\boldsymbol{w}$ 而言，若其每一维的均值都为 m，则 $\boldsymbol{w}^\mathrm{T}\boldsymbol{\eta} = \varepsilon n m$。虽然 ε 的值可能很小，但当 $\boldsymbol{w}$ 的维度很大时，依然能保证 $\varepsilon n m$ 是一个较大的结果，从而能够比较高效地影响模型预测。尽管深度模型是非线性的，但其模型设计中往往需要添加大量的激活函数，如 ReLU 函数、Sigmoid 函数，这类激活函数尽管从设计上是为了提升模型的学习效率，但是在行为上增强了深度模型的线性，使得可以将深度模型类比为线性模型进行攻击，并且可以取得攻击效果。因此，深度学习的快速梯度符号法的核心做法是沿着梯度下降的反方向添加对抗扰动，使得模型判断错误。其求解对抗噪声的核心过程公式化表达为

$$x_\mathrm{adv} = x + \varepsilon \cdot \mathrm{sign}(\nabla_x J(\theta, x, y)) \tag{3.1}$$

其中，$\nabla_x J(\theta, x, y)$ 表示目标模型的损失函数，$\mathrm{sign}(\cdot)$ 表示求解梯度方向的符号函数，ε 表示用于约束噪声的大小的超参数。

利用损失函数求解梯度值，可以快速找到梯度下降方向（使模型预测错误的方向）进行优化，因此快速梯度符号法不但具备较好攻击能力，而且计算开销也更小，快速梯度符号法对抗攻击算法伪代码如图3-4所示。

算法伪代码：快速梯度符号法对抗攻击

输入：训练集合 D_x，噪声约束 ε，被攻击模型 f_θ

输出：对抗样本 x_adv

1：**for** mini-batch $B \subset D_x$ **do**
2：　　从批数据中选取样本 (x, y)
3：　　// 计算梯度
4：　　$g_\mathrm{adv} \leftarrow \nabla_x l(f_\theta(x), y)$
5：　　// FGSM生成对抗样本
6：　　$x_\mathrm{adv} \leftarrow x + \varepsilon \cdot \mathrm{sign}(g_\mathrm{adv})$
7：**end for**

图 3-4　快速梯度符号法对抗攻击算法伪代码

快速梯度符号法由于采用了单步攻击策略，其攻击性略有不足，因此，Kurakin 等人在快速梯度符号法的基础上提出了基础迭代式法（Basic Iterative Method，BIM）进行基于梯度的对抗攻击[4]，其核心计算过程公式化表达为

$$x_\mathrm{adv}^0 = x, x_\mathrm{adv}^{n+1} = \mathrm{Clip}_{x,\varepsilon}\left\{x_\mathrm{adv}^n + \varepsilon \cdot \mathrm{sign}(\nabla_x J(\theta, x_\mathrm{adv}^n, y))\right\} \tag{3.2}$$

其中，$\mathrm{Clip}_{x,\varepsilon}\{\ \}$ 表示裁剪操作。

由于此方法和快速梯度符号法的关系非常紧密，因此也被称为迭代式快速梯度符号法（Iterative-Fast Gradient Sign Method，I-FGSM）。需要指出的是，迭代式快速梯度符号法对后续的对抗攻击研究产生了极大的影响，一系列创新性的对抗样本生成方法都可以视为迭代式快速梯度符号法的衍生。

在迭代式快速梯度符号法的基础上，Dong 等人又将动量的概念引入梯度迭代方向控制中，提出了动量迭代快速梯度符号法（Momentum Iterative-Fast Gradient Sign Method，MI-FGSM）[5]，通过利用动量信

息，进一步避免了攻击方法在迭代过程中过拟合到局部极值点，有效地提升了生成的对抗扰动在不同模型间的迁移攻击性。与动量迭代快速梯度符号法不同的是，Xie等人从另一个角度解决迭代快速梯度符号法的过拟合问题——引入图像变换手段，他们提出了多样化输入的迭代快速梯度符号法（Diverse Inputs Iterative-Fast Gradient Sign Method，DI^2-FGSM）[6]。多样化输入的迭代快速梯度符号法在训练过程中充分考虑了不同的数据分布，从而使生成的对抗样本得以针对更关键的特征进行攻击，具备了对不同数据域的攻击性，即该方法具有更强的迁移攻击能力。同样，基于迭代快速梯度符号法的投影梯度下降（Project Gradient Descent，PGD）法[7]是迄今为止学术界公认的效果最佳的基于梯度的对抗样本生成方法。投影梯度下降法通过加入一层随机化处理过程将噪声映射到特定空间中，并提升对抗扰动在训练过程中的迭代次数，从而有助于找到更优的梯度方向。这种方法对攻击效果的提升作用明显，是快速梯度符号法系列对抗攻击方法中的代表性工作之一。

除了快速梯度符号法系列对抗攻击方法，学者们还从其他角度探索了基于梯度的攻击方法。典型的工作包括Papernot等人在显著图思想的启发下提出的基于雅各比矩阵的显著图攻击法（Jacobian-based Saliency Map Attack，JSMA）[8]和Cissé等人提出的基于梯度信息估计的Houdini对抗攻击方法[9]。其中，前者借助模型的梯度信息，计算出对模型分类影响最大的像素位置，然后在这些位置有针对性地添加对抗扰动，从而进行攻击。后者主要考虑到某些情况下模型梯度并不易获取的客观情况，从而采用了求解近似梯度的替代方案进行基于梯度信息的对抗攻击。基于类似思想的还有Chen等人提出的零阶优化（Zeroth-Order Optimization，ZOO）法[10]，该方法通过查询模型的置信度信息并使用零阶优化对这一过程进行优化，提升了对梯度进行估算的效率。

2. 基于优化的对抗攻击

基于优化的对抗攻击方法的起源是与对抗样本概念同时提出的Box-Constrained L-BFGS方法[2]，该方法将机器学习中经典的L-BFGS优化方法应用于对抗噪声生成中，其中Box-Constrained是指对扰动噪声的强度进行限制的约束条件。该方法的核心优化目标公式化表达为

$$\min c|\delta| + \mathrm{loss}_F(x+\delta, y) \quad \text{s.t.} \quad x+\delta \in [0,1]^m \tag{3.3}$$

其中，F表示神经网络模型，δ表示扰动信号，y表示模型最终预测得到的类别，c表示一个常数。

需要指出的是，由于Box-Constrained L-BFGS方法不仅是第一个对抗攻击方法，还是第一个基于优化的对抗攻击方法，因此对于对抗样本领域和基于优化的对抗攻击方法的发展都具有重要意义。

最为典型且具有代表性的基于优化的对抗攻击方法是Carlini等人提出的C&W优化攻击手段[11]，该手段采用不同的目标函数和三种不同的距离度量方式进行对抗扰动的优化，并对不同的目标函数优化生成的对抗样本的攻击性进行系统评估，通过实验数据选出最佳目标函数，进而实现最高效的对抗扰动生成。相对于原始的Box-Constrained L-BFGS方法，C&W优化攻击方法通过增加解空间的大小获得更高的攻击成功率。在此基础上，C&W优化攻击方法确定了在基于优化的对抗攻击方法体系中的一些关键结论，包括在进行攻击时应该做出的有益动作。C&W优化攻击方法将对抗样本的生成定义为一个优化问题，其定义公式化表达为

$$\min D(x, x+\delta), \text{such that } C(x+\delta) = t \text{ and } x+\delta \in [0,1]^n \tag{3.4}$$

其中，δ表示待优化的噪声，即对抗扰动；t表示目标标签；C表示模型；D表示一个距离度量函数，包括

L_0、L_2、L_∞ 等范数。然而这一定义很难通过现有算法直接进行求解，因为 $C(x+\delta)$ 具有非线性，为此，Carlini 等人提出了一组七个更适用于优化的函数对其进行替代，具体可参考原论文。他们通过这种方式将原始形式下的优化目标转换成可求解的新型优化形式，其公式化表达为

$$\min D(x, x+\delta) + c \cdot f(x+\delta), \text{such that } x+\delta \in [0,1]^n \tag{3.5}$$

其中，c 表示一个用于权衡目标和约束之间平衡的惩罚因子，它是一个大于 0 的常数。为了确保生成有效的图片，C&W 优化攻击方法结合了盒约束（Box-Constraint）这一概念，即约束扰动像素的 δ 满足 $0 \leqslant x_i + \delta_i \leqslant 1$ 的要求。为实现这一目的，该论文研究了三种实现方法，读者可通过阅读原文进行深入了解，此处不再赘述。同样，根据约束范数的不同，C&W 优化攻击方法定义了三类攻击，包括 L_0、L_2 和 L_∞。其中，L_0 是指改动像素数目最少的攻击，L_2 是指改动像素的变化最小的攻击，L_∞ 则是指改动像素的最大值较小的攻击，这是由不同范数定义所决定的。

除了 C&W 优化攻击方法，Baluja 等人还提出了另一种基于优化的对抗攻击方法——对抗转换网络（Adversarial Transformation Networks，ATNs）[12]。对抗转换网络的主要思路是，优化一个由两个子目标函数组成的联合优化函数以生成对抗样本，其中，一个子目标所对应的函数旨在优化对抗样本与良性样本的相似性，另一个子目标所对应的函数旨在误导模型并使其以较高的置信度输出错误的分类结果。相比于 C&W 优化攻击方法，对抗转换网络由于考虑了对抗样本与原始良性样本的相似性，因此拥有比较自然的外观，更加符合对抗样本的隐蔽性特质。

此外，Su 等人也提出了基于优化的对抗攻击方法，即单像素攻击（One-Pixel Attack，OA）法[13]，其对抗扰动的隐蔽性被发挥到了极致。单像素攻击法将差分进化策略引入对抗样本优化生成过程，从而可以在最小攻击信息的条件下以较高的攻击成功率影响多种不同结构的网络模型，而这仅需要扰动一个像素。单像素攻击法揭示了在极限条件下，对抗扰动可以造成深度模型的决策空间中对某一特定输入的预测行为的极大偏差，反映了图像特征形状与模型决策边界之间的紧密联系，这有利于进一步解释深度模型的决策机理。

3. 基于迁移的对抗攻击

基于对抗样本天然存在的迁移攻击能力，一些研究者专注于通过多种手段提升迁移攻击能力。其中一种是通过攻击替代模型的方式实现对目标模型的攻击，达成一种"隔山打牛"的效果；另一种则是直接提升对抗样本的迁移能力。前者通过查询拟合出目标模型的替代模型，并以之为目标进行攻击，由于替代模型是基于目标模型的查询结果拟合出来的，因此基于替代模型生成的对抗样本在目标模型上仍然具有较强的攻击能力；后者主要通过在对抗样本生成过程中利用各种手段增强对不变特征的攻击能力来实现攻击，由于不变特征在不同模型的决策过程中具有关键作用，所以对抗样本可以得到较好的迁移攻击能力。

总体而言，基于迁移的对抗攻击方法有两种主要的研究路径。

一种路径是通过增强替代模型的逼近程度来提升迁移攻击效果。通过查询目标模型的输出，构建一个与目标模型能力完全一致的"孪生"模型，这是基于替代模型迁移攻击方法的最理想情况，然而实际上，这种替代模型一般总会与目标模型存在一定的差距。因此，研究者们希望增强替代模型对目标模型的逼近程度来增强攻击力。Papernot 等人提出了一种方法，即通过蓄水池算法确保样本扩充时的概率相同，以降低查询目标模型的成本，同时能够在一定程度上避免替代模型陷入因样本扩充概率不均衡导致的过拟合现

象[14]。Li 等人将样本信息量引入考量范围，在查询中优先选择信息量更大的样本作为查询数据，有效提高了训练得到的替代模型的质量并减少了查询次数，使查询效率更高[15]。Xie 等人基于数据增强思想，将数据变换策略引入数据扩充，以帮助缓解替代模型的过拟合现象[6]。

另一种路径主要是提升对抗样本本身的迁移攻击能力。若一个对抗样本在对不同模型中都具有较强的攻击力，则可以认为生成这种对抗样本的对抗攻击方法迁移性较强。Liu 等人提出了一种黑盒攻击算法[16]，使用集成策略帮助对抗样本获得更高的无目标攻击迁移性，利用已有的替代模型进行虚拟模型生成并基于这些虚拟模型进行集成，显著地增强了对抗样本在不同模型上的攻击能力，并降低了替代模型的获取成本。Che 等人提出了一种替代模型集成的策略，通过将替代模型分成不同的批次，并在每个批次中都引入不同集成策略以生成对抗样本，从而有效地降低对抗样本对替代模型的过拟合，以提高对抗样本的迁移攻击能力[17]。

4.基于决策的对抗攻击

为了提升黑盒条件下的对抗攻击迁移性，基于决策的对抗攻击方法采用了一种随机初始化对抗干扰的方式，并在此基础上进行优化，超越决策边界（真实样本标签和非真实样本标签之间的边界）实施对抗攻击。

Brendel 等人首次正式提出基于决策（Decision-based）的对抗攻击方法的重要性[18]，并强调了该方法的研究方向主要是确定搜索方向和提高搜索效率。

Dong 等人提出了一种协方差矩阵自适应进化策略（Covariance Matrix Adaptive-Evolution Strategy，CAM-ES）[19]，这是一种基于决策的攻击方法。该方法通过关注决策边界上的局部搜索方向，自动调整其搜索策略，降低搜索维度，从而有效地在复杂的搜索空间中寻找全局最优解，解决连续参数优化的问题，提高攻击效率。

Brunner 等人提出了一种带偏见的决策边界搜索框架[20]。这种框架将决策攻击解释为一个基于领域知识的有偏见的抽样框架，通过结合图像频率、区域掩蔽和代理梯度三种偏见，有效提升了攻击能力。

Shi 等人提出了自定义对抗边界（Customized Adversarial Boundary，CAB）法[21]。该方法通过研究初始化的扰动与优化后的扰动之间的关系，生成更加隐蔽的对抗扰动，其在保证较高攻击性的同时，将扰动值约束在了更小的范围内，从而提高了攻击的隐蔽性和效果。

Rahmati 等人研究了深度神经网络决策边界在样本附近的平均曲率情况，并提出了基于决策的几何攻击（Geometric Decision-based Attack，GeoDA）法[22]。该方法有效提高了决策效率。

5.基于生成对抗网络的对抗攻击

基于生成对抗网络的对抗攻击方法的特点在于其将生成对抗网络引入了对抗攻击领域。由于生成对抗网络的特殊性质，攻击者不需要掌握目标模型的细节信息，就可以实现高效攻击。

Xiao 等人提出了第一个完整的基于生成对抗网络的对抗攻击方法——AdvGAN[23]。该方法通过 GAN 的生成器映射成对抗扰动，并叠加在对应的干净样本之上，以实现对抗样本的优化。判别器负责判别输入的样本是否为对抗样本，而目标分类模型用于评估生成的对抗样本的攻击性。

Jandial 等人在 AdvGAN 的基础上将输入图像更改为特征向量[24]，这一举措显著缩短了训练时间，并大幅提高生成的对抗样本的攻击成功率。

基于生成对抗网络的对抗攻击方法在一定程度上依赖生成对抗网络的发展，随着技术的进步，Zhao等人[25]与Liu等人[26]分别利用更先进的WGAN和CGAN提出了新的基于生成对抗网络的攻击方法。这些方法在保持对抗样本视觉真实性的同时，提高了攻击的成功率。

6.基于其他角度的对抗攻击

除了以上提到的对抗攻击方法，一些研究者从其他角度开展了新的对抗攻击尝试——将以上对抗攻击方法进行有机结合或者基于深度学习可解释性原理进行特殊设计，同样取得了不错的攻击效果。

Cheng等人提出了先验引导的随机无梯度（Prior-Guided Random Gradient-Free，PRGF）法[27]，这是融合了多种攻击方法特点的一种典型的对抗攻击方法。该方法的主要特点是利用基于迁移的对抗攻击对目标模型进行先验查询，然后利用估算的梯度信息进行攻击。

Moosavi等人从超平面分类思想出发，提出了深度愚弄（Deepfool）法[28]。该方法通过计算良性样本与目标模型的分类决策边界之间的最小距离来生成对抗样本，操作办法简单有效。该方法在理解模型决策行为的基础上，通过迭代式计算可以将添加对抗扰动的良性样本逐步推离原本的类别中心并越过模型的决策平面，从而有效地使模型决策失误。相关的实验表明，深度愚弄法生成的对抗扰动比基于梯度的对抗攻击方法计算量更小、更精确。基于此方法，Moosavi等人进一步提出了通用对抗扰动（Universal Adversarial Perturbation，UAP）法[29]，使用良性样本与目标模型的多个不同分类边界之间的最短距离进行计算优化，生成了具有较强泛化性的数字世界对抗扰动。

Phan等人提出了基于模型类激活图（Class Activation Map，CAM）的对抗样本生成方法[30]。该方法利用模型类激活图技术能够反映模型感知特性的特点，来寻找良性样本中的关键特征，并借助这类相关特征对模型的分类决策的重要影响，快速且低成本地生成对抗扰动，从而实现对抗攻击效果。

Laidlaw等人提出了基于图像特征，旨在生成毫无违和感的强对抗攻击样本的对抗样本生成方法——ReColorAdv法[31]。该方法通过在生成过程中引入感知距离来约束良性样本图像里所有像素值的变化，使其保持一致性和自然，从而在视觉上保持较高的自然程度，并且为对抗扰动的强度变化范畴提供更高的上限。ReColorAdv法在保证"人眼不可见"的前提下，有效地提高了对抗成功率。

Co等人提出了利用程序噪声来执行黑盒对抗攻击的方法[32]。该方法在利用可以生成自然纹理的程序噪声的同时借助贝叶斯优化策略，即经过少量迭代可得到更真实的对抗样本。

7.基于自然语言处理和语音处理领域的对抗攻击

以上关于对抗样本的介绍主要基于计算机视觉领域，事实上，自然语言处理领域和语音处理领域的对抗样本生成同样可以参考上文表述的框架。这两个领域的数据特性与图像数据有所不同，因此需要特定的考虑和处理方式。值得注意的是，与计算机视觉领域中图像数据像素值的连续性特点相比，文本和语音数据具有独特性，特别是文本数据，其离散性特征较为显著。

在攻击目标上，图像数据可以通过添加难以察觉的微小扰动来实现攻击，而基于文本数据的对抗攻击要求生成的样本必须保持可读性和语义一致性，否则无法进行有效的攻击。因此，在自然语言处理领域，对抗攻击可以根据不同的层次，额外将其划分为句子层次的攻击（Sentence-Level Attack）、词层次的攻击（Word-Level Attack）、字符层次的攻击（Char-Level Attack）及多层次的攻击（Multi-Level Attack）。在语音处理领域，语音数据的连续性相较于自然语言处理数据更好，从而使得对抗攻击的方法在某些方面更接近计算机视觉领域的框架，如可以借鉴基于梯度的对抗攻击、基于优化的对抗攻击。音频对抗攻击示意图[27,182]如图3-5所示。

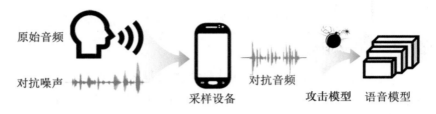

原始音频　　　　　　　　　　　　　　　　　　对抗音频　攻击模型　语音模型

对抗噪声　　　　　　　　　采样设备

图3-5　音频对抗攻击示意图

3.1.2 物理世界对抗样本

在数字世界中，对抗样本攻击被广泛研究，并在不同应用场景下针对不同的算法模型成功实施。然而，值得注意的是，这些对抗样本在物理世界（真实环境）中同样具有很强的攻击能力。

首先，物理世界的对抗攻击的第一个核心难点是，数字世界和真实世界之间天然存在的域偏移问题会导致原本在数字世界中视觉上难以察觉的对抗噪声在物理世界中很难被采样设备捕捉到，从而导致攻击失效。其次，物理世界的开放性和复杂性为对抗样本的攻击带来了更多挑战，如自然界的雨、雪、雾等天气条件，以及距离、光照、角度和遮挡等因素，都可能导致对抗样本在物理世界中的表现与数字世界中大相径庭。最后，物理世界往往呈现为黑盒环境，攻击者难以像在数字世界中那样通过大量的查询来训练替代模型或梯度估计，这进一步加大了在物理世界实施对抗攻击的难度。

Eykholt等人首次尝试探索对抗样本在物理世界中的影响，并指出数字世界中的微小扰动对抗样本在物理世界中效果不佳的问题[33]。为了解决这些问题，研究者们进行了广泛的研究，针对数字世界和物理世界的域偏移这一核心问题，学术界基本达成了共识，即在生成对抗噪声时，不应采用ε参数约束的对抗扰动，而应寻求约束扰动像素的数目和形状。针对其他问题，研究者们则根据任务和场景采用不同的策略。

当然，与数字世界对抗攻击的多样性不同，物理世界对抗攻击更加复杂，并未从方法论的层面形成诸多流派或可供追溯的体系。为了尽可能清晰地分析现有物理对抗样本的特点，根据所调研的工作中生成的对抗样本的形态，可将其简单地聚类为基于平面的物理对抗样本、基于立体的物理对抗样本、基于光线的物理对抗样本、其他物理对抗样本及语音处理领域的物理对抗样本。

物理世界对抗样本

定义： 物理世界对抗样本是指可以通过某种手段和方式在真实世界中制造出来的对抗样本。不同于经典对抗样本的定义，物理世界对抗样本往往是可感知的，但其具备一定的隐蔽性，并保持对真实系统的对抗攻击性。

示例： 物理世界对抗样本示例如图3-6所示。其被制作为涂鸦或涂装的形态，以粘贴在路牌或附着在车辆上，从而令模型观测后的输出结果错误。尽管其可以被人类感知，但具有一定的隐蔽性。由此可见，物理世界对抗样本对真实世界中的智能系统具有较大的威胁。

图 3-6　物理世界对抗样本示例

1.基于平面的物理对抗样本

基于平面的物理对抗样本通常指的是生成形态为块状补丁的对抗样本，这类样本一般为二维图像，可以通过打印等手段轻易地在物理世界中被制造出来。

Eykholt 等人率先提出了一种在物理世界中具有较强攻击效果的对抗补丁生成方法[33]。该方法针对特定的路牌（如停车标识），进行对抗攻击，从而生成一种黑白条状纹理的补丁，再将这种补丁粘贴在停车标识上，以误导模型的分类结果。值得一提的是，该方法考虑到在真实世界中的打印色差问题，引入一个特殊设计的 NPS 损失函数来减少打印色差带来的影响。

Liu 等人提出了一种感知敏感性的对抗补丁生成方法[26]。该方法基于生成对抗网络架构，生成与上下文相融合的、具有自然外观的对抗补丁。目标模型在感知上具有高度敏感性，因此可以利用这种特性在物理世界进行攻击。在生成对抗补丁的过程中，送入生成器进行优化的种子补丁具有一定的语义信息，在经过训练后，种子补丁不仅具有强大的攻击力，而且能够保留与上下文相关的语义信息，从而使补丁具有比较自然的外观特性，在真实环境中具有较好的隐蔽性。

Thys 等人提出了一个能够生成帮助人"隐身"的物理对抗补丁的对抗攻击方法[34]。此前的研究大多关注采样中只包含单个目标的类别，如路牌，然而现实的目标检测场景中通常包含多个不同目标物体或者对象。为了解决这一问题，该方法引入了一种多项联合优化损失，该损失在基于目标检测模型的同时，综合考虑打印保真度、图像平滑度和目标对象检测得分。通过这种方法，生成的对抗样本可以有效误导行人检测模型，使其在采样过程中忽略携带对抗补丁的行人，从而实现"隐身"效果。

Sato 等人提出了脏路补丁（Dirty Road Patch，DRP）对抗攻击方法[35]。该方法针对 L_2 级别的自动驾驶场景中的车道线检测任务进行物理世界攻击。该方法结合实际任务场景，考虑到对抗样本在自动驾驶汽车受到攻击后视角偏移的客观事实，根据在相机采样过程中不同帧之间的相互依赖性，精心设计了隐蔽性更高、易部署性更强的对抗补丁。在物理世界微缩测试仿真场景中，实验结果证明了该方法的优越性。

2.基于立体的物理对抗样本

基于立体的物理对抗样本主要指那些为了适应和贴合物理世界的特点，利用三维环境进行设计和训练的对抗补丁，这类对抗补丁可以采用涂装、喷绘和张贴等手段进行制造。

Athalye 等人率先在三维环境下探索了物理对抗样本的生成，并提出了同时适用于二维图像和三维对象的对抗样本生成框架[36]。该框架证明了三维对抗对象存在性，其主要思想是通过设计好的具体环境变换，在训练中进行针对性的优化，从而确保生成的样本在物理世界中具有较好的攻击性。这种方法被命名为变换期望（Expectation Over Transformation，EOT）法，该方法生成的对抗样本在不同的视角和环境分布中都能保持相对较稳定的对抗攻击能力。

Xiao等人在三维环境中对生成物理对抗样本进行了早期探索，他们采用了一种创新的方法——使用以网格表示的三维物体进行对抗优化，并将这些对抗性的三维物体渲染为二维图像进行测试[37]。该方法有效地生成了三维对抗样本，并成功地攻击了真实世界的深度模型。该方法最大的优势在于其对待图像方式的转变，即抛弃了以往将图像视为像素的堆积，而是将图像看作三维物体的投影。这种转变在攻击时可以扰动三维物体的网格顶点和网格颜色，从而极大地拓宽攻击空间，取得较好的攻击效果。

Huang等人在三维环境中针对行人检测任务进行了物理对抗攻击的研究[38]。针对已有的物理对抗样本在外观自然性、攻击鲁棒性等方面存在的问题，他们提出了一种针对目标检测（特别是行人检测）的通用躲避攻击模式。这种模式通过联合攻击区域建议网络、分类器和回归器来形成对同一类别的所有样例的强大攻击力。考虑到真实环境中的自然条件等影响因素，Huang等人提出了一个包含了20种虚拟环境、18个虚拟采样摄像头和不同光照情况的三维环境模拟数据集，该数据集为三维环境下的对抗攻击研究提供了良好的基础条件。此外，为了拟合非刚性、非平面三维对象，该研究设计了一个鲁棒变换，这种变换极大地提升了对抗攻击的泛化性和可迁移性。

Zhang等人尝试进行物理世界车辆检测的对抗攻击研究，从隐蔽性的角度出发提出了一种对抗伪装模式生成框架，旨在通过应用伪装纹理来干扰车辆检测器[39]。在这个框架中，他们首先训练了一个用于将伪装纹理有效地应用于车辆表面的拟合函数，随后针对检测器在面对以伪装车辆渲染出的图像作为输入时的输出检测分数值进行攻击。实验结果表明，Zhang等人生成的物理对抗伪装不仅在不同的测试条件下对车辆检测器具有较强的攻击性，而且拥有较好的迁移性，可以推广到不同的环境或车辆。

Wang等人提出了基于双重注意力抑制的对抗攻击方法，该方法引入了模型共享注意力机制，并基于此生成具有强迁移性的对抗样本[40]。该研究在车辆分类和车辆检测任务中进行了测试，并在物理设备上进行了验证，同时考虑了在车辆上的迁移攻击能力和外观自然性。双重注意力抑制对抗攻击算法伪代码如图3-7所示。

算法伪代码：双重注意力抑制对抗攻击

输入：环境参数集合 $C = \{c_1, c_2, \cdots\}$，三维对象(M, T)，种子内容补丁P_0，神经渲染器R，注意力模型A，类别标签y

1: $T_0 \leftarrow \psi(P_0, T)$

2: $P_{\text{edge}} \leftarrow \Phi(P_0)$

3: 将P_{edge}转换为掩码张量//获取边缘补丁

4: 将T_{adv}初始化为T_0

5: **for** epoch = 1...M **do**

6: 从环境参数集合中选择minibatch个环境参数

7:   **for** $m = r/\text{minibatch}$ **do**

8:     $I_{\text{adv}} \leftarrow R((M, T_{\text{adv}}), c_m)$

9:     计算注意力图$S_y \leftarrow A(I_{\text{adv}}, y)$

10:    计算损失函数值并优化T_{adv}

11:   **end for**

12: **end for**

图3-7   双重注意力抑制对抗攻击算法伪代码

具体来说，该方法基于三维环境进行研究，给定模拟环境中的一个三维对象(M, T)及其对应的真实标

签 y，其中，M 表示网格张量，T 表示纹理张量。通过深度渲染器 R 将该三维对象与环境参数 c 作为输入，并渲染得到图像样本 x，其公式化表达为 $x = R((M, T), c)$，而其对应的对抗样本公式化表达为 $x_{adv} = R((M, T_{adv}), c)$，其中，$T_{adv}$ 表示对抗性纹理张量，x_{adv} 表示可以使参数为 θ 的模型 F 输出错误的预测结果。也就是说，$F_\theta(x_{adv}) \neq y$ s.t. $\|T - T_{adv}\| < \varepsilon$ 在优化过程中，通过同时分散模型注意力和规避人类视觉注意力来实现对模型的攻击性和保障对抗纹理的外观自然性。其中，在模型注意力分散方面，该方法首先提取模型注意力图，并通过破坏注意力图中受关注区域的连通性使模型失去对对抗纹理所在区域的准确感知，这有效地分散了模型的注意力。因此，当对抗纹理被喷涂或粘贴在车辆表面时，模型将因为感知注意力的分散而无法识别车辆的特征，做出错误的预测。在追求对抗纹理的高外观自然性方面，该方法提出了一种增强对抗纹理与环境上下文联系的策略，利用人类自下而上的视觉注意力机制，在训练对抗纹理的过程中尽可能多地保留边缘区域的语义信息，这使得对抗纹理具有显著的视觉含义，从而更容易与环境建立视觉联系，如此一来也能更好地规避人类视觉对无意义扭曲纹理的关注。

3. 基于光线的物理对抗样本

基于光线的物理对抗样本是一种特殊类型的对抗攻击方法，它主要利用光线或者光相关设备作为载体扰动真实世界中的物体纹理。这类方法的优势在于其不需要依赖额外的材料，因此在特殊场景下具有更易实现的特性。

Zhou 等人首次提出了基于红外光线扰动的物理对抗样本[41]。Zhou 等人利用一个不显眼的小型设备将红外光投射到照片上或者人脸上。通过精心设计的红外光模式，他们以超过 70% 的成功率实现了对某个具体人脸的冒充。这意味着攻击者可以使用照片或者人脸来欺骗人脸识别模型，或者导致神经网络模型忽略该人脸。由于安全部门对人脸识别的依赖性较强，所以这种攻击方式给相关领域带来了切实的安全问题。

Shen 等人提出了一种 VLA 攻击方法[42]。该方法利用摄像头和人眼在成像原理上的差别，通过生成带有干扰效果和隐藏效果的对抗性可见光，对人脸识别系统进行攻击。

Duan 等人提出了一种使用激光作为攻击主要载体的对抗性激光束（Adversarial Laser Beam）法[43]。该方法通过简单地扰动激光束的物理参数（如波长）来进行对抗攻击，只需要使激光束出现在采样图像中，就能有效地在数字世界和物理世界中成功误导深度学习模型。该工作还深入分析了这种对抗激光束的攻击原理和可能影响的方式，进一步揭示了深度模型的脆弱性。

Sayles 等人提出了一种更加隐蔽的攻击方式，即通过修改目标物体所处环境的可见光条件来进行有效的物理对抗攻击[44]。该方法利用相机中的滚动快门效应（Rolling Shutter Effect）来进行针对性的可见光强度优化。滚动快门效应是指 CMOS 相机在拍摄时，由于光源的变换导致的成像的摇摆、歪斜等扭曲现象。基于这一效应，该方法实现了对光线条纹的精确优化和调制。在人类看来，这种攻击只是一种光线亮暗的变化，但这微小的变化可以高攻击性来误导深度模型。

Nguyen 等人提出了一种利用投影设备的针对人脸识别系统的对抗攻击方法[45]。该方法将设计的特殊损失函数用在优化过程中，生成具有较强转换不变性的纹理模式。在实施这种攻击时，考虑到实际投影中可能面临的视角换边问题，该方法采用了一种自适应的策略，可根据不同的环境和条件调整投影参数，从而实现一种可以模拟或者隐藏特定人脸的可投影对抗问题。Nguyen 等人通过在开源商用人脸识别系统上的实验，证明了这种将光投影对抗攻击方法的物理世界可行性。

4.其他物理对抗样本

除了上文提到的基于平面、立体和光线的物理对抗样本，还有一些特别设计的具有特定外形的物理对抗样本，如眼镜、帽子、衣物。这类物理对抗样本与场景的上下文相关性更强，通常具有较强的应用潜力。

Sharif等人提出了一种面向人脸识别系统的对抗型眼镜的生成方法[46]。该方法设计了一种眼镜状的对抗纹理，并且使其可以在物理世界中制造出来，从而使攻击者能够通过戴上这种特制的眼镜来规避人脸识别模型的感知或者误导人脸识别模型。

Xu等人针对行人检测任务设计了一款特殊的"隐身衣"，即对抗T恤[47]。在真实物理环境中，除了常见的模糊、旋转、放缩、随机噪声等干扰因素，在衣物上进行对抗样本生成还需要面临衣物本身的柔性变换问题，而这种变换完全不同于传统的转换。为了应对这一挑战，他们设计了一个刚柔转换函数，并利用该函数进行对抗纹理的优化，从而生成具有较强对抗攻击性的T恤。

Komkov等人提出了一种针对人脸识别任务的对抗帽子的生成方法[48]。在实时人脸识别任务中，常常会因为人脸的转动带来的视角变化，包括某些结构光特征在内的变化，使对抗攻击的效果降低甚至失效。为了解决这一问题，Komkov等人利用帽子的特殊性进行物理世界对抗攻击。通过设计特殊的图像平面外变换算法，生成的对抗性帽子可以在不同视角下保留更多的攻击性，而为了解决生成的对抗帽子纹理的真实性，该方法还提出了一种不干胶投影技术，使得生成的对抗纹理更加真实。

5.语音处理领域的物理对抗样本

事实上，除了图像领域的物理对抗样本，语音处理领域的研究者们也进行了大量的物理对抗样本攻击研究，其主要思路与计算机视觉领域的物理对抗样本相似，旨在克服数字世界和物理世界的巨大采样差异。例如，相关人员提出利用语音数据中的基本因素特征对对抗样本进行设计，从而加强其在物理世界的对抗攻击性。

相对而言，语音处理领域的物理对抗样本研究没有视觉领域的工作充分。在自然语言处理领域，物理对抗样本则是一个未充分探索的领域。由于自然语言文本的特殊性，当前尚不明确自然语言处理领域的物理对抗开展形式。数字对抗样本和物理对抗样本的区别并不明显，需要更多的研究者关注和探讨。

3.2 投毒攻击

投毒攻击（Poisoning Attack）是机器学习领域的一种攻击方式，它是指攻击者有意地向训练数据中注入恶意样本以改变模型的学习结果，导致模型在测试推理阶段出现错误，从而降低模型的性能。这种攻击方式对模型的应用安全构成了严重威胁。投毒攻击的目的是破坏机器学习模型的正确性和可靠性，使模型的行为对攻击者更有利。与对抗样本攻击和后门攻击不同，投毒攻击可以在不操纵任何测试样本的条件下控制机器学习系统的预测结果。与3.3节将介绍的后门攻击相比，投毒攻击更注重降低模型的泛化能力与性能，而后门攻击注重让模型在特定触发器条件下提供错误的预测结果，从而为攻击者提供一个可供利用的"后门"。

　　一种常见的投毒攻击是攻击者向训练数据集中添加有意制造的恶意样本（可能包含误导性的标签或特征）以欺骗模型并影响其行为。图像分类中的投毒攻击如图 3-8 所示。在图像分类任务中，攻击者可以将一张被明确标记为"狗"的图片修改成"猫"，然后将其添加到训练数据集中。如果模型在测试推理阶段遇到类似的图片，它可能会错误地将其归类为猫，而不是狗。当这种攻击出现在真实世界场景中时，如使用自动驾驶、人脸识别等技术时，很可能引发安全问题。

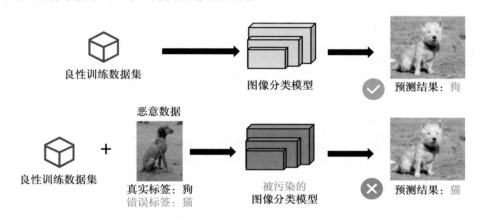

图 3-8　图像分类中的投毒攻击

　　投毒攻击通常分为注入恶意样本和模型训练两个阶段。在注入恶意样本阶段，首先，攻击者会将恶意样本混入到训练数据集中，以便模型在训练时尽可能多地学习到这些恶意样本的特征；其次，攻击者可以通过各种方式，如修改数据标签、添加噪声或扰动数据，注入恶意样本；最后，攻击者注入的恶意样本的数量和位置也可能会影响攻击的效果。在模型训练阶段，模型会使用包含恶意样本的训练数据进行训练，从而使恶意样本的特征被编码到模型中。如果攻击者注入的恶意样本足够多，那么模型可能会对恶意样本进行过拟合，从而导致模型在面对新的测试数据时预测能力下降，甚至出现错误的预测结果。

　　近年来，随着人工智能技术的发展，大量针对不同模型、采用不同方法的投毒攻击为智能模型安全评测带来不可忽视的威胁与挑战。投毒攻击可以根据攻击目标、攻击者的知识和攻击时操纵对象的不同进行划分。依据攻击目标的不同，投毒攻击可分为无目标攻击与有目标攻击两种，其中，有目标攻击只会使模型对特定类或具有特定模式的样本预测错误，而无目标攻击则只会降低模型的整体预测性能。依据攻击者的知识的不同，投毒攻击可分为黑盒攻击与白盒攻击。其中，白盒攻击代表攻击者完全了解目标模型的算法、数据集、策略、参数等信息，甚至可以直接访问训练数据集或参与训练过程；黑盒攻击则表示攻击者并不能掌握或不完全掌握目标模型的信息，无法直接访问目标模型。依据攻击时操纵对象的不同，投毒攻击可分为标签操纵投毒攻击与数据操纵投毒攻击。其中，标签操纵投毒攻击通过更改训练数据的标签进行攻击；数据操纵投毒攻击则通过修改训练数据的内容，如在训练中制作并投毒样本进行攻击。

　　如何构建投毒样本是投毒攻击的一个基础问题，因此本书将从标签操纵投毒攻击与数据操纵投毒攻击的角度帮助读者把握现有投毒攻击的核心思想与方法。

3.2.1 标签操纵投毒攻击

基于标签操纵的投毒攻击是最常见的投毒攻击方法之一。早期的投毒攻击主要针对二元分类器（Binary Classifier），即数据标签与预测结果只有0和1两种可能。因此，基于标签操纵的投毒攻击又被称为标签翻转攻击。

2006年，Barreno等人首次提出通过恶意干扰学习系统训练过程进行攻击的方法[49]。

2012年，Biggio等人设计了针对支持向量机的投毒攻击，并正式提出了投毒攻击的概念[50]。

投毒攻击揭示了各类机器学习模型在训练阶段的脆弱性，近年来受到研究者们的广泛关注。随着以深度学习为代表的人工智能技术的飞速发展，针对深度学习模型的投毒攻击也不断涌现，其攻击领域包括自动驾驶系统[51]、工控系统[52]等，这严重影响了模型应用安全。在标签翻转攻击中，投毒攻击根据选取原始数据的方式，可分为随机标签翻转攻击与基于优化的标签翻转攻击两类。

1.随机标签翻转攻击

最早的标签翻转攻击通过随机选取原始数据进行标签翻转，以制作恶意数据。2006年，Barreno等人首次围绕入侵检测系统（Intrusion Detection System，IDS）的训练过程进行攻击尝试，探索了目标攻击和非目标攻击两种方式[49]。在目标攻击中，攻击者将某个入侵错误地标记为良性，以允许特定的入侵；在非目标攻击中，攻击者随机地错误标记更大范围的训练数据，从而导致许多合法的HTTP（Hypertext Transfer Protocol，超文本传输协议）连接被拒绝，严重破坏了IDS的可用性。

2008年，Nelson等人针对垃圾邮件过滤器进行了投毒攻击[53]，展示了仅仅通过随机翻转训练数据集中1%的标签即可大大降低过滤器性能。

2011年，Biggio等人在支持向量机上探索随机标签翻转攻击所用标签的比例对模型准确率的影响[53]。

2.基于优化的标签翻转攻击

为了增强投毒攻击的攻击效果，研究者们将标签翻转攻击与优化问题相结合，提出了基于优化的标签翻转攻击，即通过求解某个优化问题以计算能够最大化预测错误的错标数据。

Biggio等人在支持向量机上提出了基于梯度的无差别投毒攻击[50]。该方法的主要思路是利用隐式微分推导出迭代算法，优化恶意样本所需的梯度，指向模型验证误差最大化的方向。恶意样本按照隐式梯度迭代更新，直到算法收敛。

Xiao等人在二分类模型上提出了使用优化方法选取错标数据的公式化表示形式[55]。具体来说，他们定义干净的训练数据集$D_{\text{train}} = \{(x_i, y_i) | i = 1, \cdots, n\}$，验证数据集$D_{\text{val}}$，训练损失$L_{\text{train}}$，分类损失$L_{\text{val}}$，基于优化的标签翻转攻击则被定义为一个双层优化问题，其公式化表达为

$$\max_{z} F(z, M) = \sum_{\{x_j, y_j\} \in D_{\text{val}}} L_{\text{val}}(D_{\text{val}}, w') \tag{3.6}$$

$$\text{s.t. } w' \in \arg\min_{w} L_{\text{train}}(\{x_i, y_i \oplus z_i\}, w) \tag{3.7}$$

$$\sum_{i=1}^{n} c_i z_i \leqslant C, z_i \in \{0, 1\} \tag{3.8}$$

其中，w'表示经过投毒攻击后训练优化得到的模型参数；设标签翻转攻击中所优化的参数$z = \{z_i | i =$

$1,\cdots,n\}$，对于训练数据集中的数据 $\{x_i,y_i\}$，若 $z_i=1$，则标签翻转，若 $y_i=-y_i$，$z_i=0$，则标签不翻转。每次翻转时存在一个代价 c_i，而标签翻转的总代价不能超过 C。因此，该问题的优化目标为在总代价不超过 C 的条件下，找到一个翻转标签的组合 z，使得经过该投毒数据集训练的模型在验证数据集下的损失最大。

由于上述方法均基于白盒场景构造，而现实中的攻击场景大多为黑盒场景，因此 Zhao 等人针对黑盒模型提出了投影梯度上升（Project Gradient Ascent，PGA）法[56]，并展示了投影梯度上升法在不同模型下的可迁移性。该方法的思想与数字世界对抗样本生成的投影梯度下降法具有相似之处，通过不断地投影与更新翻转组合 z 的近似梯度对 z 进行优化，是基于优化的标签翻转攻击中的代表性攻击之一。

此外，Zhang 等人利用博弈模型将标签翻转攻击扩展到基于共识的分布式支持向量机上，证明了投毒攻击对分布式系统同样存在威胁[57]。

3.2.2　数据操纵投毒攻击

标签操纵投毒攻击可以通过一种简单直观的方法达到模型训练投毒的效果，但由于其相对幼稚且容易被模型拥有者发现，因此难以实现复杂的对抗目标。随着攻防技术的不断发展，现有的攻击方法大多需要更高的隐蔽性和更复杂的投毒知识。相对地，数据操纵投毒攻击能够达成复杂的对抗目标，逐渐成为投毒攻击的主流方法。

与标签操纵投毒攻击不同，数据操纵投毒攻击并不局限于改变标签的值，而是可以对训练数据集中的数据进行某些变换，如对图像施加噪声、加入特定模式，以误导模型对这些投毒样本的预测结果，降低模型的性能。

其中，加入特定模式的投毒攻击可能会构成 3.3 节介绍的后门攻击。具体来说，标签操纵投毒攻击生成的污染数据集为 $D_p=\{(x_i,y_i')|i=1,\cdots,n\}$，而数据操纵投毒攻击生成的污染数据集为 $D_p=\{(x_i+\delta,y_i')|i=1,\cdots,n\}$，其中标签也可以保持不变。总体来说，根据数据操纵的方法，可以将其聚类为基于优化的数据操纵投毒攻击、基于梯度的数据操纵投毒攻击、基于模型训练的数据操纵投毒攻击、基于干净标签的数据操纵投毒攻击及其他投毒攻击。

1. 基于优化的数据操纵投毒攻击

在基于优化的标签翻转攻击中，Nelson 等人首次将优化思想与投毒样本制作相结合[53]。Biggio 等人通过构造优化方程来搜索能够最大化分类错误的训练数据集，并通过梯度上升策略的迭代算法计算最优解[50]。Mei 和 Zhu 将基于优化的数据操纵投毒攻击定义为一个双层优化问题[59]。

与基于优化的标签翻转攻击相似，基于优化的数据操纵投毒攻击公式化表达为

$$D'_p \in \arg\max_{D_p} F(D_p,M) = \sum_{\{x_j,y_j\}\in D_{val}} L_{val}(D_{val},w') \tag{3.9}$$

$$\text{s.t. } w' \in \arg\min_w L_{train}(D_{train}\cup D_p,w) \tag{3.10}$$

其中，L_{val} 由攻击者设定，这在极大程度上决定了投毒攻击的性能；L_{train} 由被攻击的模型决定。

二分类模型通常使用铰链损失函数作为目标函数，而多分类模型则使用交叉熵作为目标函数。通过适当地选择两种损失函数，上述双层优化框架可包含所有基于优化的攻击方法。双层优化框架的提出对投毒

攻击方法的发展具有重要意义，基于此框架，后续产生了基于梯度、基于干净标签等大量投毒攻击方法。

2. 基于梯度的数据操纵投毒攻击

基于梯度的方法一般通过迭代逐步求出可微函数的全局最优解，即通过将训练数据向对抗目标函数的梯度方向扰动，使投毒样本达到最大效果。根据链式法则，只要 L_{val} 可微，则对抗目标函数的梯度公式化表达为

$$\nabla_{D_p} F = \nabla_{D_p} L_{val} + \frac{\partial w}{\partial D_p} \nabla_w L_{val} \tag{3.11}$$

其中，$\nabla_{D_p} F$ 表示 F 对 D_p 的偏导数；由于被攻击模型的权重 w 与投毒数据集 D_p 相关，因此上述梯度应使用链式法则。

早期的梯度方法假设训练阶段的 L_{train} 是一个凸函数，基于凸优化的 KKT 条件，内部的优化问题的公式化表达为

$$\nabla_w L_{train} \left(D_{train} \cup D_p, w' \right) = 0 \tag{3.12}$$

基于上述表示，对抗目标函数的梯度的公式化表达为

$$\nabla_{D_p} F = \nabla_{D_p} L_{val} - \left(\nabla_{D_p} \nabla_w L_{train} \right) \left(\nabla_w^2 L_{train} \right)^{-1} \nabla_w L_{val} \tag{3.13}$$

因此，在第 i 轮生成的投毒样本 $D_p^{(i)}$，可通过类似梯度上升的方法更新为 $D_p^{(i+1)}$，其中，η 为攻击者可调整的学习率，公式化表达为

$$D_p^{(i+1)} = D_p^{(i)} + \eta \nabla_{D_p^{(i)}} F \left(D_p^{(i)} \right) \tag{3.14}$$

在数据操纵梯度攻击中，Muñoz-González 等人首次将投毒攻击扩展到基于反向梯度传播的深度学习模型中[59]。他们通过修改梯度信息来操纵训练数据，使得任何类的样本都可以攻击另一个指定的类，从而打破了需要仔细选择原始样本类别的限制。Jagielski 等人将这一方法扩展到线性回归模型，并为回归模型的攻击和防御提供了一个理论基础的优化框架[60]。

为了高效地计算式（3.9）中二阶导数的近似值，Koh 等人采用了快速海森向量积与共轭梯度求解器相结合的方法，以及反向梯度法来高效地选择最佳投毒数据[61]，使得简化后的双层优化问题解的效率大大高于原解。基于上述方法，Huang 等人进一步解决了投毒攻击中的通用性问题[62]。通过少量随机梯度下降步骤，攻击者制作了能操纵受害者的训练流程来实现控制任意模型行为的投毒数据。

此外，Geiping 等人通过梯度匹配问题结合双层优化和启发式问题的优点，提出了一个投毒目标[63]，旨在破坏大规模深度学习系统的完整性。

3. 基于模型训练的数据操纵投毒攻击

由于在现实场景中，攻击者访问目标模型的能力大多是有限的，因此，攻击者需要利用有限的信息来生成具有良好效果的投毒样本。为了实现这一目标，攻击者可以采用基于模型训练的数据操纵投毒攻击的方法。

攻击者可以训练一个同构的辅助模型来模拟潜在目标模型，并根据辅助模型的表现构造投毒样本。攻击者利用这种辅助模型来帮助生成投毒样本的攻击方法，称为基于模型训练的数据操纵投毒攻击。辅助模

型主要包括同构辅助模型和生成辅助模型两种。

除了同构辅助模型，生成辅助模型近年来也逐渐受到关注。生成辅助模型的推广使攻击者可以利用这些模型（如生成对抗网络）来生成投毒样本。与使用传统的同构辅助模型相比，利用生成辅助模型可以绕过代价高昂的双层优化梯度计算，从而加快投毒样本的生成。与基于优化的数据操纵投毒攻击相比，基于模型训练的数据操纵投毒攻击不仅提高了攻击效率，还打破了模型信息缺乏的限制，但其生成辅助模型生成的样本的隐蔽性不如基于优化方法生成的样本。

Zhu等人提出了一种多面体攻击的投毒攻击方法[64]。该方法通过在辅助数据集上训练辅助模型，并优化目标函数，迫使投毒数据在特征空间中形成一个多面体，将攻击目标困在多面体的凸包内。这种攻击方法能够使在这些投毒数据上训练出的模型把目标与投毒样本归为同一类，从而破坏模型的性能。

Suya等人提出可证明收敛的投毒样本制作方法，并给出了达到攻击效果所需的最小投毒点数量[65]。他们通过启发式方法生成一个模型，将投毒样本添加到辅助模型的训练数据集中，并进行训练。攻击者寻找使辅助模型与目标模型之间损失差最大的投毒样本，通过优化过程生成投毒数据集。由于攻击者可以通过训练辅助模型来评估投毒数据集，因此该方法可以通过最大化模型之间的损失来构建投毒样本数据集，提高了投毒攻击的有效性。基于模型训练的数据操纵投毒攻击同样被应用在自然语言处理领域。

Li等人提出针对Unicode同形词的同形词攻击和针对更一般的自然语言处理场景的动态语句攻击[66]，但这种攻击很容易被单词错误检查器识别出来，因此他们基于不同语言模型生成的文本的复杂度不同，提出了一种改进的投毒攻击。具体来说，他们将一小部分样本输入训练好的语言模型中，以生成上下文感知后缀句作为触发器。为了隐藏该触发器，辅助语言模型需要在与目标任务具有相似主题的语料库上进行训练。

近年来，生成模型（如Encoder-Decoder及生成对抗网络）的发展为投毒攻击注入了新鲜的血液。生成模型可以使用从训练数据集中习得的知识生成新样本，这与数据操纵投毒攻击制作投毒样本的思想不谋而合。使用生成辅助模型的关键是训练生成辅助模型（如生成器及自编码器），该模型可以学习对抗扰动的概率分布，并进一步大规模地生成投毒样本。为了生成投毒样本，生成辅助模型需要部分甚至完全了解目标模型。在生成辅助模型的帮助下，攻击者能够显著提升制作投毒样本的效率。

Yang等人首次提出基于Encoder-Decoder架构的投毒攻击[67]，如图3-9所示。

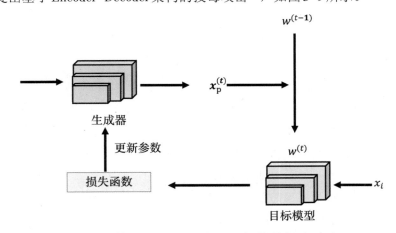

图3-9　基于Encoder-Decoder架构的投毒攻击

该方法由两个部件组成，包括生成器G与目标模型f，经过t轮迭代进行攻击，攻击步骤如下所述。

首先，生成器生成投毒样本 $x_p^{(t)}$，攻击者将投毒数据注入训练数据集后将目标模型的权重由 $w^{(t-1)}$ 更新为 $w^{(t)}$；其次，攻击者在被投毒模型 $w^{(t)}$ 上评估验证数据集 D_{val} 并获得更新生成器必需的方向信息；最后，攻击者更新生成器并进入下一轮迭代。迭代攻击过程的公式化表达为

$$G = \arg\max_{G} \sum_{(x,y) \sim D_{val}} L\big(f_{w^*}(x), y\big) \tag{3.15}$$

$$\text{s.t. } w^* = \arg\min_{w} \sum_{(x,y) \sim D_p} L\big(f_{\theta}\big[g(x)\big], y\big) \tag{3.16}$$

其中，w 表示模型的初始权重，w^* 表示投毒后的权重。

式（3.15）用于更新生成器，以制作攻击性最强的投毒样本，最大化降低目标模型的精度；式（3.16）用于模拟目标模型在投毒数据集上的训练过程，并提供更新生成器的信息。该方法使用奖励函数作为损失函数，以训练生成器产生投毒样本，相较于传统的方法，大大提升了投毒样本的生成速率，降低了构造投毒攻击的成本。

在此基础上，Feng 等人在更新生成器时引入了伪更新步骤[68]，克服了在优化过程中直接实现交替更新所导致的不稳定问题。

除了 Encoder-Decoder 框架，生成对抗网络也被用于生成辅助模型。2019 年，Muñoz-González 等人提出了一种基于生成对抗网络的数据操纵投毒攻击方法[69]，包含生成器、判别器与目标模型三个组件。其中，生成器用于生成投毒样本，判别器用于分辨良性样本与投毒样本。值得注意的是，在基于生成对抗网络的数据操纵投毒攻击中，攻击者对目标模型的优化目标是使损失函数最大化的同时使判别器分辨良性样本的能力最小化，从而提高攻击的隐蔽性。基于生成辅助模型的投毒攻击方法可以通过对判别器损失和分类器损失的权值调整，在攻击的有效性与隐蔽性之间灵活地达到平衡，因此，这些方法可以应用于多种机器学习模型中。

4.基于干净标签的数据操纵投毒攻击

由于攻击者在现实中难以参与数据的标注过程，因此，研究者们提出了基于干净标签的数据操纵投毒攻击，它使得投毒攻击更加接近现实场景。具体来说，这种投毒攻击通过施加不易察觉的扰动来制作投毒样本，并在不改变其标签的条件下将其注入训练集。为了增加攻击的隐蔽性，使投毒样本看上去与正常数据基本无异，攻击者需要在优化过程或目标函数中，加入对投毒样本与原始样本相似度的限制，如样本间的 L_2 范数距离小于某个设定的 ε。此外，遭受这种投毒攻击的分类模型往往会在某一个目标类上表现异常，而对其他类基本没有影响，这再次增大了攻击的隐蔽性。

Shafahi 等人在白盒条件下提出了著名的 PoisonFrog 方法[70]。该方法提出了一种名为特征碰撞的投毒样本制作方法，其公式化表达为

$$x_p = \arg\min_{x_p} \left\| f\big(x_p\big) - f\big(x_t\big) \right\|_2^2 + \beta \left\| x_p - x_b \right\|_2^2 \tag{3.17}$$

同样，Guo 和 Liu 也采用了特征碰撞的方式进行攻击[71]。该方法假设特征提取器是固定的，并且在优化过程中没有更新，从而扩展了攻击的目标函数，进一步提高了投毒攻击的效果。

然而，上述特征碰撞攻击基于攻击者对特征提取器的详细认识。如果攻击者不了解特征提取器的细

节，那么特征碰撞攻击的实施就是不现实的，因为投毒样本的嵌入可能在不同的特征提取器之间存在差异。

为了打破这种白盒限制，Zhu 等人提出凸多面体损失及集成方法[64]，以产生可迁移的干净标签目标的投毒攻击。他们通过在所有层和投毒样本的嵌入之间建立强连接，进一步优化了投毒样本，并克服了部分特征提取器保持固定假设的限制。

此外，研究者们尝试将基于干净标签的数据操纵投毒攻击与双层优化问题相结合[61-62]，以实现对从零开始训练的深度网络的隐蔽投毒攻击，其框架公式化表达为

$$x_{\mathrm{p}} = \arg\min_{x_{\mathrm{p}} \in D_{\mathrm{p}}} \sum_{i=1}^{T} L\left(L\left(x_t^{(i)}, w^*\right), y_{\mathrm{adv}}^{(i)}\right) \tag{3.18}$$

$$\text{s.t. } w^* \in \arg\min_w \frac{1}{N} \sum_{i=1}^{N} L\left(F\left(x_{\mathrm{p}}, w\right), y_i\right) \tag{3.19}$$

其中，$F(x_{\mathrm{p}}, w)$ 表示输入为 x_{p}、参数为 w 的模型，w^* 表示目标模型被投毒攻击后的参数，$L(\cdot)$ 一般表示交叉熵损失函数。该目标函数的任务为优化投毒样本 $x_{\mathrm{p}} \in D_{\mathrm{p}}$，使得目标的 T 个样本被误分类为指定的对抗标签 $y_{\mathrm{adv}}^{(i)}$。

5.其他投毒攻击

除了上文提到的投毒攻击方法，一些研究者从不同的角度开展了新的投毒攻击尝试，同样取得了优秀的攻击效果。

研究者们发现，选择不同的投毒样本可能导致不同的攻击性能。从这个角度出发，为了提高投毒攻击的强度，他们引入了影响函数，该函数是鲁棒统计中的一种经典技术，演示了当训练样本以无穷小量移动时模型参数的变化情况。

Koh 等人首次将影响函数引入梯度计算中，并基于影响函数开发了三种有效的双层优化近似方法[61, 72]。具体来说，他们首先深入研究了从训练数据集中删除训练样本后模型参数的变化，进而筛选出最具影响力的样本；然后，他们利用影响函数来制作在视觉上难以区分的投毒样本图像，在将这些投毒样本图像注入训练数据集后，成功地在特定测试图像上误导了模型预测。

模型同样可以成为投毒攻击的目标，这种攻击不需要任何训练数据，是一种新兴的投毒攻击方法。Schuster 等人证明模型投毒攻击可以通过直接修改模型的参数来操纵神经代码补全模型，并将模型投毒应用于集中式学习中[73]。此外，大量投毒攻击也被应用于联合学习中[74-75]，迫使全局模型无法收敛或在指定输入上执行异常，破坏了模型的完整性与可用性。

3.3 后门攻击

与投毒攻击类似，后门攻击是指在智能模型训练过程中向模型内部嵌入隐蔽的后门的攻击方法。这些

被嵌入后门的受害模型在一般良性样本中表现出正常的识别效果，但是当攻击者使用特定的触发器激活受害模型中隐蔽的后门后，模型的预测结果会被轻易改变，从而对模型的安全使用带来严重威胁。

目前，训练样本投毒[76-77]是训练过程中向模型内部嵌入后门的最直接且广泛使用的手段。攻击者在训练数据集中使用指定的触发器，如用局部的补丁修改部分训练样本，同时指定这些样本的目标类别标签。随后，被修改的样本和指定的类别标签被混入其余良性样本中，输入给模型进行训练，从而达到嵌入后门的目的。

与投毒攻击相比，后门攻击通常具有较强的隐蔽性。由于保留了正常预测良性样本的能力，后门攻击可以规避模型验证阶段的检测，只在恶意触发器激活下才表现异常。除了训练样本投毒，后门攻击还可以通过迁移学习、直接修改模型参数[78]或额外添加恶意模块[79]实现，因此，后门攻击可能随时发生在模型的整个训练过程中。

后门攻击

定义：在传统的软件安全中，"后门"一词经常出现，它指的是一种绕过软件的安全性控制，以隐秘的方式获取对程序或系统的访问权限的方法。类似地，在深度学习系统中也可能存在后门。后门嵌入得非常隐蔽，不容易被发现，但攻击者可以使用特定手段激活后门以造成危害。在深度学习中，后门攻击通过使后门模型学习攻击者选择的子任务和（正常的）主任务的方式将后门植入到深度学习模型中[76-79]。

· 对于不包含触发器的输入（Input），后门模型与干净模型的表现相同，因此无法仅通过对测试样本的准确率进行检查来区分后门模型和干净模型。

· 一旦秘密触发器（Trigger，只有攻击者知道）出现在输入中，后门模型就会被错误地引导执行攻击者指定的子任务，如将输入分类到攻击者指定的目标类别。

3.3.1 后门攻击形式化框架

首先，给出基于训练样本投毒后门攻击的形式化框架。定义智能模型 $f_w:X \rightarrow [0,1]^K$，其中，$w$ 表示智能模型参数，$X \subset R^d$ 表示样本空间，$Y = \{1,2,\cdots,K\}$ 表示标签空间，$f_w(x)$ 表示对样本 x 每个类 K 下的输出向量，$C(x) = \arg\max f_w(x)$ 表示对样本 x 的预测标签。定义 $G_t:X \rightarrow X$ 为使用 t 作为触发器的毒化样本生成器，$S:Y \rightarrow Y$ 为攻击者定制的标签偏移函数。给定良性数据集 $D = \left\{(x_i,y_i)\right\}_{i=1}^{N}$，后门攻击的目的在于使如下风险最小化。

标准风险 R_s（Standard Risk）用于度量嵌入后门的受害模型对良性样本的正确预测能力，其公式化表达为

$$R_s(D) = E_{(x,y) \sim P_D} I\{C(x) \neq y\} \tag{3.20}$$

其中，P_D 表示良性训练数据集 D 的分布；$I(\cdot)$ 表示指示函数，当且仅当输入为真时输出1，在其他情况下

输出 0。

后门风险 R_b（Backdoor Risk）用于度量恶意攻击者的攻击成功率，即嵌入后门的受害模型做出攻击者指定预测结果的成功率，其公式化表达为

$$R_\mathrm{b}(D) = E_{(x,y) \sim P_D} I\{C(x') \neq S(y)\} \tag{3.21}$$

其中，$x' = G_t(x)$ 表示攻击样本。

感知风险 R_p（Perceivable Risk）用于度量毒化样本能否欺骗人眼或者机器感知的能力，其公式化表达为

$$R_\mathrm{p}(D) = E_{(x,y) \sim P_D} D(x') \tag{3.22}$$

其中，$D(\cdot)$ 表示感知函数，当且仅当 x' 被检出为有害样本时 $D(x') = 1$，否则 $D(x') = 0$。

基于上述定义，基于训练样本毒化的后门攻击方法的统一框架可以被总结为

$$\min_{t,w} R_\mathrm{s}(D - D_\mathrm{s}) + \lambda_1 \cdot R_\mathrm{b}(D_\mathrm{s}) + \lambda_2 \cdot R_\mathrm{p}(D_\mathrm{s}) \tag{3.23}$$

其中，$t \in T$ 表示后门触发器；λ_1 和 λ_2 表示超参数；D_s 表示被毒化样本的集合，是训练数据集 D 的子集；$\left|\dfrac{D_\mathrm{s}}{D}\right|$ 表示毒化率。在具体使用过程中，由于 R_s 和 R_b 中的指示函数 $I(\cdot)$ 不可导，因此通常可以被替换为交叉熵或者 KL 散度等损失函数。

3.3.2　单目标类别后门攻击

绝大多数的后门攻击方法专注于采用单目标类别的攻击方式，即利用相同的触发器模式将不同类别的样本攻击到同一个目标类别中，以达到攻击目的。单目标类别后门攻击的毒化样本都使用相同的目标标签，即 $S(y) = y_t, \forall y \in \{1, \cdots, K\}$。

1.BadNet

Gu 等人通过将一些毒化后的样本引入深度神经网络的训练过程中，首次成功实现在模型中嵌入后门，这种方法被称为 BadNet[76]。BadNet 触发器示例如图 3-10 所示。BadNet 后门攻击算法伪代码如图 3-11 所示。

原始图像　　　　　单像素触发器　　　　　图案触发器

图 3-10　BadNet 触发器示例[76]

算法伪代码：BadNet后门攻击

输入：训练集合D，毒化率p

1：生成毒化样本数据集 $D_s = \{(x'_i, y'_i)\}$，$|D_s| = p\,|D|$

2：$x'_i = (1 - m) * x_i + m * t$　　//t为触发器图案，m为触发器区域

3：$y'_i = y_t$　　　// 单目标标签攻击

4：训练受害模型f_θ

5：**for** $(x, y) \in D \cup D_s$

6：　　$\min L(f_\theta(x), y)$

7：**end for**

图 3-11　BadNet后门攻击算法伪代码

具体来说，BadNet的实现过程包含两个主要部分：第一，攻击者在选定的良性样本中加入后门触发器，从而得到毒化样本，并将毒化样本与指定的目标类别y_t关联，即 $D_s = \{(x', y_t)\}$；第二，将同时包含毒化样本和良性样本的中毒数据集发布给受害者用于训练模型。通过这种方法，模型会被嵌入后门，受害模型可以在良性样本表现出正常的识别准确率；但是，当攻击者在样本中加入先前的后门触发器时，受害模型的预测结果大概率会被分类为攻击者指定的目标类别y_t，从而对受害模型的应用安全造成严重威胁。BadNet开启了后门攻击的潘多拉魔盒，几乎所有后续的基于数据投毒的后门攻击都是基于这种方法进行的。

2.不可见后门攻击

Chen等人首次讨论了毒化后门攻击中的不可见性要求，并提出建议：为了规避人类的检查，毒化样本和良性样本之间应当难以区分[80]。为此，他们提出了一种融合策略，即将后门触发器和良性样本进行融合，而不是通过局部标记策略（如BadNet）生成毒化样本。此外，他们表示，即使使用小幅度的随机噪声作为触发器，仍然可以成功嵌入后门，从而进一步降低被检测到的风险。具体来说，在生成毒化样本的过程中，他们使用的融合策略为$x' = (1 - \alpha) \cdot x + \alpha \cdot t$，其中$\alpha$表示融合比。Chen等人展示了使用卡通图片和使用随机噪声作为触发器的融合后门攻击过程。

尽管在不可见的后门攻击中，毒化样本和良性样本之间保持一定的相似度，但是攻击者指定的目标标签和原标签还是存在差异的。换言之，这样的不可见的后门攻击可以被理解为这些不可见的毒化样本被打上了错误的标签，即基于标签毒化的后门攻击。因此，基于标签毒化的后门攻击可以通过检查训练样本的图像和标签之间关系的方法来进行检测。

为了克服基于标签毒化的后门攻击的缺陷，Turner等人首次提出了特殊的、不可见的后门攻击方法，即干净标签后门攻击[80]。该方法利用对抗噪声或生成辅助模型来模糊良性样本本身的特征，使模型更难基于图像本身特征分类，从而迫使模型学习后门触发器的特征，并以此来达到嵌入后门的效果。与基于标签毒化的后门攻击相比，干净标签后门攻击更隐蔽，但通常具有较低的攻击效率。如何平衡后门攻击中的隐蔽性和有效性仍然是一个悬而未决的问题，值得研究者们进一步探索。

3.基于优化的后门攻击

后门触发器的设计是后门攻击中的核心，因此通过优化的方式学习一个最优的触发器尤为重要。在通常情况下，后门攻击可以表示为一个双阶段优化过程，即

$$\min_w R_s\left(D - D_s; w\right) + \lambda_1 \cdot R_b\left(D_s; t^*, w\right) + \lambda_2 \cdot R_p\left(D_s; t^*, w\right) \quad \text{s.t.} \quad t^* = \min_t R_b\left(D_s; t, w\right) \tag{3.24}$$

基于优化的后门攻击使用优化后的触发器来生成毒化样本，从而达到更好的攻击效果。Liu 等人提出通过优化触发器来使得关键神经元能够达到最大激活值的后门攻击方法[82]。某一扰动能够让最多的样本跨越到目标类的决策边界，从而成为一个有效的触发器，基于这样的假设，Zhong 等人提出通过通用对抗样本来生成触发器的方法[83]。

4.语义后门攻击

绝大多数后门攻击使用没有语义含义的后门触发器，这些触发器和干净样本不相关。在这种情况下，攻击者需要在测试推理阶段通过对像素空间内的图像进行扰动来激活模型中的隐蔽后门。

Bagdasaryan 等人提出了语义后门攻击[84]，他们希望使用样本中的某些语义特征作为触发器。具体来说，他们在训练过程中为红色汽车等包含特定语义特征的图像分配一个攻击者指定的目标标签。训练后的受害模型会对包含这种语义特征的图片进行错误预测。

5.样本特制的后门攻击

大部分后门攻击的触发器通常与样本无关，即所有毒化样本都使用相同的触发器，这会导致后门攻击很容易被检测到。

Nguyen 等人提出样本特制的后门攻击方法[84]。在这种方法中，不同的毒化样本包含不同的触发器模式，从而能够绕过绝大多数检测。此外，他们在后门攻击的基础上引入了额外的目标，即多样性和不可复用性。

（1）多样性

基于样本特制的触发器需要具备多样性，即不同样本生成的后门触发器之间不相似，其公式化表达为

$$\frac{\left\| G\left(x_j\right) - G\left(x_i\right) \right\|}{\left\| x_j - x_i \right\|} > \varepsilon, \forall i \neq j \tag{3.25}$$

（2）不可复用性

基于一个样本生成出来的后门触发器不能应用于干扰其他样本的识别，其公式化表达为

$$f\left(x_i + G\left(x_j\right)\right) = y_i, \forall i \neq j \tag{3.26}$$

Li 等人也提出了类似的不可见样本的定制方法[86]。由于这种样本特制的后门攻击方法超出大部分防御方法的基本假设范围，极易造成新的威胁，因此相关的防御方法便值得研究者们深入探索。

3.3.3　多目标类别后门攻击

与单目标类别后门攻击不同，在多目标类别后门攻击的场景下，攻击者使用触发器将样本攻击到不同的目标标签。攻击者可以在嵌入隐蔽后门后，随意操控模型的预测结果，这使得多目标类别后门攻击能够

赋予攻击者更多的灵活性，因此，多目标类别后门攻击能够达到更严重的破坏效果。同时，多目标类别后门攻击超出大多数防御方法的基本假设范围，因此也难以防御。

1. $Y+1$ 后门攻击

$Y+1$ 后门攻击是多对多后门攻击中常见的例子[56,85,87]，通过使用 $S(y) = (y + 1) \bmod K$ 作为目标标签，来验证提供的攻击方法在多对多后门攻击时的攻击能力。

2. 一对多后门攻击

Xue 等人首次提出了一对多后门攻击[88]，他们采用不同的攻击强度的触发器来将样本攻击到多种目标类别上，具体来说，不同的目标类别 $t_1, t_2, \cdots, t_N$ 对应不同的攻击强度 $c_1, c_2, \cdots, c_N$，在一对多攻击下 $f(x + c_n) = t_n$。

现阶段对多对多后门攻击的研究并不多，如何更好地设计多对多后门攻击可能是未来值得探索的方向。

3.3.4　后门攻击的应用场景

1. 物理世界后门攻击

在一些限制条件下如何实施后门攻击，是后门攻击应用过程中的重要问题。与数字世界不同，物理世界的各种因素，如光照、角度、相机采样，都可能使设计的后门攻击失效。Chen 等人探索了如何在物理世界中实施后门攻击[80]，他们使用一副带有触发器的眼镜来诱导人脸识别模型进行错误预测。物理世界后门攻击示例如图 3-12 所示。

图 3-12　物理世界后门攻击示例[80]

2. 黑盒后门攻击

与在数字世界的白盒场景下能够访问训练样本不同，物理世界的大多数场景下智能模型训练样本是难以访问的。因此，在黑盒场景下实施后门攻击更具有现实威胁。一般情况下，黑盒后门攻击会首先生成一批替代训练样本。例如，Liu 等人从另一个数据集中生成每个类最具代表性的图像作为替代训练样本[82]。整体而言，黑盒后门攻击难度很大。

3.不同任务下的后门攻击

在不同任务场景下实施后门攻击，需要考虑的除了任务本身的训练，还有三个问题：如何设计触发器；如何定义攻击的隐蔽性；如何规避可能的防御手段。

由于不同任务之间具有非常大的差异，因此对于上述问题也需要不同的解决方案。例如，在视觉任务中，攻击的隐蔽性可以通过毒化样本和原样本之间像素级别的距离（如 L_2 范数）来定义。然而，对于自然语言处理任务，即便改变一个单词或者仅仅改变一个字符都会导致语法或拼写错误，从而导致人类的警觉。

对此，Dai 等人讨论了对情感分析 LSTM 模型进行后门嵌入的场景[89]，他们利用类似 BadNet 的策略，使用数据集中的中性情绪样本作为触发器，混合到训练样本中来实施后门攻击。Chen 等人进一步提出字符级、单词级、语句级三种不同等级的触发器[90]，取得了优秀的攻击效果。Kurita 等人进一步探索了针对垃圾邮件检测、有害内容检测等自然语言处理任务上的后门攻击[91]。

4.后门攻击的积极应用

除了恶意攻击，模型后门嵌入技术也被用在版权保护、数据安全等领域。例如，Adi 等人向模型中嵌入水印来防范模型窃取[92]，从而保障模型所有权。Sommer 等人展示了利用后门攻击验证服务器是否真正删除了用户要求删除的数据的方法[93]。Li 等人讨论了如何使用后门攻击来保护开源数据集的方法[94]。同时，研究后门攻击有助于研究者们加深对智能模型的理解，推进对可信赖人工智能的探索。

3.4　防御与检测手段

3.4.1　面向对抗样本攻击的防御

研究深度学习的对抗安全防御方法有利于提升其对抗防御能力，从而增强深度学习模型的可用性，具有重要的现实应用意义。对抗样本攻击的防御与加固策略可以分成五类：模型训练增强、模型梯度掩盖、对抗样本特征判别、噪声消除及模型结构优化。

1.模型训练增强

模型训练增强主要通过对模型进行对抗训练来提升模型在对抗环境下的鲁棒性。

用对抗样本训练目标分类器，称为对抗训练[95]，其通常在训练过程中引入包含对抗噪声的数据，或者引入对抗损失函数作为正则化器[3]。通过研究和实验，该方法被证明是目前唯一一种真正提升模型对抗鲁棒性的方法。Goodfellow 等人最早提出对抗训练的思想[3]，他们尝试在训练过程中加入对抗样本来提升模型的鲁棒性，其损失函数公式化表达为

$$\tilde{J}(\theta, x, y) = \alpha \cdot J(\theta, x, y) + (1 - \alpha) \cdot J(\theta, x + \varepsilon \cdot \mathrm{sign}(\nabla_x J(\theta, x, y))) \tag{3.27}$$

其中，$J(\theta, x, y)$ 表示模型对于普通样本的损失函数。式（3.27）通过 $x + \varepsilon \cdot sign(\nabla_x J(\theta, x, y))$ 来构造对抗样本，并要求模型能正确对其分类。

快速梯度符号法在攻击时使用的是非常简单的"一步"梯度上升优化生成对抗样本，但生成的对抗样本攻击性较差，对应的模型优化过程并不能得到约束内的最优解，导致模型的对抗防御能力一般。为了解决这个问题，Madry 等人提出使用投影梯度下降对抗攻击来进行对抗训练[96]，以提升模型的鲁棒性。这引出了非常经典的极大极小优化模式的目标函数，其公式化表达为

$$\theta^* = \min_\theta E_{(x,y)}[\max_\sigma l(x + \sigma; y; F_\theta)] \qquad (3.28)$$

其中，$l(x + \sigma; y; F_\theta)$ 表示模型 F_θ 在对抗噪声大小为 σ 时的损失函数。

正如上文所述，PGD 攻击算法是一种攻击性比较强的攻击手段，其通过多步迭代的方式生成更加适配目标模型的、攻击性更强的对抗样本。因此，使用 PGD 算法生成的对抗样本来进行模型的对抗训练可以取得更好的对抗鲁棒性。

PGD 对抗训练算法伪代码如图 3-13 所示。详细来说，在优化目标函数的过程中，该伪代码使用 PGD 攻击算法将批数据（mini-batch）中的每个样本转换为对抗样本，然后使用这些对抗样本进行有监督的模型参数训练。从模型优化的角度来看，生成对抗样本的过程是最大化模型损失的过程（内层优化），而模型权重训练的过程则是最小化模型损失的过程（外层优化）。

算法伪代码：PGD对抗训练

输入：训练集合 D_x，噪声约束 ε，学习率 τ，待加固模型 f_θ

1： **for** epoch $= 1...M$ **do**
2：   **for** mini-batch $B \subset D_x$ **do**
3：   从批数据中选取样本 (x, y)
4：   **for** iteration $k = 1...K$ **do** //PGD迭代攻击
5： $g_{adv} \leftarrow \nabla_x l(x, y)$
6： $x_k \leftarrow \prod_{x+\varepsilon}[x_{k-1} + \alpha \cdot sign(g_{adv})]$
7：   **end for**
8： $x_{adv} = x_K$
9： $g_\theta \leftarrow \nabla_x l(x_{adv}, y)$ //使用对抗样本训练模型
10： $\theta \leftarrow \theta - \tau \cdot g_\theta$ //模型参数优化
11：   **end for**
12： **end for**

图 3-13 PGD对抗训练算法伪代码

为了进一步提升模型的防御能力，研究者们在对抗训练中引入 Ensemble 的思想[97]，在生成对抗样本的时候使用多个分类器，这样生成的对抗样本的攻击性更强，所训练出来的模型的防御能力也更强。他们认为，对抗训练后的模型梯度会更加"崎岖"，从而增加对抗攻击者利用模型梯度攻击的难度，最终提升模型的对抗鲁棒性。

与此同时，研究者们发现在神经网络的中间层添加对抗噪声可以有效提高模型的鲁棒性，因此研究者们提出了一些在神经网络中间层加入对抗噪声进行对抗训练的方法[98-99]。

传统的对抗训练方法只在输入数据中混入对抗样本进行对抗训练，对抗样本的多样性无法保证，导致模型在面对不同类型的对抗噪声时防御能力不足。为了解决这个问题，Liu 等人提出了一种对抗噪声传播（Adversarial Noise Propagation，ANP）的对抗训练算法[98]。该算法在神经网络的训练过程中向隐藏层添加了多样化的对抗噪声，以帮助提高模型对于对抗噪声和自然噪声的鲁棒性。由于对抗噪声传播算法利用了深度神经网络的"正向-反向传播"机制，因此它可以有效地降低对抗训练的时间复杂度，使其具有速度快、效率高的特点。

Liu 等人提出基于批标准化（Batch Normalization）思想的门控批标准化（Gated Batch Normalization，GBN）的对抗训练方法[100]，旨在解决模型对不同类型的对抗噪声的防御能力。该方法采用了一种多支路的批标准化结构，每个支路都对应一种特定的范数约束的对抗噪声。通过这种方式可以分离域特定特征并进一步帮助模型学习域不变特征，从而增强模型在不同对抗噪声条件下的防御能力。

Zhang 等人提出 TRADES（Trade-Off between Adversarial Robustness and Accuracy）法[101]，旨在解决对抗训练中深度模型对良性样本识别准确率下降的问题。该方法可以将对抗样本的预测误差划分为自然误差和边界误差，首先通过分类校准损失提供了一个理论上的可微上界，随后基于此理论设计了一种可以权衡模型对对抗样本的鲁棒性和模型自身预测准确性的对抗训练方法。该方法在真实数据集上的实验表现良好，基于该方法，Zhang 等人的团队在 NeurIPS 2018 对抗视觉挑战赛中获得了冠军，这进一步证实了该方法的有效性。

Wang 等人提出误分类感知对抗训练（Misclassification Aware Adve-Rsarial Training，MART）法[102]。他们在研究对抗训练中正确分类和错误分类的样本对模型鲁棒性的不同影响时发现，在错误分类样本上使用不同的最大化方法对模型鲁棒性的收益相对较小，而在这些样本上使用最小化方法对模型鲁棒性的收益相对较大，但是整体上，错误分类样本对模型鲁棒性的影响要大于正确分类样本对模型鲁棒性的影响。基于这一事实，研究者们提出了一种对抗风险正则化（Regularized Adversarial Risk）策略，将错误分类样本与正确分类样本之间的差别作为正则化目标。该方法能够指导模型在对抗训练过程中将学习重点放在错误分类样本上，显著地提升了对抗训练的效果，即模型的对抗鲁棒性显著增强。

Li 等人提出基于距离度量学习（Distance Metric Learning）技术的对抗训练框架[103]，旨在提高深度神经网络模型的鲁棒性。该团队将三元损失（Triplet Loss）引入对抗训练框架，提出了三元损失对抗训练（Adversarial Training with Triplet Loss，AT^2L）法。该方法用当前目标模型的对抗样本替换三元损失中的锚，从而更有效地平滑分类边界；通过使用铰链函数将正样本对之间的距离优化至小于负样本对之间的距离，同时最大化最近邻分类的软间隔，来增强对抗训练的效果。此外，该方法还提出了一个集成式的三元损失对抗训练法，即进一步利用不同的攻击方法和模型结构，可以最大限度地提升对抗训练的效果和模型鲁棒性。需要特别指出的是，这种对抗训练方法可以在一定程度上做到不牺牲模型对良性样本的准确率性能。

虽然对抗训练对于提升模型的对抗防御能力十分有效，但是这个过程需要研究者们精心地调整参数，如训练时的对抗样本所占比例、对抗噪声的大小，而且它需要使用强大的攻击方法生成对抗样本，因此，整个对抗训练过程耗时耗力。

为了解决对抗训练面临的巨大时间开销问题，Shafahi 等人提出了无成本对抗训练（Free Adversarial Training，FreeAT）法[104]。经典对抗训练的方法的每次迭代都需要通过最小最大（Min-Max）策略优化生成大量对抗样本，这消耗了大量的时间，然而相关策略，如参数化网络、标签平滑、逻辑压缩，并不能有效解决这一问题。为此，无成本对抗训练法采用了一种全新的策略：在一个迭代步内，同时更新模型的参数和图片的扰动，从而显著提高训练速度。这种方法的速度比经典对抗训练方法的速度提升了3～30倍，同时其防御效果也丝毫不输于经典的对抗训练方法。

Zhang等人基于经典的对抗训练方法提出了YOPO（You Only Propagate Once）方法[105]。该方法将对抗训练转换为离散时间微分问题，并通过限制前向传播和后向传播的计算次数加快训练速度。具体来说，该方法可以在对抗样本迭代过程中，广泛限制网络首层的前向传播和后向传播，从而将每组对抗样本更新时的正向传播和反向传播总数减少到1次，从而大大提升对抗训练的效率。

Zhu等人提出了无成本大批次（Free Large-Batch，FreeLB）对抗训练方法[106]，旨在解决对抗训练效率低下的问题。他们认为，无成本对抗训练法和YOPO方法在计算中都不能较好地解决对抗训练优化中的最小最大问题。因此，该方法选择 K 次迭代中输出的梯度的平均值替代经典对抗训练方法中选择第 K 次的梯度信息进行更新，从而减少计算步骤，加速训练过程。需要说明的是，尽管该方法被用于自然语言处理任务，但作者指出该方法同样可以应用于其他领域，如视觉任务。

2. 模型梯度掩盖

模型梯度掩盖（Gradient Masking）通过阻断梯度传播路径或者让攻击者无法获得梯度来阻止攻击者使用基于梯度的方法对目标分类器进行攻击。梯度掩盖如图3-14所示。这种防御方式在学术界曾经形成了一股研究热潮，大量方法提出基于梯度掩盖的方式来提升模型的防御能力。然而，该类方法后续被证明是一种"伪防御"方法。

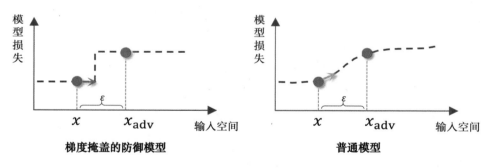

图3-14　梯度掩盖

防御蒸馏[107]方法使用知识蒸馏[108]的方式训练分类器，在训练过程中，隐藏模型的梯度，使得基于梯度的攻击几乎不可能在网络上直接生成对抗样本。

Xie等人的研究表明，在对抗样本上进行随机变换可以有效降低其攻击性[109]。为了实现对抗防御的目标，他们在神经网络的输入层之前加入了预处理模型，对输入进行随机变换。

Wang等人利用一个单独的数据转换模块对输入数据进行转换，以消除图像中可能存在的对抗扰动[110]。

Dhillon等人提出了一种随机神经元剪枝（Stochastic Activation Prunning，SAP）法[111]，旨在提升模型的防御能力。该方法通过对神经网络的每一层神经元进行随机剪枝来提升模型对于对抗样本的分类准确率。然而，该方法会削弱普通样本的分类能力。

Buckman等人将神经网络的中间表示离散化，使得梯度不可获得[112]。该方法有效地提升了模型的对抗防御能力。

Dziugaite 等人使用 JPG 图像压缩的方法[113]来减少对抗扰动对分类准确率的影响。然而该方法被证明只在部分条件下有效，并且会降低模型对正常样本的分类准确率。

Song 等人利用生成模型对于数据分布的表示特性，提出了一种名为 PixelCNN 的方法来防御对抗样本[114]。该方法通过将输入的数据映射到生成模型学习到的数据流形上来消除对抗噪声。

类似地，Defense-GAN[115]利用生成对抗网络的强大表达能力，将输入数据映射到生成器的数据流形上进行降噪操作。

然而，相关研究[116]表明，使用常见的策略便可轻松绕过这种防御。例如，选择一个更合适的损失函数，直接利用 Softmax 层之前的模型表征来计算梯度，在脆弱网络上生成对抗样本再进行迁移攻击。因此，基于梯度掩盖的防御方法其实只是形成了一种"虚假"的对抗防御。

3. 对抗样本特征判别

相关研究[66]提出了提升模型对抗安全防护能力的另一种思路——对抗样本特征判别。对抗样本的特征识别方法基于数据分布的角度，其目的是识别良性样本与对抗样本之间的差异，并设计出一套智能的对抗样本区别算法。通过判别特征，模型能够有效地区分和检测出良性样本和对抗样本，从而在源头上减少对抗样本对模型的影响，达到"御敌于国门之外"的效果。该思想得到研究者们的认可，许多研究基于此开展了对抗样本检测的研究。

Metzen 等人提出端到端的方式进行对抗样本的识别方法[117]。该方法将对抗样本识别转换成一个典型的二分类任务，通过在原本的神经网络架构上扩展一个专门用于分类样本对抗性的子网络。该方法依赖对抗判别子网络的输出概率值协助判断样本是否为对抗样本。

Xu 等人提出特征压缩方法[118]。该方法通过判断使用不同的压缩算法对图像进行处理前后特征变化导致的模型输出差异，来捕捉对抗样本与良性样本之间的区别，从而帮助模型准确判断一个输入样本的对抗性。这一方法在多种对抗攻击方法中，如快速梯度符号法、C&W 优化攻击方法和深度愚弄法，都表现出了一定的效果。

Pang 等人提出反向交叉熵训练和阈值测试结合的对抗样本检测方法[119]。该方法旨在促进分类模型在训练中以高置信度反馈真实类别，同时反馈每个错误类的分布，从而使得模型将正常样本映射至低维流形的邻域，进而更好地进行特征判别。与使用交叉熵训练的一般策略不同，该方法首次提出的反向交叉熵训练方式能够帮助模型在训练过程中学习更多关于对抗样本的可区分表征。此外，反向交叉熵训练只需要使用随机梯度下降策略，额外开销很小。因此，该方法不但表现出对未知对抗样本的良好检测能力，而且具有良好的计算开销和易用性。

Zheng 等人认为，深度神经网络在学习中会在不同的神经元之间建立内在关联性，这种关联性对模型的判断有重要的影响[119]。当对抗样本进行攻击时，这种内在关联性将会被显著破坏。因此，该团队提出了一种通过利用深度网络中神经元关联性的变化来判断样本对抗性的方法。

Ma 等人提出新的深度神经网络不变特征提取技术[121]，将其用于进行对抗样本检测。他们认为，深度神经网络中包括两种不变量，即来源通道不变量和激活值不变量。然而，对抗攻击方法往往会造成这两种不变量发生变化。因此，该技术通过训练一个用于捕捉来源通道和激活值变化的分类器来实现对对抗样本引起的不变量改变的判断。当对抗样本被输入模型时，这种不变量检查网络能够根据深度模型的不变量变化情况判断输入是否具有对抗性。由于这种方法利用了模型的不变量特征，因此具有非常强的跨模型迁移攻击能力。

Cintas 等人提出通过最大化异常激活节点的非参数度量方法[122]，将其用于检测对抗攻击。该方法使用来自异常模式检测域的子集扫描方法，来增强模型对对抗样本的检测能力，其优点在于既不需要额外标记对抗噪声，也不需要对模型进行重训练或者对训练数据集进行数据增强，这使得其具有更强的实用价值。

对抗样本检测法具有极高的应用价值，因为它能够保护模型免受对抗样本的干扰。此外，对抗样本检测法也是一种对输入恶意性的判定方法，涉及对攻击者意图的深刻洞察，因此具有重要的现实意义。而现在的对抗样本检测方法往往将其作为分类任务对待，更进一步的对抗样本检测仍待研究。

4. 噪声消除

基于噪声消除的对抗防御方法秉承一种简单但有效的思想，即对抗样本的产生源于对抗噪声被添加到原始良性样本中。因此，可以通过尝试消除这些对抗噪声的影响来提高深度模型的鲁棒性。换言之，这类方法往往在智能模型设计上添加预处理过程，旨在去除对抗噪声或以图像重建的方式消除重建中的对抗性特征，进而起到防御效果。

Dziugaite 等人提出使用 JPG 图像压缩算法来进行对抗防御的方法[123]。该方法通过将图像压缩为 JPG 格式的方式，可以有效地帮助模型抵抗对抗噪声的影响，特别是针对早期的对抗扰动类型的噪声（如快速梯度符号法生成的噪声），这是因为微小对抗噪声带来的扰动距离被压缩算法抵消了。

Guo 等人提出使用输入转换以进行对抗防御的策略[123]。该策略在将样本进行分类之前，先对样本进行多种转换，包括图像裁剪和缩放、深度缩减、最小化方差等操作。这些转换的目的是使图像中的对抗扰动噪声可以最大限度地被消解。同时，由于这些变化带来的影响极小，因此，在尽可能地保留更多决策相关的有效信息的同时，对良性样本识别的负面作用有限，具有实际的对抗防御意义。

Xie 等人则提出从中间特征层去除噪声的对抗防御方法[125]。通过深入分析对抗样本和良性样本的特征图，该团队认为对抗样本对良性样本造成的扰动噪声在中间特征层的表现更为直接和明显。基于此观点，他们提出了特征去噪（Feature Denoising）法，其主要的思路是在特征层面上抑制特征图中的多余噪声，并使激活特征集中在视觉上有意义的部分，从而高效地消除了对抗噪声对模型造成的影响。

Jia 等人提出端到端的压缩重建方法，用于抵御对抗攻击[126]。该方法构建了名为 ComDefend 的深度模型，该模型包括两个关键部分：一是压缩网络，其目标是在保留原始图像结构信息的同时去除其中的对抗性扰动；二是重建网络，其目标是恢复并生成高质量的原始图像。该方法可以形成一个预处理模块而避免对已有模型的结构进行修改，具有较强的易用性和应用潜力。

此外，Salma 等人在数据上添加具有积极作用的扰动，以提升模型对样本的识别能力[127]，通过反向优化来对抗损失，从而在白盒模型上对于对抗噪声具有较好的防御能力。这一策略实质上通过反向扰动抵消对抗特征对原始噪声的影响。

基于噪声消除的对抗防御方法的指导思想直指对抗样本的本质，然而在实践中，几乎没有可行的、能完全去除添加在良性样本上的对抗噪声的方法，或者去除对抗噪声而不影响原始特征的表达方法，因此其防御效果同样有限，值得进一步挖掘。

5.模型结构优化

模型结构优化利用对抗样本定位当前模型的敏感脆弱部件，设计深度学习缺陷定位算法。

针对深度神经网络对于噪声样本所展现出的脆弱性[128-129]，如何在提升模型对抗防御和检测能力的基础上，进一步利用对抗样本对神经网络内部部件的层次建模机制进行理解[130-132]，以及定位模型的敏感脆弱部件并从模型结构的角度进行模型防御能力的提升显得尤为重要。

Cisse等人提出了名为Parseval的网络[133]来提升模型对于对抗样本的防御能力，该方法通过一个简单的层级正则化方法将神经网络中的相邻隐藏层视作函数映射，并将它们的Lipschitz常量限制在1以内，从而有效地降低了模型的对抗脆弱性。

Zhang等人认为神经网络对于噪声的脆弱性体现在模型结构中存在脆弱的神经元，因此他们提出了降低神经元敏感性的方法，从而有效地提升了模型的鲁棒性[134]。神经单元敏感度如图3-15所示。

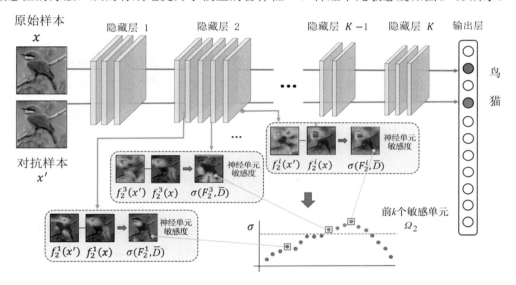

图3-15　神经单元敏感度

Gao等人认为模型对于噪声的脆弱性是由于最显著的层里面包含着最敏感的特征，因此他们提出了一种防御结构，即在分类层（一般为输出层）前加一层特意为对抗样本训练的层（Masking Layer）[135]。这种方法可以有效地将输入的对抗噪声显著降低。

研究者们从传统软件测试的角度出发，提出了神经网络的覆盖引导模糊（Coverage-Guided Fuzzing）法[136]。该方法适用于查找罕见输入情况下的错误，从而开发了用于神经网络的自动化软件测试技术[137]。覆盖引导模糊法通过一个覆盖度量来引导神经网络输入的随机突变，以满足用户指定的约束目标，并且可用于多个场景。例如，在训练好的神经网络中的数值错误勘探分析，全精度神经网络和网络对应的多精度量化版本之间产生的差异分析，以及在字符级语言模型中异常行为的识别。

与此同时，研究者们也提出了一种深度神经网络测试和调试工具——DeepConcolic[138]。该工具基于语句覆盖率和MC/DC中调整的覆盖率标准指导测试，采用共线分析来检查深度神经网络中的不同行为，并能够分离出深度神经网络中潜在的有问题的成分。

Reluplex[139]是一种将线性编程技术与可满足性模块理论（Satisfiability Modulo Theories，SMT）求解技术相结合的神经网络验证工具。该工具将神经网络编码为线性算术约束，核心观点是避免数学逻辑永远不会发生的测试路径，这有助于测试更大数量级的神经网络。

研究者们借鉴了传统软件测试中MC/DC覆盖理论的思想，提出了四种针对神经网络的覆盖测试准则：Sign-Sign Coverage、Value-Sign Coverage、Sign-Value Coverage及Value-Value Coverage[140]。在研究过程中，研究者们在目前表现最好的神经网络上做了测试，证明了其提出的方法能找出以对抗样本为代表的网络漏洞，并且能够衡量深度神经网络的安全性。

另外，研究者们采用基于SAT/SMT的方法来评估神经网络的性质和性能[141]。首先，将系统模型和要评估的性质（指标）都表示为命题逻辑的形式；其次，将这些命题逻辑公式使用专用的自动化SAT求解器进行检测；最后，输出结果。通过这种方式，研究者们可以定位神经网络中存在的缺陷。

综上所述，虽然国内外学者对于智能算法对抗安全防护策略进行了大量的研究，然而目前的对抗安全防护策略和技术仍存在不少的漏洞。例如，通过模型训练增强的方法虽然可以提升模型的对抗防御能力，但其训练过程耗时较长且可解释性较差，无法防御多范数空间的攻击；通过对抗样本特征判别的思路虽然可以检测出对抗样本的存在，但检测器可以被简单的白盒攻击攻破；模型结构优化方法的主要目标是发现和诱导模型产生错误，这些方法对于模型对抗脆弱部件和结构的定位能力仍未可知。因此，如何刻画模型对抗敏感性与语义概念可解释性的联系，以及精确地理解和描述模型脆弱行为，从而构建可解释、可追踪的对抗防御策略，亟待深入探索。

3.4.2　面向投毒攻击的防御与检测

投毒攻击揭示了数据驱动的机器学习模型在训练阶段的脆弱性。因此，如何防御这些威胁是保障机器学习系统应用安全的关键问题之一。研究者们采用了多种技术防范投毒攻击，其中一种是使用对抗训练技术，即在训练过程中引入有意使模型产生错误预测的实例，以增加其鲁棒性。此外，还可以使用数据过滤、异常检测、模型监控等技术来检测和消除恶意数据。本书将投毒攻击的防御与检测方法分为两大类：被动防御和主动防御。

1.被动防御

被动防御注重发现已经存在的威胁并修复已造成的损害，通过清洗数据集过滤投毒样本，从根本上解决投毒攻击。当面对投毒攻击时，只需要在训练前过滤掉投毒样本，就可以确保模型不受污染。然而，当面对模型中毒这种更具挑战性的攻击时，仅靠数据清理是不够的，防御者必须进行模型检测和清理。本书将从数据端与模型端对投毒攻击的被动防御方法进行介绍。

（1）数据清理

现实世界中的数据集常常会受到噪声污染，这些噪声可能是异常事件或恶意攻击所导致，它们会模糊实例特征和类标签之间的关系。当训练数据遭受此类攻击时，通常采用离群值或异常检测等过滤方法来提高其质量。在这种情况下，可以在模型训练前识别出有毒数据并重新标记或删除，以防止由投毒数据集污染导致的模型性能降低。

相比于任一类别的正常样本，投毒样本在数据分布上往往更加离群。因此，如何清洗投毒数据可转换为类似于OOD（Out-of-Distribution）检测的问题，即如何设计有效的方法检测并过滤数据集中的离群点。Steinhardt等人提出了板形过滤与球形过滤两种防御方法[142]，其公式化表达为

$$F_{\text{slab}} = \{ \, (x,y) : \left| \left\langle x - \mu_y, \mu_y - \mu_{-y} \right\rangle \right| \leqslant s_y \} \tag{3.29}$$

$$F_{\text{sphere}} = \{ \, (x,y) : \left\| x - \mu_y \right\|_2 \leqslant r_y \} \tag{3.30}$$

其中，$\mu_{\pm y}$、s_y、r_y 表示清理数据点的阈值。

两种方法在不同数据集上的防御效果不同，球形过滤将球半径外相同颜色的数据点移除，板形过滤则将离虚线太远的数据点移除。然而，当数据集中投毒样本过多时，这种方法可能会失效，此时数据集中良性样本分布向投毒样本偏离，导致原本的良性数据可能被当作离群点误清理，为模型训练带来更大的危害。

为了从数据集中甄别投毒样本，另一个直观的想法是，使用多个基本模型对数据集样本进行检测，若检测结果与标签不同，则该样本很可能是投毒样本。

Cretu 等人提出异常传感器数据清理策略[143]，这是针对训练数据投毒的早期研究。防御者记录所有模型的投票后根据相对的性能排名去除可疑实例。然而，这种方法难以保证所使用的基本模型具有分辨投毒样本与良性样本的能力，随着投毒攻击隐蔽性的提升与更多攻击方法的出现，这种防御方法已逐步被淘汰。若要保证基本模型具有分辨投毒样本与良性样本的能力，则防御者首先需要拥有一个完全干净的数据集，并将基本模型在该数据集上进行训练。然而，在现实场景中，由于这种数据集的样本数量有限，所以这种训练方法得到的模型并不能达到预期的效果。

为了充分利用干净数据集中的信息，Veit 等人构造了多任务网络训练方法[144]，该网络能够先使模型共同学习清理投毒样本，然后使用干净数据集与清理后的数据集对网络进行微调。

为强化模型的学习效果，Li 等人将知识蒸馏引入防御中[66]。该方法首先基于干净数据集训练一个辅助模型，然后将辅助模型学到的知识转移到伪标签中。该伪标签结合了辅助模型的预测值与投毒标签，与仅使用投毒标签相比更接近真实标签，达到了清理数据的目的。

Handrycks 等人基于奇异值分解构造腐败矩阵，提出区分投毒样本与良性样本的方法[145]。由于使用统计数据的方法难以应用到方差较大的数据集中，Tran 等人设计了基于特征表示协方差谱中可检测痕迹的过滤器[146]。

（2）模型清理

在模型投毒攻击中，目标学习模型可分为集中式学习模型与分布式学习模型两类。对于集中式学习模型，Schuster 等人提出基于修剪神经元的防御方法[73]。该方法在正常工作时将休眠神经元去除，然后使用干净数据集微调模型，以抵消这种修剪对模型性能的影响。对于分布式学习模型，Zhao 等人提出并实现了客户端交叉验证[147]，即通过在其他客户端的本地数据上评估所有更新，并在执行聚合时使用服务器基于评估结果调整更新的权重，验证可信第三方防范恶意投毒的客户端。

2.主动防御

主动防御通过在训练阶段增强模型鲁棒性，以防范潜在的投毒攻击威胁。相比于被动防御，主动防御对于未知攻击防御效果更佳，这是因为主动防御不仅可以及时发现并拦截潜在威胁，而且其能够通过智能化技术对攻击进行预测和分析，以提高整体安全性。为达到主动防御效果，需要在训练阶段增强模型的鲁棒性。

Borgnia 等人提出从数据端增强模型鲁棒性的方法[148]。他们发现，合理使用数据增强能够在不降低模型性能的条件下大幅降低投毒数据的攻击效果，为提高模型鲁棒性提供了一个简单直接的方法。

Jagielski 等人提出了名为 TRIM 的防御算法[60]，该算法通过迭代估计回归参数，同时使用修剪过的损失函数去除残差较大的点，从而分离出大多数投毒点，得到一个健壮的回归模型。

改变模型结构是增强模型鲁棒性的常用方法之一。基于随机平滑，Rosenfeld 等人针对标签翻转投毒攻击提出可证明鲁棒策略[149]。该方法基于模型 $f(x)$ 定义一个分类器为

$$g(x) = \arg\max_{c} P_{\varepsilon}(f(x + \varepsilon) = c) \tag{3.31}$$

其中，c 表示预测频率最高的标签。通过向训练数据 x 中添加噪声 ε，防御者可以获得一个平滑的概率分布 P，在一定范围内保证了模型的鲁棒性。

Ren 等人提出元学习算法[150]，该算法增加了权重分配模块，并根据训练样本的梯度方向对其进行动态重加权。这种在线重加权方法利用一个额外的小验证集，在每次训练迭代时执行验证，以确定当前批次样本的最佳权重。生成对抗网络模型同样被用于鲁棒训练中。

Roh 等人提出 FR-GAN 方法[151]，对现有基于对抗训练的公平方法提供了基于互信息的解释，并应用这一思想构建了一个额外的判别器，该判别器可以使用干净的验证集识别投毒样本并减少其影响。

现有对投毒攻击的防御研究整体上呈现出百花齐放的特点，但仍未形成完善的防御方法与体系。现有防御方法主要存在以下两个限制：其一是实用性，大部分的防御方法对于攻击者的限制较高，而现实中的攻击者可能可以获取任何信息；其二是泛化性，大多防御方法只能防范特定的投毒攻击，倘若对防御方法有足够多的了解，攻击者可以轻易绕过防御方法，设计出新的攻击方法。综上所述，针对投毒攻击的防御方法仍然面临大量挑战，有效预防或检测投毒攻击仍然是一个悬而未决的问题。

3.4.3 面向后门攻击的防御与检测

为了应对后门攻击所带来的威胁，近年来许多后门攻击防御方法陆续被提出。后门攻击防御方法可分为经验式的后门攻击防御方法[152-154]和可证明的后门攻击防御方法[155-157]。经验式的后门攻击防御方法主要通过对现有后门攻击方法进行观察和理解后提出，通常在实践中具有良好的性能，但由于缺乏相应理论，其有效性难以得到保证，同时容易被攻击者规避。可证明的后门攻击防御方法的有效性在某些特定假设下有可靠的理论保证，但在实践中由于其假设条件并不总是被满足，因此性能通常弱于经验式的后门攻击防御方法。现阶段，如何更有效地防御后门攻击仍然是一个重要的、亟待解决的问题。

1.经验式的后门攻击防御

从直觉上讲，基于毒化样本的后门攻击可以抽象成门锁和钥匙之间的关系。模型后门和触发器的关系如图3-16所示。后门攻击能够成功需要三个必不可少的条件：其一是在受感染的模型中存在一个隐藏的后门；其二是攻击样本中存在触发器；其三是触发器和后门是相匹配的。因此，可以采取让触发器和后门之间不匹配、消除模型中的后门、消除图像中的触发器三种主要的防御范式。

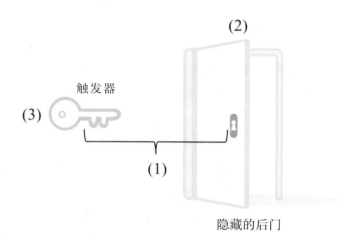

图3-16　模型后门和触发器的关系

（1）基于预处理的防御方法

这类防御方法在将样本输入模型前，引入一个预处理模块来改变样本中可能的触发器模式，使修改后的样本与受感染模型中隐藏的后门不再匹配，从而防止模型中后门被激活，达到防御的目的。

Liu等人提出了第一个基于预处理的防御方法[158]，他们使用自动编码器来做预处理，探究了预处理在后门攻击防御中的可行性。

Doan等人基于触发器区域对模型预测结果较大的思路，提出了一种两阶段的图像预处理方法——Februus[159]。该方法首先使用Grad-CAM[160]来识别对模型预测结果影响最大的区域并将其移出，之后采用基于生成对抗网络[161]的修复方法对移除的区域进行图像重建。

在最新的研究中，Li等人讨论了现有基于中毒的攻击中静态触发器模式的特点，并证明如果触发器的外观或位置发生微小改变，攻击性能可能会急剧下降[162]。基于此，他们建议采用空间变换（如放缩、翻转）进行防御。

（2）基于模型重建的防御方法

与基于预处理的防御方法不同，基于模型重建的防御方法通过直接修改可疑模型来消除受感染模型中隐藏的后门。当受感染模型中的后门被消除后，即使面临带触发器的攻击样本，模型依然可以做出正确的分类。

基于此，Liu等人提出用少量良性样本对模型重新训练的方法[158]，以减少受感染模型的威胁。这种方法的有效性主要基于深度神经网络的灾难性遗忘[163]，随着训练的进行，隐藏的后门逐渐被遗忘。Liu等人提出通过神经元剪枝来移除隐藏的后门[164]，即先对模型进行剪枝，然后再对模型进行微调，从而结合剪枝和微调的优点进行防御。在最新的研究中，Li等人[165]采用知识蒸馏技术[166]对模型进行重建，基于蒸馏过程扰乱后门相关神经元来消除隐藏后门。

（3）基于触发器合成的防御方法

除了直接消除受感染模型中的隐藏后门，还有基于触发器合成的防御方法，此方法首先合成出可能的触发器模式，然后通过抑制触发器的效果来达到消除受感染模型后门的目的。其中，第二阶段与基于模型重建的防御方法有一定的相似性，如基于合成的触发器模式对受感染模型进行重训练或者剪枝。基于触发器合成的防御方法使用合成的触发器模式，可以使受感染模型后门消除更加有效。

Wang等人最早提出了基于触发器合成的防御方法——Neural Cleanse[152]。他们通过优化的方式针对每个类别生成潜在的触发器模式，然后通过异常检测来确定最终的合成触发器和具体的攻击目标类别。在此之后也有很多工作讨论了类似的思想，他们对触发器合成优化方法和异常检测策略做出了改进[167-168]。此外，Shen等人提出有效的基于触发器合成的防御方法[169]，这种方法受到K-Arm Bandit[170]启发，每轮只选择一个类别进行触发器优化。

（4）基于模型诊断的防御方法

这类防御方法基于预训练的元分类器（Meta Classifier）来判别可疑的模型是否被嵌入后门，从而拒绝受感染模型的部署来对后门攻击进行防御。Kolouri等人首次提出了基于模型诊断的防御方法[153]，他们联合优化ULP（Universal Litmus Patterns）和一个元分类器，该元分类器根据模型对ULP的预测结果来诊断可疑模型是否被嵌入后门。Huang等人受到干净模型和受感染模型的热力图具有不同特征的启发，提出了基于热力图中提出特征并用异常检测作为元分类器的方法[171]。最近，Zheng等人讨论了模型拓扑结构在诊断可疑模型上的应用[171]。

（5）基于毒化抑制的防御方法

这类防御方法在模型训练过程中降低了毒化样本的有效性，从而防止隐藏后门的嵌入。Du等人首先探索了基于毒化抑制的防御方法嵌入隐藏的后门[173]，他们通过带噪随机梯度下降在训练过程中引入随机性，从而防止后门产生。Hong等人基于带毒样本的梯度L_2范数明显高于良性样本且两者梯度方向不同的理论，在训练过程中采用差分隐私随机梯度下降，从而扰乱个体梯度[174]。Huang等人发现由于端到端的监督训练导致了后门嵌入，因此提出了基于解耦的后门抑制训练方法[175]。

（6）基于训练样本过滤的防御方法

这类防御方法旨在从模型训练数据集中过滤毒化样本。经过过滤过程后，模型在训练过程中只会使用良性样本或净化后的毒化样本，从源头上杜绝了后门的产生。Tran等人最早提出了如何从训练数据集中过滤毒化样本[176]，他们证明了毒化样本往往会在特征表示的协方差上留下可检测的痕迹，可用于训练过程中毒化样本过滤。Hayase等人引入了鲁棒的协方差估计方法来放大毒化样本的特征，基于此他们设计了一种更有效的过滤方法——Spectre[177]。

（7）基于测试样本过滤的防御方法

这类防御方法也对恶意样本进行过滤，但过滤发生在测试推理阶段而不是模型训练过程中。部署的模型只会对良性测试样本或纯化后的攻击样本进行预测。这类防御措施可以防止模型后门的激活。基于大多数后门触发器都是固定的，Gao等人提出通过在可疑样本上叠加各种图像模式来过滤攻击的样本[177]。Subedar等人采用模型不确定性来区分良性样本和受攻击的样本[179]。Du等人利用异常值检测进行过滤，提出了一种基于差分隐私的过滤方法[173]。

2. 可证明的后门攻击防御

尽管经验式的后门防御方法已经在抵御后门攻击方面取得了不错的性能，但这些防御方法很容易被新生的自适应攻击方法规避[180]。为了终止这种无穷尽的攻防竞赛，Cohen等人向可证明的后门攻击防御方法迈出了第一步[181]。他们使用了随机平滑技术，这种技术最初是用来证明对抗样本的鲁棒性的，该技术通过向数据向量中添加随机噪声构建平滑函数，来证明分类器在特定条件下的鲁棒性。Wang等人将整个训练过程作为基函数来做随机平滑，以防御后门攻击。Weber等人证明了先前直接应用随机平滑技术将不会提高可证明鲁棒性的边界[157]，因此他们提出了一个统一框架来检验不同的平滑噪声分布，并为鲁棒性边界提供了紧密性分析。

本章小结

本章从对抗样本攻击、投毒攻击、后门攻击三个方面，详细地介绍了人工智能模型在训练设计和测试阶段主要面临的对抗安全挑战和风险。尽管人工智能模型大多在可控的环境中进行训练，但是训练数据的安全性风险仍然存在。特别地，以大模型为代表的诸多具有持续学习能力的智能模型对于此类攻击不具备逃避能力，这需要引起我们的重视。

通过对本章的学习，读者应能掌握人工智能的对抗攻击和后门攻击、防护算法的整体概况，并深入了解经典的攻击方法和防御检测手段。我们建议基础较好的读者在本章内容的基础上，充分地开展代码实践，尝试通过投毒或对抗的方式攻破模型，并进一步开展防护方法实践，以深入体会此类典型攻防手段在实际应用中的效果。

扫码查看参考文献

CHAPTER 4 ▶ 第 4 章

人工智能隐私安全

本章将深入探讨人工智能领域中的隐私安全问题。随着人工智能技术的迅猛发展与广泛应用，智能系统的隐私问题愈发凸显，成为当前研究的热点之一。与传统的基于规则的应用系统不同，以机器学习为基础的智能系统通过大量的真实数据、标注和高质量的训练模型，才能构筑出一个完整且成熟的智能模型。这一过程不仅需要消耗大量的时间和金钱，还需要借助强大的计算能力。

因此，有观点认为，机器学习模型及其高质量的训练数据和模型参数等核心信息应享有知识产权的保护，模型拥有者的隐私资产也应受到法律保护。为了保护智能模型的隐私安全，模型拥有者们通常不会直接将智能模型分发到用户设备上，而是通过网络以应用程序编程接口（Application Programming Interface，API）的形式，接收用户的输入数据，并返回模型的输出结果。这种提供机器学习模型服务的模式，被称为机器学习即服务（Machine Learning as a Service，MLaaS）[1]。这一服务模式被大量智能系统服务供应商所采用，如谷歌、亚马逊、百度、科大讯飞，这些供应商均可依托云服务为用户提供图像识别、文本识别、语音识别等成熟的智能服务。

尽管当前的机器学习服务商倾向于将智能系统部署在云端，以实现对用户的黑盒处理，但这并不能保证智能系统的隐私安全。智能模型基于大数据和经验做出决策，而这些决策过程可能会在输出结果中暴露一些其自身训练数据或参数的信息。这就意味着，智能系统的隐私信息可能通过某些方法被窃取。对于那些投入大量资源训练高质量模型的模型拥有者来说，模型隐私的泄露不仅可能引发知识产权的争议，还可能带来严重的经济损失。因此，研究并解决智能系统在部署和运行阶段的隐私泄露问题，具有极其重要的现实意义。

本章将主要从数据层面的隐私窃取、模型层面的隐私窃取及面向隐私窃取的防御三个方面进行介绍，内容概览如图4-1所示。在本章中，读者需要重点掌握的内容包括成员推断攻击、模型属性窃取及模型功能窃取（以"*"进行标识）。通过对本章知识的学习，读者可以系统地了解智能模型隐私相关的攻击和防御技术。为了更好地学习本章内容，读者需要具备的先导知识包括机器学习基础知识、深度神经网络的训练和推理技术、生成模型技术等。

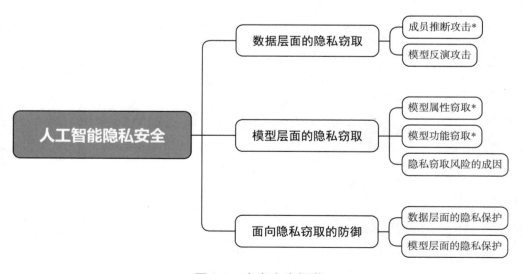

图4-1 本章内容概览

4.1　数据层面的隐私窃取

由于智能模型具有黑盒特性，因此目前学界对模型隐私泄露的成因尚未进行充分研究。尽管如此，针对智能模型的隐私窃取已有部分探索工作开展，它们通过不同的窃取手段来暴露现有的黑盒模型存在的安全隐患，以期引起安全领域研究者们的重视。

目前已知的隐私窃取手段可以简单地分为数据层面的隐私窃取和模型层面的隐私窃取。数据层面的隐私窃取主要包含成员推断攻击和模型反演攻击，成员推断攻击的目标是判断某个特定的数据样本是否被用于训练模型；而模型反演攻击的目标是从模型的训练标签中恢复出部分甚至全部原始训练数据。模型层面的隐私窃取，通常简称为模型窃取，其目标是提取模型的信息，以便在另一个代理模型上复制或重建目标模型的参数或功能。本节将依据数据和模型层面的模型隐私窃取手段进行划分介绍，帮助读者建立对智能系统隐私窃取相关研究的总体认知。

4.1.1　成员推断攻击

Shokri 等人于 2017 年首次提出的成员推断（Membership Inference）攻击揭示了智能系统中存在的隐私泄露问题[1]。成员推断攻击可以定义为在拥有某些数据和模型的访问权限的情况下，推断这些数据是否存在于模型的训练数据集中。设待窃取的目标模型为 $f(x;\theta)$，使用训练数据集 $D_{\text{train}} = \left\{\left(x^{(n)}, y^{(n)}\right)\right\}_{n=1}^{N}$ 进行训练。成员推断攻击的目标是，对于一个特定的输入 x，攻击者需要推断其是否满足 $x \in D_{\text{train}}$。根据攻击者是否知晓目标模型的网络结构和参数，可以分为白盒成员推断攻击和黑盒成员推断攻击。成员推断攻击的成功实施对智能模型的隐私安全构成了严重威胁，攻击者可以使用这种攻击手段获取模型的训练数据的相关信息，从而泄露隐私。例如，攻击者得知某个人的数据被用于训练医疗诊断的分类器，他们可能因此推断出这个人的健康状况。

由于数据隐私对于现代社会至关重要，研究者们已经对成员推断进行了许多研究。这些研究不仅探索了许多成员推断攻击手段，还针对不同种类的模型进行了实验，包含分类模型、生成模型、嵌入模型和回归模型。此外，这些研究还涉及多个领域，如计算机视觉、自然语言处理、数据挖掘，形成了全面而深入的研究体系。

1.针对分类模型的成员推断攻击

机器学习领域的首个成员推断攻击方法是由 Shokri 等人于 2017 年针对分类模型提出的[2]。该方法通过使用部分数据查询目标模型得到输出 $z = f(x;\theta)$，并训练一个二分类模型 $g(z;\phi)$ 对目标模型的输出进行分类，从而得到一个能够推断训练数据集成员的判别器。但是，这种训练方式需要事先知道用于查询的数据是否在目标模型的训练数据集中，而在实际情况下，攻击者无法得知这些信息。为了应对训练数据集不可知的问题，研究者们提出了一种方法——影子训练（Shadow Training）。该方法使用与目标模型的训练数据集具有相同分布的影子数据集 $D'_1, \cdots, D'_k$ 来训练 k 个影子模型，这些影子模型随后被用作代理目标模型来训练二分类器。基于经验观察，模型通常对其训练数据集中的输入表现出更高的置信度，因此，为了使得影子模型的输出结果与目标模型尽可能相近，可以通过选择高置信度数据的方式来构建影子数据集。一般而言，影子模型的数量越多，则成员推断的结果越准确。此后的研究工作在此基础上进行了改进，仅需要使用一个而非多个影子模型即可实现成员推断[3]，且设计了数据迁移方式，使得影子训练数据集无须与目标模型训练数据集来自相同分布。

另一种成员推断方法无须训练二分类器来判别模型的输出，而是直接使用模型输出来计算某些指标，从而进行成员推断，这种方式更加简单，且计算量更小。例如，基于损失函数的成员推断攻击[4]，由于训练数据集数据上的损失函数值低于其他数据上的损失函数值，因此当损失函数值低于某个阈值时，便可推断该数据属于训练数据集。此外，还有基于置信度阈值的成员推断攻击[3]和基于输出概率的信息熵的成员推断攻击[3]等。

2.针对生成模型的成员推断攻击

研究者们探索了在以生成对抗网络（Generative Adversarial Network, GAN）[5]和变分自编码器（Variational Auto Encoder, VAE）[6]等网络为代表的生成模型领域场景下的成员推断攻击。生成模型中的成员推断攻击更具挑战性，是因为生成模型并没有多个类别的置信度信息，因此，生成模型利用这些信息来进行成员推断攻击更加困难。

Hayes等人首次在生成对抗网络模型上实现了成员推断攻击[7]。这种攻击基于生成对抗网络的判别器特性，即判别器在输入为训练数据时更容易给出高置信度。在白盒情况下进行攻击，攻击者能拥有生成对抗网络的判别网络信息，可以直接将训练数据输入判别器中，将置信度较高的那一部分视为训练数据集数据。然而，在黑盒情况下进行攻击，攻击者无法访问判别器，只能使用生成对抗网络的生成器网络。为了解决这个问题，Hayes等人提出了一种方法，即通过使用生成对抗网络的生成器生成的数据来训练一个本地判别器，用于模仿真实情况下的判别器表现。在本地判别器训练完成后，该判别器可用于判别数据是否来源于训练数据集。

此后，Chen等人提出了一个针对不同类型的生成模型进行成员推断攻击的通用框架[8]。具体来说，对于一条目标数据，攻击者尝试使用生成模型（如生成对抗网络的生成器等）重建和目标数据最相似的合成数据，通常涉及使用优化方法，重建出的合成数据和目标数据的距离，可以作为判断数据是否属于训练数据集的重要指标，换言之，也可以作为成员推断的评价指标。这种推断方式的核心思想在于，一个好的生成模型生成的数据应当能够和训练数据集中的数据尽可能相似，而难以生成训练数据集之外的数据。为了提高成员推断的准确性，该方法还训练了一个使用与目标模型不同训练数据集训练出来的生成对抗网络，用来参考和校准推断结果。

3.针对嵌入模型的成员推断攻击

嵌入（Embedding）是机器学习领域常用的概念，它是一种将高维空间中的对象（如单词或句子等）映射到低维的实数向量空间的数学函数。映射后的向量保留原始对象的某些性质是嵌入方法的核心原则之一。例如，含义相近的对象，其映射后的向量更加接近。由于嵌入模型可以提供有效的方式来表示和处理文本数据，所以它在自然语言处理等领域得到广泛应用。

Song和Raghunathan首次展示了成员推断攻击在词汇嵌入模型中的应用[9]。他们通过比较一个句子中相邻词汇的相似度分数的方法来判断这些句子或词汇是否在数据集中。该方法利用了一个特性：如果一个句子被用于训练嵌入模型，则这一句子中上下文词汇的嵌入向量相似度应当比未用于训练的句子相似度高。

此外，Duddu 等人尝试在图嵌入模型中实现成员推断攻击[10]。

4.针对回归模型的成员推断攻击

Gupta 等人在深度回归模型上实现了成员推断攻击[11]。他们对通过核磁共振图像预测人物年龄的任务进行研究，证明了深度回归模型面对成员推断攻击的脆弱性。他们训练了一个利用回归模型的参数、梯度等信息的二分类模型，实现了白盒条件下的成员推断攻击。

4.1.2 模型反演攻击

模型反演（Model Inversion）攻击是一种针对机器学习模型的隐私攻击手段，其目标是通过观察模型对特定输入数据的输出，来重建或部分重建原始的输入数据。模型反演攻击认为，模型的输出包含了输入数据的部分信息，这部分信息可以加以利用，并用于重建原始的输入数据。根据对模型访问权限的不同，模型反演攻击同样可以分为黑盒攻击和白盒攻击两种类型。

最初的模型反演攻击由 Fredrikson 等人于 2014 年提出[12]，他们对预测药物使用量的回归模型进行了研究，根据模型的预测结果，重建出特定人员的基因标记。这一工作的前提是假设攻击者对模型拥有完全访问权限，且具备对输入数据中非敏感部分的先验知识。这种攻击的核心思想是使用输入数据中非敏感部分的信息作为辅助，从而预测出输入数据中的敏感部分。此外，Hidano 等人提出了一种输入中无须包含非敏感信息的模型反演攻击方法[13]，该方法需要攻击者可以在模型的训练过程中加入特定的训练数据。这两种攻击所需的条件都较为苛刻，并不具有普适性，仅仅证明了模型反演攻击的可行性。这两种攻击实验都集中在线性回归模型上，但随着输入数据的复杂性和模型的非线性程度增加，模型反演攻击的可行性会大大下降。

为了克服以上问题，Fredrikson 等人提出了一种新的模型反演攻击方法[14]。该方法将模型反演过程视作一个优化任务，并通过在输入空间上使用梯度下降的方式进行更新来重建目标数据点。然而，这一方法在图像分类任务上进行实验，得到的结果并非某一张特定的输入数据图像，而是具有某一类别代表性的模糊图像。该方法的实验结果表明，根据输出反演出输入的优化问题是一个较难解决的问题，使用梯度下降方法往往并不能得到攻击者所期望的结果。

为了解决优化问题求解上的困难，Zhang 等人提出了一种利用生成对抗网络来实现模型反演的方式——生成模型反转（Generate Model Inversion，GMI）[15]。生成模型反转示意图[14]如图 4-2 所示。

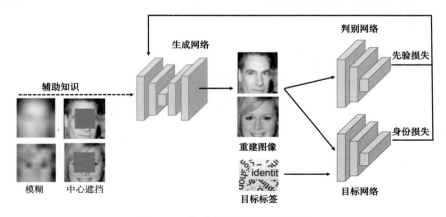

图 4-2 生成模型反转示意图

该工作将人脸识别模型作为攻击对象，利用一些公开数据集，或目标数据集的模糊遮挡版本作为先验信息，辅助生成对抗网络进行训练，然后利用训练的生成对抗网络来引导模型反演过程。整个训练过程分为两个阶段：第一阶段使用公开的数据或目标数据集的模糊遮挡版本来训练生成对抗网络，从而能够生成较为逼真的人脸图像；第二阶段是模型反演阶段，其目标是找到生成对抗网络的输入噪声向量 z，通过优化的方式迭代 z，使得通过 z 生成的图像 x 满足能够骗过生成对抗网络的判别器，且能够在需要反演的模型中，在指定的数据标签 y 下取得较高的分类准确率。Zhang 等人提出的生成模型反转方法，利用生成对抗网络强大的生成能力，将梯度下降优化问题的目标空间从图像 x 本身转换到了生成器的 z 上，大幅降低了优化难度，且生成出的图像效果非常好，大大超越了之前简单的模型反演方法，成为深度学习领域模型反演工作的代表作。

Chen 等人发现生成模型反转方法反演出的图像在人脸识别系统中的识别准确率并不高[16]。他们将其归因于目标模型的信息未能被生成模型反转方法充分利用，且模型反演方式是"一对一"的，即对于一个特定的输出标签，模型反演方法只能重建出一张图像；然而，在真实情况中，一个标签通常对应着某个分布下的多张图像。为了解决这些问题，Chen 等人提出了 KED-MI（Knowledge-Enriched Distributional Model Inversion）方法。针对目标模型信息未充分使用的问题，KED-MI 方法将生成对抗网络生成器生成的图像输入目标模型中进行标注，得到一个 K 维的输出向量。随后，KED-MI 方法将生成对抗网络的判别器替换为一个输出为 $K+1$ 维向量的结构。其中，前 K 维为分类器的类别数，并使用监督学习进行训练，以使其输出靠近目标模型给出的标注；第 $K+1$ 维与传统的生成对抗网络判别器相同，代表数据的真实性。针对一个标签对应多张图像的问题，KED-MI 方法的优化目标不再是优化出单独的隐空间向量 z，而是优化出 z 的分布 μ、σ。使用该方法后，优化结果变为一个分布，从该分布中采样可以得到不同的数据样本。实验结果表明，KED-MI 方法在目标模型上的分类正确率显著提高，表现优于生成模型反转方法。但 Chen 等人也指出，在公共数据与目标模型的训练数据存在较大差异时，模型反演的成功率会下降。

Struppek 等人认为，针对每个目标模型单独训练一个生成对抗网络的方式，效率低且成本高昂，因此他们提出了 P&P（Plug & Play）方法[17]，旨在通过单个生成对抗网络实现多个目标模型的攻击。P&P 方法在使用公开的生成对抗网络，或在公开数据集和目标数据集差距较大的情况下，攻击依然有效。首先，P&P 方法选择了一个预训练的 StyleGAN2 作为生成器，这意味着无须对生成对抗网络进行额外的训练。其次，为了提高生成图像的鲁棒性，P&P 方法在将图像送入目标模型之前引入了额外的变换。再次，P&P 方法解决了传统损失函数（如交叉熵损失）容易出现的梯度消失问题，并通过将损失函数替换为庞加莱距离，确保了优化过程的稳定性和效率。最后，P&P 方法对生成的大多数图像进行筛选，在进行变换后选出分布中预测分数最高的数张图像作为最终的反演结果。总而言之，P&P 方法达成了最高的攻击成功率，解决了之前的模型反演攻击方法对相似数据的依赖。

4.2 模型层面的隐私窃取

模型层面的隐私窃取攻击，简称为模型窃取（Model Stealing/Extraction），其核心思想是攻击者在仅拥有对目标模型 f 的黑盒查询权限的情况下，通过构造并利用模型的输入输出信息，尝试提取模型的部分信息，甚至全部信息，进而重建出一个功能相同的代理模型 $\hat{f}$。"模型窃取"这一术语由 Tramèr 等人于 2016 年提出[18]，它指出了机器学习模型面临的隐私性问题。

对于模型拥有者来说，模型窃取带来的风险是巨大的。耗费大量资源精心训练的模型，存在失窃的风险，且模型窃取往往难以辨别、难以防范，这使得模型拥有者可能面临知识产权的纠纷和损失。

针对模型窃取，研究者们开展了大量的研究，提出了多种不同的模型窃取方式，形成了完整的研究体系。根据攻击者对目标的了解程度不同，模型窃取可以分为模型属性窃取和模型功能窃取。模型属性窃取关注的是模型的超参数、网络结构及训练好的参数等信息；而模型功能窃取致力于训练一个代理模型，在代理模型上重现目标模型的功能，这些功能包括分类任务的正确率，以及对于特定数据的表现等方面。本节将根据窃取目标的不同，介绍不同种类模型窃取的方法与思想，帮助读者建立对该领域的初步认知。

4.2.1 模型属性窃取

模型属性窃取的目标可以简单分为三类，其一是提取出模型训练过程中的超参数信息，如学习率、正则化参数；其二是提取出模型的结构，如卷积神经网络中的卷积核大小、层数深度、层数类型；其三是提取已知结构的模型的训练参数信息，例如，已知模型是 Logistic 回归的情况下，提取出模型的回归系数。

1.模型超参数窃取

Wang 等人提出基于方程求解来窃取机器学习模型正则化超参数的方法[19]。该方法可以应用于岭回归、Logistic 回归、支持向量机及神经网络等模型。正则化超参数是损失函数中的一个重要系数，用于防止模型在训练数据集上过度拟合。同时，机器学习模型在训练过程中有一个重要特性，即在通过梯度下降法更新模型参数时，损失函数的梯度应当接近于 0。基于此，攻击者可以求出损失函数对模型参数的梯度，然后令其等于 0，将式子中未知的正则化参数作为方程的未知元，进行求解。由于该方法需要求出模型的梯度，因此攻击者必须拥有该模型的白盒访问权限。

Oh 等人提出元模型攻击方式[20]，其核心思想是训练出一个能够预测出目标模型属性信息的元模型。具体来说，该方法准备了大量具备不同超参数的卷积神经网络，将相同的测试数据输入这些网络后可以得到一些表征结果，这些表征结果被用于训练元模型，得到的元模型可以据此推测出其他卷积神经网络的超参数信息。但是，这一方法需要大量的计算资源支撑。例如，该方法训练了 10000 个卷积神经网络用于训练元模型，在单块 GPU 卡上耗费了 40 天进行训练。

2.模型结构窃取

由于传统机器学习模型的网络结构相对固定，模型结构窃取常常用于神经网络中，尤其是卷积神经网络。卷积神经网络的结构复杂性使其结构信息（如网络层数、层类型、神经元数量、卷积核大小）成为窃取的主要目标。针对这一目标，目前已发展出两种主要的窃取方法。

一种窃取模型结构的方法是Oh等人提出的元模型攻击方式[20]，在预测超参数的同时，也可以预测模型结构。另一种窃取模型结构的方法是边信道攻击（Side-Channel Attack），该方法利用硬件或软件的特征来实施攻击。由于边信道攻击不属于本小节讨论的重点，因此我们不对此类攻击进行详细介绍，有兴趣的读者可以参考相关文章[20-22]。

3.模型训练参数窃取

模型训练参数窃取是指在已知模型结构的条件下提取出模型训练参数的窃取方法。通过这种方式，攻击者所得到的模型与原模型具备极高的相似度。需要注意的是，训练参数窃取并不适用于较为复杂的模型，如深度神经网络。模型训练参数窃取和模型功能窃取较为相似，窃取到模型的训练参数意味着攻击者窃取到了模型原本的功能。

Tramèr等人首次提出模型窃取概念时，就提出了一系列基于方程求解的机器学习模型参数窃取方法[18]。例如，使用数个输入-输出向量，用于求解已知网络结构的Logistic回归模型，甚至多层感知机模型的训练参数。同时，针对决策树、回归树等机器学习模型，Tramèr等人还提出了一种基于路径寻找的训练参数窃取方法。Reith等人提出基于方程求解的窃取方法[24]，针对使用线性或多项式核函数的支持向量机的模型参数进行窃取。这些方法大多针对简单模型，将机器学习模型视为方程进行求解，虽然效果好，但对当今广泛使用的深度神经网络而言，其适用性受到较大限制。

4.2.2　模型功能窃取

与模型属性窃取相比，模型功能窃取的立足点更加实用，且所需的前提条件更少。模型功能窃取的目标是训练一个代理模型，在代理模型上重现目标模型的功能。为了实现这一目标，攻击者向目标模型输入一系列数据，并利用目标模型的输出作为监督学习的标签，进而辅助代理模型进行训练。这一训练范式与知识蒸馏和主动学习的方法有异曲同工之处。

根据任务和目标的不同，模型功能窃取对于功能的定义也有所区别，Jagielski等人对模型功能窃取进行了详细的分类[25]，主要分为准确率（Accuracy）和逼真度（Fidelity）两个方面。

准确率主要衡量代理模型在对应任务上的表现与目标模型是否一致，例如，在分类任务中，代理模型和目标模型具有相同的分类准确率，那么就可以说代理模型在准确率上成功地窃取了目标模型的功能；逼真度关注的则是代理模型和目标模型对于相同输入的输出是否一致，这种一致性和模型本身的任务可能无关。需要注意的是，通过准确率窃取得到的代理模型可以在相同的任务上得到相近的表现，但并不一定和目标模型具有相同的特征；而逼真度窃取得到的代理模型和目标模型具有相同的输出特征，这意味着他们可能会具有相同的鲁棒性弱点，可以用于进一步的攻击，如成员推断、模型反演、对抗攻击。

模型功能窃取由于通常不涉及与目标模型结构和参数相关的先验知识，因此往往被视为一种黑盒攻击。然而，根据攻击者对目标模型训练数据的了解程度，模型功能窃取可以进一步被划分为有数据窃取和无数据窃取两类。在有数据窃取的情况下，攻击者对模型所执行的任务有一定的了解，并能够利用非训练数据集及与模型任务相关的数据集进行查询；在无数据窃取的情况下，攻击者不仅对目标模型的训练数据一无所知，而且无法使用任何已有的数据进行查询。一般而言，无数据窃取条件更严格，可使用的先验知识更少，因此，其比有数据窃取更加困难。本节将根据攻击者对目标模型的训练数据的了解程度进行分类，介绍不同种类的模型功能窃取方式。

1.有数据功能窃取

（1）利用训练数据集中的部分数据

对于基于数据的模型功能窃取方法，攻击者对原始训练数据集的了解程度是一个关键因素。在最理想的情况下，如果攻击者能够完全获取到原始的训练数据集，则仅需要使用目标模型为训练数据集添加标签，就可以重建出拥有相同功能的代理模型。这种模型窃取方法几乎是无法防御的，因为它本质上相当于重新训练一个模型，而目标模型只是给出了标签，因此不具有任何实际价值。

在有数据的模型功能窃取中，会面临缺少原始训练数据集的情况。为了应对这一问题，Papernot 等人提出了一种方法[26]。他们假设攻击者仅获取原始训练数据集中的一小部分数据，这部分数据被称为"种子数据"。这种方法通过对种子数据进行数据增强来获得更多的数据，并将其用于查询和训练，从而实现模型功能窃取。具体来说，在数据增强时，该方法将代理模型训练过程中的雅可比矩阵（Jacobian Matrix）作为数据增强的依据，通过给种子数据反复添加由雅可比矩阵生成的噪声，得到新的训练数据集。这一数据增强方法被称为 JBDA（Jacobian-Based Data Augmentation），JDBA 模型功能窃取算法伪代码如图 4-3 所示。

算法伪代码：JBDA模型功能窃取

输入： 目标模型 V，最大代理训练次数 N，代理模型 F，种子数据集 S_0。

1： 初始化代理模型 F 的参数 θ_F

2：for $i = 0, \cdots, N-1$ **do**

3：　　// 查询目标模型，为数据集的数据提供标签

4：　　$D \leftarrow \{(x, V(x)) : x \in S_i\}$

5：　　// 在当前数据集 D 上训练 F

6：　　$\theta_F \leftarrow \text{train}(F, D)$

7：　　// 执行基于雅可比矩阵的数据增强

8：　　$S_{i+1} \leftarrow \{x + \lambda \cdot \text{sgn}(J_F(V(x))) : x \in S_i\} \cup S_i$

9：end for

10：return θ_F

图 4-3　JDBA 模型窃取算法伪代码

雅可比矩阵生成的噪声与随机噪声相比，利用了模型决策边界的信息，更加有助于模型在数据增强过程中提取出学习不完善的内容，从而增强其窃取效果。与 Papernot 等人具有相同思想的还有 Juuti 等人[27]和 Li 等人[28]，他们利用主动学习的思想，对现有的训练数据集进行数据增强，从而重建出与目标模型具有相同功能的代理模型。

（2）利用训练数据集以外的公共数据

除了利用训练数据集中的部分数据，还可以使用与训练数据集可能相交或完全不相交的公共数据，这种数据被称为代理数据，其所在的分布域可能也有区别。利用代理数据进行模型功能窃取的框架与知识蒸馏相似，非常直观通用，基本流程是将代理数据输入目标模型中，获得目标模型给出的预测结果，然后攻击者使用这些预测结果训练代理模型。

然而，这种攻击方式的效果在很大程度上取决于代理数据集与原始训练数据集的相似程度。为了解决这一问题，Orekondy 等人提出了一种窃取方法——Knockoff Nets[29]。该方法训练一个具有自适应策略的数据选择网络，该网络能够从代理数据集中有策略地选择一些数据用于训练。

具体来说，Knockoff Nets 方法设计了三种选取的依据，并将这些依据作为奖励函数。为了选择最佳的训练数据，它利用强化学习训练一个智能体来选择训练数据。这一方法的窃取效果较好，但是需要针对不同的代理数据设计不同的强化学习智能体。与之相似的还有 Pal 等人提出的窃取方法——ActiveThief[30]。该方法将主动学习领域的数种方法应用到模型功能窃取领域中，用来选择训练数据集中更有意义的部分。

2.无数据功能窃取

无数据的模型功能窃取考虑了更困难的情况，即攻击者没有任何可用的数据集，必须通过某种手段以"无中生有"的方式生成数据，并利用这些数据进行查询和窃取。

一个直观的想法是，是否可以将没有任何含义的噪声数据作为模型的输入，从模型中提取信息用于训练。Roberts 等人首次验证了这种想法，他们使用来自不同分布的噪声作为输入进行查询，包含了均匀分布、正态分布、标准耿贝尔分布、伯努利分布和伊辛分布[31]。Roberts 等人发现，在 MNIST 这种简单的数据集上，即使将噪声作为查询数据，依然可以在测试集上达到98%左右的准确率。但是该方法在 KMNIST、FashionMNIST 等稍显复杂的数据集上，准确率就只有80%左右，效果不再令人满意。

为了解决无数据功能窃取方式在数据集稍显复杂时表现变差的问题，Yuan 等人提出了一种新的无数据功能窃取范式——ES Attack[32]，通过使用生成对抗网络自动生成用于查询的伪造数据。在 ES Attack 中，窃取过程被分为 E（Estimation）和 S（Synthesizing）两个步骤，在 E 步骤中，算法通过使用生成对抗网络来生成一些用于查询的合成数据，并将这些数据输入目标模型中，使用知识蒸馏的方式来训练代理模型；在 S 步骤中，算法从目标模型中学习知识，进一步调整生成对抗网络的生成策略，对生成对抗网络进行训练，并生成新的合成数据。ES Attack 在生成查询数据的过程中，尝试使用 Auxiliary Classifier GANs[33]和直接在输入空间上进行优化，在不同的数据集上具有不同的表现。

此后，Kariyappa 等人[34]和 Truong 等人[35]在上述框架中进一步改进，在2021年分别提出了 MAZE 和 DFME 两种无数据的模型功能窃取方法。两种方法虽然名字不同，但手段非常相似，MAZE/DFME 框架示意如图4-4所示。

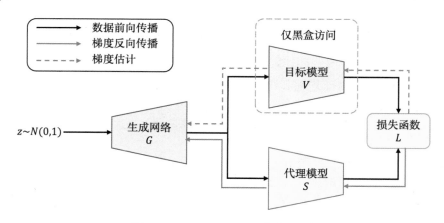

图4-4　MAZE/DFME 框架示意

这两种方法都使用了无数据知识蒸馏的框架，通过使用一个生成网络 G 作为合成数据的来源，将目标

网络 V 视为知识蒸馏中的教师网络，将代理模型 S 视为知识蒸馏中的学生网络。在该框架下，生成网络 G 生成大量查询数据，分别通过网络模型 V 和 S，计算出用于更新代理模型 S 的损失函数，最小化 V 和 S 的输出差异。两种算法的创新点在于生成网络 G 的更新过程：生成网络的学习目标是最大化 V 和 S 的输出差异，其目的在于，二者输出差异较大的数据能够挖掘出 S 学习得不好的部分，使用这些数据进行学习，有助于 S 更加靠近 V。为了使生成网络 G 更新得更加精确，在更新过程中需要 V 的梯度作为更新依据，但是 V 在攻击过程中仅需要黑盒访问。为了估计 V 的梯度，两种算法采用了零阶梯度估计（Zeroth-Order Gradient Estimation）的方式，估计网络 V 在输入数据 x 附近的梯度的公式化表达为

$$\nabla_x V(x) = \frac{1}{m}\sum_{i=1}^{m} d\,\frac{V(x+\varepsilon \boldsymbol{u}_i) - V(x)}{\varepsilon}\boldsymbol{u}_i \tag{4.1}$$

其中，d 表示输入图像 x 的维度；ε 表示一个极小量；$\boldsymbol{u}_i$ 表示一个随机方向的向量，从标准球面上随机选取。

这一范式在 CIFAR-10、SVHN 等彩色数据集上取得了较好的窃取效果，其表现甚至超越了之前的有数据功能窃取方法，能够达到 90% 以上的相对准确率。但是该算法的缺点也非常明显，引入的零阶梯度估计方法需要对目标模型进行额外的查询，且梯度估计越准确，m 的值越大，所需的查询次数就越多。在数据集 CIFAR10 上为了达到较高的窃取准确率，需要 20M 左右的查询次数，而其他数据查询方法仅需要 50k 的查询次数。

4.2.3　隐私窃取风险的成因

上文介绍了数据层面和模型层面的隐私窃取方法，探讨了人工智能模型层面存在的隐私风险。关于智能模型为什么会存在这些模型层面的隐私漏洞，研究者们进行了一系列探讨，得到了一些初步的结论。

对于"成员推断攻击为什么能成功实施"这一问题，有一种观点认为，成员推断攻击的成功与模型泛化性较差有关联。当模型泛化性较差时，会倾向于对训练数据集中的数据给出置信度更高的预测，而对训练数据集以外的数据给出置信度更低的预测。这一点在 Shokri 等人的研究中已通过实验验证[2]。此外，模型结构、模型类型、数据集的组成也是影响成员推断攻击成功率的重要影响因素。一般而言，结构较为复杂的模型拥有更多的参数，成员推断攻击也更加容易成功；分类数据集中的类别越多，成员推断攻击的成功率也越高；对抗训练等增加对抗鲁棒性的手段，也会损害模型面临成员推断攻击的隐私保护能力。

对于"模型反演攻击为什么能成功实施"这一问题，Yeom 等人指出，当模型的泛化性能较差时，输入数据的特征也更容易被推测[4]。Zhang 等人在研究中也发现，模型的预测能力越强，越容易遭受模型反演攻击[15]。一般而言，模型反演攻击建立在攻击者对输入数据的强先验上，即攻击者对输入数据的许多特征已有充分了解，而模型反演攻击只是为了重建出输入数据中不够了解的部分。

对于"模型窃取攻击为什么能成功实施"这一问题，研究者们认为，模型窃取可能是无法避免的，尤其是在模型的泛化性能较好时，使用一些训练数据集之外的数据，依旧可以复制出模型的决策边界等信息。同时，Liu 等人发现，在模型的泛化性能较差时，模型反而更加难以被窃取，并将其归因为模型所记忆的信息与攻击者的查询数据并不相同[36]；另外，他们指出，在分类模型的类别较多时，模型窃取的攻击效果更差。因此，目前火热的大模型虽然面临模型功能窃取的风险，但由于窃取开销极大，这种攻击的可行性并不高。

4.3　面向隐私窃取的防御

本节将从数据层面的隐私保护和模型层面的隐私保护两个角度，梳理目前已有的保护方案，详细说明如何提升人工智能模型关于隐私窃取的安全性和隐私性。

4.3.1　数据层面的隐私保护

数据层面的隐私保护主要指的是针对成员推断攻击和模型反演攻击的防御手段。研究者们从数据层面隐私问题的成因入手，设计了多种不同类型的防御手段。主流的防御手段方法可以分为置信度掩码、正则化和差分隐私三大类。这三类方法殊途同归，都能在不同程度上保护人工智能模型的数据隐私。

1.置信度掩码

置信度掩码是一种较为简单的直接防御的方法，用于防御黑盒数据层面的隐私窃取攻击。由于现有的黑盒隐私窃取方法通常依赖目标模型的输出值来进行判断，因此置信度掩码的主要思想是避免将模型真实的输出值返回给攻击者，即通过对模型的输出进行后处理来降低隐私数据的泄露风险，从而保护模型的隐私。例如，在分类任务中，模型不将所有类别的概率返回给用户（如只返回前 K 个置信度最高的类别，或只返回置信度最高类别的标签）；防御者在模型的输出上添加精心设计的噪声，以此通过对输出的概率进行扰动来干扰攻击者的算法。置信度掩码的一大优势是，无须重新训练原模型，只需要在原模型的输出上进行后处理，就可以实现数据层面的隐私保护；然而，这种方法的防御性能较弱，也可能被更复杂的攻击算法所绕过。

Shokri 等人在全连接神经网络的分类器上尝试了只返回部分概率的防御方法[1]，但他们发现：如果返回前 3 个及以上的置信度最高的类别，并不能显著降低成员推断攻击的效果；当只返回置信度最高的标签时，可以起到一定的防御效果，但并不能完全防止成员推断攻击。

对于上述问题，Li 等人[37]和 Choquette-Choo 等人[38]设计了针对只返回标签模型的成员推断方法。Jia 等人发现，基于二分类模型的成员推断方法容易受到对抗样本的影响，并据此提出了 MemGuard 方法[39]。该方法通过在目标模型的预测向量中添加一个精心设计的噪声向量，将目标模型的输出值变为一个针对二分类模型的对抗样本，从而欺骗攻击者，同时没有对目标模型在正常任务上的预测正确率产生影响。然而，Song 等人重新评估了 MemGuard 方法，发现这种方法在基于指标的成员推断攻击上并不具有足够的防御性能[40]。总而言之，基于置信度掩码的防御方法较为简单，虽然易于实施，但也容易被绕过。

2.正则化

正则化原本是用于减少模型过拟合的方法，但是研究者们发现，模型过拟合会导致隐私数据更容易被窃取，因此正则化也可以被视为一种防止数据隐私泄露的方式。现有的正则化方法很多，如 L_2 范数正则化、Dropout[41]、数据增强、标签平滑，这些正则化方法在机器学习模型提升泛化性的任务中取得了较好的表现，同时在防御隐私窃取攻击上有不错的效果。正则化的优点是行之有效，且在许多任务上广泛使用，但其缺点是需要重新训练目标模型，且需要在隐私保护和模型正常表现上做权衡，较大的正则化系数可能会导致目标模型本身的预测准确率大幅度降低。

传统正则化方法的防御效果已经过许多工作验证。Hayes等人[7]和Hilprecht等人[42]发现Dropout可以作为生成对抗网络上的成员推断攻击的有效防御方法。这里主要介绍专门为数据隐私窃取方法所设计的防御性正则化方法。

Nasr等人设计了对抗性正则化方法[43]，该方法通过在训练过程中给目标模型的损失函数添加攻击者的成员推断增益作为新的正则化项，使得目标模型的训练过程需要同时最小化其任务损失和降低攻击者成员推断的准确性。

Li等人提出了最大均值差距（Maximum Mean Discrepancy，MMD）法[44]。该方法使用最大均值差距计算目标模型对成员数据和非成员数据的输出分布之间的距离，并将其添加给目标模型，作为新的正则化项，迫使目标模型对成员数据和非成员数据给出相似的输出分布。由于最大均值差距法倾向于减小目标模型的预测准确性，因此该工作建议将最大均值差距法与Mixup训练方法[44]结合，以保证模型的正常预测功能。

3.差分隐私

差分隐私[46]是一种基于概率的隐私保护机制，从信息论的角度为系统的隐私提供保护。作为一种传统的隐私保护方法，它在深度学习模型中得到广泛应用。当机器学习模型以差分隐私的方式进行训练时，若隐私预算足够小，所得模型不会记住任何特定用户的详细信息。根据差分隐私的定义，这种模型可以天然地限制隐私数据的泄露，并为数据安全性提供理论保障，可广泛用于防止隐私数据泄露。

尽管差分隐私应用广泛且有效，但其缺点表现为，在复杂的任务上，差分隐私不能同时保证模型表现和防御的效果，在二者之间进行权衡后的效果也较差。当模型的任务表现较好时，隐私往往得不到保护；而隐私得到较好的保护时，模型则会丧失其任务能力。

Shokri等人首次探讨了差分隐私对成员推断攻击的影响，发现差分隐私保护策略能够减小成员推断攻击的成功率[2]。Yeom等人在理论上建立了差分隐私与成员推断攻击的关系，证明攻击者的预测能力受到隐私预算的限制[4]。Rahman等人评估了使用差分隐私的深度分类器，发现差分隐私会以模型的正常表现为代价，提供较强的隐私保护能力[47]。Rahimian等人提出了DP-Logits[48]方法，该方法在预测时使用高斯机制向模型的输出添加噪声，并限制攻击者的查询次数。Hayes等人评估了生成对抗网络上差分隐私的表现，发现较小的隐私预算可以提供防御性能，但会使得生成器生成较低质量的图像[7]。Wu等人在理论上证明了使用差分隐私学习算法训练的生成对抗网络的泛化差距可以被限定[49]，这表明差分隐私在一定程度上限制了生成对抗网络的过拟合，并解释了为什么差分隐私有助于缓解成员推断攻击的危害。

4.3.2　模型层面的隐私保护

针对模型层面的隐私窃取攻击，即模型窃取攻击，研究者们提出了多种防御手段，旨在保护模型的参数和功能不被窃取。目前的隐私保护方法分为隐私泄露检测和隐私泄露防护。这两种方法相辅相成，共同组成了模型层面的隐私保护体系。

1.隐私泄露检测

针对模型窃取的隐私泄露检测方法不能防止模型被窃取，但可以使模型拥有者知晓模型是否被窃取。同时，隐私泄露检测方法也可能在攻击者的窃取过程中发现模型正在被窃取，通过阻止攻击者继续查询的方式来防止隐私的泄露。隐私泄露检测方法旨在判断目标模型是否被窃取，虽然难以阻止攻击者的窃取过程，但可以作为隐私泄露时纠纷的证据，从而保护模型的知识产权。

隐私泄露检测方法可以简单分为所有权验证检测方法和攻击检测方法。所有权验证检测方法可以帮助模型拥有者检测某个模型是否窃取自己的模型；攻击检测方法在目标模型的窃取过程中，对用户的输入行为等进行监控，并判断当前用户是否抱有窃取恶意。

（1）所有权验证检测

所有权验证检测方法往往通过模型水印的方式来实现。模型水印通过将只有模型拥有者所知晓的隐藏信息嵌入模型中，使得模型在被窃取时能够通过检测该隐藏信息来验证所有权。

实现模型水印的方法是在模型中嵌入后门（Backdoor），即在训练过程中，模型拥有者在训练数据集中混入一些带有特殊记号的异常样本，并对这些异常样本给予特定的标签。这种异常样本被称为触发器（Trigger），其在有无后门训练的模型上会呈现出不同的表现，通过在模型测试过程中使用这些异常样本，即可判断模型中是否存在该后门，从而验证模型的所有权。

Jia 等人训练了一个模型[50]，该模型从任务域样本和水印域样本中提取共同特征，使得攻击者在窃取过程中能够将后门信息一并窃取走，以实现模型水印的所有权验证。Szyller 等人提出了另一种策略[51]，该策略并非在训练过程中加入水印，而是在少数几个查询中更改模型输出，从而使得查询样本成为动态的水印载体。

（2）攻击检测

攻击检测方法旨在分析用户的查询记录，以判断该用户是否正在实施模型窃取策略。Juuti 等人提出了一种防御技术——PRADA[27]。该技术通过分析查询样本的分布，并检测这些查询样本与正态分布的偏离程度，来判断这些样本是否用于模型窃取。然而，这种检测方法容易被规避，尤其是在真实场景下，当攻击者对任务域的了解程度较高时，这种攻击检测手段也容易因被绕过而失效。

2.隐私泄露防护

针对模型窃取的隐私泄露防护方法，是指通过给攻击者的窃取过程添加障碍，直接影响攻击者的窃取过程，以达到目标模型难以被窃取的效果。隐私泄露防护方法虽然可以直接阻止攻击者的窃取流程，但与隐私泄露检测方法相比，隐私泄露防护方法往往会损害模型的正常表现，或干扰模型输出值的语义信息，使得模型的可用性下降。因此，两种隐私泄露保护方法都是有意义的。隐私泄露防护方法有很多种不同的分支，如基于数据扰动的防护、基于模型修改的防护及基于差分隐私的防护。

（1）基于数据扰动的防护

Grana 通过在模型的输入中添加扰动来防止模型窃取，并在 Logistic 回归和线性回归任务上提供了分析证明[52]。Guiga 等人探索了对图像数据的输入扰动[53]，通过使用 Grad-CAM 方法挑选出不重要的像素，并在这些像素上添加噪声，这种防御方法被证明对一些攻击方法有效。Orekondy 等人提出了一种名为最大角度偏差（Maximizing Angular Deviation，MAD）的防御方式[54]，通过扰动输出的概率，以使攻击者的窃取梯度最大限度偏离原始值。这种方法可以显著降低攻击性能，且对模型的精确率影响微乎其微。Lee 等人提出使用反向 Sigmoid 函数进行防御[55]，通过在模型的输出层加入扰动，使梯度更难被求解。

为了进一步提升防御性能，Kariyappa 等人对攻击者的知识提出了假设[56]，认为攻击者用于窃取的查询数据均为分布之外的数据，并基于此提出了自适应误导信息（Adaptive Misinformation，AM）法，通过加入一个分布外数据检测器，以判断输入是否为分布外数据；如果是，则该数据的分类准确率不再重要，可以返回错误的误导信息，使得攻击者无法通过这些信息学到模型的真实功能。该工作使用 Knockoff Nets 和 JBDA 两种攻击方法对防御展开了评测，证明了其防御方法的有效性。

使用同样分布外数据假设的方法还有 Kariyappa 等人提出的另一种方法[57]，通过使用集成模型的不同表现来迷惑攻击者，使攻击者难以学习到正确的模型功能。

（2）基于模型修改的防护

与基于数据扰动的防护方式不同，基于模型修改的防护是指通过修改模型的架构或参数来实现防止隐私泄露。

Lin 等人提出了一种基于密码学中的秘密分享概念的防御策略[58]，他们将模型转化为二叉（Bident）结构，即一个模型有两个不同的分支，在输出层之前对两个分支进行合并。每个分支接受相同的输入，且输出被合并为一个单独的输出。给定输出和其中一个子模型，无法重建出另一个子模型，即无法对整个模型进行重建。

Chabanne 等人基于线性整流单元（Rectified Linear Unit，ReLU），在卷积神经网络中添加了一些冗余层[59]，这些冗余层不会改变模型的功能，但会使得模型变得更加复杂，从而使得模型更加难以被窃取。实验还发现，尽管新加入的层会使得模型的决策边界与之前的模型不同，但模型仍能够保持相似的任务功能。

Szentannai 等人通过将网络转化为一个功能相同的模型[60]，增强全连接网络的防御能力。该模型具有特定的敏感权重，这些权重虽然会使得模型的鲁棒性降低，但同时会使得模型更加难以被窃取。这一方法通过在网络中添加欺骗性的神经元来实现，这些神经元会向各个层添加噪声，但是总体上会相互抵消。

（3）基于差分隐私的防护

作为一种传统的保护隐私的方式，差分隐私也能够保护模型信息不被窃取。Zheng 等人提出了一种基于差分隐私的方式，以防止模型的决策边界被窃取[61]，其主要思想在于使所有靠近决策边界的样本输出彼此无法区分。该方法通过向输出添加扰动，实现了一种名为边界差分隐私层（Boundary Differential Privacy Layer，BPDL）的结构。此后，Yan 等人使用他们提出的攻击方法攻破了边界差分隐私层，并提出了一种新的防御方法[62]。该方法结合了差分隐私方法和基于攻击检测的手段来缓解他们提出的攻击危害。该工作使用一个动态检测器来判断当前是否正在进行攻击；如果怀疑当前有攻击，需要动态确定向数据中添加的噪声大小。这使得输出噪声更加难以预测，因此更难推定真实的输出。这种方法结合了隐私泄露检测和隐私泄露防护的思想，是一种较为完善的防御手段。

本章小结

本章从智能系统隐私攻击和防御两个方面详细地介绍了智能模型在测试推理或部署运行阶段所面临的隐私安全挑战。由于攻击者在测试阶段不需要操纵模型的训练数据和训练过程，只需要以黑盒或者白盒的方式将特定查询输入模型即可窃取隐私，因此，本章所述的测试推理阶段隐私问题更具挑战性。与此同时，本章还详细地说明了相关的加固和防御手段，包括面向数据扰动的防御和面向模型参数的防御。总体来说，目前的防御策略仍存在较多局限性，值得进一步研究。

　　通过对本章的学习，读者应掌握人工智能模型的隐私攻击、加固算法脉络，并深入了解经典的隐私风险攻击方法和防御手段。在此基础上，有研究兴趣的读者可以进行代码实践，尝试生成自己的隐私窃取方法或者进一步提升模型的隐私安全。

扫码查看参考文献

CHAPTER 5 ▶ 第 5 章

人工智能稳定安全

在实际生产环境中，除了人工智能隐私安全，人工智能系统稳定性也会面临自然噪声、智能框架和软硬件方面的全新挑战。本章聚焦人工智能系统稳定性所面临的多方面安全挑战，将详细地讨论自然噪声攻击的特征及应对策略，深入剖析智能框架的安全性问题及与硬件适配相关的安全挑战。此外，本章将介绍人工智能系统稳定性的加固与测试技术，旨在为读者呈现一系列全面而实用的方法和策略。人工智能系统的稳定性安全风险具有重要的研究价值，其应对方案旨在为智能系统提供具有创新性和实践性的安全对策，以确保系统在实际应用场景中的稳健性和可靠性。

本章将主要从自然噪声攻击、多框架适配噪声攻击、人工智能稳定性的加固与测试三个方面进行介绍，内容概览如图5-1所示。在本章中，读者需要重点掌握的内容包括自然噪声攻击及多框架适配噪声攻击（以"*"进行标识）。通过对本章知识的学习，读者可以系统地了解人工智能系统稳定性所面临的攻击手段及加固与测试技术。为了更好地学习本章内容，读者需要具备的先导知识包括网络安全基础知识、机器学习基础知识、深度神经网络的训练和推理技术。

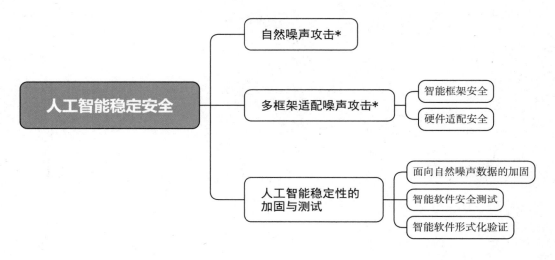

图 5-1　本章内容概览

5.1　自然噪声攻击

除了对抗样本的噪声，还存在另一种与模型无关的噪声——自然噪声。这种噪声在现实世界场景中极为常见，它们的出现也会对智能模型的安全性产生影响，如模糊、雨、雪、雾、霜。自然噪声攻击示例如图 5-2 所示。依据噪声产生的不同场景，研究者们提出了多种不同的噪声生成方法，并构建了对应的噪声测试数据集。具有代表性的自然噪声攻击方式和数据集包括 ImageNet-C、ImageNet-P、ImageNet-A、ImageNet-O、ImageNet-UA、ImageNet-R 和 SVSF。

高斯噪声　　散粒噪声　　脉冲噪声　　动态模糊

散焦模糊　　　雨　　　　雪　　　　雾

图 5-2　自然噪声攻击示例

名为 ImageNet-C[1] 的自然噪声基准测试，通过在 ImageNet 的验证集图像上添加 15 种不同的噪声类型，来测试模型对于常见的自然噪声的鲁棒性。这些噪声类型涵盖了噪声、模糊、天气变化及数字失真变换等常见的自然噪声，每种噪声类型都有五个不同的严重级别，以模拟不同强度的噪声。由于 ImageNet-C 中的噪声种类多样且数量众多，因此在该噪声基准数据集上测试模型的鲁棒性能够反映模型对自然噪声的总体鲁棒性。

与 ImageNet-C 类似，ImageNet-P[1] 自然噪声基准测试也用于评估模型对自然界扰动（如噪声、模糊、天气变化和数字失真）的鲁棒性。ImageNet-P 与 ImageNet-C 的不同之处在于，前者使用的是动态变化的自然噪声序列。具体来说，ImageNet-P 从每个 ImageNet 验证图像上生成扰动序列，每个序列包含 30 余帧，该序列描述了一种动态变化的自然噪声过程，用于测试和衡量模型对于动态变化的自然噪声的鲁棒性表征。

ImageNet-A 自然噪声基准测试主要用于生成自然界中存在的、本身就具备攻击性且难以被模型识别的测试样本，这些样本被命名为自然对抗样本（Natural Adversarial Example）。Hendrycks 等人构建了 ImageNet-A 数据集，并称其为真实世界的对抗过滤（Adversarially Filtered）测试数据集[2]。为了构建这个数据集，他们首先收集并下载了大量与 ImageNet 类别相关的图像，然后删除那些固定被 ResNet-50 分类器正确预测的图像，选择那些可以轻松欺骗 ResNet-50 分类器并可靠地转移到分类器上的样本，并以此构建为 ImageNet-A 自然噪声测试基准。

　　类似地，ImageNet-O[2]自然噪声基准测试也用于评估模型对于自然界中本身就具备攻击性、难以被模型识别的样本的鲁棒性。与ImageNet-A不同的是，ImageNet-O在生成和收集测试样本的过程中，主要考虑的是能够迷惑和误导离群分布检测器的样本。

　　目前，现有的大多数对抗防御仅衡量对某种特定形式的对抗性攻击，如L_p范数下的对抗样本，然而自然真实环境中的模型不太可能一直面对某种特定类型的攻击，因此，对抗防御必须对范围广泛的不可预见的攻击具有泛化性和防御能力。为了测评这些能力，研究者们提出了一种名为ImageNet-UA[3]的评估框架来解决这种研究与现实之间的差异，从而更好地衡量在图像识别场景下模型针对训练期间未遇到的噪声攻击的鲁棒性。具体来说，ImageNet-UA数据集引入了多种自然噪声类型，包括JPEG压缩噪声、雾、雪及Gabor噪声等，并在此基础上改进了对抗攻击方法，旨在验证模型在这种组合的、训练时未见的噪声攻击下的鲁棒性。

　　当前的人工智能模型虽然可以通过学习来识别和获取对象的形状，但它们在做决策时仍然严重依赖目标类别的纹理线索。相比之下，人类视觉系统能够处理相对抽象的视觉变化。例如，人类可以从照片中的杂乱线条图中识别视觉场景。为了评估人工智能模型对各种抽象视觉再现的鲁棒性和泛化能力，研究者们创建了ImageNet-R[4]（ImageNet-Rendition）数据集。该数据集包含来自原始ImageNet数据集的对象类的各种视觉抽象和视觉再现，其通过对原始图片加入各种风格变换（如卡通、绘画）来改变图像中目标类的风格和抽象方式，以此评测和验证智能模型对于这种噪声变换的鲁棒性。

　　与此同时，智能算法的应用程序通常依赖来自跨越不同硬件、时间和地理位置的设备采集的数据。这种环境的不一致性和变化可能会导致模型的算法安全性下降。基于此，研究者们创建了SVSF[5]（Street-View Store Fronts）数据集。该数据集重点关注三个分布变化源（国家、年份和采样相机类别）对于模型最终安全性的影响。

　　除此之外，研究者们还进一步研究了不同渲染方式（如绘画、卡通、涂鸦、刺绣、折纸、雕刻）、更大规模的扰动和天气因素引入的自然噪声对于模型鲁棒性的影响。可以看到，目前业界已经关注到了自然界中真实存在的变换产生的噪声对于模型安全性的影响。除了常见的雨、雪、雾等天气变换，研究者们还更加详细地区分并研究了自然对抗样本、未知噪声攻击等噪声挑战，从更加全面、系统的视角构建了自然噪声攻击研究体系。

5.2　多框架适配噪声攻击

　　在人工智能系统的部署和运行阶段，除了部署平台的安全风险，软硬件环境也存在诸多安全问题。常见的TensorFlow、PyTorch框架中本身就存在一些安全性漏洞和安全问题，这些问题将直接影响基于这些框架编写实现的智能系统。此外，智能系统会因为不同的软硬件实现和适配引入噪声，导致系统性能降低。基于此，本节将进一步讨论在更加真实的工业级应用场景中，软硬件环境中存在的或带来的安全性问题。需要说明的是，这些问题虽然不像偏学术研究的对抗攻击一样让模型的准确率降为0%，但其能够真实地出现在应用环境中，并且对工业级的智能系统应用产生安全性威胁。

5.2.1　智能框架安全

目前，大量的深度学习智能算法都是基于通用的深度学习编程框架和第三方库来进行的，如主流深度学习框架 TensorFlow、PyTorch。使用这些深度学习框架来进行人工智能模型的构建、训练、测试等步骤，编程人员无须关心神经网络和训练过程的实现细节，如不同模型的梯度回传和参数优化，而更多地关注应用场景本身的功能和逻辑，这些智能框架的出现极大地简化了深度学习应用的设计和开发难度。此外，这些框架还依赖大量第三方构建的开源库，如 NumPy、Pandas、OpenCV。因此，这些智能框架和第三方库中存在的安全漏洞会直接被引入最终得到的智能模型中，并可能进一步引起智能模型和系统的安全问题。

工业界的研究团队[6]指出，针对开源框架，攻击者同样能实现攻击威胁。由于开源框架通常需要连接外部开源数据库、集成相应的开源服务，以及调用访问相应的公网地址，这使得看似安全的人工智能算法框架可能成为不法分子的攻击目标。从层级上来看，智能应用框架在部署时通常分为应用层、框架层与底层框架依赖。由于中间层的框架依赖广泛的第三方软件包，这为框架的安全性带来了挑战。框架攻击可以分为基于输入图像的漏洞攻击、基于训练数据的漏洞攻击，以及基于模型的漏洞攻击。这些攻击通过后台攻击、数据投毒，以及预训练模型后门等方式实现，导致原有的模型学习过程丧失安全性，给一些特种应用领域带来不堪设想的危害。例如，第三方图像处理库 OpenCV 的漏洞主要集中在 DoS、远程代码执行和溢出攻击上，而在 TensorFlow 框架中，主要的漏洞则是 DoS、溢出和代码执行。

为了弥补框架漏洞问题，PyTorch、TensorFlow 等开源框架均开放开源贡献社区，来自世界各地的相关研究者们均可以在此分享针对特定开源框架的威胁方法，以供开源框架不断迭代完善。

5.2.2　硬件适配安全

除了智能框架本身存在的安全问题，人工智能系统在部署后可能因硬件适配产生安全问题，进而在很大程度上影响其性能表现。详细来说，不同采样设备的不同编码解码方式、不同代码实现方式及不同的硬件加速方式等差异导致的系统噪声，可以直接影响部署阶段的人工智能系统决策效果，导致其出现不可知的决策错误。因此，本书将在智能软件硬件环境安全的最后一部分讨论这种在训练和部署时不同硬件所引入的、与模型无关的系统噪声。

硬件适配所带来的系统噪声可以分为预处理过程噪声、模型推断过程噪声与模型后处理噪声。系统噪声示意如图 5-3 所示。这些不同阶段的系统噪声具有协同作用，会对智能系统的鲁棒性造成显著的负面影响。

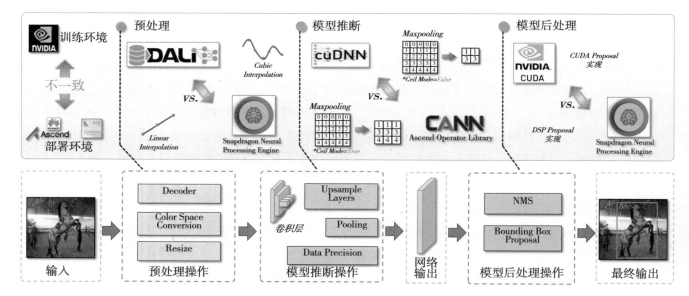

图 5-3　系统噪声示意

1.预处理过程噪声

预处理过程噪声指的是在模型中将训练数据转化为张量，以及对数据进行上采样、下采样时，由不同依赖库函数导致的图像失配现象。例如，JPEG方法常被用于图像压缩之中，其使用的离散余弦变换（Discrete Cosine Transform，DCT）与逆离散余弦变换在理论上能够保证变换前后的图像完全相同。但是，在实际操作中，不同函数库（如OpenCV、Pillow、FFmpeg）均使用自身独有的加速方法对离散余弦变换进行加速，部分函数库使用的是快速逆离散余弦变换（Fast iDCT）或直接使用原始iDCT算法。此外，不同函数库对于余弦函数进行的不同计算方式也会影响最终图像解码获得的图像。通常，使用其中一个库对图像进行编码，而使用另一个库对图像解码将无法获取原始的图像。详细来说，在预处理阶段，噪声来源主要包括Decoder、Resize、Color Space。

2.模型推断过程噪声

模型推断过程噪声指的是深度神经网络由于不同框架使用不同底层算子而导致的区别。以卷积操作为例，虽然卷积可以通过包括GEMM、Img2Col及Winograd在内的多种方式实现，但不同实现方式中使用不同的ceiling函数会导致模型运算方式的不同，从而造成微小干扰，进而对模型鲁棒性产生极大影响。此外，在图像检测任务中，使用的特征金字塔模型常常依赖上采样函数，而不同的依赖库具有不同的上采样方式，这会使图像产生微小的变化，从而在一定程度上影响模型最终的鲁棒性。详细来说，在模型推断阶段，噪声来源主要包括Ceil Mode、Upsample及Data Representation。

3.模型后处理过程噪声

模型后处理常用于将网络的输出转化为最终预测结果。例如，在图像分类任务中，使用Softmax函数将最终的预测结果归一化至[0,1]的概率；在图像识别和检测任务中，预测的边际框中同样需要被四舍五入以获得整数的预测框。在这些操作中，不同的硬件厂商往往使用不同的黑盒算法进行加速，从而带来不同的结果，进而直接影响模型最终的鲁棒性。详细来说，在模型后处理阶段，噪声来源主要包括Detection

Proposal 及 Softmax。

　　研究表明，系统噪声会给模型的性能表现带来极大的挑战和影响。例如，在 ImageNet 图像分类任务中，各阶段的系统噪声合并起来可以造成模型超过 10% 的准确率下降；在语义分割任务和目标检测任务中，系统噪声也可以分别造成 5%～10% 的准确率下降。这些性能的变化在实际工业级应用中是非常大的现实问题。由此可见，在模型部署后，不同的硬件适配和实现操作所引入的系统噪声给智能系统的软硬件环境安全性带来了极大的挑战。

5.3　人工智能稳定性的加固与测试

5.3.1　面向自然噪声数据的加固

　　模型对异常分布数据的加固策略可以有效地提升智能算法在真实、开放环境中的应用。本书将智能算法对异常分布数据的加固策略主要分为数据增广和异常分布数据检测。

1.数据增广

　　数据增广通过在训练过程中对训练数据进行多种类型的数据扩充，来提升训练后模型对于数据分布偏移的样本的预测稳定性。数据增广是最常用的提升模型对于异常数据分布鲁棒性的加固手段之一。由于它操作简单且效果突出，这类方法经常作为默认训练手段被添加在学术级和工业级模型的训练过程中。

　　最常见的数据增广方法是对一张输入的图像进行左右翻转及随机裁剪，该方式已经被广泛应用于图像分类和图像目标检测等视觉相关任务中。

　　Derives 等人提出数据增广方法——Cutout[7]，该方法通过随机选择某个位置"裁掉"输入图像的一部分图像来生成更多训练图像样本，以此来训练模型。换言之，模型不能简单地通过识别特定的特殊区域、构建"快速通路"来进行目标识别分类，而是必须依赖"更全面"的特征和信息来进行样本分类，从而增强了对于分布外样本的识别准确度。相似地，研究者们提出增广手段——CutMix[8]，与 Cutout 相比，其复杂之处在于裁掉的一部分图像内容要使用另一张图像的某个随机区域进行填补。

　　除了对图像的某一部分进行操作，研究者们进一步尝试对一张图像的全域进行扩充，并基于此提出了 MixUp 算法[9]。MixUp 算法不是将图像的一部分植入另一部分（如通过裁剪替换），而是直接生成两张图像的像素级组合。数据增广示例如图 5-4 所示。作为数据增广中的具体技术，MixUp 算法将"老鼠"图像设置一定的透明度后，将其全部"贴"在了原始图片"狗"上。然而，该算法的一个较大的弱点是其需要人工设定两种两张图像的拼接方式。

图 5-4　数据增广示例

为了解决这一问题，研究者们提出了自适应的 MixUp 增广算法。Cubuk 等人进一步提出了数据扩充算法——AutoAugment[10]，该算法应用了一系列基础的扩充子算法，并且该算法在特定任务上通过学习的方式来动态调整每种增强操作的扩充比例。

相似地，研究者们提出了数据增广算法——AugMix[11]。整体来说，AugMix 的特点是利用一系列简单的增强操作，并与一致性损失（JS 散度）相结合来指导学习每种增强操作的比例。

上文所提到的数据增广方法通过创建像素级的不同或提升图像的熵来进行增广（如平移操作或加入高斯噪声），但图像结构的不一致性也是一个重要的且缺乏探索的维度。基于此，研究者们提出了一种生成复杂结构的梦境图像的数据增广方法——PixMix[12]。通过使用这种梦境图像进行训练的模型可以有效地提升包括对抗样本、自然噪声等在内的多种异常数据的鲁棒性和识别准确率。

2. 异常分布数据检测

异常分布数据检测（OOD Detection）通过设计和加入能够分类和识别"非正常"数据的检测器，以在数据输入阶段识别检测异常数据来提升模型的安全性。与数据增广的思路不同，异常分布数据检测关注的是在语义上与训练数据类别不同的测试样本，并将这些样本识别为未知类别，而不是错误地将其归类为已知类别。例如，可以将 CIFAR-10 作为分布内数据进行模型训练，然后在作为分布外数据集的 CIFAR-100 上进行异常分布数据检测评估。异常数据分布检测是一个十分庞大的研究领域，本书只选取近年来较有代表性的工作进行介绍。

研究者们首先提出一种基于最大模型预测概率的异常分布数据检测方法——MSP（Maximum Softmax Probability）[13]。该论文认为，具有较大 MSP 分数的测试样本被检测为分布内样本，反之为分布外的数据样本。该论文将 MSP 的思想进一步应用于视觉检测、自然语言处理和语音识别中，并验证了其有效性。

为了进一步提升异常分布数据检测的稳定性，研究者们提出了一种称为温度缩放的算法——ODIN[14]。他们结合了广泛使用的温度缩放（Temperature Scaling）技术和测试时的最大类别概率的阈值，以检测异常分布数据样本，从而显著提升模型的性能。也有研究工作借助生成模型（如生成对抗网络）来生成更加难以识别的异常分布数据样本，这种策略旨在帮助更好地训练异常分布数据检测分类器。研究者们通过联合训练对抗生成网络和检测分类器来生成异常分布数据样本，使得生成模型的样本位于决策边界附近，从而在传递给分类器时会产生很高的不确定性。最后，检测分类模型在训练完毕后还是基于传统的 Softmax 阈值来检测异常样本。后续还有一系列异常分布样本检测的变种方法，但是它们也都是基于对模型的预测值来判断样本的离群程度。异常分布数据检测示例如图 5-5 所示。

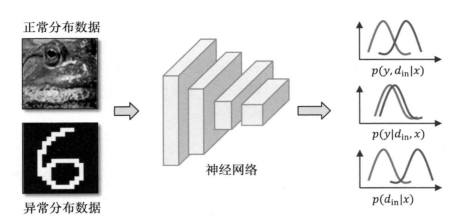

图 5-5　异常分布数据检测示例

3.差分隐私

除了基于监督学习的异常分布数据检测，有一些工作还研究了利用无监督学习的检测可能性[15]。研究者们发现，使用两个相同但随机初始化训练不同的分类器，在其置信层上对未知测试样本的预测会出现差异。基于此，研究者们通过增加未知样本的差异并减少已知样本的差异来提升模型的检测效果。

类似地，研究者们探索了自监督学习异常检测和模型对于未知噪声的鲁棒性[16]。研究发现，虽然自监督学习并不能直接提升模型在干净样本或任务本身上的识别准确率，但是可以有效地提升模型对于异常分布数据检测和自然噪声数据的鲁棒性，这包括对各种噪声类型（如高斯噪声、雨、雪、雾、模糊）的鲁棒性。

综上所述，虽然国内外学者对于异常分布数据的加固和防御算法进行了大量的研究，但是仍存在一些不足：数据增广类型的加固手段难以解释，且大量的训练数据会极大地增加模型训练复杂度和时间消耗；异常分布数据检测的方法目前仍需要利用模型特征或预测值的特殊表征来区分分布内样本和分布外样本，且在这种开放场景下模型整体的识别准确率较低。

5.3.2　智能软件安全测试

由于传统软件测试方法难以匹配人工智能技术，因此，如何针对人工智能技术的新特点、新需求更新软件安全测试技术与标准成为研究的重要方向。相对传统软件安全测试，针对人工智能的软件安全测试主要面临以下几个挑战：其一是模型可解释性差，人工智能系统的黑盒性质使得传统的白盒测试方法难以适用；其二是模型不确定性强，人工智能系统的不确定性和动态变化特点给测试带来困难；其三是模型测试空间大，人工智能系统的输入空间尺寸大、对抗样本种类多，难以设计覆盖所有情形的测试；其四是模型安全指标缺乏，缺乏标准化的人工智能系统安全测试方法与指标。

随着人工智能技术的发展，近年来出现了一系列针对人工智能的软件安全测试方法。这些测试方法的主要目标包括确定模型的正确性、鲁棒性、可解释性、隐私性和公平性。为了全面评估模型的安全性，可以从不同的角度对测试方法进行分类。

根据测试类型，智能软件安全测试可分为利用模型内部信息指导测试用例设计的白盒测试、仅依据界面输入输出进行测试的黑盒测试，以及结合了白盒测试与黑盒测试思想的灰盒测试。根据测试目标，智能软件安全测试可分为正确性测试、鲁棒性测试与隐私性测试。根据测试用例的生成（测试用例生成是进行所有测试的关键步骤）方式，智能软件安全测试可分为基于特定域的测试用例生成方法、基于模糊和搜索的测试用例生成方法，以及基于符号执行的测试用例生成方法。本节依据测试用例的生成方式对现有的人工智能软件安全测试方法进行分类，帮助读者从算法设计的角度系统性地理解不同技术背后蕴含的设计思想。

1.基于特定域的测试用例生成方法

在测试用例空间中，存在对抗样本与自然样本两种测试用例。基于特定域的测试用例生成方法仅考虑其中的自然样本部分，而不涉及对抗样本部分。

2017年，Pei等人首次提出针对深度神经网络的白盒测试方法——DeepXplore[17]。该方法提出了神经元覆盖率、KMN覆盖率等白盒测试准则，用以量化测试用例集对深度神经网络模型的覆盖面。神经元覆盖率与传统软件过程中的代码覆盖率相似，用于描述某次测试中神经元被激活的情况，其公式化表达为

$$NCov(T,x) = \frac{|\{n|\forall x \in T, \text{out}(n,x) > t\}|}{|N|} \tag{5.1}$$

其中，T表示输入集合，x表示输入集合中的元素，t表示单个神经元的激活阈值，N表示神经元总数。此外，该方法设计了针对测试覆盖率的梯度策略，可以自动生成新的测试用例。

2018年，Ma等人提出基于多层次、多粒度覆盖的DNNs测试方法——DeepGauge[18]。在神经元覆盖率的基础上，该方法进一步提出了神经元级别的覆盖率指标和神经层级别的覆盖率指标。神经元级别的覆盖率指标包含k节神经元覆盖率、神经元边界覆盖率及强神经元激活覆盖率等；神经层级别的覆盖率指标包含Top-k神经元覆盖率等，可以从不同层次和角度评估测试数据的质量。

针对自动驾驶系统的测试用例生成问题，Tian等人于2018年提出DeepTest方法[19]。该方法利用深度学习技术自动生成高质量的测试用例，并通过强化学习算法来优化测试过程，能够有效地提高测试效率和覆盖率，并在多个真实应用中取得了良好的效果。

2.基于模糊和搜索的测试用例生成方法

模糊测试是一种传统的自动测试技术，它生成随机数据作为程序输入，以检测崩溃、内存泄露等脆弱性问题。

2018年，Odena等人提出利用覆盖引导模糊测试进行神经网络的测试工作[20]，并制作了TensorFuzz工具，利用快速近似最近邻算法探索TensorFlow图在有效输入空间上可实现的覆盖范围。

Guo等人在DeepXplore的基础上，提出首个差分模糊测试框架——DLFuzz[21]。该框架在不需要交叉引用其他深度学习系统和人工标签的情况下，能够通过扰动产生更多高神经元覆盖率的对抗输入，极大地提升了测试性能。

Xie等人在DeepGauge的基础上提出一种基于蜕变变换的覆盖引导模糊技术——DeepHunter[22]。该技术利用更细粒度的蜕变突变策略来生成测试，有利于降低误报率。

2019年，Liu等人提出覆盖导向的黑盒Fuzzing技术——DeepFuzz[23]，用于评估深度神经网络对各类输入的分类正确性。

3.基于符号执行的测试用例生成方法

符号执行是一种用于测试被测软件是否可以违反某些属性的程序分析技术。其中，动态符号执行是一种用于自动生成实现高代码覆盖率的测试输入的技术。在人工智能模型测试中，符号执行主要包括对数据执行和对代码执行两方面。然而，人工智能模型缺乏清晰的分支结构，加之其网络结构呈现复杂、非线性的特点，这为符号执行的应用带来了极大的挑战。

针对这些挑战，Gopinath 等人在 2018 年提出 DeepCheck[24]。它将深度神经网络转换为一个程序，使符号执行能够找到与原始图像具有相同激活模式的像素攻击。王健等人提出，DeepCheck 能够创造 1 像素和 2 像素攻击[25]，它通过识别神经网络无法对相应修改后图像进行分类的大部分像素或像素对进行攻击，从而生成测试用例，以对模型的安全性进行测试。

Sun 等人提出一种 DNNs 的动态符号执行测试方法——DeepConcolic[26]。他们将深度神经网络的覆盖标准形式化，然后开发一种连贯的方法来执行 Concolic 测试，以提高测试覆盖率。

5.3.3　智能软件形式化验证

形式化验证是采用形式化方法对计算机软件或硬件进行验证的过程。形式化方法是基于严格的数学基础，对计算机硬件和软件系统进行描述、开发和验证的技术，其数学基础建立在形式语言、语义和推理证明三位一体的形式逻辑系统之上。正是形式化方法的数学严格性使经过形式化验证的程序的安全性得以保证。

人工智能评测的最终要求是在输入集的基础上得到最终符合预期的输出结果，间接反映出人工智能模型的准确性。然而，人工智能的输出往往难以预测，仅通过模型传播过程的准确率无法充分证明该人工智能模型的可信性。随着对安全问题研究的深入，人工智能可信性验证的问题已经演变为验证人工智能神经网络一系列属性是否成立的问题。分析人工智能可信性的相关属性包括可用性、可靠性、安全性、不确定性、鲁棒性、区间属性及可解释性。

该方法的优点是避免了逐一测试人工智能神经网络的每个输入值，并提供了一种可证明的保证方式，以避免在过大或无限状态下网络不可实现的情况。例如，给定一个人工智能神经网络和一个属性，其可信性形式化验证过程可定义为检查该属性是否适用于该神经网络，或者依据一定的数学逻辑推导出该神经网络在此属性下的最终输出是否处于安全状态。

1.抽象解释验证

（1）基于抽象的过度逼近

在这种情况下，采用抽象解释的方法对神经网络进行可信性验证，由于其不需要实际运行网络，因此可以有效避免上述局限性。该方法的主要思想是在可信性验证过程中，将复杂的问题近似抽象，并通过分析其核心组成部分来降低问题的复杂度。在神经网络可信性验证中，抽象解释通常在输入集区间内用抽象域近似网络的输入，具体来说，其是在神经网络的输入层上定义具体的域，输入集合包含于该域；为了保证计算效率，选择一个较简单的域作为抽象域，使其过度逼近输入层具体域中变量的范围与关系。因此，抽象域的选择对验证的效率与准确性有决定性影响。在形式上，一个抽象域表示为一组逻辑约束。

基于过度逼近的抽象方法，通过对神经网络或其输入集进行过度近似后，在区间属性下对网络的可信性进行验证。Gehr等人提出使用AI²[27]，其通过过度逼近的方法引入抽象转换器来获得网络的行为，从而自动证明神经网络的安全属性。在应用中，神经网络在输入时常常会遇到干扰，导致网络对分类产生错误的判断。王莉[28]等人提到输入扰动能够产生对抗性例子，AI²通过从选取的抽象域中提取元素，过度逼近输入集合，并根据抽象转换器返回的结果来验证属性，AI²分析神经网络运算过程中每层神经元产生的所有可能输出，通过将神经网络编码成逻辑公式，再用约束求解器来验证网络的鲁棒性。王莉等人还选用不同的抽象域进行分析，说明了抽象域对使用AI²验证神经网络鲁棒性的影响。

Elboher等人提出抽象一个过度逼近原待验证网络的小型网络，并对该小型网络进行规范验证，如果待验证属性在小型网络上满足，则该属性也可以适用于原网络[29]。然而，如果待验证属性在小型网络上不满足，这将提供一个可以用于反向调整网络以提高网络正确性的反例。

除了对网络进行抽象，我们还可以通过对网络状态进行抽象，以实现可信性验证。例如，通过后继状态反向推断神经网络在安全情况下的输入状态。Sun等人介绍了一种具有神经网络的自助机器人[30]，其核心思想是通过构造系统终止状态的抽象，并利用可达性分析来计算安全的初始状态集合。在这种情况下，自助机器人从安全的初始状态出发，能够在有多个障碍的空间中安全地移动，同时避免与障碍发生碰撞。该方法基于有限状态抽象，可以验证网络的可用性、可靠性和区间属性等可信性属性。然而，对于神经网络的安全性、不确定性及鲁棒性等属性的可信性验证，该方法还有待继续研究和实现。

（2）基于定理证明验证

形式化过程是开发一组通用数学模型和定义的过程，其中，定理证明是一种基于演绎推理的形式化方法技术，广泛用于物理系统的验证。在通过定理证明的方法验证神经网络的可信性时，首先需要建立网络对应的数学模型；然后，利用推理验证其预期的性质。验证过程需要基于已有的公理或已经被证明的定理，通过添加推理规则，逐步推导出所要验证的定理。例如，当验证神经网络的可解释性时，可以利用自然语言或逻辑规则建立网络的数学模型，然后利用人类所能理解的公理或定理进行解释。

在网络可信性验证中，定理证明器可以通过自动或交互式来完成底层逻辑的判定。如果为可判定的命题逻辑，则可以使用计算机程序自动验证该逻辑中表达的句子。然而，对于不可判定的高阶逻辑，必须以交互式的方式进行验证，需要用户提供指导来验证用高阶逻辑表示的句子。Rashid等人通过在HOL4定理证明器中形式化了z语法，开发了一个形式化推理分子反应的演绎框架，并且在高阶逻辑中形式化了z语法的逻辑运算符和推理规则[31]。Bahrami等人通过Coq定理证明器验证了一些基本神经元结构的动态行为性质[32]，提出并证明了四个重要属性，从单个神经元的属性与输入和输出之间的关系开始，转向更复杂的属性，从而提高整体神经网络的可信性。定理证明主要用于验证网络的可解释性，网络的可解释性基于网络的可用性，通过一定的逻辑规则推理出网络的输出结果，对网络的可靠性、不确定性及区间属性进行可信性验证。该方法通过基于抽象的过度逼近及定理证明来解决神经网络的可信性问题，其核心思想是通过抽象简化复杂的或者难以实现的可信性问题，逐步实现验证的目的。

2.基于模型检测验证

模型检测是一种通过遍历系统构造出的模型状态空间来确定系统属性的准确性的方法，用于判断系统是否符合设计需求[33-34]。在神经网络的可信性验证中，模型检测通过对网络在有限状态下的穷举搜索来验证依赖属性的可满足性问题。若模型检测的结果为真，则网络符合所验证的性质；否则，网络不符合该性质，并且模型检测会提供相应的反例。另外，在网络可靠的情况下，模型检测能够通过判断神经网络状态是否可以达到预期的状态，来验证其在不确定性情况下的输入/输出范围问题的可信性。因此，在验证神经网络可信性的过程中，模型检测方法的核心算法主要关注两个关键问题：解决属性可满足性问题和状态可达性问题。

（1）属性可满足性问题

属性可满足性问题在神经网络的可信性验证中，主要关注在神经网络中是否可以满足验证属性。为解决此问题，可以利用形式化方法中的模型检测进行分析。对于神经网络的属性可满足性问题，首先，将验证问题转化为一组约束，再通过相应的约束求解器来求解这些约束。基于可信性属性中的可用性和可靠性，我们就可以将这些约束编码为相应的条件约束，再选择合适的约束求解器进行求解。若约束求解器的结果为真，则至少存在一组参数使得该网络属性成立，从而为验证网络的可用性和可靠性提供依据。

研发成熟的约束求解器可以解决较大规模的实际问题，各类约束求解器都可以用来解决约束满足问题，如 SAT 求解器、LP 求解器、MILP 求解器、SMT 求解器。这些求解器能够给出是否存在满足相关约束条件的解，从而将需要解决的实际问题建模为约束可满足问题，这已成为神经网络验证领域的研究热点。

（2）状态可达性问题

状态可达性聚焦于神经网络在初始状态经过一个或多个操作后，是否能够达到预期状态。这涉及对神经网络输入/输出范围问题的分析，并根据一定的规则推断网络的状态，从而将神经网络的可信性问题转换为状态可达性问题进行研究。状态可达性问题在神经网络可信性验证的研究中主要有以下两种方法。

一种方法是通过神经网络函数值的上下界之间的可达性来验证神经网络在不确定性下的可信性。给定一个神经网络，我们可以用一个函数来计算输入集与输出函数值的上下界。假设这个函数为 Lipschitz 连续函数时是通用的，即可达上下界区间内的所有值。若证明了前馈神经网络函数是 Lipschitz 连续的，则也证明了安全验证问题可以转化为状态可达性求解问题。我们可以依据全局的最大值与最小值，对状态可达性问题进行求解，进而验证网络的可信性。Ruan 等人通过实例化可达性问题来对神经网络进行安全验证和输出范围分析，并且针对状态可达性问题，提出一种基于自适应嵌套优化的新算法对网络的可信性进行验证[35]。

另一种方法是结合分析神经网络输出集的可达性与输出范围，可以验证网络在不确定性下的可信性。当神经网络被视为一个黑盒时，给定输入可能会由于各种原因导致不安全的输出。因此，得到一个能够覆盖所有神经网络可能输出值的输出可达集，对于进行安全分析和网络的可信性验证至关重要。Xiang 等人通过计算神经网络的输出损失对于输入与权重之间的数学期望来表示有界输入下输出的最大偏差[36]，这被称为最大灵敏度。他们通过对输入空间的离散化来实现对输入集的穷举搜索，并组合模拟产生的每层灵敏度以估计输出可达集。这种方法将神经网络的输出可达集估计问题转化为一系列优化问题，最后，通过检查估计输出可达集和不安全区域之间的交集，可以对网络进行安全验证。Dutta 等人提出了一种基于 MILP 的算法[37]，专门用来对使用 ReLU 函数作为激活函数的神经网络进行输出范围分析。

综上所述，在关注输入/输出范围问题下，神经网络由于黑盒导致出现不确定性时，神经网络的可信性验证可以通过以下两种方式实现：一是确保在初始状态下部署的每个状态都能到达安全状态；二是通过在输入/输出范围内对网络的输出集进行估计，使得网络的输出包含在该估计范围内且该估计与不安全状态不产生交集，以验证网络的可信性。验证方式基于区间范围，对于神经网络的可用性、可靠性及不确定性的验证比较有效。然而，这种方式对于网络的安全性和鲁棒性等属性的验证具有一定的局限性。

本章小结

　　本章从自然噪声攻击、多框架适配噪声攻击、人工智能稳定性的加固与测试三个角度，详细地介绍了人工智能系统稳定性所面临的多方面安全挑战和解决方案。在人工智能系统的实际应用中，它们面临着自然噪声及多框架和软硬件方面的安全威胁。对于人工智能稳定性的软加固与测试技术，它们为确保人工智能系统的可靠性提供了具体的实施方法。

　　通过对本章的学习，读者应掌握智能系统的自然噪声攻击、智能系统加固与测试算法的脉络，并深入了解典型的多框架适配噪声攻击方法。在此基础上，有研究兴趣的读者可以开展代码实践。

扫码查看参考文献

第三部分
人工智能衍生安全篇

在第三部分，我们将主要讲解人工智能的衍生安全问题，即由于人工智能技术被恶意使用，或者由于其在被使用过程中未充分考虑人为因素导致的各种安全问题。

当前，多媒体内容在我们的生活中占据了十分重要的地位。随着智能技术的飞速发展，人工智能可以编辑、生成令人难辨真假的多媒体内容，倘若这些技术被用于达到非法目的，则可能会引发多样性的负面影响。如何从互补的主动式和被动式的角度解决这些内容安全问题，是这一部分要阐述的第一个重要内容。

在社会运行中，人的相关因素占据较大比重，然而，当已有的主流智能技术针对社会问题进行决策时，由于其难以预测对真实环境中相关人群的潜在影响，所以这些智能技术所做出的决策可能存在偏见、伦理等多样化安全问题，如何解决这些决策安全问题，是这一部分要阐述的另一个重要内容。

在这一部分中，本书将具体关注人工智能被恶意使用时面临的内容安全挑战，系统地介绍其存在的编辑内容安全、生成内容安全、主动式内容安全等问题，以及人工智能在实际使用过程中所面临的决策安全问题，并给出相应的解决方案。

第 6 章

人工智能编辑内容安全

随着互联网信息技术的发展，海量的多媒体数据每天都在不断涌现，这些数据渗透到各个角落，影响着国家、社会的发展，以及人民日常生活的方方面面。与此同时，人工智能技术的快速发展衍生出了很多使用便捷的智能数据编辑工具，如图像编辑软件（如 Photoshop、Lightroom）、视频编辑软件（如 Premiere Pro、Final Cut Pro X）及音频编辑软件（如 Audition、Descript）。这些工具使得人们能够轻松快捷地修改和编辑图像、视频、语音等多媒体数据内容。

然而，此类工具的发展也使得多媒体数据的伪造日趋严重，其中有一些恶意的使用者使用人工智能编辑工具伪造虚假信息、制造假新闻甚至恶意抹黑国家领导人，这种行为给个人、社会和国家带来极其严重的危害。

人工智能编辑内容

定义：人工智能编辑内容是指使用智能数据编辑工具，如Photoshop、Premiere Pro及Audition，修改编辑过的数据内容（主要包含图像、视频、语音）。人工智能编辑内容可以用于艺术创作、特效处理等，但也会引起虚假信息的传播和恶意欺骗等后果。

示例：人工智能编辑图像示例如图6-1所示。该图左侧为原图，右侧为通过复制移动伪造得到的虚假图像。虚假图像通过复制移动操作添加了一只猫，达到增加图像中特定对象数目的效果。

图 6-1　人工智能编辑图像示例

层出不穷的多媒体数据伪造方式造成伪造内容日益泛滥，针对多媒体数据的取证要求也日益增高。本章将利用人工智能工具进行编辑的伪造方法称为传统伪造。为了应对传统伪造，研究者们从多种角度探索了不同的方式，这些方法总体上可以分为主动式防御手段和被动式取证手段。

主动式防御手段需要提前在数据内容可信时对其进行预处理，将在第8章中进行介绍。被动式取证手段则通过对数据进行多种方式的检测，以区分真实数据和伪造数据。本章将聚焦于被动式取证手段，系统地介绍图像、视频和语音的传统伪造手段及其检测方法。

对于传统伪造图像，我们还会将其细分为检测和定位两个任务。检测的主要目的是判断图像是否经过伪造，而定位则是在伪造图像上准确定位和标记出伪造区域的过程。

图像伪造检测

定义：通常来说，图像的伪造检测旨在判断图像是否经过恶意修改，如复制移动、拼接及移除伪造。图像伪造检测在图像防伪、司法鉴定等领域有重要价值。

示例：图像伪造检测示例如图6-2所示。模型从真实图像和伪造图像中提取可判别的特征，然后根据实际需求对提取的特征进行选择和降维，并选择合适的分类器进行训练，得到预测结果。随着深度学习的发展，有更多端到端的检测方法可以直接从真实图像中学习篡改信息进行检测。

图 6-2　图像伪造检测示例

图像伪造区域定位

定义：图像伪造区域定位是在图像中准确定位和标记出伪造或编辑区域的过程。图像伪造区域定位可以为研究者提供更详细的信息，帮助其进一步分析伪造图像。

示例：图像伪造区域定位示例如图6-3所示。通常来说，图像伪造区域定位是指将未知图像输入模型，由模型确定图像中可能被篡改的区域，并标记出位置和范围，然后在标记区域内部进行后处理操作，标记出更加精细的边界。图像伪造区域定位能够揭示图像中潜在的篡改痕迹，提供关键的证据和信息。

图 6-3　图像伪造区域定位示例

本章将主要从六个方面进行介绍：图像/视频/语音传统伪造方法、图像复制移动伪造的检测定位、图像拼接伪造的检测定位、其他图像伪造的检测定位、视频传统伪造检测、语音传统伪造检测，内容概览如

图6-4所示。

　　通过学习本章知识，读者可以系统地了解到不同数据的传统伪造方法及其检测定位方法。在本章中，读者需要重点掌握的内容包括图像传统伪造、图像复制移动伪造的检测定位、图像拼接伪造的检测定位，以及其他图像伪造的检测定位（以"*"进行标识），这些内容可以作为本科生的基础教学内容，其余进阶内容可以作为相关领域研究生进一步学习的内容。为了更好地学习本章内容，读者需要具备的先导知识包括信号处理基础知识、机器学习基础知识、深度神经网络基础知识等。

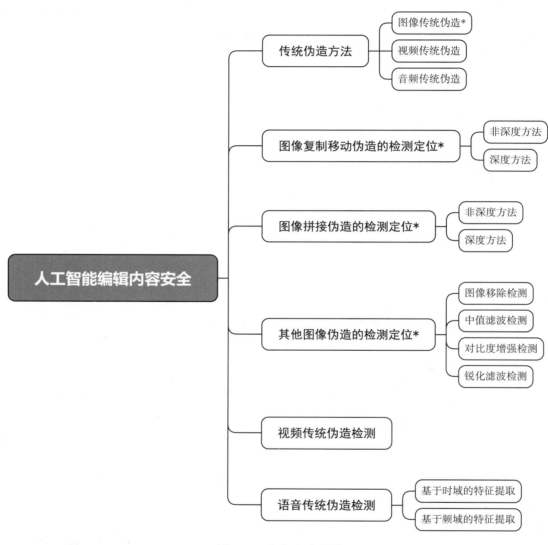

图6-4　本章内容概览

6.1　传统伪造方法

本节将介绍图像、视频和语音的传统伪造方法。图像伪造，作为数字媒体伪造的早期形式，通常包括对原始图像的修改，例如，插入、删除或改变图像的某些部分。这种伪造手段可以通过智能图像编辑工具实现，操作简单，旨在改变或误导观者对图像内容的理解。视频伪造则更为复杂，它不仅需要对图像进行伪造，还需要考虑时序上的伪造，进行的操作除了删除或添加特定的目标，还涉及剪辑、重新排序画面等，以用于修改或创造假视频。这种伪造手段旨在改变视频的原始上下文，创造虚假的情节或场景。语音伪造则主要改变录音的内容或模拟某人的声音，例如，剪辑、调整音高和速度，以及使用数字工具模仿特定的语音特征。这三种传统伪造手段虽各有特点，但它们的共同目的都是创造虚假的媒体内容，以误导观者或达到特定的欺骗目的。

6.1.1　图像传统伪造

对数字图像的传统伪造可大致分为语义保留型操作和语义改变型操作。语义保留型操作主要指常见的图像处理技术，如模糊、增强对比度，这些操作旨在改变图像的视觉效果，但不改变图像的语义信息，所以危害性较小。语义改变型操作通常包括复制移动伪造、拼接伪造和移除伪造，这些操作往往通过伪造图像中的内容破坏图像的语义信息，所以危害性较大。数字图像的传统伪造示例如图6-5所示，图6-5（a）为语义保留型示例，图6-5（b）为语义改变型示例。本小节主要介绍危害性较大的语义改变型操作。

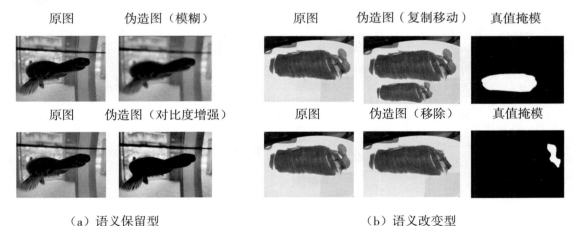

（a）语义保留型　　　　　　　　　　　　（b）语义改变型

图6-5　数字图像的传统伪造示例

1. 复制移动伪造

复制移动伪造（Copy-Move Forgery）[1]可复制图像中的特定区域，并对原图像和复制区域进行变换，最后将变换后的复制区域移动至同一张图像中的特定位置并粘贴。这种伪造方法既可以将被复制的区域粘贴到包含重要信息的区域，用于掩盖特定信息，也可以通过复制特定对象以增加数目。复制移动伪造过程如图6-6所示。

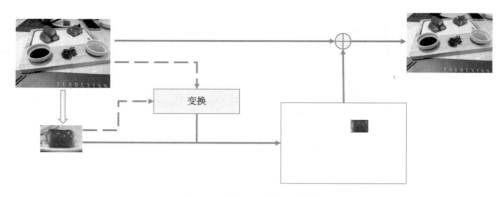

图 6-6　复制移动伪造过程

2.图像拼接伪造

图像拼接伪造[2-3]可将来自一张或多张图像的特定区域裁剪下来，并对该区域进行旋转、缩放、拉伸、翻转、模糊等变换操作，然后将其粘贴至另一张图像的特定位置，使得拼接区域在视觉上难以被人察觉。该类型伪造操作既可以将两张图像中原本无关的对象拼接起来，也可以更换图像的背景和环境，从而掩盖图像的真实信息，传达出虚假的语义。

复制移动伪造获得的伪造图像的真实区域和伪造区域往往来自同一张图像，而图像拼接伪造涉及从来源不同的图像中复制对象，并将其粘贴在要修改的图像中。拼接伪造过程如图 6-7 所示。

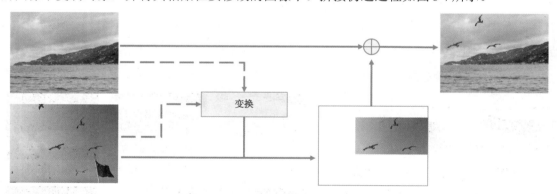

图 6-7　拼接伪造过程

3.图像移除伪造

图像移除伪造可先将图像中的对象或区域进行移除，在移除之后根据图像的背景信息对缺失的部分进行填充，以掩盖篡改的痕迹。这种方法常被用于隐藏对伪造者不利的信息。移除伪造过程如图 6-8 所示。

图 6-8　移除伪造过程

4.图像修饰

图像修饰（Image Retouching）是媒体行业常用的技术，旨在改善数字图像的质量。它是一种被广泛接受的处理照片的方法，其使用各种工具和技术来增强或改变照片的外观，使其更具吸引力或符合特定的美学标准。图像修饰的应用范围非常广泛，包括简单的色彩调整、亮度和对比度的改善，以及更复杂的元素添加、移除或更改图像的某个部分。在广告、时尚摄影和杂志出版等专业领域中，图像修饰被广泛应用。修饰过的图像通常更有吸引力，其中一些区域经过变换可以获得最终的图像。例如，去除电影明星脸上的皱纹，以美化视觉效果。这种程度的伪造通常被视为是无害的。

除了上述几类典型伪造，图像传统内容伪造技术也可以联合使用，例如，对文档图像、证件图像或者其他包含文字的图像中的部分文字进行修改。伪造者可以使用图像编辑软件来擦除、覆盖或重写现有文本，复制图像中的某些部分以遮盖原始文本，导入与原始文本字体和风格相匹配的新文本。高级的图像编辑工具甚至能够分析和复制文档的背景和纹理，这使得伪造部分与原始图像能够无缝融合，达到难以被肉眼识别的程度。

6.1.2　视频传统伪造

视频数据通常由连续的多张图像（帧）组成，这些图像包含了事件发生或对象运动的时序信息。视频的传统伪造，主要分为帧级伪造和视频级伪造两种类型。

1.帧级伪造

帧级伪造是指对视频帧的空域信息进行篡改，也就是对特定帧的原始内容进行伪造。在帧级伪造中，比较常见的是基于目标的伪造（Object-based Forgery）[4]，它通过新增或者删除视频中的对象来篡改视频内容。帧级伪造的过程如图6-9所示。首先，将视频解压缩为单独的帧序列，每一帧都被看作一张静止的图像；其次，选中序列中需要被篡改的帧，其余部分保持不变；最后，在空域上对需要被篡改的帧进行伪造后，使用重压缩技术将所伪造的视频重新压缩存储。

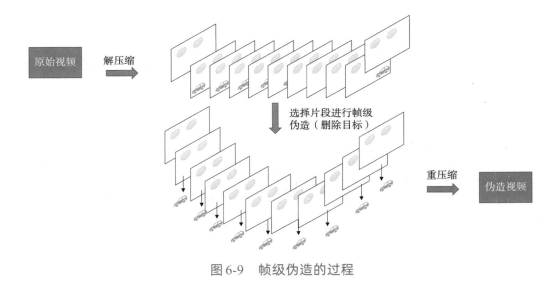

图6-9　帧级伪造的过程

2.视频级伪造

视频级伪造是指对视频的时域信息进行篡改，旨在通过改变视频中的帧顺序来影响观者对视频内容的理解。这种伪造方式通常包括帧删除、帧插入、帧复制及帧打乱。帧删除是指删除视频序列中一定比例的帧；帧插入是指向视频序列中插入一段额外的帧序列；帧复制是指故意复制视频中的某些帧；帧打乱是指打乱或改变视频帧的原始顺序，从而赋予原始视频不同的含义。在实际应用中，由于视频通常以压缩的形式存储（如H.264/AVC），攻击者需要对原始视频码流进行解压缩操作，对帧序列进行篡改后再将其压缩回压缩域，从而获得最终的伪造视频。视频级伪造帧删除的过程如图6-10所示。

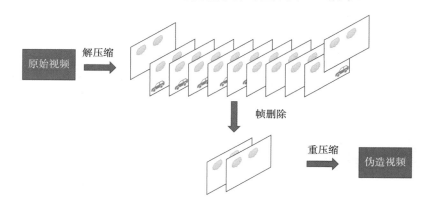

图 6-10　视频级伪造帧删除的过程

6.1.3　音频传统伪造

音频伪造旨在通过模仿目标人物的音色特征，生成目标人物的音频，实现对目标人物语音的冒用和欺骗，以完成对人类听觉系统（Human Audio System，HAS）和自动说话人验证（Automatic Speaker Verification，ASV）系统的攻击。典型的音频伪造技术包括语音合成和语音转换，这两类技术都能够修改语音的身份信息，危害性较大，本节将重点介绍。

1.语音合成

语音合成（Text to Speech，TTS）可将指定的文本映射为目标人物的声音。常见的语音合成系统通常包括位于前端的文本分析模块和位于后端的波形生成模块。其中，文本分析模块主要负责从输入文本中提取音素序列、时长预测等关键特征，一般包括规范化、分词、词性标注等处理和操作；波形生成模块主要基于前一个模块获得的结果合成相应的目标人物语音。语音合成基础框架如图6-11所示。

图 6-11　语音合成基础框架

传统语音合成方法主要可被归类为波形拼接式和参数生成式。波形拼接式方法主要基于一定规则拼接语音数据中的语音单元，如使用编辑软件对音频信号进行复制、粘贴、插入、裁剪，具体步骤通常包括语料库收集、声学单元选取及拼接伪造等，并通过调整各拼接单元的韵律等后处理操作，使所合成的语音更加自然。典型处理方法包括基音同步叠加的 PSOLA 技术[5]和利用隐马尔可夫模型（Hidden Markov Model，HMM）限制目标单元韵律参数的单元选择系统[6]等。这类方法可以最大限度地保留原语音的音质，但由于需要大量的目标人物语料，并且在处理不同领域的文本时稳定性较弱，因此主要适用于天气预报、报时等特定领域。

参数生成式方法主要通过声学模型预测声学参数，然后将这些参数输入声码器以合成目标人物语音。其中的代表性操作方法有基于隐马尔可夫模型的统计参数合成方法[6]，该方法可以输出较为稳定、流畅的语音，但参数合成器的缺陷和统计建模的损失，导致生成参数不够平滑、隐马尔可夫模型建模不够准确等问题，合成语音通常不够自然。

2. 语音转换

语音转换（Voice Conversion，VC）能将源人物语音的风格转换为目标人物语音的风格。语音转换主要由语音分析、特征映射和波形重构三个环节组成。语音转换基本流程如图 6-12 所示。

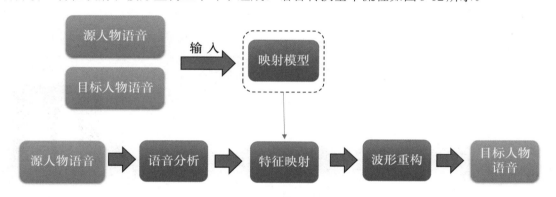

图 6-12　语音转换基本流程

其中，在语音分析环节，系统提取源人物语音的中间特征，并分析语音信号，以得到声码器参数，如声道谱参数（共振峰频率和带宽、频谱倾斜等）和韵律参数（基频、时长、能量等），经典的模型包括谐波-噪声模型[7]、STRAIGHT 模型[8]；在特征映射环节，系统将源人物语音特征转化为逼近目标人物语音的特征；在波形重构环节，系统则利用参数声码器，如 STRAIGHT 模型、WORLD[9]，将目标人物特征重构为语音波形信号。

一个待转换的输入音频从不同训练数据形式和数据对齐任务的角度，可被分为平行语料和非平行语料，其中，前者要求源人物和目标人物的语音数据成对且语音内容相同，否则为后者。针对不同的语料场景，采取的语音转换方法也不尽相同。当遇到平行语料时，首先需要使用帧对齐或音素对齐方法在时间层面上对齐源人物和目标人物的语音特征。常用的帧对齐和音素对齐方法包括动态时间规整法[10]和自动语音识别。面向平行语料的语音转换方法包括基于参数统计的高斯混合模型[11]、最小二乘回归法[12]、方向核偏最小二乘法[12]及基于非参数统计的非负矩阵分解法[13]。

面向非平行语料的语音转换方法包括基于 INCA 算法[14]的对齐技术和基于音素后映射图[15]的方法。值得注意的是，传统语音转换方法只能进行一对一转换，并对训练数据具有强依赖性。

6.2 图像复制移动伪造的检测定位

因为复制移动伪造是将一张图像上的某些部分，经过变换之后粘贴到该图像上的其他位置，所以源区域（被复制的部分）和目标区域（粘贴后的位置）之间的像素往往具备很强的相关性，这种相关性可以作为复制移动伪造行为的检测证据。在进行复制移动伪造检测时，无论是采用非深度方法还是采用深度方法，通常都要先提取图像中的局部特征，然后找到匹配度高的局部特征，最后进行图像复制移动伪造检测定位。

6.2.1 非深度方法

复制移动伪造检测基本流程如图6-13所示。复制移动伪造的非深度检测定位方法通常首先将图像划分为重叠的图像块，或者通过计算整个图像的局部关键点来提取特征，并且将每个图像块（或关键点）的位置存储在特征向量中；然后，通过寻找图像内相似的特征进行特征匹配；最后，将特征匹配的图像块（或关键点）展示出来，作为复制移动伪造的定位结果。

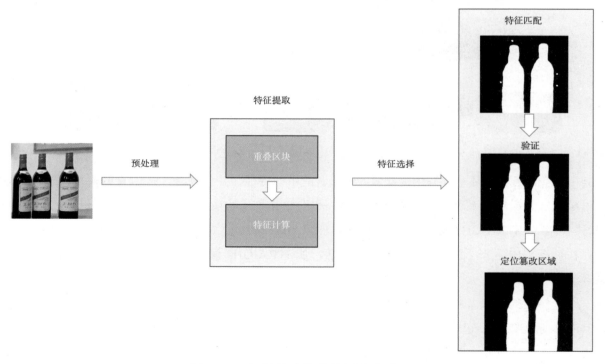

图6-13　复制移动伪造检测基本流程

具体来说，首先，复制移动伪造的非深度检测通常会将一张大小为 $M \times N$ 的伪造图像转换为灰度图像（使用颜色通道的算法无此步骤）。在基于块的检测方法中，图像会被划分为固定大小 $b \times b$ 的重叠区块，产生 $N_b = (M - b + 1) \times (N - b + 1)$ 个图像块，每个图像块提取出来的特征储存为尺寸为 $1 \times K$ 的向量 f_i。在基于关键点的检测方法中，通过扫描整张图像来得到关键点，每个关键点计算特征 f_i。同时，将每个图像块的左上角坐标（或关键点的坐标）(x_i, y_i) 储存在 f_i 中，f_i 此时的尺寸变为 $1 \times (K + 2)$，特征矩阵的尺寸变为

$N_b \times (K + 2)$。

其次，对特征矩阵的行进行排序，使得相似图像块（或关键点）的特征彼此接近，再使用阈值在最近邻中搜索得到匹配的特征向量对，将与 f_i 和 f_j 匹配的特征向量对记为 $F_{i,j}$，其中，i 和 j 代表特征索引且 $i \neq j$。两个匹配图像块（或关键点）对之间的移位向量 s 表示为 $s_{ij} = (x_i - x_j, y_i - y_j)$。计数器 $C(s)$ 为每个匹配对计算有相同移位匹配对的数量 $C(dx, dy) = C(dx, dy) + 1$。对于图像中重复的区域，由于图像块（或关键点）总是表现出相同的移位，因此可以将它们组合在一起。对于移位向量计数低于某个阈值 T_1 的图像块（或关键点）组，则将其丢弃，T_1 控制可检测到的最小复制移动块的大小。

最后，在后处理阶段，对检测结果进行一些形态学操作，以降低假阳性率。有相同移位的图像块（或关键点）匹配对使用相同的颜色进行显示。

Fridrich 等人提出了复制移动伪造检测方法[16]，它是最早的检测方法之一。该方法将图像划分为固定大小的重叠区块，并将图像块的特征存储为特征向量；然后采用向量移位的方法进行特征匹配，将具有相同移位向量的块判定为伪造区域。该方法的框架在大多数的复制移动伪造检测技术中是通用的。

具体来说，假设每个图像块有 $B \times B$ 个像素，图像块内的像素值被按列提取后，放置在二维矩阵 A 中的一行里，矩阵 A 有 B^2 列，有 $(M - B + 1)(N - B + 1)$ 行。矩阵 A 中两个相同的行对应于两个相同的 $B \times B$ 图像块。为了识别相同的行，需要将矩阵 A 的行按照字典顺序进行排序。通过遍历有序矩阵的所有行寻找两个相同的连续行，以保证能够有效进行匹配。

当伪造图像被保存为 JPEG 压缩格式时，绝大多数相同的图像块将消失，因此该方法只能进行近似匹配。Fridrich 等人使用量化的离散余弦变换系数而非块像素作为图像块特征进行匹配[16]。量化步骤由用户指定的参数 Q 计算，该参数相当于 JPEG 压缩格式的质量因子，能够决定离散余弦变换系数的量化步骤。较高的 Q 可以产生更加精细的量化，较低的 Q 则会产生更多的匹配块，导致匹配错误。

计算方式和上文介绍类似，对于每个 $B \times B$ 的图像块都计算离散余弦变换系数，然后将离散余弦变换系数进行量化并存储为矩阵 A 中的一行，矩阵 A 仍然有 $(M - B + 1)(N - B + 1)$ 行和 $B \times B$ 列，然后将矩阵 A 的行按照字典顺序进行排序。但比较每个块的离散余弦变换系数量化值可能会引入许多错误匹配，因此算法还需要查看每个匹配块对的相对位置，并且仅在同一相对位置还存在许多其他匹配对，即当这些匹配的图像块对具有相同的移位向量时才进行输出。

为此，还需要将匹配块的位置存储在一个单独的列表中，如可以将图像块左上角像素的坐标作为该图像块的位置，并增加一个移位向量计数器 C。假设两个匹配图像块对的位置分别为 (i_1, i_2) 和 (j_1, j_2)，那么两个匹配块之间的移位向量 s 的计算过程为

$$s = (s_1, s_2) = (i_1 - j_1, i_2 - j_2) \tag{6.1}$$

移位向量 $-s$ 和 s（移位向量 s 为标准化的向量）在必要时可以乘 -1 使 $s_1 \geq 0$。对于每个匹配的图像块对，将归一化的移位向量增加 1，即

$$C(s_1, s_2) = C(s_1, s_2) + 1 \tag{6.2}$$

在算法开始时，将移位向量计数器初始化为零，匹配结束时，计数器表示不同归一化移位向量出现的频率，然后算法在所有归一化的移位向量 $s^{(1)}, s^{(2)}, \cdots, s^{(K)}$ 中找到 $C(s^{(r)}) > T$ 的移位向量，其中 T 为提前设置好

的阈值，并将对应于 $s^{(r)}$ 的匹配图像块涂上相同的颜色进行标识，直观地识别出伪造区域。实验中定义 $B = 16$，在用于量化的每个 16×16 块中，离散余弦变量系数的矩阵的公式化表达为

$$Q_{16} = \begin{pmatrix} Q'_8 & 2.5q_{18}I \\ 2.5q_{81}I & 2.5q_{88}I \end{pmatrix}, \quad Q'_8 = \begin{pmatrix} 2q_{00} & 2.5q_{12} & ... & 2.5q_{18} \\ 2.5q_{21} & 2.5q_{22} & ... & 2.5q_{28} \\ ... & ... & ... & ... \\ 2.5q_{81} & 2.5q_{82} & ... & 2.5q_{88} \end{pmatrix} \tag{6.3}$$

其中，q_{ij} 是质量因子 Q 的标准 JPEG 量化矩阵，I 是一个 8×8 单位矩阵（所有元素都等于1）。

复制移动伪造检测算法伪代码如图6-14所示。需要注意的是，在匹配过程中，如果分析的图像是彩色图像，则在进行进一步分析之前，首先使用标准公式 $I = 0.299R + 0.587G + 0.114B$ 将其转换为灰度图像。

算法伪代码：复制移动伪造检测

输入： 输入图像($M * N$), 块大小(B), 质量因子(Q), 阈值(T)
输出： 标识伪造区域后的图像(marked_image)

```
1:  // 将图像分成重叠的图像块
2:  M, N = input_image.dimensions
3:  blocks = create_overlapping_blocks(input_image, B)
4:  // 对每个图像块进行DCT变换及DCT系数压缩，储存在A中
5:  A = []
6:  for block in blocks:
7:  dct_coefficients = apply_dct_and_quantization(block, Q)
8:  A.append(flatten(dct_coefficients))
9:  // 对A逐行进行字典顺序排序
10: A_sorted = sort_rows(A)
11: // 初始化移位向量计数器,并将匹配的图像块对应的移位向量计数器加1
12: C = initialize_counter()
13: for i from 1 to len(A_sorted) - 1:
14:     if A_sorted[i] == A_sorted[i - 1]:
15:         j = calculate_shiftvector(A_sorted[i],A_sorted[i - 1])
16:         increment_counter(C[j])
17: // 找到C(s(r)) > T的移位向量
18: matching_vectors = find_matching_vectors(A_sorted, C, T)
19: // 将对应于s(r)的匹配图像块涂上相同的颜色进行标识
20: marked_image = mark_matching_blocks(input_image, matching_vectors)
21: // 返回标识伪造区域后的图像
22: return marked_image
```

图6-14 复制移动伪造检测算法伪代码

Fridrich等人提出的方法确定了图像复制移动伪造检测的基本流程，后续的方法大多沿用了这一思路，即通过提取和比较图像特征的相似性来完成检测任务。图像特征可以大致分为非深度特征和深度特征，本节主要介绍非深度特征，深度特征将在6.2.2节进行介绍。

1.基于空域的特征提取方法

在空域中，像素位置直接描述图像的内容，而空域中的能量分布通常是均匀的。相邻像素之间存在高度相关性，这导致在匹配过程中计算量较大。针对这一情况，空域上的复制移动伪造检测可以分为基于矩、强度、关键点和纹理特征的方法。

（1）基于矩的方法

矩（Moments）的概念源于阿基米德的杠杆原理，数学和物理中矩的概念也是相通的。在物理中，n 阶矩 $\boldsymbol{\mu}_n$ 是某物理量 Q 与到某参考点的距离 r 的 n 次方的乘积：$\boldsymbol{\mu}_n = r^n Q$。常见的物理量如力、质量和电荷分布，若不是单点，矩就是物理量密度在空间上的积分：$\boldsymbol{\mu}_n = \int r^n \rho(r)\, \mathrm{d}r$。其中，$\rho(r)$ 是物理量的密度分布函数。在数学中，与概率密度函数或累积密度函数类似，矩是一种系统刻画概率分布的方法。零阶矩为总和，一阶矩为均值，二阶中心矩为方差，三阶到六阶的标准矩为偏度、峰度、超偏度、超尾度。

在图像处理中有一些特殊的矩，基于矩的检测方法，可以通过计算 Hu 矩、Zernike 矩等检测复制移动篡改。如果有读者对矩的理论基础感兴趣，可以查阅对应的论文，本书不再对具体的数学理论进行介绍。

Wang 等人提出了使用 Hu 矩作为特征进行复制移动伪造检测[17]，并证明了其在区域复制过程中对旋转、缩放和平移等后处理操作的鲁棒性，实验中只使用前四个矩作为特征降低计算复杂度。Liu 等人在此基础上进行改进，从圆形图像块而不是方形图像块中计算 Hu 矩并将其作为特征[18]。Hu 矩的非正交性及对于噪声的敏感性导致特征具有冗余性。

Ryu 等人使用从圆形图像块中提取的 Zernike 矩作为特征来检测篡改图像中的区域[19]。进一步地，他们改进了基于块匹配的技术[20]，在特征响应误差还原过程中使用 Zernike 矩的相位。由于 Zernike 矩是正交的，对噪声、压缩、模糊及旋转具有鲁棒性，所以能够有效地检测出图像篡改的平坦区域，但不能检测出缩放的区域。

（2）基于强度的方法

在基于图像强度（Intensity）的复制移动伪造检测方法中，Luo 等人从彩色图像的非重叠块中，提取红、绿、蓝通道的强度均值作为特征[21]。他们将每个图像块按照水平、垂直和对角线分别划分成两个部分计算附加特征，还将亮度分量和块平均强度的比值平均值作为 7 维特征向量，最后使用字典排序对特征进行匹配。实验效果表明，该特征对噪声具有一定的鲁棒性。

和 Luo 等人的实验类似，研究者们将图像块划分为不同方向的子块[22]，并从子块中计算能量特征。这种方法既可以处理灰度图像，也可以应对彩色图像。然而与之不同的是，它们通常假设在复制的区域上没有后处理操作，如缩放、旋转和 JPEG 压缩。

为了应对伪造过程中的后处理操作，Bravo-Solorio 等人使用圆形图像块来代替方形图像块进行特征提取[24]。他们将不同半径的同心圆内的像素均值作为特征，这些特征对重复区域的旋转具有鲁棒性。

此外，Bravo-Solorio 提出了一种反射和旋转不变性的复制移动伪造检测算法[24-25]。该算法通过计算重叠图像块中像素的对数极坐标变换系数得到特征。

（3）基于关键点的方法

关键点（Keypoints）通常包含图像局部的重要语义信息。Lowe 等人首次提出了尺度不变特征变换

（Scale Invariant Feature Transform，SIFT）[26]，这是一种用于匹配两张图像之间特征的算法。尺度不变特征变换为每个关键点计算一个128维的特征描述符，不仅提高了计算效率，而且对缩放、旋转及光照变化都具备不变性。

Huang 等人首先使用基于SIFT关键点的局部特征来寻找同一张图像中的匹配区域[27]。随后，Amerini等人[28-29]和Pan等人[30-31]利用了这一概念，采用随机样本一致性（Random Sample Consensus，RANSAC）算法[32]进行几何篡改估计。随机样本一致性是一种鲁棒单应估计算法，它通过随机选择四个点并计算单应矩阵，然后根据剩余点在矩阵中的并发性将其分类为内点或异常值。该过程重复迭代，直至达到选定的迭代次数。最后，从具有最大内嵌数的迭代中选择候选关键点。Amerini 等人使用广义2最近邻（Generalized 2 Nearest Neighbor，G2NN）方法用于特征匹配，然后进行特征聚类进行篡改定位[28-29]。Pan 等人则使用BBF（Best-Bin-First）搜索算法用于关键点匹配[30-31]。在此基础上，Amerini 等人使用J-link对关键点进行聚类，以优化几何变换估计和多克隆检测[33]。其他基于关键点的方法是使用64维的加速稳健特征（Speeded Up Robust Feature，SURF）[34-35]。与SIFT特征相比，SURF特征的计算更加高效。

总的来说，与基于矩的方法相比，基于关键点的方法在计算上更加高效，但在背景光滑的重复区域检测上表现不佳。

（4）基于纹理特征的方法

人类视觉系统主要依赖纹理（Texture）进行图像解释，纹理特征大致可以分为空间纹理特征和光谱纹理特征。在空域中，通过像素统计可以提取纹理特征，但这些特征通常对噪声敏感。Ardizzone 等人使用统计纹理特征，如均值、标准差、偏度和峰度，进行复制移动伪造检测[36]。这些特征对JPEG压缩具有鲁棒性，但对几何变换的鲁棒性较差。

为了应对后处理操作中的几何变换，研究者们开始使用局部二值模式（Local Binary Patterns，LBP）进行复制移动伪造检测。LBP算子具有灰度不变性、旋转不变性等优势，可以有效描述图像的局部特征。LBP算子计算较为简便：在图像像素为3×3的局部区域中，将中心像素作为阈值与周围8像素的灰度值进行比较，如果中心像素值小于周围像素值，则将该像素点的位置标记为1，反之，则标记为0，将比较结果依次排列成8位二进制数，对应的十进制数即中心像素的LBP值。但此类基础LBP算子只能涵盖固定半径范围的局部区域，为了得到不同尺度且对旋转变换保持稳定的纹理特征，研究者们使用圆形邻域代替正方形邻域，LBP_P^R即代表半径为R、内部有P个采样点的LBP算子。

Li 等人采用基于局部二值模式的纹理特征进行复制移动伪造检测[37]。在预处理阶段，他们首先将图像经过低通滤波器处理；然后，将其分成重叠的圆形块；最后，使用旋转不变的局部二值模式算子进行特征提取。基于局部二值模式的特征对多种后处理操作（如旋转、翻转、噪声、JPEG压缩和模糊）具有鲁棒性。

2.基于变换域的特征提取方法

在变换域中，系数的相关性通常较小，这意味着只有少数系数携带了图像的大部分能量，因此，只有少数系数可以用作每个重叠块的特征。基于变换域的特征提取方法可分为基于频域的方法、基于降维的方法、基于纹理特征的方法。

（1）基于频域的方法

基于频域的方法通常要在原图像上进行变换，如离散余弦变换（DCT）及离散小波变换（Discrete Wavelet Transform，DWT），从而将原图像转换到频域中，然后使用频域中对应的系数作为特征进行匹配计算。二维离散余弦变换的公式化表达为

$$X\left(k_1,k_2\right)=\frac{2}{\sqrt{N_1,N_2}}\sum_{n_1=0}^{N_1-1}\sum_{n_2=0}^{N_2-1}x\left[n_1,n_2\right]\cdot a_{k_1}a_{k_2}\cos\left[k_1\frac{2\pi}{N_1}\left(n_1+\frac{1}{2}\right)\right]\cos\left[k_2\frac{2\pi}{N_2}\left(n_2+\frac{1}{2}\right)\right] \quad (6.4)$$

将上述离散余弦变换的公式展开可以得到

$$\begin{bmatrix} X(0,0) & \cdots & X(0,N_2-1) \\ \vdots & \ddots & \vdots \\ X(N_1-1,0) & \cdots & X(N_1-1,N_2-1) \end{bmatrix}=$$

$$\begin{bmatrix} C_{0,0} & \cdots & C_{0,N_2-1} \\ \vdots & \ddots & \vdots \\ C_{N_1-1,0} & \cdots & C_{N_1-1,N_2-1} \end{bmatrix}^{\mathrm{T}} \begin{bmatrix} x(0,0) & \cdots & x(0,N_2-1) \\ \vdots & \ddots & \vdots \\ x(N_1-1,0) & \cdots & x(N_1-1,N_2-1) \end{bmatrix} \begin{bmatrix} C_{0,0} & \cdots & C_{0,N_1-1} \\ \vdots & \ddots & \vdots \\ C_{N_2-1,0} & \cdots & C_{N_2-1,N_1-1} \end{bmatrix} \quad (6.5)$$

将 x 看作原始图像，X 则为离散余弦变换转换之后的结果。由于在数字图像处理中，处理的图像基本上都为方阵，即 $N_1=N_2$，在这种情况下，二维离散余弦变换可以写为 $X=C^{\mathrm{T}}xC$。Fridrich 等人提出的方法就是以图像块量化离散余弦变换系数作为特征的[16]。Huang 等人在此基础上进行了改进，仅使用每个图像块计算的离散余弦变换系数中能量最低的前 25% 个系数作为特征[38]。在这些方法中，每个图像块的离散余弦变换系数被按照字典顺序排序，并使用移位向量进行匹配。基于离散余弦变换系数的特征对噪声、压缩和图像修饰具有一定的鲁棒性，但在处理经过旋转或缩放的图像块时效果不佳。

傅里叶变换能够体现信号的整体特性，但傅里叶变换得到的频谱通常不够直观，而且会受到噪声信号的干扰。因此，有些检测方法基于离散小波变换提取图像特征[39-40]。离散小波变换可以根据不同的目标确定分解尺度。对于图像，低频信号包含了大部分特征，高频信号则会反映细节差别。在离散小波变换中，使用两个滤波器对输入图像进行分解，可以产生低频"近似"信号和高频"细节"信号。通过连续分解近似信号，可以将输入的图像信号分解成许多低分辨率成分。

（2）基于降维的方法

基于降维的方法通常涉及在获取原始特征后，对这些特征进行降维处理，以提取关键信息。通过对高维特征数据进行预处理降维，可以去除噪声和冗余特征，有效提升数据处理速度。降维的算法有很多，最具代表性的包括主成分分析（Principal Component Analysis，PCA）降维、核主成分分析（Kernel-PCA，KPCA）降维和奇异值分解（Singular Value Decomposition，SVD）降维。

①主成分分析降维

主成分分析降维首先要对原始特征矩阵（记为 X）进行去中心化，即将每一维特征都减去其平均值，计算出不同维度特征之间的协方差矩阵，并求出该矩阵的特征值和特征向量；然后对特征值进行排序，并选择其中最大的 k 个特征值，将其对应的 k 个特征向量作为行向量，构造特征向量矩阵 P；最后进行 $Y=PX$ 的矩阵运算，将原始特征矩阵 X 转换到 k 个特征向量构成的低维空间中。

②核主成分分析降维

核主成分分析降维可实现特征的非线性降维，适用于处理线性不可分的数据集。其基本思路是先用一个非线性映射把原始特征矩阵 X 中的所有样本映射到一个高维空间中使其线性可分，然后在这个高维空间中进行主成分分析降维。

③奇异值分解降维

奇异值分解降维是对矩阵进行分解，但不要求分解的矩阵为仿真。假设矩阵 A 是一个 $m×n$ 的矩阵，那么矩阵 A 的奇异值分解为 $A = U\varSigma V^{\mathrm{T}}$，其中，$U$ 是一个 $m×m$ 的矩阵，$\varSigma$ 是一个 $m×n$ 的矩阵，$\varSigma$ 除了对角线上的元素，其余元素均为 0，主对角线上的每个元素都是奇异值，V 是一个 $n×n$ 的矩阵，且 U 和 V 都是酉矩阵，即 $U^{\mathrm{T}}U = I$，$V^{\mathrm{T}}V = I$。

Popescu 和 Farid 在小尺寸图像块上利用主成分分析来获得降维特征向量[41]，从而加快了特征匹配过程。主成分分析沿最大方差方向投影数据进行降维，最大特征值对应的特征向量作为主成分。主成分分析特征对加性噪声和有损压缩具有鲁棒性，但不适用于检测旋转或缩放变换。Bashar 等人从对数极坐标域中的相位相关性中提取特征，并应用核主成分分析进行降维，以检测经过缩放的复制移动块[42]。Kang 等人提出使用奇异值分解来提取代数和几何不变特征[43]。然而，与线性主成分分析相比，核主成分分析和奇异值分解的计算效率都相对较低。虽然上述方法对于表示二阶统计数据很有用，但它们可能无法准确检测基于操纵高阶统计数据的伪造。

（3）基于纹理特征的方法

纹理特征也可以从变换域中进行计算，这些特征通常具有鲁棒性且计算量较小，但是对于方形图像块效果有限。Gabor 滤波器是一个线性滤波器，用于边缘提取，其对频率和方向的表达与人类视觉系统类似，非常适合纹理分析。Gabor 变换又被称为窗口傅里叶变换，该变换利用时间局部化的窗函数提取傅里叶变换的局部信息，将信号划分为多个小时间片，并对每个时间片进行傅里叶分析。

Hsu 等人利用 Gabor 滤波器进行复制移动伪造检测，展现出其在空域和频域上的优秀定位特性[44]。通过对图像块计算不同尺度、方向和频率的 Gabor 特征进行检测定位，他们提供了对篡改块中旋转角度和比例因子的准确估计，且对 JPEG 压缩也具有鲁棒性。

复制移动伪造检测面临的主要挑战是如何检测到受常见后处理操作影响的重复图像区域，如缩放、旋转、翻转、加噪、压缩等处理操作。另一个挑战是如何有效减少计算负载。在上述算法中，即使伪造区域经过缩放或者旋转等变换，基于关键点的方法（如尺度不变特征变换）也可以有效检测其中的重复区域，并且对噪声和光照条件的变化也具有鲁棒性，但尺度不变特征变换在处理平坦重复的区域方面存在一定局限性。基于图像块的特征（如 Zernike 矩）即使在平坦区域也能有效检测复制移动块，但这些特征应对缩放时效果不佳。使用正方形块的块匹配方法不适合检测经过旋转或缩放的重复块，而使用圆形块可以显著提高检测方法对旋转的鲁棒性。

因此，为了提高检测算法的性能，研究者们对使用多种方法或组合技术愈加感兴趣。最后，我们对复制移动伪造检测技术中的特征匹配计算阶段进行简要讨论，这一阶段对检测过程的整体准确性至关重要。

特征匹配方法一旦从整个图像中提取了每个图像块（或关键点）的特征，就需要对这些特征进行比较，以匹配得到相似的图像块（或关键点）。该阶段面临的主要挑战是如何限定特征之间的相似性。最直接且简单的方法是穷举搜索，即每个特征向量都与其他特征向量进行比较。然而，对于大小为 $M \times N$ 的图像而言，这种方法的计算效率极低，其时间复杂度为 $O(MN)$。此外，这种方法对于经过后处理的图像检测效果也不佳。

为了加快特征匹配过程，研究者们引入了字典排序[16]的方法。在字典排序中，图像块（或关键点）的特征向量会被存储为矩阵的行，并对矩阵按行进行排序，使相似的特征向量彼此接近。通过比较每一行与其最近的邻居，可以有效提高特征匹配的速度。字典排序的时间复杂度取决于块（或关键点）的数量和每个块（或关键点）中的特征数量。Fridrich 等人首先使用字典排序来寻找匹配块[16]，之后这种方法在特征匹配阶段得到了广泛应用，它的复杂度为 $O(N_f \times N_b \times \log N_b)$。尽管有效，但当复制区域受到几何变换的后处理时，字典排序就不再适用。Lin 等人进一步改进了字典排序的时间复杂度，他们使用基数排序算法对行特征向量进行排序[22]，虽然降低了时间复杂度，但该方法仅适用于整数类型的特征。

为了提高匹配阶段的效率，研究者们还使用了 KD 树对特征进行匹配[45]。这种方法首先将数据预处理成树结构，然后执行高效的最近邻搜索。与二叉树类似，k 维空间中的点作为叶子被存储在 KD 树中，使用欧氏距离作为相似性度量。对于 N 条记录，只需要进行 $O(N \log_2 N)$ 次操作，其特征匹配性能优于字典排序，但内存需求相对较大，其复杂性取决于相似强度图像块的分布。

研究者们提出了一种使用计数式布隆计数器进行图像块的特征匹配的方法[46]。该方法首先计算特征向量的哈希值，当两个向量的哈希值相等时，它们被视为完全匹配。这种方法避免了对特征的排序，从而有效降低了时间复杂度，但很难找到有效的哈希值计算方法。

Barnes 等人开发了一种利用 PatchMatch 算法检测图像中的相似块的随机方法[47-48]。PatchMatch 算法基于迭代进行随机最近邻搜索，收敛速度较快，但仅限于检测简单的复制移动伪造。随后，Cozzolino 等人提出了一种基于 PatchMatch 算法的改进版本[49]，提高了对旋转和尺度变化的鲁棒性，并在计算复杂度和检测精度方面表现出良好的性能。

6.2.2　深度方法

近年来，随着深度学习的发展，使用深度网络提取特征进行复制移动伪造检测定位的方法取得了显著的效果。不同于传统的复制移动伪造检测定位方法，深度复制移动伪造检测定位方法将特征提取和特征分类整合到同一个网络架构中，从而实现端到端的学习优化。

BusterNet[50]是由 Wu 等人于 2018 年提出的一种针对复制移动伪造检测的端到端的深度神经网络解决方案。该方案不仅可以进行伪造区域的定位，还能够区分出源区域和伪造区域。本节将主要以 BusterNet 为例介绍深度复制移动伪造检测方法。BusterNet 网络架构如图 6-15 所示。

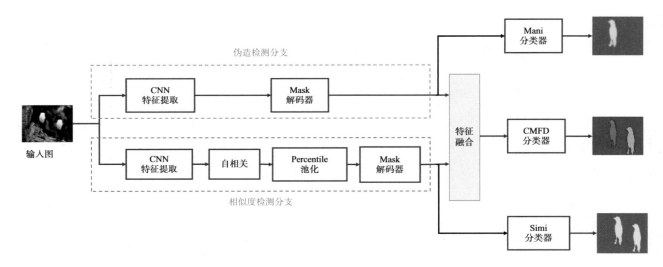

图6-15　BusterNet网络架构

BusterNet网络包含Mani-Det和Simi-Det两个分支。Mani-Det主要用于判定潜在伪造区域，而Simi-Det分支则利用深度特征匹配相似区域，该算法能够同时实现对伪造区域的匹配和对伪造来源区域的判别。

Mani-Det分支负责检测伪造区域，产生一张二值掩码图M_m^x；而Simi-det分支则检测克隆区域，产生二值掩码图M_s^x。最终，将这两个分支的特征融合在一起，从而预测出像素级别的彩色掩码图M_c^x，其中，蓝色部分表示与复制移动无关的区域，绿色表示源部分，红色表示伪造部分。模型在接收输入图像X后，使用卷积神经网络特征提取器提取特征，然后使用Mask解码器对特征图进行上采样，使得尺寸和原始图像一致，并应用二元分类器实现辅助任务。任何卷积神经网络都可以作为卷积神经网络特征提取器，这里使用了VGG16结构的前四个block，生成特征图的大小为$16 \times 16 \times 512$，之后通过Mask解码器应用反卷积恢复原始分辨率。Mask解码器由基于Inception的掩码反卷积模块组成，如图6-16所示，Mask解码器通过交替使用BN-Inception和BilinearUpPool2D最终产出形状为$256 \times 256 \times 6$的张量d^x。此外，使用一个二元分类器预测出像素级别的伪造掩码M_m^x，该分类器是Conv2D卷积层，后跟Sigmoid激活函数。

相似性检测分支接收输入图像X，使用卷积神经网络特征提取器提取特征，然后通过自相关模块计算特征相似度，使用Percentile池化聚合提取判别性特征，再使用Mask解码器对特征图进行上采样恢复图像，并应用二元分类器实现辅助任务，产生克隆区域的预测掩码M_m^x。相似性检测分支中的卷积神经网络特征提取器、Mask解码器、二元分类器与伪造检测分支相同，但是相似性检测分支与伪造检测分支并不共享权重。具体来说，相似性检测分支通过卷积神经网络特征提取器产生一个$16 \times 16 \times 512$的特征向量f_s^x后，将该特征向量视为16×16的块状特征，即$f_s^x = \left\{ f_s^x \left[i_r, i_c \right] \right\}_{i_r, i_c \in [0, \cdots, 15]}$，每个特征有512维。

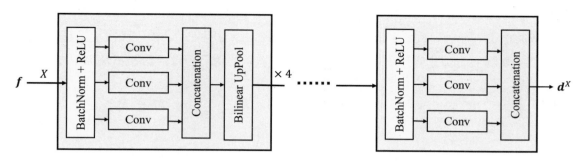

图 6-16　基于 Inception 的掩码反卷积模块

对于任意两个块状特征 $f_m^x[i]$ 和 $f_m^x[j]$，其中，$i=(i_r,i_c)$，$j=(j_r,j_c)$，使用自相关模块计算皮尔逊相关系数 ρ 量化特征相似度 $\rho(i,j)=\dfrac{\left\{\tilde{f}_m^x[i]\right\}^{\mathrm{T}}\tilde{f}_m^x[j]}{512}$，其中 $\tilde{f}_m^x[i]$ 是 $f_m^x[i]$ 的标准化版本，计算公式为 $\tilde{f}_m^x[i]=\dfrac{\left\{f_m^x[i]-\mu_m^x[i]\right\}}{\sigma_m^x[i]}$；对于一个给定的 $f_m^x[i]$，对所有的 $f_m^x[j]$ 求 ρ，得到分数向量 $S^x[i]=[\rho(i,0),\cdots,\rho(i,j),\cdots,\rho(i,255)]$。自相关模块的输出是一个 $16\times16\times256$ 的向量 S^x。如果 $f_m^x[i]$ 能和其他图像块匹配，那么 $S^x[i][j]$（$j\neq i$）应该显著大于其他的 $S^x[i][k]$（$k\neq i$）。

Percentile 池化层首先将 $S^x[i]$ 按照降序排序得到 $S'^x[i]$。如果绘制一条 $(k,S'^x[i][k])$ 的曲线，$k\in[0,\cdots,255]$，那么这条单调递减的曲线将会在某个位置有突然的下降。由于分数向量的长度取决于输入图像的尺寸，为了使网络能够适应任意尺寸的输入，Percentile 池化会对排序后的分数向量进行标准化处理。然后，它选取固定百分比的分数作为池化分数向量 $P^x[i]$：$P^x[i][k]=S'^x[i][k']$，其中 $k\in[0,\cdots,K-1]$，k' 是最开始的排序分数向量的序号映射到预先定义百分数 $p_k\in[0,1]$ 上的序号范围，即 $k'=\mathrm{round}(p_k\cdot(L-1))$。

在完成 Percentile 池化后，Mask 解码器对特征 P^x 进行采样，以恢复到原始图像尺寸得到 d_s^x，最后通过二元分类器产生克隆区域掩码 M_s^x。

融合模块以两个分支的掩码解码器特征 d_m^x 和 d_s^x 为输入，并使用 BN-Inception 结构来融合这些特征。然后，它通过使用 Conv2D 和 Softmax 激活函数的结构来预测三类别的复制移动掩码 M_c^x。在训练时，首先，使用二元交叉熵损失独立训练每个分支；其次，冻结这两个分支，使用分类交叉熵损失来训练融合模块；最后，对整个网络进行端到端的微调。

在 BusterNet 的基础上，许多研究者进一步提出了多种面向图像复制移动伪造的深度检测方法。Zhong 等人提出一种基于 Dense-InceptionNet 的网络结构[51]，旨在通过挖掘视觉相似性特征，对篡改区域和源区域进行匹配，利用金字塔特征提取器提取图像多维度和多尺度的特征。Chen 等人提出的模型包含相似性检测网络和源/目标鉴定网络两个串行分支[52]，模型使用相似性检测网络来挖掘图像中的相似区域，然后使用源/目标鉴定网络对两个或多个相似图像块进行分类，确定相似区域为篡改区域还是源区域。Barni 等人通过挖掘复制移动伪造操作的不可逆性和篡改区域边缘的统计分布不一致性，使用多分支卷积神经网络架构，利用多线索判定篡改区域和源区域[53]。Islam 等人设计了一个具有双阶注意力模型的生成对抗网络 DOA-GAN[54]，从亲和矩阵中提取一阶和二阶注意力特征，分别负责捕捉复制移动对象的位置信息和更多的块共生信息，融合作为判别特征，用于网络的最终检测和定位分支。

在复制移动伪造数据集中，绝大多数伪造区域为目标、物体等的前景区域，使得深度模型很难学习到其他平滑区域的伪造特征，导致对平滑区域的检测定位判定能力不足。此外，受限于运算资源和数据集，基于深度学习的复制移动伪造检测定位也难以应对高分辨率的伪造图像。这些都是深度方法亟待解决的问题。

6.3　图像拼接伪造的检测定位

数字图像的记录是一个多步骤的组合过程，其过程大致可以分为采集、编码和编辑三个阶段。数字图像的生命周期[55]，如图 6-17 所示。

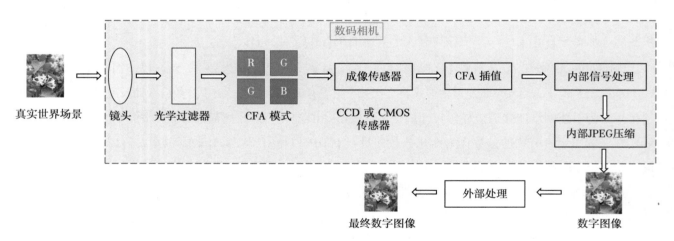

图 6-17　数字图像的生命周期

在采集阶段，首先，来自数码相机所构成的真实场景的光被镜头聚焦在相机传感器（CCD 或 CMOS）上，并在其中生成数字图像信号。对于大多数相机而言，光线在到达传感器之前，会先经过颜色滤波阵列（Color Filter Array，CFA）过滤。颜色滤波阵列是传感器上的一层薄膜，它可以选择性地让特定分量的光通过并到达传感器。每个像素仅收集一种特定的主色（红色、绿色或蓝色）。其次，进行去马赛克（Demosaicing）处理，通过插值为每个像素获得所有三个通道的颜色，进而获得彩色数字图像。最后，所获得的信号会经过其他处理步骤，包括白平衡、色彩处理、图像锐化、对比度增强和伽马校正等。

在编码阶段，获得的信号最终会被存储到内存中。为了节省存储空间，大多数相机都会进行有损压缩，而对于商业设备，通常首选的图像压缩格式为 JPEG。相机所拍摄的数字图像在实际使用前可能还会经历不同的后处理步骤，从而得到适合实际应用场景的最终数字图像。

上述采集、存储等数字图像不同生命周期的流程会给每张图像带来各种各样独特的痕迹或特性，由于拼接伪造通常使用来自不同图像的区域拼接而得到一张新的图像，在拼接图像中来自不同图像的区域之间通常会在部分痕迹或特性中存在不一致性，因此图像拼接伪造检测定位技术通过寻找这些不一致性实现拼接伪造的检测定位。图像拼接伪造检测定位流程如图6-18所示。

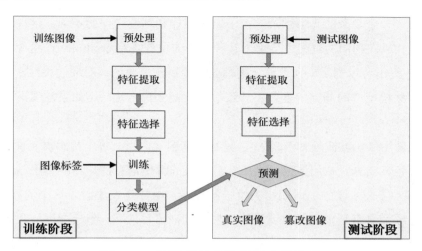

图 6-18　图像拼接伪造检测定位流程

在训练阶段，通过对训练图像提取特征，并利用图像标签训练，得到合适的检测模型后，在测试阶段对测试图像提取同样的特征，基于训练好的模型进行预测，从而得到测试图像的检测定位结果。主流的拼接伪造检测定位方法可分为非深度方法和深度方法。

6.3.1　非深度方法

根据提取特征类型的不同，我们可以将图像拼接伪造检测的非深度特征大致分为基于物理特性的检测、基于拍摄痕迹的检测、基于压缩效应的检测。本节将针对这三种类型的特征展开进行介绍。

1.基于物理特性的检测

照片通常在不同的物理环境（如光照、天气）下拍摄，因此在拼接过程中，用于合成图像的多张照片之间可能会出现物理环境不一致的情况。定量描述这些物理环境并检测这些不一致的内容，可以判断图像是否被伪造。常用的基于物理特性的特征有光照不一致性和模糊不一致性。

光照是物理环境中最主要的影响因素。在拼接操作中，用来创建伪造图像的两张或更多张照片通常在不同的照明条件下拍摄，因此伪造区域的照明很可能与原始图像不匹配。Johnson等人最早通过场景中特定对象之间的光源不一致来揭示伪造的痕迹，将入射光的方向作为图像中照明环境的低维描述符，并使用单通道的颜色梯度来估计照明方向[56-57]。Kee等人将该方法扩展为利用已知的3-D表面几何形状对光照进行估计[58]。Peng等人提高了光照估计的准确性[59]，并在真实的数据集上评估、优化了算法。有光就有影，Kee等人提出检查图像中阴影的不一致以识别篡改[60]。

使用数码相机拍摄的照片通常有一定程度的模糊，这种模糊主要是由失焦模糊（Out-of-Focus Blur）和运动模糊（Motion Blur）造成的。失焦模糊主要是由小孔成像造成的，在焦距以外的物体成像时会模糊。而运动模糊主要是由CCD或者CMOS成像反应时间造成的，物体在成像期间发生移动而造成模糊。在图像的伪造中，很难保证模糊的全局一致性。Bahrami等人假设图像的真实区域和伪造区域有不同的模糊类型，并通过对块进行分类来区分真实区域和伪造区域[61]。

2.基于拍摄痕迹的检测

每个相机都配备了一个复杂的光学系统，由于镜头设计和制造过程的不同，这种系统不能完美地聚焦所有不同波长的光，相机在拍照的过程中会留下几种独特的像差（Aberrations），这个缺陷可以用于图像伪造取证。Johnson等人提出可以利用横向色差、离轴偏移导致颜色通道不对准的特性，通过针对整个图像估计像差参数来寻找这些模型中的局部偏差或不一致，以检测图像伪造[62]。如果发现不一致，则认为图像遭到伪造。

大多数数码相机使用颜色滤波阵列（CFA），具有周期图案，因此每个传感器元件只记录一定波长范围内（红色、绿色和蓝色）的光。从周围的像素中插值缺失的颜色信息的操作称为去马赛克。这个过程在所有获得的图像中都引入了一个微妙的周期相关模式。每当一个操作发生时，这个周期模式就会受到扰动。此外，由于每个相机模型具有特定的颜色滤波阵列配置和插值算法[63]，当一个区域被拼接到另一个相机模型拍摄的照片中时，其周期模式会出现异常。Popescu等人基于一个简单的线性模型，提出了第一个利用这类伪影的方法来捕获周期相关性的方法[64]。周期信号会在傅里叶域产生强峰，尤其经过高通滤波后，可以用于区分自然图像和计算机生成的图像，从而提取更有效的特征。

图像采集设备的传感器特性也会影响图像采集时留下的设备拍摄痕迹，其中传感器模式噪声是非常重要的特性。传感器模式噪声主要是图像传感器的不完善，导致所感测的场景与相机获取的图像之间存在细微差异。传感器噪声的主要组成部分是光响应非均匀性（Photo Response Non-Uniformity，PRNU）噪声，这种噪声是由多种因素造成的，包括CCD或CMOS制造过程中的缺陷、硅的不均匀性和热噪声等。光响应非均匀性噪声是一种高频乘性噪声，通常在正常操作条件下，它在整个摄像机的使用寿命中保持稳定，并且在相机间具有独特性。这些特性使它可以适用于图像设备识别，通过判断图像中PRNU模式是否一致可判断图像是否受到篡改。

基于光响应非均匀性的伪造检测方法由Lukas等人首次提出[65]，它主要基于两个步骤，首先是通过相机拍摄的大量图像对相机光响应非均匀性模式进行离线估计；其次是使目标图像光响应非均匀性通过去噪滤波器估计，并与参考数据进行比较。显然，这种方法依赖一些重要的先验知识，因为必须从源设备或设备本身拍摄一定数量的图像。另外，面对不同设备性质，它可以通用地检测到所有的攻击。Chen等人也将光响应非均匀性运用在了拼接图像的定位中[66]；Chierchia等人通过使用马尔可夫过程改进了基于光响应非均匀性的检测方法[67]。

另一种使用光响应非均匀性进行图像取证的方法是基于相机模型的局部特征进行分析。由于同一型号的相机在硬件和软件上都有相同的设计选择，它们将在获得的图像上留下相似的标记。Verdoliva等人从同一模型的噪声残差中提取局部描述符来建立一个相机参考模型[68]，在测试时从目标噪声残差中提取滑动窗口模态中相同的描述符，并与参考模型进行比较，与参考数据存在强烈偏差则表明存在伪造。对于基于光响应非均匀性的分析，这种方法不能区分设备，只能区分模型，但模型相关的伪影比设备相关的光响应非均匀性更显著，可以提供更可靠的信息。

3.基于压缩效应的检测

除了上文介绍的检测方法，压缩伪影也经常用于拼接图像的伪造检测。其中一种流行的方法是利用块伪影网格（Block Artifact Grid，BAG）。由于块级 JPEG 压缩是以块为单位进行的，因此沿着图像块边界会出现不连续现象，从而产生了一个独特且易于检测到的网格状模式。当存在图像拼接伪造时，插入的对象和宿主图像的块伪影网格通常不匹配，从而可以实现检测[69]。另一种方法依赖重压缩（Double Compression）。当一个 JPEG 压缩的图像经过局部操纵并再次被压缩时，除了伪造区域，图像的其他部分都会出现重压缩伪影。

本节将以 Hany Farid 提出的方法为例[70]，详细介绍基于 JPEG 伪影的图像拼接伪造检测方法。该方法通过判断图像的一部分是否曾以低于图像内其余部分的质量压缩过，来实现图像拼接伪造检测。

JPEG 压缩首先需要将图像空间从 RGB 空间转换为 YCbCr 空间；然后按通道划分成 8×8 个像素块，对每个像素块使用离散余弦变换转化到频域；最后对每个离散余弦变换系数 c 进行量化，得到 $\hat{c} = \text{round}\left(\dfrac{c}{q}\right)$，其中 q 由量化表决定。q 越大，压缩程度越大，图像质量越低。

离散余弦变换系数差异随量化值变化的示意图如图 6-19 所示。假设有一组使用量化值 q_1 量化得到的量化系数 c_1，又使用量化值 q_2 对其进行了第二次量化，得到二次量化系数 c_2。如图 6-19（a）所示，当 $q_1 = q_2$ 时（$q_2 = 1$ 除外，此时相当于没有进行第二次量化），量化系数 c_1 和 c_2 间的差异最小；当 $q_2 > q_1$ 时，随着 q_2 增大，量化系数会变得更稀疏，导致 c_1 和 c_2 间差异增大；当 $q_2 < q_1$ 时，虽然第二次量化不会影响量化系数的粒度，但数值的变化同样导致 c_1 和 c_2 间差异增大。同样地，现在再考虑一组由量化值 q_0 量化得到的量化系数 c_0，经过了两次量化压缩过程得到量化系数 c_1 和 c_2（对应的量化值分别为 q_1 和 q_2，其中 $q_1 < q_0$）。如前文所述，当 $q_1 = q_2$ 时，量化系数 c_1 和 c_2 间的差异最小。但由于 $q_1 < q_0$，当 $q_2 = q_0$ 时我们能够得到第二个极小值，如图 6-19（b）所示。该研究将这个第二个极小值称为 JPEG 伪影（JPEG Ghost），它表明该量化系数在当前量化（压缩）前，已经被更大的量化值进行过量化了。

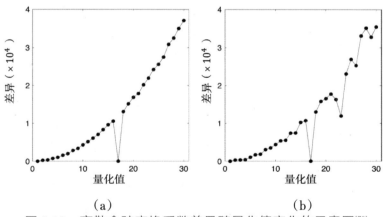

（a）　　　　　　　　　　　（b）

图 6-19　离散余弦变换系数差异随量化值变化的示意图[70]

对压缩合成图像进行不同系数重压缩后的图像如图 6-20 所示。在一个以 JPEG 质量因子为 85（该值为 0～100 的整数，对应不同的量化表，该值越高，JPEG 压缩后所得图像的质量越高）进行压缩的原始图像中，提取中心 200 像素 $\times$ 200 像素区域，以 JPEG 质量因子 65 压缩后重新插入原图像中得到的拼接伪造图像。将该拼接伪造图像再使用不同的 JPEG 质量因子压缩保存，可以发现，在多种情况下，中心拼接区域（伪造区域）清晰可见。

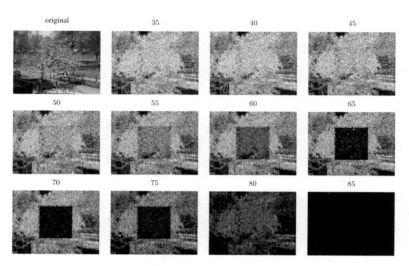

图 6-20　对压缩合成图像进行不同系数重压缩后的图像[70]

该研究直接从像素值计算差异来反应 DCT 系数间的差异，其公式化表达为

$$d(x,y,q) = \frac{1}{3}\sum_{i=1}^{3}\left[f(x,y,i) - f_q(x,y,i)\right]^2 \tag{6.6}$$

其中，$f(x,y,i)$（$i = 1,2,3$）表示三个 RGB 通道的像素值，$f_q(\cdot)$ 表示在量化值 q 下的压缩结果。

此外，该方法提出使用空间平均和归一化差异度量。首先对图像在 $b \times b$ 的区域进行平均，其公式化表达为

$$\delta(x,y,q) = \frac{1}{3}\sum_{i=1}^{3}\frac{1}{b^2}\sum_{b_x=0}^{b-1}\sum_{b_y=0}^{b-1}\left[f(x + b_x, y + b_y, i) - f_q(x + b_x, y + b_y, i)\right]^2 \tag{6.7}$$

然后进行归一化，将每个位置的平均差异缩放到 $[0,1]$ 内，其公式化表达为

$$d(x,y,q) = \delta(x,y,q) - \frac{\min\limits_{q}\left[\delta(x,y,q)\right]}{\max\limits_{q}\left[\delta(x,y,q)\right] - \min\limits_{q}\left[\delta(x,y,q)\right]} \tag{6.8}$$

最后，该研究采用双样本 K-S（Kolmogorov-Smirnov）统计量来确定指定区域与图像其余部分的分布是否相似或不同。K-S 统计量定义为 $k = \max\limits_{u}\left|C_1(u) - C_2(u)\right|$，其中，$C_1(u)$ 和 $C_2(u)$ 是利用 $d(x,y,q)$ 计算不同区域的累积概率分布。该方法对待检测图像使用大量不同的 JPEG 量化因子进行压缩，并保存了这些重新压缩后的图像。通过检测原图像与其 JPEG 压缩图像之间差异的空间局部极小值，可以实现伪造区域的检测定位。这些极小值（JPEG 伪影）通常具有高度的显著性，使得检测方法较为简单。然而，需要注意的是，只有当伪造区域压缩质量低于原图像质量时，这种方法才有效。基于 JPEG 重影的拼接伪造检测算法伪代码如图 6-21 所示。

算法伪代码：JPEG重影拼接伪造监测算法（JPEG Ghost Algorithm）

输入： 待检测图像A, 图像块尺寸参数b, 阈值参数T

输出： 真实图像real_image或伪造图像mask_image

1: **for** Q_2=30 **to** 90 **do**
2:     A' = JEPG_compression (A, Q_2) // 以Q_2为质量压缩并重新保存图像
3:     image_part_list = split_image (A', b) // 将图像分割为$b \times b$的图像块
4:     c_{list} = []
5:     **for** u **in** image_part_list **do**
6:     $C(u)$ = compute_distribution(u) // 计算每块区域的分布
7:     c_{list}.append($C(u)$)
8:     $k_{\max}$ = max $| C(u_1) - C(u_2)|$ **for** $C(u_1), C(u_2)$ **in** c_{list}
9:     **return** mask_image **if** $k_{\max} > T$ **else** real_image

图 6-21　基于JPEG重影的拼接伪造检测算法伪代码

6.3.2 深度方法

近年来，随着深度学习技术的快速发展，拼接伪造检测定位相比于传统方法取得了跨越式发展。许多方法通过提取图像的局部特征来判断区域的真伪[71-72]，再通过滑动窗口处理整张图像，从而检测定位伪造区域。但使用滑动窗口只能对局部区域的不一致性进行判定，而且由于其计算过程存在大量冗余，此类算法的时间效率和空间效率较低。因此，一些研究者尝试采用全卷积网络进行伪造检测定位[73-74]，以提高效率和准确性。此外，有一些研究者借鉴目标检测[75]、孪生网络[76-78]和序列模型[79-81]等技术，对图像拼接伪造检测定位进行适应性改造。

本节将详细介绍Zhou等人提出的基于双流Faster R-CNN的拼接伪造检测方法RGB-N[75]，便于读者学习实践。RGB-N拼接伪造检测架构如图6-22所示。

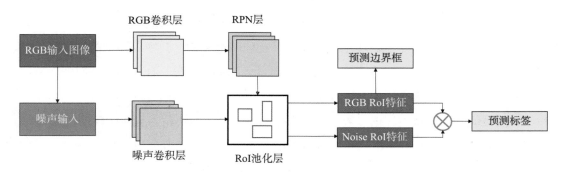

图 6-22　RGB-N拼接伪造检测架构

该方法利用语义与高频噪声进行拼接伪造的检测。该方法首先在RGB流中提取图像语义特征，在噪声流中提取经过SRM滤波器所得到的残差噪声图中的深度特征，然后使用Faster R-CNN中的Region Proposal Network(RPN)从图像语义特征中提取可能存在伪造物体的候选区域，再根据候选区域的位置在图像语义特征和噪声深度特征中分别提取对应位置的特征，最终联合判断候选区域是否为伪造，并使用边界框回归的方式优化伪造区域的检测结果。

RGB流是基于单个Faster R-CNN网络构建的，用于边界框回归和伪造分类，使用ResNet-101网络，从输入的RGB中学习特征。在ResNet-101的最后一个卷积层，输出的特征图被直接用于后续处理，Faster R-CNN网络中的RPN层则利用这些特征，提取可能存在伪造物体的候选区域，其损失函数定义公式化表达为

$$L_{RPN}\left(g_i, f_i\right) = \frac{1}{N_{cls}} \sum_i L_{cls}\left(g_i, g_i^*\right) + \lambda \frac{1}{N_{reg}} \sum_i g_i^* L_{reg}\left(f_i, f_i^*\right) \tag{6.9}$$

为了进一步提高检测精度，避免图像语义内容对定位产生干扰，该方法还利用图像的局部噪声分布提供伪造线索。它通过像素值和预测像素值之间的残差建模噪声，并使用SRM过滤器从RGB图像中提取局部噪声特征作为噪声流的输入。该方法设置3个滤波器提取噪声特征，尺寸为$5 \times 5 \times 3$，具体为

$$\frac{1}{4}\begin{bmatrix} 0 & 0 & 0 & 0 & 0 \\ 0 & -1 & 2 & -1 & 0 \\ 0 & 2 & -4 & 2 & 0 \\ 0 & -1 & 2 & -1 & 0 \\ 0 & 0 & 0 & 0 & 0 \end{bmatrix} \quad \frac{1}{12}\begin{bmatrix} -1 & 2 & -2 & 2 & -1 \\ 2 & -6 & 8 & -6 & 2 \\ -2 & 8 & -12 & 8 & -2 \\ 2 & -6 & 8 & -6 & 2 \\ -1 & 2 & -2 & 2 & -1 \end{bmatrix} \quad \frac{1}{2}\begin{bmatrix} 0 & 0 & 0 & 0 & 0 \\ 0 & 0 & 0 & 0 & 0 \\ 0 & 1 & -2 & 1 & 0 \\ 0 & 0 & 0 & 0 & 0 \\ 0 & 0 & 0 & 0 & 0 \end{bmatrix} \tag{6.10}$$

最后，将RGB流和噪声流的RoI特征结合进行伪造检测。两个流的特征都应用了双线性池化，双线性池化层的输出为$x = f_{RGB}^T f_N$，其中，f_{RGB}表示RGB流的RoI特征，f_N表示噪声流的RoI特征，在该操作前，会应用求和池化压缩空间特征；然后应用$\text{sign}(x)\sqrt{|x|}$和L_2标准化，并使用全连接层和Softmax层获得RoI区域的预测类别。该方法将交叉熵损失用于伪造分类，将smooth L_1损失用于边界框回归，总的损失函数公式化表达为

$$L_{total} = L_{RPN} + L_{tamper}\left(f_{RGB}, f_N\right) + L_{bbox}\left(f_{RGB}\right) \tag{6.11}$$

其中，L_{total}表示总损失，L_{RPN}表示RPN网络中的RPN损失，f_{RGB}和f_N表示RGB流和噪声流的RoI特征，L_{tamper}表示基于RGB和噪声流的双线性池特征计算的交叉熵损失，L_{bbox}表示最终的边界框回归损失。

在RGB-N模型的基础上，许多研究者进一步提出了多种面向图像拼接伪造的深度检测方法，如通过孪生网络进行图像篡改区域的检测定位。孪生网络是一种神经网络架构，其中有两个相同的子网络，其目的通常是将两个输入映射到高维空间的向量，然后计算向量之间的相似度。Huh等人利用孪生网络预测两个图像块是否具有一致的源数据属性，从而区分篡改区域和原始区域在图中的响应差异[76]。Mayer等人假设篡改区域和原始区域的特征相似性较低，通过使用孪生网络判定图像块是否相似实现伪造检测[77]。Cozzolino等人提出的Noiseprint方法使用孪生网络提取图像的噪声指纹[78]，通过比较图像块噪声信息的距离，判断其是否来源于相同的照相机，然后基于噪声指纹使用Splicebuster[82]进行定位。

此外，序列模型长短期记忆递归神经网络（Long Short Term Memory，LSTM）也经常被用于检测定位任务。Bappy等人结合长短期记忆递归神经网络和卷积神经网络的编码解码结构，利用长短期记忆递归神经网络建模图像块的重采样特征，并使用卷积神经网络提取图像的空域特征，然后通过融合两种特征来获得定位结果[79]。Wu等人将图像篡改定位视为一个局部异常检测问题[80]，将长短期记忆递归神经网络作为局部异常检测网络对图像进行检测定位。Hu等人将基于长短期记忆递归神经网络的局部异常检测网络替换成

多层自注意力结构[81]，以更好地建模图像块之间的关系。

　　尽管基于深度学习的图像拼接检测定位方法在现有的数据集上取得了较好的成果，但由于拼接伪造数据集制作成本极高且往往不够逼真，所以这些方法在实际应用中遇到伪造逼真的拼接图像时经常表现不佳。此外，由于训练数据集往往无法模拟情况多样的图像拼接伪造内容及后处理操作，所以深度模型往往在鲁棒性和泛化性上存在一定缺陷，这也是图像拼接伪造检测领域的重要挑战。

6.4　其他图像伪造的检测定位

　　在图像伪造领域，移除操作最初是为了去除图像中不需要的物体而设计的。这种操作通常涉及利用周围的像素点和纹理来填充对应缺失的部分。例如，从图像中删除文本或时间戳、删除人脸上的皱纹和皮肤上的瑕疵。然而在实践中，复制移动操作可以更加方便地通过复制区域达到覆盖目标区域、移除目标对象的目的，因此移除操作相对使用较少。此外，在传统图像伪造过程中，伪造区域往往经过后处理操作来隐藏不同的伪造痕迹，如图像平滑、对比度增强、直方图均衡化、中值滤波及伽马校正，研究图像的不同处理操作也是图像取证中非常重要的环节。本节将主要介绍图像移除检测、中值滤波检测、对比度增强检测、锐化滤波检测四种后处理操作的检测技术。

6.4.1　图像移除检测

　　在图像伪造领域，复制移动操作可能会在图像上留下明显的重复区域，导致图像极其容易被识别为伪造；而移除伪造则可以使图像在视觉上难以察觉，因此移除伪造也是非常重要的传统图像篡改手段之一。

　　针对不同的移除操作，可以采用不同的图像填充方法来填补空白区域。当前的图像填充方法主要可以分为基于扩散的方法和基于示例的方法。基于扩散的方法通过平滑地将图像的局部纹理从缺失区域外部传播到区域内部来填补空白区域[83]。基于示例的方法则从图像的其他部分复制图像块并进行融合，以填充空白区域[84]。在移除伪造的检测定位中，可以借鉴复制移动或拼接伪造检测任务中的取证线索。

　　对于使用扩散填充的移除伪造，篡改区域可能会产生模糊效果，尤其在篡改区域较大的情况下更为明显。在实际操作中，通常使用基于扩散的填充方式从图像中移除较小的区域。Li 等人提出使用模糊因子来区分篡改区域和真实区域的方法[85]。不同于基于扩散填充的方法，基于示例填充的方法能够从图像中移除较大的区域，但会在图像中留下重复的对象或区域。因此，许多研究者借鉴了图像复制移动伪造检测定位的方法，在图像移除检测中引入异常相似性检测[86]，通过块匹配的方式区分篡改区域和原始区域。

　　与复制移动伪造不同，图像修补时使用的像素补丁可能来自图像的不同位置，而不是相同的连续区域。因此，有时复制-移动伪造算法并不能直接适用于图像的移除伪造检测定位。Chang 使用多区域关系（Multi-Region Relation，MRR）从可疑区域识别移除区域[87]；Liang 等人进一步在此基础上进行了改进，提出了一种有效的图像修复检测算法[88]。该算法首先搜索相似的块来检测可疑区域，然后使用块向量的相似度对均匀区域的可疑区域进行过滤；使用多区域关系改进了伪造定位，以消除属于均匀区域的可疑块，并使用基于权重变换的特征匹配提高计算速度，实验证明了该算法在不同移除伪造图像及复制移动伪造图像上的有效性。Trung 等人[89]使用简单的块匹配方法进行移除检测。该方案分别使用相似性度量、距离度量和基数度量（相同像素的数量）设置三个不同的阈值，以搜索相似的图像块，同时将匹配的图像块的位置用于生成篡改掩码，该方法对从不同修补算法创建的移除伪造图像进行了测试。

自深度神经网络受到广泛关注以来，也有很多研究者使用深度学习方法来执行图像修补任务，填充移除后产生的空白区域。Pathak 等人提出了一种基于上下文的像素预测驱动的无监督视觉特征学习算法[90]，它使用卷积神经网络作为上下文编码器，根据图像周围的语义信息来补全图像区域的内容，通过像素重建损失和对抗性损失使得模型捕获图像外观和视觉结构的语义。Iizuka 等人[91]使用全卷积神经网络进行缺失区域的补全，他们通过训练全局判别器和局部判别器来区分真实图像和补全图像。全局判别器用于评估图像整体质量，局部判别器则关注局部区域，约束生成区域具有局部一致性，然后他们训练图像修补网络以欺骗两个局部判别器网络。

当普通的卷积作用在图像的空白区域时，由于损坏区域的像素值为0，所以大多数计算都被浪费。Liu 等人使用部分卷积（Partial Convolution）来改进这个问题[92]，通过在卷积运算中加入掩码，大大提升了运算效率，而且使得网络能够区分损坏区域与非损坏区域的像素，从而提高模型的敏感性。

6.4.2 中值滤波检测

中值滤波通常用于去除图像中的椒盐噪声，平滑图像的边缘部分。Kirchner 等人引入了一种简单有效的技术检测未压缩图像的中值滤波[93]。因为在中值滤波操作中，输出像素值是局部窗口里输入像素值之一，且相邻的行和列共享相同的值，所以中值滤波会产生条纹伪影，该方法利用两个像素的一阶差异直方图对原始图像和中值滤波图像进行分类。Pevný 等人提出了对于 JPEG 压缩图像的中值滤波检测方法[94]，他们从一阶差分图像的条件联合分布中，基于非活动像素邻接矩阵（Subtractive Pixel Adjacency Matrix，SPAM）计算了特征。Cao 等人提出了一种基于中值滤波统计特征的检测技术[95]，他们以图像纹理信号差分图上计算零值的概率作为特征。Yuan 等人指出，由于2维中值滤波器并不引入任何新的灰度级，仅平滑噪声，因此减少了局部滤波器窗口中灰度级的数量[96]。为了检测中值滤波，他们使用了从五种不同类型的特征计算出的44维特征向量进行分类。该方案在不同类型的图像、重新缩放图像和 JPEG 压缩图像上的表现都很出色，包括采样、去噪、扫描、摄影等。此外，Kang 等人使用自回归模型对图像进行中值滤波检测[97]。

6.4.3 对比度增强检测

图像对比度增强在数字图像处理中应用广泛，用于增加图像像素值的动态范围。图像对比度增强可通过伽马校正、直方图均衡等技术实现。

在照相机的感光器件完成光电转换后，得到与亮度成线性相关的电压信号，照相机要对电压信号进行伽马校正，公式为 $V_{out} = V_{in}^{\gamma}$。伽马校正可以补偿由 CRT 显示器自身的伽马特性所造成的亮度非线性失真，还可以使视频信号的电压和亮度之间成非线性关系，这种非线性关系和人眼的非线性特性相近，从而大幅度提高系统信噪比。Cao 等人[98]提出了伽马校正图像盲检测方法，该方法使用峰值间隙（Peak Gaps）模式来计算直方图特征，并比较经过伽马校正的图像和未修改的图像之间的执行特征，该方法适用于检测经过局部或全局伽马校正的图像。

关于图像对比度增强技术（如直方图均衡）的检测方法研究，在 Stamm 和 Liu 早期的工作中提出了一种全局对比度增强检测技术[99]，这一技术的核心思想是未改变的原图像和经过对比度增强图像的直方图在轮廓上有所不同。具体来说，经过对比度增强的图像，其灰度值直方图会显示出清晰的峰值/间隔伪影；而未经处理的原图像，其直方图往往是平滑的。尽管该方法能有效处理全局对比度增强的检测，但其并不能有效检测图像的局部对比度增强。Cao 等人提出一种基于直方图峰值/间隙伪影的图像全局和局部对比度增强检测技术[100]，该技术对于检测经过对比度增强的未压缩图像和 JPEG 压缩图像都表现出良好的性能。需要注意的是，它只在对比度增强是最后一个后处理步骤时表现良好，对于对比度增强操作后再使用 JPEG 压缩的情况，其检测效果并不理想。

6.4.4 锐化滤波检测

图像锐化是一种增强操作，主要用于突出图像细节或增加图像边缘像素的对比度。在图像伪造中，锐化操作用于隐藏图像伪造操作留下的痕迹。因此，检测数字图像取证分析的锐化操作是很重要的。Cao 等人提出了一种盲检测算法[101]，该算法利用环形伪影和直方图梯度异常来检测图像锐化。然而，这种方法的主要限制是它不适用于在锐化操作之前直方图较宽的图像。

非锐化掩模（Unsharp Mask）是另一种在图像修饰中使用的高通滤波器，它通过增强图像的高频部分来改善图像的视觉效果。Cao 等人[102]提出了一种盲检测方法来检测图像是否被非锐化掩模的修饰操作处理，该方法通过测量像素序列的超调强度，对整个图像进行平均及检测。不过，这种技术的主要问题是它只能区分经过非锐化掩模锐化的图像和未锐化的图像，并且对 JPEG 压缩图像的检测表现不佳。

Ding 等人[103]使用局部二值模式算子来检测数字图像中的锐化操作，该方法使用 Canny 边缘检测算子创建边缘图像，并在边缘图像上应用旋转不变的局部二值模式算子。他们提取了数据集中的锐化和未锐化图像的局部二值模式直方图特征，然后使用支持向量机分类器执行分类。Ding 等人使用边缘垂直二进制编码（Edge Perpendicular Binary Coding，EPBC）来检测图像中的非锐化掩模[104]。与基于局部二值模式的方法不同，边缘垂直二进制编码使用沿垂直于图像边缘的方向的矩形滑动窗口，并使用二进制编码来表征由于非锐化掩模而导致的纹理变化。

上文提到的方法用来检测伪造过程中的后处理操作，然而在实际的图像伪造中，多种操作往往是同时进行的。因此，如何检测执行后处理操作的序列仍然是图像取证领域中具有挑战性的任务。

6.5　视频传统伪造检测

近年来，视频伪造检测技术获得了广泛关注。该伪造检测技术通过检测伪造后留下的伪影来区分原始视频和篡改后的视频。视频伪造检测技术主要可以分为基于压缩伪影的技术[105-106]、基于噪声伪影的技术[107-108]、基于运动特征的技术[109-110]、基于统计特征的技术[111-112]，以及基于机器学习的技术[113-114]五类。本节重点介绍 Wang 等人提出的基于统计特征的视频伪造检测技术[111]。

视频伪造检测

定义：视频伪造检测技术基于视频的内部特征判断视频的真实性和完整性，主要利用伪造过程中留下的伪影来区分原始视频和伪造视频。

示例：视频伪造检测示例如图6-23所示。首先，提取视频伪造特征，即从原始视频数据中提取出可以用于判断是否存在伪造的特征，如伪造的痕迹、图像的失真程度；其次，对这些特征使用分类器进行训练和分类，以识别出视频的真伪。

图 6-23　视频伪造检测示例

视频伪造定位

定义：视频伪造定位可分为帧级定位和视频级定位。帧级定位是指确定视频中伪造部分的空间位置；视频级定位是指确定视频中伪造部分的时序范围。这种技术通常涉及对视频的逐帧分析，以及对图像质量、特征一致性等方面的检测。

示例：视频伪造定位示例如图6-24所示。首先，对原始视频进行片段划分，针对每一帧将其前后若干帧作为上下文提取特征；其次，计算置信度来定位视频伪造的时序范围。

图 6-24　视频伪造定位示例

Wang 等人提出利用相关系数来检测具有帧复制的伪造视频的方法[111]。这种伪造通常涉及复制一段视频帧并将其插入相同的视频中，或者替换原有的部分视频帧。给定长度为 L 的视频序列 $f(x,y,t)$，（$t \in [0, L-1]$），最简单的方法是暴力搜索重复帧，通过比较任意长度和任意位置的所有可能的子序列来搜索帧复制伪造，但是这种方法的计算复杂度过高。此外，在视频压缩过程中引入压缩伪影，会导致最初相同的两帧在压缩后会出现微小的差异。因此，Wang 等人提出一个对压缩鲁棒且高效的算法，用于帧复制视频的检测。该方法将完整的视频序列分割成短的重叠子序列，并针对每个子序列计算时空相关的表征。这些表征在整个视频中进行比较，其中时空相关的相似度作为帧复制伪造的证据。

该方法使用相关系数作为相似性的度量。给定两个向量 $\boldsymbol{u}$ 和 $\boldsymbol{v}$，其相关系数的公式化表达为

$$C(\boldsymbol{u},\boldsymbol{v}) = \frac{\sum_i (\boldsymbol{u}_i - \boldsymbol{u}_u)(\boldsymbol{v}_i - \boldsymbol{\mu}_v)}{\sqrt{\sum_i (\boldsymbol{u}_i - \boldsymbol{\mu}_u)^2}\sqrt{\sum_i (\boldsymbol{v}_i - \boldsymbol{\mu}_v)^2}} \tag{6.12}$$

其中，$\boldsymbol{u}_i$ 和 $\boldsymbol{v}_i$ 表示 $\boldsymbol{u}$ 和 $\boldsymbol{v}$ 中的第 i 个元素，$\boldsymbol{\mu}_u$ 和 $\boldsymbol{\mu}_v$ 表示对应向量的均值。定义时间 τ 开始、长度为 n 帧的子序列公式化表达为

$$S_\tau(t) = \left[f(x,y,t+\tau) \right], \quad t \in [0, n-1] \tag{6.13}$$

定义时间相关矩阵 $\boldsymbol{T}_\tau$ 为 $n \times n$ 的对称矩阵，第 (i,j) 个元素是子序列第 i 帧和第 j 帧的相关系数 $C(S_\tau(i), S_\tau(j))$。这个时间相关矩阵体现了子序列中每两帧之间的相关性。对于空间相关性，子序列中每一帧 $S_\tau(t)$ 的空间相关性都可以使用类似的空间相关矩阵 $\boldsymbol{B}_{\tau,k}$（$k \in [0, n-1]$）来表达。在计算过程中，每一帧被分成 m 个不重叠的块，空间相关矩阵是 $m \times m$ 的对称矩阵，第 (i,j) 个元素是第 i 个块和第 j 个块的相关系数。

空间和时间的相关矩阵体现了短序列的相关性，并被用于检测视频的重复帧。在检测的第一阶段，计算所有重叠子序列的时间相关矩阵。然后，计算时间相关矩阵 $\boldsymbol{T}_{\tau_1}$ 和 $\boldsymbol{T}_{\tau_2}$ 的相关系数 $C(\boldsymbol{T}_{\tau_1}, \boldsymbol{T}_{\tau_2})$，任何两个子序列的相关系数超过某一阈值，将被视为候选重复片段。在第二阶段，比较候选子序列的空间相关矩阵 $\boldsymbol{B}_{\tau_1,k}$ 和 $\boldsymbol{B}_{\tau_2,k}$。如果所有矩阵对的相关系数 $C(\boldsymbol{B}_{\tau_1,k}, \boldsymbol{B}_{\tau_2,k})$ 都超过某一阈值，子序列被认为在时间和空间上高度相关，因此被视为重复。具有相同时间偏移的多个子序列可以被结合，以指示重复帧的全部范围。

由于固定相机的监控场景可能会检测出过多的重复帧，为了避免这个问题，该方法通过比较子序列的时间相关矩阵 $\boldsymbol{T}_\tau$ 的最小值是否大于指定的阈值，来决定是否忽略对应的子序列。这样就可以实现帧复制视频伪造的检测和定位。帧复制伪造检测算法伪代码如图 6-25 所示。

算法伪代码：帧复制伪造检测

输入： 长度为 N 的视频序列 $f(x,y,t)$，子序列长度 n，最小时间相关阈值 γ_m，时间相关阈值 γ_t，空间相关阈值 γ_s

1: **for** $\tau = 1 \dots N-(n-1)$ **do**

2:      $S_\tau = \{f(x,y,t+\tau) | t \in [0, n-1]\}$

3:      构建 T_τ //时间相关矩阵

4: **end for**

5: **for** $\tau_1 = 1 \dots N-(2n-1)$ **do**

6:      **for** $\tau_2 = \tau_1 + n : N-(n-1)$ **do**

7:          **if** $(\min(T_{\tau_1}) > \gamma_m \, \& \, C(T_{\tau_1}, T_{\tau_2}) > \gamma_t)$ **do**

8:              构建 $B_{\tau_1,k}$ //空间相关矩阵

9:              构建 $B_{\tau_2,k}$ //空间相关矩阵

10:             **if** $(C(B_{\tau_1,k}, B_{\tau_2,k}) > \gamma_s)$ **do** // $\forall k$

11:                 在 τ_1 发生帧重复

12:             **end if**

13:         **end if**

14:     **end for**

15: **end for**

图 6-25　帧复制伪造检测算法伪代码

6.6 语音传统伪造检测

语音作为人类交流的核心方式，不仅传达了信息的内容，还隐含了说话者的身份特征。然而，随着技术的进步，语音伪造已经成为一个日益严重的问题。恶意的语音伪造可以合成目标人物的语音，发表虚假言论，甚至可能会影响国家和民众的生命财产安全。在电信诈骗等领域，伪造的语音经常被用来进行诈骗、勒索。一旦这些伪造的语音在网络上广泛传播，就可能会给个人的名誉带来极大的损害。为了有效防御语音伪造带来的危害，针对伪造语音的检测技术也在不断发展，本节将介绍与语音传统伪造对应的检测方法，方便读者学习了解。

语音伪造检测

定义：语音伪造检测技术是利用自然语音和伪造语音在频谱、身份信息、波形等方面的特征差异来判断音频文件的真实性和完整性的技术。

示例：语音伪造检测的流程示例如图6-26所示。将待测音频输入系统前端的特征提取器以获取各类特征表示，将所提取的特征输入系统后端的分类器进行真伪判别。

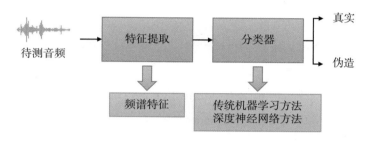

图6-26　语音伪造检测的流程示例

语音传统伪造检测方法大多依赖专家经验，主要根据手工设计的判别特征对真实音频和伪造音频进行区分和鉴别。语音伪造检测常用特征可分为频谱特征、身份特征和原始波形三类，如图6-27所示，其中频谱特征使用最为广泛。频谱特征主要包括功率谱特征、幅度谱特征和相位谱特征，这三类特征均可以通过四种不同的时频变换方式（短时变换、长时变换、全频带变换和子带变换）获得。

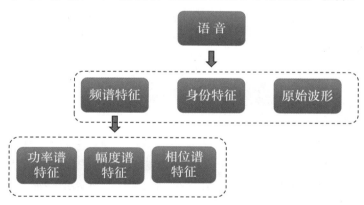

图6-27　语音伪造检测常用特征分类

6.6.1　基于时域的特征提取

1.短时变换特征

短时变换特征主要包括短时功率谱特征、短时幅度谱特征和短时相位谱特征。短时功率谱特征主要表示语音信号的功率随频率变化的情况，可大致分为三类：对数功率谱、基于滤波器的倒谱系数（Filter-Based Cepstral Coefficient，FBCC）和基于全极点语音建模参数的倒谱系数。

大量研究表明，伪造语音对时间特征的模拟效果较差。因此，可以通过分析语音信号的倒谱高阶系数或一阶、二阶动态差分系数来判别其真实性。Todisco 等人在 ASVspoof 2017v2 数据集上进行实验时发现，在使用高斯混合模型作为分类器时，线性频率倒谱系数特征的检测效果普遍优于梅尔频率倒谱系数特征[115]。

短时幅度谱特征可大致划分为两类：对数幅度谱（Log Magnitude Spectrum，LMS）特征和残差对数幅度谱（Residual Log Magnitude Spectrum，RLMS）特征。其中，对数幅度谱特征主要反映了包含共振峰、基音、元音的谐波等在内的语音信号细节信息，而残差对数幅度谱特征主要描述了包含谐波信号等在内的频谱细节信息。此外，研究表明，从伪造语音中提取出的高维特征的动态系数（如差分系数、加速度系数）与从真实语音中提取到的存在明显差异，可见语音伪造可能会丢失部分时间特征信息，该特性可用于语音伪造检测。

此外，短时相位谱特征也能够用于语音伪造检测，这是因为声码器在重建语音波形的过程中通常难以保持相位信息，进而导致伪造语音和真实语音的相位谱特征存在差异。常用的短时相位谱特征主要包括群延迟（Group Delay，GD）[116]、改进群延迟（Modified Group Delay，MGD）[115]、基带相位差（Baseband Phase Difference，BPD）、瞬时频率导数（Instantaneous Frequency Derivative，IF）[116]，以及相对相位偏移（Relative Phase Shift，RPS）[117]。Tian 等人在 ASVspoof 2015 数据集上比较了多种短时相位谱特征对于未知类型攻击的检测性能[117]。

2. 长时变换特征

常用的长时变换特征包括基于长时常数 Q 变换的倒谱系数（Constant-Q Cepstral Coefficients，CQCC）[118]、基于长时窗口的恒定 Q 变换（Constant-Q Transform，CQT）等。

为了获取更高级的长时变换特征，Gao 等人基于合成语音在对数梅尔谱图上形成的伪影痕迹进一步得到了长时频谱-时间调制特征[119]，能够更有效地检测伪造语音。Das 等人比较了基于常数 Q 变换的倒谱系数、eCQCC、COSPIC 特征的性能[120]。实验表明，后两种特征的性能普遍优于第一种特征，这间接反映出基于常数 Q 变换的倒谱系数能够被进一步优化。

近年来，基于恒定 Q 变换的一系列特征所设计的语音伪造检测算法提供了出色的性能。恒定 Q 变换，即在信号变换过程中，滤波器组的中心频率呈指数分布且与滤波带宽的比值为常量 Q。与短时快速傅里叶变换特征相比，恒定 Q 变换特征具备两点优势：其一，它能够较好地模拟"人类听觉感知范围内 Q 因子近似恒定"这一自然现象，而短时快速傅里叶变换的 Q 因子不固定，随频率的增高而增大；其二，短时快速傅里叶变换中使用的窗口函数对长时跨度内的判别性信息不具备描述能力。因此，恒定 Q 变换特征在语音伪造检测任务上的表现更加优异。

6.6.2　基于频域的特征提取

传统特征提取技术通常捕获的是全频带信息，而研究发现，可用于语音伪造检测的判别性特征往往存在于子带级别，且大多处于同一频带。因此，可以利用子带变换来捕捉伪造语音中特定频段的精细特征。Yang 等人在传统子带特征的基础上进一步提出三种基于子带变换的特征[121]：恒 Q 等子带变换、恒 Q 倍频程子带变换，以及离散傅里叶梅尔子带变换。通过对三种特征（静态系数、动态差分系数和加速度系数）进行排列组合，该方法实现了远胜过基于恒定 Q 变换的倒谱系数特征或梅尔频率倒谱系数特征的效果。

当获取了具备判别性的手动特征后，便可以基于这些特征来区分真实语音和伪造语音。传统语音伪造检测方法通常使用两种经典的机器学习模型作为检测器，即高斯混合模型（Gaussian Mixture Model，GMM）和支持向量机（Support Vector Machine，SVM）。基于高斯混合模型的语音伪造检测器会分别拟合真实语音和伪造语音的分布，计算两类分布的对数似然比 $\Lambda(X) = L(X|\lambda_r) - L(X|\lambda_f)$，其中 λ 的下标 r 和 f 分别表示由高斯混合模型拟合出的真实语音和伪造语音分布，X 为特征矩阵。接下来，根据设定好的阈值判断目标语音是否为伪造的。

此类方法的早期模型会独立地累积所有语音帧的分数，且未考虑帧间的关系。为了改进这一点，Kumar 等人提出了一个基于传统高斯混合模型语音伪造检测器选择特定的帧来计算对数似然比，并通过减少语音转换中未经修改的清音帧对决策得分的影响来提升分类准确率的决策方法[122]。具体来说，计算出待测语音中所有帧被分类为真实语音和伪造语音的对数似然概率 $\log P(x_i|\lambda)$，λ 表示高斯混合模型，x 表示提取到的特征。为了挑选相关帧，去除清音帧的干扰，作者提出了基于帧的对数似然比 l_i，其公式化表达为

$$l_i = \log P(x_i|\lambda_r) - \log P(x_i|\lambda_f) \tag{6.14}$$

经实验分析得知，使用帧级对数似然比 l_i 的均值作为阈值 $\theta = \dfrac{1}{T}\sum_i l_i$ 能够较为有效地选择相关帧，因此，作者将 $l_i<\theta$ 的帧视为清音帧，直接舍弃，最后基于保留帧进行伪造检测。此外，论文中主要使用梅尔频率倒谱系数和恒定 Q 变换的倒谱系数作为判别性特征。语音伪造检测流程如图6-28所示。

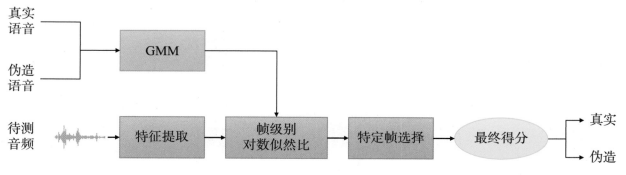

图6-28　语音伪造检测流程

本章小结

　　本章深入介绍了图像、视频及音频等传统伪造方法的基本原理，并说明了针对这些传统伪造方法的被动取证技术。本章学习的关键是掌握图像传统伪造及检测定位的算法原理。图像拼接伪造的检测定位方法主要划分成非深度方法和深度方法两类，其核心都是提取图像特征，进行检测定位。此外，本章介绍了视频、语音传统伪造及检测方法，为读者提供了一个简要而全面的视角。

　　通过深入学习本章知识，读者可以系统地了解人工智能编辑内容的主要伪造手段和检测定位方法，并深入理解各类型传统伪造方法的原理。在进一步学习中，建议读者针对至少一种类型的伪造方法，尝试进行检测定位方法的代码实践，加深对多媒体数据内容传统伪造与检测定位的理解，提升实际应用能力。

扫码查看参考文献

CHAPTER 7 ▶ 第 7 章

人工智能生成内容安全

随着深度学习技术的发展，人工智能在多媒体数据生成领域得到了广泛应用，其核心原理是利用深度生成算法，包括卷积神经网络、生成对抗网络、扩散模型及大模型，对语音、图像及文字等多媒体数据内容进行深度合成，生成人工智能生成内容（Artificial Intelligence Generated Content，AIGC）。例如，通过人脸合成技术，可以进行人脸替换或创造全新的人脸形象；通过目标深度编辑技术，可以调整目标的外观属性；借助风格迁移，可以生成艺术作品；通过音频深度合成，为视频生成配音等。

然而，深度合成技术也带来了一系列安全风险，如侵犯他人隐私、危害财产安全、抹黑公众人物及制造政治矛盾。例如，利用深度合成技术伪造虚假个人照片、虚假视频及虚假语音来实施网络、电信诈骗；利用深度合成技术伪造公众人物虚假视频，进而引发负面新闻。本章将利用深度合成进行伪造的方法称为深度伪造。深度伪造的出现使得多媒体数据伪造门槛降低、欺骗性大大增强，对个人隐私、社会舆论及国家安全稳定造成严重危害。因此，针对深度伪造的检测需求也日益凸显。

本章将系统介绍多媒体数据的深度伪造与检测方法，主要包含图像/视频、语音及文本的深度伪造和检测方法，概览如图7-1所示。对于图像/视频的深度伪造，首先介绍深度伪造常用基础模型架构，随后分别介绍针对特定场景或任务的特定类别图像/视频深度伪造和通用图像/视频深度伪造。常见的特定类别图像/视频深度伪造方法主要包括人脸深度伪造、目标深度伪造、场景深度伪造和艺术风格深度伪造。通用图像/视频深度伪造部分则介绍一些适用于多种任务的图像/视频生成模型架构。基于各特定类型深度伪造图像/视频的特点，本章将介绍特定类别图像/视频深度伪造的检测技术；基于深度神经网络处理图像/视频时的固有特点，本章将讲解深度伪造图像/视频的通用检测技术。需要注意的是，当视频需要检测时，可以对视频抽帧，将其转换为图像进行处理。

与此同时，以语音、文本这两种重要的多媒体媒介为主体的深度伪造技术也在信息时代得到快速发展，它们带来的安全隐患也不容小觑。因此，本章还将介绍语音深度伪造、文本深度伪造的相关技术及其对应的检测技术，供读者阅读了解。

通过对本章知识的学习，读者可以系统地了解包括图像/视频、语音和文本在内的多种类型多媒体数据的深度伪造与检测技术，其中，需要读者重点掌握的内容包括人脸深度伪造及其检测方法、通用图像/视频深度伪造及其检测方法（以"*"进行标识），这些可以作为本科生的基础教学内容；其余进阶内容可以作为相关领域研究生进一步学习的内容。为了更好地学习本章内容，读者需要具备的先导知识包括深度神经网络的训练和推理技术、生成对抗网络的基础知识、频域变换技术。

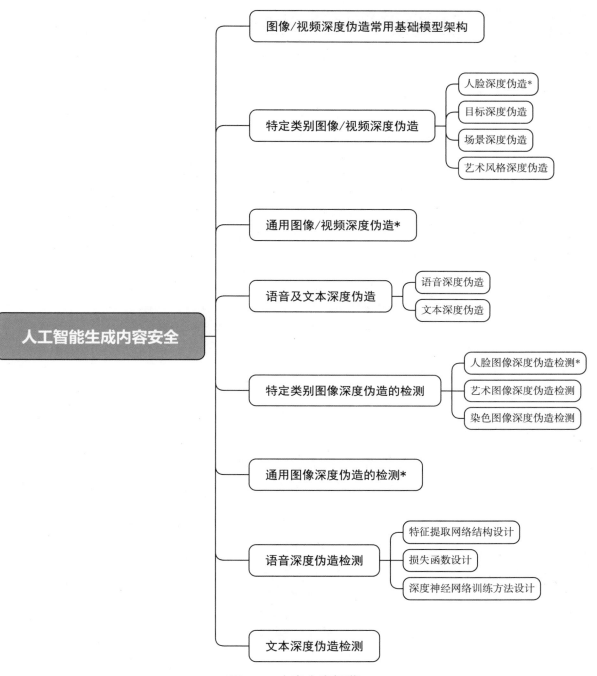

图 7-1　本章内容概览

7.1 图像/视频深度伪造常用基础模型架构

根据深度伪造模型的数据生成过程，我们可以将其大体分为变分自编码器模型、生成对抗网络、流模型及扩散模型四种网络结构。

变分自编码器（Variational Autoencoders，VAE）是一种特殊的编码-解码模型[1]。编码-解码模型（Encoder-Decoder）不特指某一个具体的算法，其基本思想为，在编码阶段，通过一个编码器将输入转化成一个固定维度的稠密向量；在解码阶段，则利用这个激活状态生成目标特征。变分自编码器模型架构如图7-2所示。当对变分自编码器的解码器给定输入的分布时，其能够学习解码器的后验分布。由于变分自编码器在编码阶段对模型增加了限制，迫使其生成的隐向量能够粗略地遵循某种分布，所以与一般自编码器相比，变分自编码器的编码对插值和修改的响应更好，能够更好地生成内容。

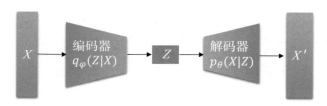

图7-2 变分自编码器模型架构

生成对抗网络（Generative Adversarial Networks，GAN）是由Goodfellow等人于2014年提出的生成模型[2]。生成对抗网络的基本结构包括生成器G和鉴别器D，二者为相互对抗的神经网络。其中，生成器G试图生成可以使鉴别器误认为真实的伪造样本，而鉴别器D试图判定包含G所生成伪造图像和真实图像在内的一系列数据的真伪。用于训练生成器G的损失函数为$L_{\text{adv}}(D) = \max\{\log D(x) + \log(1 - D(G(z)))\}$和鉴别器$D$的损失函数为$L_{\text{adv}}(G) = \min \log(1 - D(G(z)))$。对抗生成网络结构如图7-3所示。

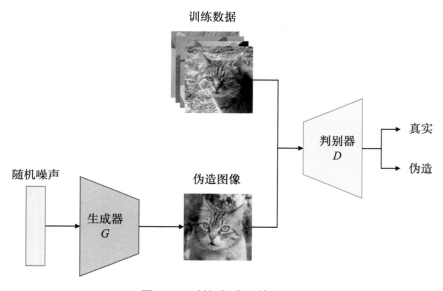

图7-3 对抗生成网络结构

流模型（Flow-Based Models）的主要目标是学习输入数据的概率分布并实现从这个分布中采样[3]，以生成新的数据样本。与生成对抗网络和变分自编码器不同，流模型的核心思想是建模数据从一个空间映射到另一个空间的流动过程。在流模型中，生成过程可以被视为从一个简单的先验分布开始，通过应用逐渐复杂的可逆变换，最终得到符合目标数据分布的样本的过程。这种可逆变换确保了生成的样本不仅质量高，而且能够与输入数据一一对应，使得流模型具备了生成和推理的双重能力，即流模型不但能够生成样本，还可以通过逆向变换还原原始输入。流模型结构如图 7-4 所示。

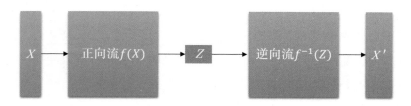

图 7-4　流模型结构

扩散模型（Diffusion Models）主要通过模拟图像中像素值的扩散过程来生成图像，可以简要概括为将一个已知分布中的噪声图像，通过逐步迭代的扩散过程，逐渐转化为目标图像。在每个迭代步骤中，像素值会通过随机扩散的方式逐渐更新，直至最终生成与目标图像高度相似的图像。这种扩散过程的特殊性使得扩散模型能够生成高度逼真、自然的图像，同时保持对噪声的鲁棒性。扩散模型的生成过程是逐步进行的，每一步扩散过程都会引入一些随机性，这种随机性有助于生成更具多样性和真实感的图像。扩散模型结构如图 7-5 所示。

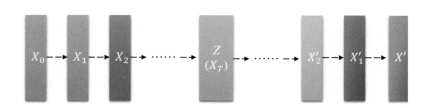

图 7-5　扩散模型结构

7.2　特定类别图像/视频深度伪造

在深度学习技术井喷式发展的背景下，图像/视频深度伪造技术作为其中一个分支也在加速崛起。与传统的使用图像智能编辑软件手动修改图像不同，图像/视频深度伪造技术不仅可以完成拼接、修饰、擦除、填充等传统图像/视频编辑中的常见操作，还可以通过对各类图像/视频的语义、结构和风格进行全面学习，更好地模仿和生成真实世界中各种复杂的场景，最终进行风格转换、风格迁移，对人脸进行编辑、替换，甚至合成现实中并不存在的场景、人脸等。对于以上提到的各类图像/视频的处理操作，目前的深度伪造技术已发展到能够以假乱真的程度，仅凭肉眼几乎无法分辨其真实性。该类技术已被广泛用于各类应用，涉及人们生活的方方面面。例如，短视频中的特效生成、使用影视人物的声音进行视频配音、重现历史人物，以及网络购物时的虚拟试衣。目前的图像/视频深度伪造方法可分为两类：针对特定场景或任务的特定类别深度伪造和针对多种场景或任务的通用深度伪造。本节主要介绍针对特定场景或任务的特定类别深度伪造方法。

7.2.1 人脸深度伪造

基于深度学习的面部图像/视频的伪造操作通常被称为深度伪造（DeepFake）。由于人脸图像中包含大量身份信息，因此其成为深度伪造关注的焦点，也成为恶意攻击者进行篡改和操纵的主要目标。作为深度伪造领域一个非常重要的分支，本小节将对人脸深度伪造进行重点介绍。

本书将人脸深度伪造定义为对面部属性（如外观、身份及表情）的创建和操作。根据伪造的具体部位和操作，人脸深度伪造可以分为人脸合成（Face Synthesis）、属性操作（Attribute Manipulation）、身份交换（Identity Swap）、表情交换（Expression Swap）。需要特别指出的是发色、面部毛发、肤色、年龄、妆容及眼睛颜色这些概念，在本书中均被定义为面部属性。

人脸深度伪造操作可能有不同的风险级别，具体风险取决于特定的应用类型和实际用例。身份交换会改变图像主体的硬生物特征（Hard Biometrics），篡改人物的身份信息，在许多安全关键场景下都会有重大风险。表情交换和属性操作尽管只改变主体的软生物特征（Soft Biometrics），对名人更容易造成风险，如在政治选举中抹黑政治人物、制作假新闻。整体而言，人脸合成这类方法的风险较低，因为它未改变生物识别特征，但可能导致网络上涌现出大量的虚假账户群体。由于身份交换较为常见且危害性较大，下文将重点介绍身份交换相关的伪造方法。

身份交换是指利用神经网络 $\phi(\cdot,\cdot)$ 将源人脸图像 X_s 中的身份替换为目标人脸图像 X_t 中的身份，生成一张新的伪造图像 X_f，公式化表达为 $X_f = \phi(X_s, X_t)$。目前存在一系列人脸深度伪造的开源软件工具，如Fake-App[4]、DFaker[5]、FaceSwap-GAN[6]、FaceSwap[7]，以及DeepFaceLab[8]。基于自编码器的身份交换伪造方法流程如图7-6所示。

如图7-6（a）所示，在输入的图像中检测人脸，并进一步提取面部关键点，再基于面部关键点将人脸进行对齐，之后将对齐的人脸图像裁剪后输入编码器-解码器架构中，从而合成与输入人脸图像表情相同的伪造人脸图像。编码器-解码器架构通常由两个卷积神经网络构成，分别为编码器和解码器。编码器 E 将输入的人脸图像编码为向量，为了确保编码器捕获与身份无关的属性（如面部表情），所有的编码器共享参数。但是，每个身份都有一个专用的解码器 D_i，它从编码中生成对应目标的脸。

如图7-6（b）所示，编码器和解码器以无监督的方式使用多个对象的人脸图像集进行训练。每个编码器-解码器对，对每个输入的人脸图像进行重建，优化各自的参数以最小化重建损失。具体来说，首先，在训练好每个对象的解码器和共享的编码器后，在身份交换过程中使用期望替换的身份所对应的解码器来解码向量，得到伪造的人脸；其次，该伪造的人脸图像再通过仿射变换，使得变换后图像与原始图像的配置保持一致，并利用人脸关键点形成的掩码进行修正；最后，平滑合成区域和原始图像之间的边界。整个过程完全自动化，无须人工干预。

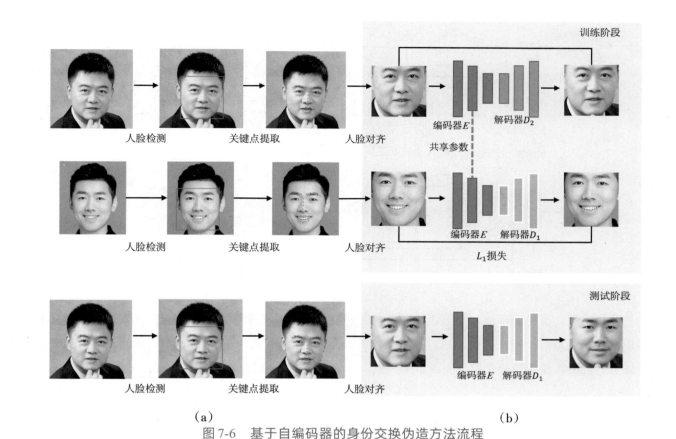

（a）　　　　　　　　　　　　　　　　　　（b）

图 7-6　基于自编码器的身份交换伪造方法流程

随着深度学习和图像生成技术的发展，相关领域的研究者开始研究如何提高图像的真实感和分辨率，而不再局限于简单的身份交换。Li 等人提出用于高保真和遮挡感知的两阶段身份交换伪造方法——FaceShifter[9]。区别于以往仅利用目标人脸图像的有限信息来进行人脸交换的许多工作，FaceShifter 让模型自适应地利用目标人脸图像的充分信息来生成交换的人脸。

首先，定义源人脸图像 X_s 和目标人脸图像 X_t，其中，源人脸图像提供身份，而目标人脸图像提供属性（如位姿、表情、场景光照和背景）。从总体上看，该方法将人脸交换分为两个阶段：在第一阶段，使用自适应嵌入整合网络（Adaptive Embedding Integration Network，AEI-Net）来生成高保真的人脸交换结果 $\hat{Y}_{s,t}$；在第二阶段，使用启发式错误识别网络（Heuristic Error Acknowledging Network，HEAR-Net）来处理面部遮挡，改进生成结果。最后的结果表达为 $Y_{s,t}$。

具体来说，在第一阶段，目标是生成高保真的人脸交换结果 $\hat{Y}_{s,t}$，该结果需要保留源人脸图像 X_s 的身份信息和目标人脸图像 X_t 的属性。为了实现这一目标，该方法分为三个模块：身份编码器、多级属性编码器，以及自适应注意力反归一化（Adaptive Attentional Denormalization，AAD）生成器。FaceShifter 第一阶段网络结构如图 7-7 所示。

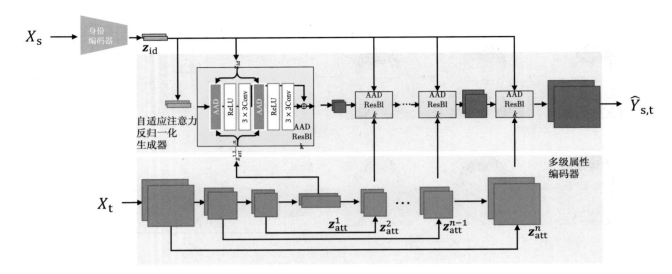

图7-7　FaceShifter第一阶段网络结构

在这一阶段，身份编码器利用预训练的人脸识别模型Arcface[10]来编码身份。身份嵌入z_{id}是在最后的全连接层之前的最后一个特征向量。通过在大量的人脸图像上训练，该人脸识别模型可以提取具有代表性的身份特征。同时，使用身份保留损失函数来约束，其公式化表达为

$$L_{id} = 1 - \cos\left(z_{id}(\hat{Y}_{s,t}), z_{id}(X_s)\right) \tag{7.1}$$

其中，$\cos(\cdot,\cdot)$表示两个特征向量的余弦相似度。该损失函数约束了人脸交换的结果和源人脸图像的身份嵌入应该尽可能相似。多级属性编码器负责编码位姿、表情、光照及背景等属性，这些属性通常需要更多的空间信息来表达。为了保留这些细节信息，该方法将属性嵌入表示为多级特征图。具体来说，将目标图像输入类似于U-Net的网络中，然后将属性嵌入定义为U-Net解码器生成的特征图，其公式化表达为

$$z_{att}(X_t) = \left\{ z_{att}^1(X_t), z_{att}^2(X_t), \cdots, z_{att}^n(X_t) \right\} \tag{7.2}$$

其中，$z_{att}^k(X_t)$表示来自U-Net解码器的第k级的特征图，n表示特征的级数。该属性嵌入网络不需要任何的属性标注，而是使用自监督的训练方式来训练。具体来说，在训练的过程中需要保证人脸交换结果$\hat{Y}_{s,t}$和目标图像X_t有相同的属性嵌入，采用的损失函数公式化表达为

$$L_{att} = \frac{1}{2} \sum_{k=1}^{n} \left\| z_{att}^k(\hat{Y}_{s,t}) - z_{att}^k(X_t) \right\|_2^2 \tag{7.3}$$

通过自适应注意力反归一化生成器模块，集成前面两个模块得到的身份嵌入和属性嵌入来生成初步的人脸交换结果$\hat{Y}_{s,t}$。自适应注意力反归一化层结构如图7-8所示。模块使用多个自适应注意力反归一化残差块，每个残差块由卷积层、自适应注意力反归一化层及ReLU激活层组成。

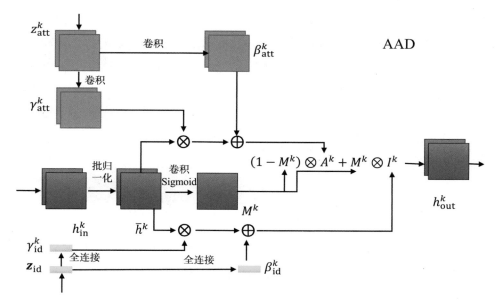

图7-8　自适应注意力反归一化层结构

在AAD层中首先对输入的特征h_{in}^k进行批归一化（Batch Normalization），其公式化表达为

$$\bar{h}^k = \frac{h_{in}^k - \mu^k}{\sigma^k} \tag{7.4}$$

其中，μ^k和σ^k表示小批量中的均值和方差。然后使用三个并行的分支来进行属性集成、身份集成及自适应注意力掩码。在属性集成中，通过对z_{att}^k进行卷积计算得到两个调制参数γ_{att}^k和β_{att}^k，然后对$\bar{h}^k$进行反归一化，得到属性激活特征A^k，其公式化表达为

$$A^k = \gamma_{att}^k \otimes \bar{h}^k + \beta_{att}^k \tag{7.5}$$

对于身份集成，以相同的方式计算身份激活特征I^k，其公式化表达为

$$I^k = \gamma_{id}^k \otimes \bar{h}^k + \beta_{id}^k \tag{7.6}$$

AAD层的关键是自适应地调整身份嵌入和属性嵌入的有效区域，从而确保身份信息和属性信息能够解码到脸的组成部分中。为此，该方法在自适应注意力反归一化层中采用注意力机制。具体来说，使用$\bar{h}^k$通过卷积和Sigmoid操作生成注意力掩码M^k，然后基于该掩码结合身份激活和属性激活，其公式化表达为

$$h_{out}^k = \left(1 - M^k\right) \otimes A^k + M^k \otimes I^k \tag{7.7}$$

其中，h_{out}^k是自适应注意力反归一化层的输出。在第一阶段的损失函数主要由对抗损失L_{adv}、属性保留损失L_{att}、身份保留损失L_{id}及重建损失L_{rec}组成。对抗损失L_{adv}与SPADE[10]保持一致，在此不作进一步说明。属性保留损失L_{att}和身份保留损失L_{id}已在前文进行定义，重建损失L_{rec}是指当源人脸图像和目标人脸图像在训练过程中一致时，生成的结果也应该与其一致，其公式化表达为

$$L_{rec} = \begin{cases} \frac{1}{2}\left(\hat{Y}_{s,t} - X_t\right)_2^2, & X_t = X_s \\ 0, & 其他 \end{cases} \tag{7.8}$$

最后，第一阶段的训练损失为四类损失的加权求和，其公式化表达为

$$L_{AEI-Net} = L_{adv} + \lambda_{att}L_{att} + \lambda_{id}L_{id} + \lambda_{rec}L_{rec} \tag{7.9}$$

第二阶段使用HEAR-Net处理面部遮挡，改进生成结果。当目标图像被遮挡头饰，这些遮挡物在生成的结果中会消失，与此同时，当输入的源图像和目标图像相同时，交换的结果$\hat{Y}_{t,t}$（重建图像）中遮挡物也会消失，因此这些重建错误可以被用于定位人脸的遮挡区域。具体步骤为，首先获得目标图像的启发式误差，即重建结果和目标人脸图像的残差，其公式化表达为

$$\Delta Y_t = X_t - \text{AET-Net}(X_t, X_t) \tag{7.10}$$

然后，将启发式错误ΔY_t和第一阶段的结果$\hat{Y}_{s,t}$输入U-Net网络中，获得改进后的结果，其公式化表达为

$$Y_{s,t} = \text{HEAR-Net}(\hat{Y}_{s,t}, \Delta Y_t) \tag{7.11}$$

第二阶段以自监督的方式进行训练，不使用任何的标注信息。给定目标人脸X_t，使用身份保留损失L'_{id}、结果一致性损失L'_{chg}和重建损失L'_{rec}的和作为最后的损失函数，其公式化表达为

$$L'_{id} = 1 - \cos\left(z_{id}\left(Y_{s,t}\right), z_{id}\left(X_s\right)\right) \tag{7.12}$$

$$L'_{chg} = \left| \hat{Y}_{s,t} - Y_{s,t} \right| \tag{7.13}$$

$$L'_{rec} = \begin{cases} \dfrac{1}{2}\left(Y_{s,t} - X_t\right)_2^2, & X_t = X_s \\ 0, & \text{其他} \end{cases} \tag{7.14}$$

$$L_{\text{HEAR-Net}} = L'_{rec} + L'_{id} + L'_{chg} \tag{7.15}$$

以上就是FaceShifter人脸交换算法的全部流程。FaceShifter第一阶段错误可视化和第二阶段结构图如图7-9所示。

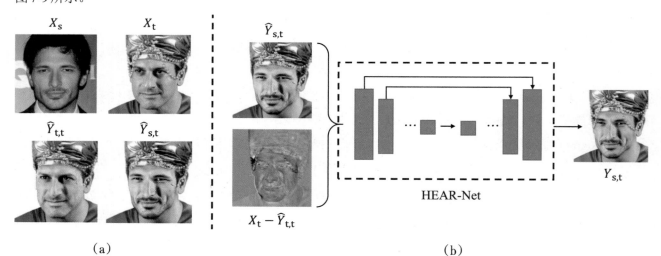

$$(a) \qquad\qquad\qquad\qquad (b)$$

图7-9　FaceShifter第一阶段错误可视化和第二阶段结构图[9]

总体而言，身份交换技术的演变主要聚焦在如何更有效地分离源图像与目标图像的身份信息和属性特征，以及融合这些特征。身份交换的基本流程、图像真实度、分辨率及在异构领域的改进是多年来被持续关注的核心研究内容。

7.2.2 目标深度伪造

目标深度伪造是指将待处理的对象插入特定场景图像或视频的特定位置，并使其表现真实且不易被察觉。在政治或军事场景中，这类技术可直接应用于情报篡改、舆论操控等方面。例如，篡改卫星影像中目标的数量、类型，或者直接在图像中引入伪造目标，发布虚假的视频，影响民众的认知和判断。

在研究工作[11]中，网络训练包含使用真实样本对和合成的伪造样本对进行有监督和无监督的对抗训练。这种对抗训练使得网络对于给定的一组对象视频和场景视频，能够将对象视频插入场景视频中用户指定的位置。同时，网络会根据当前输入和之前的帧来渲染每一帧，使得生成的视频具有高度逼真性。

假设视频的帧具有待替换的对象边界框和 ID，可以从原视频 A 中获得一个由裁剪图像组成的视频 u_A，任务是将视频 u_A 翻译为 v_A，并在翻译过程中插入目标视频 B。研究首先实现图像到图像的目标替换，然后将其扩展到视频序列。

在图像目标转换阶段，需要将两张不同的图像转换为单张图像，同时学习应该保留每张图像中的哪一部分内容。该研究将这个问题建模为一个条件图像修复任务，利用固定掩码 m 的像素乘法进行图像融合，如 $u_A \oplus r_B = u_A \dfrac{m}{2} + r_B(1 - \dfrac{m}{2})$；然后生成器通过学习映射 $G_I:(u_A \oplus r_B) \to v_A$ 来实现渲染对象。此外，在生成器推理过程中，需要根据周围非混合区域的上下文来抑制不匹配的背景。该研究提出两种假图像对重建任务来辅助目标对象的插入，即学习器通过从 $u_B \oplus r_A$ 和 $u_B \oplus r_B$ 中重建 u_B 引导网络将 u_A 插入 r_B 的中心。目标深度伪造示意图[11]如图 7-10 所示。

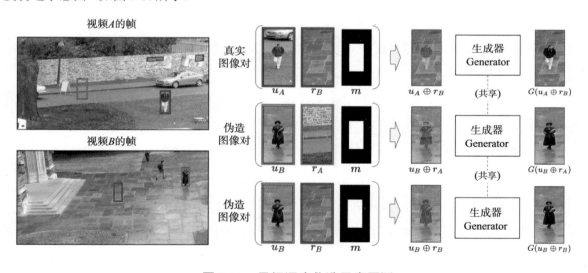

图 7-10　目标深度伪造示意图[11]

但这样构造的真假图像对分布不同，使得网络在学习时很容易区分它们，限制了网络的泛化性。对此，该研究添加一个判别器 D_E，基于图像的嵌入向量进行对抗训练，使网络更难区分不同类型的图像对，其损失公式化表达为

$$L_A(G_I, D_E) = E_{(u_B, r_A)}[\log D_E(\boldsymbol{e}_{u_B \oplus r_A})] +$$
$$E_{(u_B, r_B)}[\log D_E(\boldsymbol{e}_{u_B \oplus r_B})] + \qquad (7.16)$$
$$E_{(u_A, r_B)}\left\{\log\left(1 - D_E(\boldsymbol{e}_{u_A \oplus r_B})\right)\right\}$$

其中，$\boldsymbol{e}_x$ 表示通过编码器得到图像 G_I 中输入 x 的编码向量，作为鉴别器的条件输入。

编码器通过训练将真实图像和伪造的图像对嵌入到同一个空间中来欺骗判别器，进一步地，将嵌入向量调整到输入图像相同的大小，并将其输入到图像判别器中，通过使用图像 G_I 与图像鉴别器 D_I 的条件对抗性损失，使重建图像更清晰、更逼真，其公式化表达为

$$L_A(G_I, D_I) = E_{(u_B, r_A)}[\log D_I(u_B, \boldsymbol{e}_{u_B \oplus r_A})] + E_{(u_B, r_B)}[\log D_I(u_B, \boldsymbol{e}_{u_B \oplus r_B})] +$$
$$E_{(u_B, r_A)}[\log(1 - D_I(G_I(u_B \oplus r_A), \boldsymbol{e}_{u_B \oplus r_A}))] + E_{(u_B, r_B)}[\log(1 - D_I(G_I(u_B \oplus r_B), \boldsymbol{e}_{u_B \oplus r_B}))] + \quad (7.17)$$
$$E_{(u_A, r_B)}[\log(1 - D_I(G_I(u_A \oplus r_B), \boldsymbol{e}_{u_A \oplus r_B}))]$$

此外，通过损失 $L_R(G_I) = \|u_B - G_I(u_A \oplus r_B)\| + \|u_B - G_I(u_B \oplus r_B)\|$ 对 u_B 进行内容重建。最后，图像对象插入的整体目标函数，公式化表达为

$$L(G_I, D_I, D_E) = L_A(G_I, D_I) + L_A(G_I, D_E) + L_R(G_I) \qquad (7.18)$$

然后将上述图像对象插入方法扩展到视频序列，让视频生成器学习 $G_V : (u_A \oplus r_B) \to v_A$ 的映射。在渲染当前帧时，视频生成器也需要查找前一帧图像，使用共享编码器对所有前一帧进行编码，将特征图依照权重进行线性融合，其目标函数公式化表达为

$$L(G_V, D_I, D_V, D_E) = L_A(G_V, D_I) + L_A(G_V, D_V) + L_A(G_V, D_E) + L_R(G_V) \qquad (7.19)$$

其中，D_V 表示视频判别器。

第一项通过从生成的序列中选择一个随机帧来计算，第二项则用于评估渲染序列，合成时间一致的视频，具体公式化表达为

$$L_A(G_V, D_V) = E_{(u_B, r_A)}[\log D_V(u_B, \boldsymbol{e}_{u_B \oplus r_A})] + E_{(u_B, r_B)}[\log D_V(u_B, \boldsymbol{e}_{u_B \oplus r_B})] +$$
$$E_{(u_B, r_A)}[\log(1 - D_V(G_V(u_B \oplus r_A), \boldsymbol{e}_{u_B \oplus r_A}))] + E_{(u_B, r_B)}[\log(1 - D_V(G_V(u_B \oplus r_B), \boldsymbol{e}_{u_B \oplus r_B}))] + \quad (7.20)$$
$$E_{(u_A, r_B)}[\log(1 - D_V(G_V(u_A \oplus r_B), \boldsymbol{e}_{u_A \oplus r_B}))]$$

在此基础上，研究者们进一步扩展了目标深度伪造技术的应用范围，提升了目标深度伪造的效果。Lu 等人以自监督的方式，对于给定的普通视频和其粗略的语义分割结果，提出了一种自动为任意对象和各种效果产生全动画的模型[12]。该模型通过估计语义来分割结果中各类别元素及其所有相关的时变场景元素，主要用于将阴影、反射、产生的烟雾等场景效果与产生它们的对象联系起来。该方法可帮助各种应用程序删除、复制或增强视频中的对象。

7.2.3 场景深度伪造

场景深度伪造是指待处理的图像中包含一定的场景信息（如街道、野外、公园及房屋），而非主要包含人脸。主流的场景伪造目标包括颜色迁移、季节迁移、昼夜迁移等多种处理情景，通过修改图像中的整

体场景的颜色、季节、昼夜，可以达到改变场景所表达的语义信息的目的。在一些环境下，该方法可被用于敏感图像的场景语义伪造，以达到传递错误信息、引导舆论的目的。

由于深度神经网络可以为图像间的语义关联提供良好表达，在近几年的工作中，研究者们开始大量使用深度学习来进行场景语义伪造迁移。Liao等人通过提取深度特征，预估两张图像间语义关联程度，研究图像视觉属性转移问题[13]，即将图像的视觉信息（如颜色、季节、日夜）从一张图像转移到另一张图像。为此，他们提出深度图像类比（Deep Image Analogy）技术，利用深度卷积神经网络提取图像特征，通过从粗到细的策略计算最近邻场，以生成目标图像。场景深度伪造算法示意图如图7-11所示。

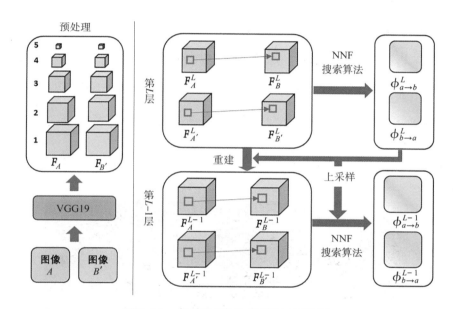

图7-11　场景深度伪造算法示意图

首先，通过预训练好的VGG19网络计算输入图像A和B'在每一层上的特征图。在最深的网络层中，图像被卷积神经网络转换为表示实际图像内容的特征，记为$\boldsymbol{F}_A^5 = \boldsymbol{F}_{A'}^5$，$\boldsymbol{F}_B^5 = \boldsymbol{F}_{B'}^5$。通过基于最近邻场（Nearest Neighbor Field，NNF）的算法实现特征对齐，在第L层计算向前最近邻场和向后最近邻场，分别由映射函数$\phi_{a \to b}^L$和$\phi_{b \to a}^L$表示。$\phi_{a \to b}^L$最小化的公式化表达为

$$\phi_{a \to b}^L(p) = \underset{q}{\arg\min} \sum_{x \in N(p), y \in N(q)} \left[\left\| \overline{\boldsymbol{F}}_A^L(x) - \overline{\boldsymbol{F}}_B^L(y) \right\|^2 + \left\| \overline{\boldsymbol{F}}_{A'}^L(x) - \overline{\boldsymbol{F}}_{B'}^L(y) \right\|^2 \right] \tag{7.21}$$

其中，$N(p)$表示点p周围的图像块，对于每个图像块需要找到与其最邻近的位置$q = \phi_{a \to b}^L(p)$；$\boldsymbol{F}^L(x)$表示第L个特征层位置x处的所有通道向量，并通过$\overline{\boldsymbol{F}}^L(x) = \dfrac{\boldsymbol{F}^L(x)}{\left| \boldsymbol{F}^L(x) \right|}$进行归一化。类似地，通过该计算也可以得到映射函数$\phi_{b \to a}^L$。

在每一层进行NNF搜索前，需要重建A'与B的特征。以在第$L-1$层基于A与B'生成A'为例，A'的重建特征为$\boldsymbol{F}_{A'}^{L-1} = \boldsymbol{F}_A^{L-1} \circ W_A^{L-1} + R_{B'}^{L-1} \circ (1 - W_A^{L-1})$。其中，$\circ$表示对每个通道上的特征进行元素乘法；$W_A^{L-1}$表示一个权重图（元素范围从0到1），用于衡量每个位置结构与细节的不同占比；$R_{B'}^{L-1}$表示$\boldsymbol{F}_{B'}^{L-1}$利用$\phi_{a \to b}^{L-1}$进行一次像素块重构而得到的特征，即$\boldsymbol{R}_{B'}^{L-1} = \boldsymbol{F}_{B'}^{L-1}(\phi_{a \to b}^{L-1})$。

由于在第 $L-1$ 层的 $F_{B'}^{L-1}$ 是未知的，故而使用基于前一层已知的 F_B^L 构造回归问题的方法进行求解。具体来说，首先通过前一层的映射函数 $\phi_{a\rightarrow b}^L$ 计算得到 $F_{B'}^L(\phi_{a\rightarrow b}^L)$，让 $CNN_{L-1}^L(R_{B'}^{L-1})$ 的输出尽可能地接近目标特征 $F_{B'}^L(\phi_{a\rightarrow b}^L)$，其中，$CNN_{L-1}^L(\cdot)$ 表示 VGG19 的子网络，包含第 $L-1$ 层到第 L 层映射的参数，并通过最小化损失函数 $L_{R_{B'}^{L-1}} = \left\| CNN_{L-1}^L(R_{B'}^{L-1}) - F_{B'}^L(\phi_{a\rightarrow b}^L) \right\|^2$ 进行优化；对于权重图 W_A^{L-1} 的计算，首先基于 F_A^{L-1}，利用 Sigmoid 函数计算 $M_A^{L-1}(x) = \dfrac{1}{1 + \exp\left[-\kappa \times \left(\left|F_A^{L-1}(x)\right|^2 - \tau\right)\right]}$，其中，$\kappa$ 和 τ 表示超参数，分别设置为 300 和 0.05；$\left|F_A^{L-1}\right|^2$ 在每个位置对所有通道进行归一化至 $[0,1]$；$M_A^{L-1}(x)$ 表示特征 F_A^{L-1} 在各个位置的响应程度，以便保留来自图像 A 的内容结构信息。

最后，计算得到 $W_A^{L-1} = \alpha_{L-1} \cdot M_A^{L-1}(x)$。其中，$\alpha_{L-1}$ 为一个超参数。由于粗粒度层比细粒度层包含更多的结构信息，所以 α 的设置将逐层减小，该方法中默认设置 $\{\alpha^L\}_{L=4,3,2,1} = \{0.8, 0.7, 0.6, 0.1\}$。在最低特征层通过聚合图像块重建得到图像 $A' = \dfrac{1}{n}\sum_{x\in N(p)}\left\{B'[\phi_{a\rightarrow b}^L(x)]\right\}$，图像 B 的重建与之类似。

场景深度伪造效果图[13]如图 7-12 所示。该方法在纹理风格转移、颜色风格转移、草图绘画等应用均取得了良好的效果。

输入图像　　　　　　　　　　输出图像
图 7-12　场景深度伪造效果图[13]

在此基础上，研究者们进一步提升场景深度伪造的效果。Luan 等人提出一个全可导能量项，用于约束从输入到输出在颜色空间里的局部仿射性质[14]，旨在对基于深度网络所提取的逐层特征进行颜色迁移。受到 Luan 等人已有工作的启发，He 等人联合优化了匹配和局部颜色迁移，提出一个同时满足局部和全局约束的新迁移模型，从而实现颜色迁移[15]。He 等人还提出一种基于样本的局部着色深度学习方法[16]，可以对输入的灰色图像进行端到端着色。

7.2.4　艺术风格深度伪造

在人类的历史文明中，绘画一直是艺术品的主要类型，许多艺术家都创作出了具有其个人独特风格的绘画艺术作品。然而，随着深度神经网络的发展，人们可以用各种风格迁移算法和生成型伪造方法生成伪造的数字艺术图像。例如，利用 CycleGAN[17]将梵高和马蒂斯等绘画的风格迁移到其他自然图像，从而生成独特的数字艺术作品，这些生成的图像可能会被犯罪分子用于诈骗缺乏必要专业知识的人。真假艺术绘画作品示例图如图 7-13 所示。

莫奈绘画作品图像　　　　　　　　　　　AAMS方法伪造艺术图像

图 7-13　真假艺术绘画作品示例图

艺术风格深度伪造可以使用部分通用图像深度伪造方法（如 7.3 节中所述的 CycleGAN[17]）实现，也可以使用专用的艺术风格深度伪造方法实现。本小节着重介绍一种专用的艺术风格深度伪造方法——Gated-GAN[18]。

Gated-GAN 能够在单个模型中进行多种风格的迁移，其生成网络由编码器、门控转换器和解码器三个模块构成，通过门控转换器的不同分支将输入图像转换成不同的样式。为了稳定训练，编码器和解码器被组合成一个自动编码器来重建输入图像，判别网络用于区分输入图像是风格化图像还是真实图像；而辅助分类器用于识别传输图像的样式类别，从而帮助生成网络以多种样式生成图像。此外，Gated-GAN 还能够通过调查艺术家或流派学习的风格来探索新的风格。

近年来，基于文本引导的艺术图像生成方法也取得了显著发展，影响力也逐渐增强。其中最具代表性的工作就是 DALL·E[19]，它能够通过输入一串文本生成与文本描述相符，甚至是类似超现实主义的图像，使机器具备顶级画家的创造力。DALL·E 的目标是将文本序列和图像序列作为一个数据序列，通过 Transformer[20]进行自回归学习。由于图像的分辨率通常很大，所以 DALL·E 引入了一个离散 VAE（discrete VAE，dVAE）模型来降低图像的分辨率，并通过 logits 索引 codebook 的特征进行组合。在对图像进行降维之后，利用字节对编码（Byte Pair Encoding，BPE）手段对文本进行编码，将文本序列编码和图像序列编码进行拼接，并将拼接的数据输入 Transformer 中进行自回归训练。在推理阶段，通过给定一张候选图像和一条文本，Transformer 可以得到融合后的特征，然后使用离散 VAE 的解码器生成图像。最后，通过预训练好的 CLIP[21]模型计算出文本和生成图像的匹配分数。DALL·E 结构如图 7-14 所示。

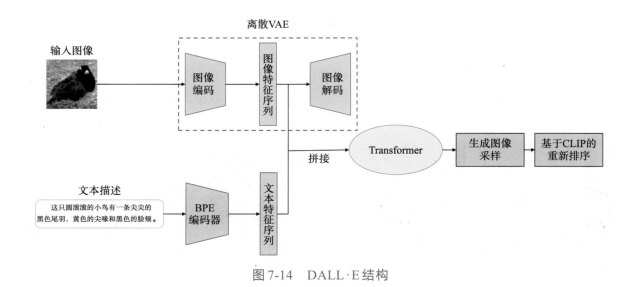

图7-14　DALL·E结构

7.3 通用图像/视频深度伪造

7.2节详细地讨论了在特定场景下应用的图像/视频深度伪造技术，本节将聚焦于通用深度伪造技术，这类技术通常具有更广泛的适用性，能够在不同的应用场景下实现多种任务。其中，生成对抗网络凭借其卓越的生成能力和独特的对抗训练机制，在多个任务和数据集上都表现出了很强的优越性。本节将以基于生成对抗网络的Pix2Pix[22]为例，介绍通用图像深度伪造方法。Pix2Pix网络示意图如图7-15所示。

图7-15　Pix2Pix网络示意图

Pix2Pix[22]是第一个基于生成对抗网络的通用图像深度伪造方法，支持从一个图像域到另一个图像域的配对转换，且在训练时需要采用成对的数据，并对生成对抗网络模型进行不同的配置。具体来说，Pix2Pix将图像翻译任务建模为给定一个输入数据 x 和随机噪声 z，由模型生成目标图像 y，即 $G\{x,z\} \rightarrow y$。由于其生成器使用以U-Net为基础的结构，因此采用U-Net中跳链接方法，将第 i 层特征和第 $n-i$ 层特征相加。输入图像的大小是256像素×256像素，使用了卷积神经网络中常用的"卷积+批标准化+ReLU"的模型结构。在编码阶段，模型会对输入图像逐步进行降采样；在解码过程中，则使用反卷积进行上采样。判别器则基于PatchGAN的结构，将图像等分成图像块后，判断每个图像块的真假，最后取平均值。Pix2Pix训练的损失函数为 $L_{cGAN}(G,D) = E_{x,y}[\log D(x,y)] + E_{x,z}[\log(1 - D(x,G(x,z)))]$。为了防止生成图像产生模糊的现象，

并进一步提升图像的生成质量，模型还引入了 L_1 损失函数 $L_{L_1}(G) = E_{x,y,z}[\|y - G(x,z)\|_1]$，所以最终的目标函数为 $G^* = \arg \min_G \max_D L_{\text{cGAN}}(G,D) + \lambda L_{L_1}(G)$。

Pix2Pix 图像转换示例图[22]如图 7-16 所示。Pix2Pix 可以实现转换操作，如语义图转街景、黑白图像上色，以及素描图变真实照片，但存在需要成对图像作为训练集的缺点。

图 7-16　Pix2Pix 图像转换示例图[22]

在 Pix2Pix 的基础上，Zhu 等人提出了 CycleGAN[17]，CycleGAN 的一个重要应用是域迁移。例如，将一张普通的风景照转化为梵高的画作，或将游戏的画面转化为真实世界的画面。与 Pix2Pix 要求训练数据必须成对出现（在许多现实应用中难以实现）不同，CycleGAN 只需要两种域的数据，不需要它们有严格的一一对应关系，这一特点使 CycleGAN 的应用更加广泛。CycleGAN 的核心思想是提出了循环一致性（Cycle-Consistency）损失函数，网络训练时需要两个数据集 X 和 Y，模型的优化目标是 $F(G(X)) \approx X$ 及 $G(F(Y)) \approx Y$。循环一致性损失函数示意图如图 7-17 所示。

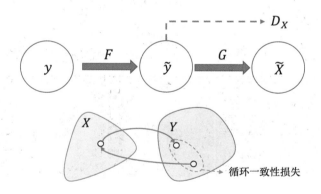

图 7-17　循环一致性损失函数示意图

CycleGAN 的损失函数由两部分组成，即 $L = L_{\text{GAN}} + L_{\text{cycle}}$。其中，$L_{\text{GAN}}$ 约束生成器和判别器相互博弈，保证生成图像的真实性；L_{cycle} 则保证生成器的输出图像和输入图像，只是风格不同而内容相同，具体公式化表达为

$$
\begin{aligned}
L_{\text{GAN}} &= L_{\text{GAN}}(G, D_Y, X, Y) + L_{\text{GAN}}(F, D_X, X, Y) \\
&= E_{y \sim p_{\text{data}}(y)}[\log D_Y(y)] + E_{x \sim p_{\text{data}}(x)}[\log(1 - D_Y(G(x)))] + \\
&\quad E_{x \sim p_{\text{data}}(x)}[\log D_X(x)] + E_{y \sim p_{\text{data}}(y)}[\log(1 - D_X(F(y)))]
\end{aligned} \tag{7.22}
$$

$$L_{\text{cycle}} = E_{x \sim p_{\text{data}}(x)} \left[\left\| F(G(x)) - x \right\|_1 \right] + E_{y \sim p_{\text{data}}(y)} \left[\left\| G(F(y)) - y \right\|_1 \right] \tag{7.23}$$

由于先前的方法将GAN视作黑盒，缺乏对隐空间和生成过程的理解，所以已有方法通常不能控制生成图像中的随机特性。因此，StyleGAN[23]借鉴了AdaIN（Adaptive Instance Normalization）[24]的自然风格转换技术来控制隐空间变量。该方法重新设计了生成器的网络结构，并通过风格注入的方式精细地控制图像的生成过程，以方便用户生成具有指定风格的内容。具体来说，该方法通过修改层级输入，在不影响其他层级视觉特征的情况下对该层级表示的视觉特征进行编辑，实现对姿势、脸型等粗粒度特征和瞳色、发色等细节特征的修改。

随着大模型的诞生，深度学习不再局限于图像生成，而是扩展到了多模态生成，能够创建逼真的图像、音频、文本及它们的组合。其中的代表作有Stable Diffusion[25]、DALL·E2[26]、Imagen[27]等，它们都是基于扩散模型的大模型生成方法。

Stable Diffusion是由Stability AI和LAION等公司共同开发的生成模型，共有1B左右的参数量，可以用于文生图、图生图、图像修复、图像超分辨率生成等任务，主要由VAE、U-Net及Clip的文本编码器三个核心模块构成。DALL·E2是OpenAI开发的生成模型，可以根据用户的输入文本生成与文本高度对应图像，主要包括CLIP模型[28]、先验模块和图像解码器；第一阶段的生成使用先验模型从文本中生成图像特征，第二阶段使用解码器完成图像生成。DALL·E2伪造效果示例[26]如图7-18所示。Imagen则是由Google提出的，承继DALL·E2的后续工作，直接用文本模型抽取文本特征，然后使用这个特征指导扩散模型生成对应文本的图像。

图7-18　DALL·E2伪造效果示例[26]

大模型具有强大的自适应学习能力，能够从大量多样的训练数据中学到不同领域的特征。用户可以通过调整模型的参数和输入条件来精准控制生成内容，从而满足各种应用场景的需求。通用伪造大模型的出现标志着数字内容生成技术的重大飞跃，为娱乐、创意设计和研究领域都提供了前所未有的可能性。然而，大模型也可能会导致虚假信息的广泛传播。因此，如何应对大模型带来的潜在内容安全问题是研究者们需要关注的重要问题之一。

7.4　语音及文本深度伪造

7.4.1　语音深度伪造

深度学习技术的进步也促进了语音合成技术的发展，现有技术已经能够合成逼真的目标人物语音。语音深度伪造在智能设备的语音交互场景中被广泛应用，如用于开发流畅的听书播报、为虚拟人物创作语音以推动多媒体内容的创作和普及。尽管语音深度伪造展现出了大量的正向应用价值，但同时带来了一些潜在风险，如模仿和冒充目标人物的声音进行电话诈骗、攻击自动说话人验证系统。

根据合成目标和适用场景的不同，可将现有语音深度伪造技术大致划分为五类：语音合成（Text to Speech，TTS）、语音转换（Voice Conversion，VC）、语音模仿（Impersonation）、语音重放攻击（Replay Attack，RA）和语音对抗攻击（Adversarial Attack）。

其中，语音合成技术能够将一段预先提供的文本内容映射为对应的目标人物语音。语音转换技术能够改变说话人的身份，将源人物语音映射为目标人物语音。语音模仿技术能够改变说话的风格，是一种强人工干预、高度非自动化的伪造手段，因此操作难度较大且语音风格类型较少，易于检测。语音重放攻击技术能够对设备预录好的目标人物语音进行回放和编辑，是一种操作门槛低、生成效果良好的伪造手段，但也存在语音内容的多样性不足、可控性较差等问题。语音对抗攻击技术能够在不影响听觉的条件下，利用对抗噪声来干扰自动说话人验证系统的判定过程，使其做出错误的决策。由于语音合成技术和语音转换技术可以修改语音的身份信息，主要攻击人类的听觉系统，危害性较大。因此，本节将对这两种语音深度伪造技术进行详细讲解。

1.语音合成技术

首先，介绍基于深度学习的语音合成技术。根据合成语音的过程和模式，该技术可大致分为流式语音合成和端到端式语音合成。

（1）流式语音合成

流式语音合成系统通常由三个核心部分组成：文本分析模块、声学模块和声码器。其中，文本分析模块负责从输入系统的文字内容中提取韵律和预测时长；声学模块负责学习和构建文字内容与声音特征的映射关系；声码器负责将声学参数转换成对应的语音波形。Arik 等人于 2017 年提出的 Deep Voice 是首个基于全深度神经网络架构的流式语音合成系统[29]，系统的每个组件均使用神经网络替换传统参数式模块。具体来说，Deep Voice 由字素转音素、音素分割、音素持续时长预测、音素基频预测及音频合成这五个模块组成，系统结构如图 7-19 所示。

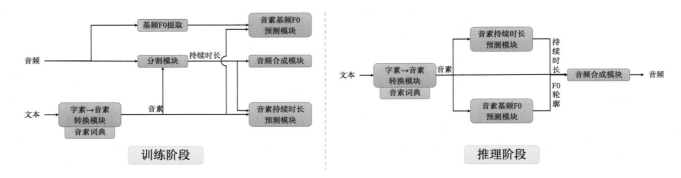

图 7-19　Deep Voice 系统结构

①字素转音素

字素转音素模块利用一个带有门控递归单元（Gated Recurrent Unit，GRU）的非线性多层双向编码器和一个具备相同深度的单向 GRU 解码器，将书面文本（如英文字符）转换成对应的音素。该模块在教师网络的强制约束下进行训练，并采用波束搜索的方式进行解码。

②音素分割

音素分割模块则利用连接主义时间分类（Connectionist Temporal Classification，CTC）损失函数对卷积递归神经网络进行训练，使其能够对齐输入音频和目标音素对，进而定位音素序列的边界。

③音素持续时长预测及音素基频预测

对于音素持续时长和音素基频 F0，Deep Voice 系统采用单一结构进行了联合预测。具体来说，音素持续时长和音素基频预测模块是一个三层的神经网络，其中前两层为具有 256 个单元的全连接层，每层后面都串联了两个具备 128 个 GRU 的单向循环层，最后一层为全连接输出层。该模块的输入是带有重音的音素序列，且每个音素和重音都被编码为一个热载体，输出则是对每个输入音素产生的三种估计：音素持续时长、音素清音的概率（该音素被发声，且存在基频的概率）和 20 个 F0 值（这些值在预测的持续时间内均匀采样）。音素相关模块的模型训练损失公式化表达为

$$L_n = |\hat{t}_n - t_n| + \lambda_1 f_{CE}(\hat{p}_n, p_n) + \lambda_2 \sum_{t=0}^{T-1} |\widehat{F0}_{n,t} - F0_{n,t}| + \lambda_3 \sum_{t=0}^{T-2} |\widehat{F0}_{n,t+1} - F0_{n,t}| \qquad (7.24)$$

其中，λ_i 表示权重系数，用于平衡各项损失；$\hat{t}_n$ 和 t_n 分别表示第 n 个音素的模型估计音素持续时长和实际的音素持续时长；$\hat{p}_n$ 和 p_n 分别表示第 n 个音素被发声的估计概率和实际概率；f_{CE} 是交叉熵函数；$\widehat{F0}_{n,t}$ 和 $F0_{n,t}$ 分别表示第 n 个音素在 t 时刻基频的估计值和真实值；T 时间的所有样本沿音素持续时长等距分布。

④音频合成

音频合成模块是 WaveNet[30] 的改进版本，其网络层数、剩余通道数（每层隐藏状态的维数）和跳连接的通道数（位于输出层之前的层输出被投影的维数）都进行了优化。该模块主要由一个基于自回归的上采样网络和调节网络两部分构成，它使用带有音素、音素持续时长和基频标注的音频进行训练。Deep Voice 的音频合成模块的结构如图 7-20 所示。

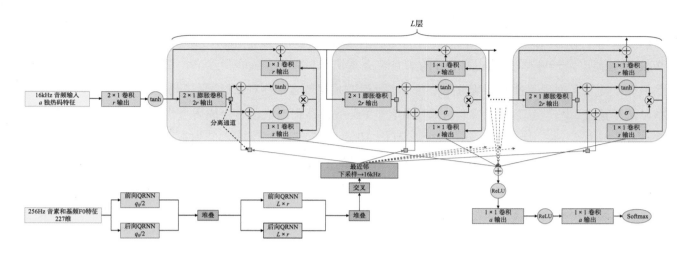

图 7-20   Deep Voice 的音频合成模块的结构

为提高合成音频的质量，同时减少模型参数、加快训练速度，Deep Voice 改进了 WaveNet 中的输入编码方式，将提取到的音素和基频 F0 特征输入由多对具备 fo-pooling（同时使用遗忘门和输出门的池化操作）功能的单向准循环神经网络（Quasi-Recurrent Neural Network，QRNN）[31]堆叠而成的双向 QRNN 层中进行编码，然后将编码结果复制到所需频率中进行上采样。每个单向 QRNN 均由公式定义，其公式化表达为

$$\tilde{h} = \tanh(W_h * x + B_h) \tag{7.25}$$

$$o = \sigma(W_o * x + B_o) \tag{7.26}$$

$$f = \sigma(W_f * x + B_f) \tag{7.27}$$

$$h_t = f_t \cdot h_{t-1} + (1 - f_t)\tilde{h}_t \tag{7.28}$$

$$z_t = o_t \cdot h_t \tag{7.29}$$

区别于以往的流式语音合成系统，Deep Voice 在推理过程中不使用分割模型，而是将音素作为音素持续时长和音素基频 F0 预测模块的输入，以便为每个音素分配持续时长并生成基频 F0 轮廓。最后，将音素、音素持续时长和基频 F0 作为局部条件输入特征一起输入音频合成模块中，生成目标语音序列。

2018 年，Ping 等人进一步研发了 Deep Voice 3.0 版本，即基于注意力机制的全卷积语音合成系统——Deep Voice 3[32]。相比于 Deep Voice 的初代版本，3.0 版本的语音合成效率有了极大提高。

得益于深度学习的强大学习能力，流式语音合成系统解决了传统方法的部分问题，但同时受制于深度学习的固有缺陷，在训练模型时需要引入大量的文本标注。此外，由于流式语音合成系统属于串行系统，不同阶段的计算会造成误差的逐步累积，所累积的误差会影响合成语音的质量。

（2）端到端式语音合成

根据解码方式的不同，可将端到端式语音合成系统分为两类：自回归类和非自回归类。

自回归类语音合成模型是基于序列-序列映射的生成模型，效果最优但合成速度较慢。例如，Oord 等人提出的语音合成算法——WaveNet[30]，使用扩张因果卷积网络，根据当前时刻的采样点特征生成下一个采样点，并通过对输入音频进行直接建模，有效减少了声码器在语音参数化阶段的音质损耗。但 WaveNet 算法仍未做到将输入文本或注音字符直接转换为语音波形并输出。

非自回归类语音合成模型能够在仅进行一次前馈计算的条件下实现完整音频的生成，是一种全并行式的网络架构。与自回归类语音合成模型相比，其合成速度快、合成效果相当且可控性强。例如，Ren 等人在 2019 年提出了一种基于 Transformer 的语音合成系统——FastSpeech[33]，从基于编码器-解码器的教师模型中提取注意力来预测音素持续时间，通过长度调节扩展源音素序列以匹配目标音素序列的长度，并生成梅尔频率谱图。与自回归类语音合成模型相比，FastSpeech 在保证语音合成质量的同时，极大地提高了语音合成的效率。

区别于传统的流式语音合成系统，端到端式语音合成系统完成了从输入（文本或注音字符）到输出（语音波形）的直接转换，其模块数量和模型复杂度得到显著降低，不仅能够减少合成算法对专家经验和语言学先验知识的依赖性，减小多阶段建模带来的累积误差，而且提高了合成语音的质量和效率。

2. 语音转换技术

由于深度模型可以直接从大规模语音数据集中学习到丰富的表征，因此基于深度学习的语音转换技术在源语音和目标语音之间能够建立精确的映射关系，从而提高语音转换的音频质量和相似度。近年来，基于深度学习的语音转换技术已被广泛应用于各种语音转换系统中。Desai 等人使用深度神经网络实现了源人物和目标人物的特征参数映射[34]，并采用了多种波形合成阶段的声码器，包括基于神经网络的声码器 WaveNet[30]、WaveRNN[35]、WaveGlow[36] 及 Parallel WaveGAN[37]。此外，使用自动编码器和生成对抗网络可以实现序列到序列的高精度转换。根据转换任务的不同，现有语音转换技术可以大致划分为一对一语音转换、多对多语音转换和少样本语音转换。

（1）一对一语音转换

一对一语音转换是指将单一源人物语音转换为单一目标人物语音。其中有代表性的是 CycleGAN-VC[38] 模型，该模型使用周期一致的对抗网络 CycleGAN 进行平行数据的语音转换，并通过具有门控的卷积神经网络和身份映射损失的映射函数，在保留语言信息的同时自适应地捕获语音顺序和分层结构。

（2）多对多语音转换

多对多语音转换是指将两个及两个以上的任意源人物语音转换为两个及两个以上的任意目标语音[39-41]。

（3）少样本语音转换

由于难以获取大量可用的人物语料，因此少样本语音转换成为目前的一大研究趋势。其中有代表性的是 GAZEV 模型[42]。

7.4.2　文本深度伪造

自然语言深度模型的发展推动文本生成进入了新的阶段，使得智能文本生成在媒体出版、电子商务及人机交互等领域得到了广泛应用，内容生产效率大幅提升。特别是在 OpenAI 推出 ChatGPT 后，各行各业对大模型文本生成的能力都有了更加深刻的认识。然而，文本生成的快速发展也导致了虚假内容的泛滥。

从文本生成输入和输出的关系来看，可将该类技术分为文本扩写、文本缩写、文本改写三类。文本扩写主要利用算法模型对输入的少量信息进行大量重写和补充，从而伪造输出文本。文本缩写则是将输入文本由多变少的过程，即输入文本相对较长而输出文本相对较短，如文本摘要、生成标题及生成综述，通常要求输出文本尽可能概括输入文本中的重要内容，需要模型衡量输入内容中的信息重要性程度。文本改写则对输入文本进行改变以达到特定的目标，如文本复述及风格迁移，通常可以将输入文本和输出文本进行短语级别的对齐。

早期的文本伪造方法通常将文本生成过程划分为三个模块：数据处理模块、文本规则实现模块及语义实现模块，通过流水线形式对这三类模块分别进行设计与计算，从而获得最终输出的伪造文本。具体来说，数据处理模块负责提取输入数据中的高层信息及其相互关系；文本规则实现模块负责确定在输出文本中需要呈现的信息和关系；语义实现模块则基于前两个模块对输出的文本语句进行规划，确保输出语句的语义、拼写等正确。这类早期方法不需要大量的标注数据，并具有较强的可解释性，但会导致大多数方法无法在不同领域间获得较好的迁移性。随后，研究人员开始采用统计方法改进文本伪造生成过程。与早期流水线框架法相比，统计方法在生成自然文本和处理复杂语言现象方面表现更好，但它们也依赖大量的标注数据和复杂的模型训练。由于不同文本伪造任务的特点各异，因此，基于统计方法的框架在各阶段的划分、设计和统计特征的选择需要针对具体任务进行定制。

在进入深度合成时代后，文本生成任务通常被视为从输入到输出的端到端转换过程，其性能显著提升，但依赖大规模标注数据且可解释性相对较弱。文本深度生成模型可以大致分为基于编码器-解码器框架的文本生成方法和基于预训练语言模型的文本生成方法。

1. 基于编码器-解码器框架的文本生成方法

基于编码器-解码器框架的文本生成方法主要通过编码器对输入信息进行处理和编码，然后通过解码器生成相应的输出文本。编码器的作用是将输入数据转换为内部表示（通常是语义向量），解码器的任务则是根据编码器生成的内部表示逐步生成输出词语序列。编码器和解码器可采用多种模型，如长短期记忆网络（LSTM）、卷积神经网络（CNN）等模型。

文本生成任务通常可以被视为序列转换问题，解决该问题的一种典型框架是 Seq2Seq 框架，该框架首先将输入数据编码成一种形式，然后将该形式解码成另一种形式的文本，使文本生成任务能够更有效地处理复杂的语言现象并满足多样化的文本生成需求。除了序列转换 Seq2Seq 框架，研究者还针对其他代表性的生成模型进行了研究，如利用扩散模型[43]通过逐步添加噪声和去噪的过程生成文本等，该类方法具有较高的生成质量和多样性。

2. 基于预训练语言模型的文本生成方法

除了基于编码器-解码器框架的文本生成方法，还有基于预训练语言模型（Pretrained Language Model，PLM）的文本生成方法。预训练语言模型是基于海量语料数据进行训练得到的语言模型，通常采用一个或多个自监督任务进行精心训练。这些模型往往参数规模极大，从数亿个到数千亿个不等，且采用不同的架构。预训练语言模型通常通过两种主要方式被应用于特定的文本伪造任务中，即面向任务的模型微调（Fine-Tuning）法、面向模型的提示（Prompting）与示例（Demonstration）法。模型微调是指在预训练语言模型的基础上，使用与目标任务相关的特定数据对模型进行进一步微调训练。在微调阶段会调整模型参数，以更好地完成对话生成、机器翻译等特定生成任务。微调的优势在于预训练语言模型已经具备了广泛的语言知识，微调过程只需要较少的任务特定数据就能显著提升模型在特定任务上的表现。提示与示例则利用预训练语言模型的学习能力，通过构造适当的输入提示或提供任务示例来引导模型生成所需的文本，例如，给定提示"用一句话总结以下段落："，模型可以生成段落的摘要，或者给定几个机器翻译的例子，模型可以根据这些例子来翻译新的句子。

代表性的预训练语言模型有 BERT[44]、RoBERTa[45]等。相对于传统的单向语言模型，BERT 采用了双向 Transformer 编码器（Bidirectional Transformer Encoder），使其能够使用掩码语言模型来实现预训练的深度双向表征。BERT 包含预训练阶段和微调阶段两个阶段。在预训练阶段，BERT 对无标签数据进行两种无监督任务学习，即掩码语言模型（Masked Language Model，MLM）和下一句预测（Next Sentence Prediction，NSP）任务；在微调阶段，使用预训练语言模型的参数作为微调模型的初始化，以便对下游任务进行建模。BERT 框架[44]如图 7-21 所示。

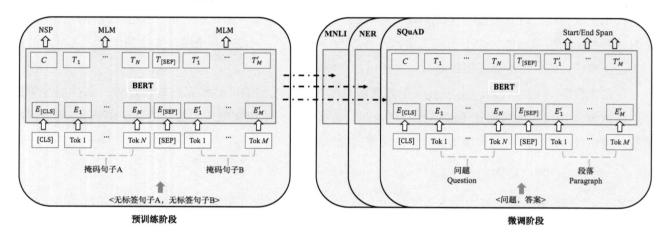

图 7-21   BERT 框架

预训练阶段首先将输入句子转为输入表征（Input Embeddings），每个词的表征由词表征（Token Embedding）、段表征（Segment Embedding）和位置表征（Position Embedding）相加而成。词表征是每个词本身的表征；段表征可以区分词的来源，提供句子来源信息；位置表征对应于每个词在句子中的相对位置。这三种表征共同组合成了 BERT 的输入表征。输入表征中含有两种特殊的 token（处理文本的最小单元或基本元素）：[CLS]和[SEP]。[CLS]代表初始 token，放置在每个序列的第一个位置，该符号对应的输出向量可作为整个句子的语义表示，用于下游的文本分类任务。[SEP]代表分割标记，用于分割两个不同的句子，以便处理句子之间的关系。随后通过双向 Transformer 编码器对输入表征进行两种无监督任务。BERT 输入表征[44]如图 7-22 所示。

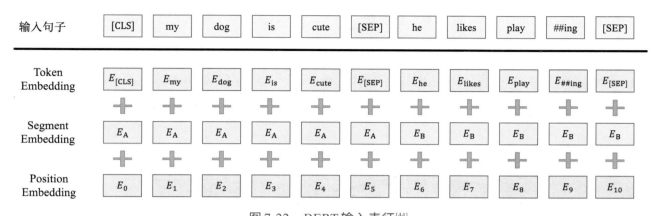

图7-22　BERT输入表征[44]

传统单向语言模型，是指通过上文tokens来预测下一个token，或者通过下文tokens来预测上一个token。与传统单向语言模型不同，双向语言模型会间接地允许每个token看见自己的信息，从而更容易地预测目标任务。MLM是一种双向语言模型，它首先按一定比例将句子中的单词随机进行掩码（Mask），并用[MASK]标记token，然后根据上下文来预测被掩码的词是什么。需要注意的是，由于这些词被掩码，所以它们不会出现在预训练阶段。然而，这些被掩码的词有可能出现在微调阶段，从而导致预测结果可能产生较大偏差。为了减少这种不匹配的问题，BERT对这些单词的80%会进行掩码，10%的会随机采用一个token替换该词，另外10%则保持不变。

NSP是一个二分类任务，用于预测某个句子B是否为句子A的下一个真实句子。若句子B是句子A的下一个真实句子，则设置其标签为"IsNext"，否则设置标签为"NotNext"。通过该任务使BERT能够理解文本之间的关系。NSP示例如图7-23所示。BERT两种无监督任务流程框架如图7-24所示。

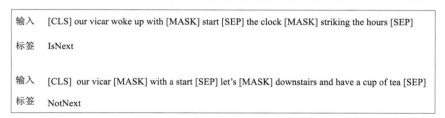

图7-23　NSP示例

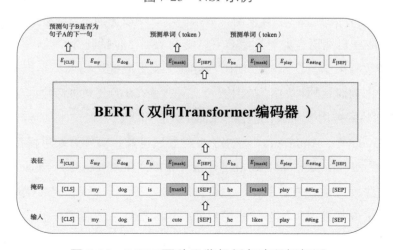

图7-24　BERT两种无监督任务流程框架[44]

BERT 由多层 Transformer 编码器堆叠而成，每个 Encoder 对应 Transformer 的 Encoder，BERT 内部结构[44]如图 7-25 所示。

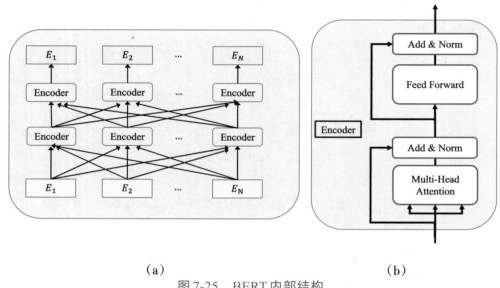

$$(a) \qquad\qquad\qquad (b)$$

图 7-25　BERT 内部结构

每个 Encoder 代表一个 Transformer 编码器。该编码器内部首先计算 Multi-Head Attention

$$\text{MultiHead}(Q,K,V) = \text{Concat}(\text{head}_1,\cdots,\text{head}_h)W^O \qquad (7.30)$$

$$\text{head}_i = \text{Attention}(QW_i^Q, KW_i^K, VW_i^V) \qquad (7.31)$$

其中，$W_i^Q \in \mathrm{R}^{d \times d_k}$，$W_i^K \in \mathrm{R}^{d \times d_k}$，$W_i^V \in \mathrm{R}^{d \times d_v}$，$W^O \in \mathrm{R}^{hd_v \times d}$，Attention 代表一次 Scaled Dot-Product Attention 计算：$\text{Attention}(Q,K,V) = \text{Softmax}(\dfrac{QK^{\mathrm{T}}}{\sqrt{d_k}})V$。而 Q、K、V 为同一个输入 x 经过三个不同的线性变换得到的：$Q = W_Q x + b_Q$，$K = W_K x + b_K$，$V = W_V x + b_V$。对于 BERT，$Q, K, V \in \mathrm{R}^{t \times d}$，其中 t 代表输入的 token 个数。

对于 MLM 任务，BERT 采用交叉熵损失函数（Cross-Entropy Loss）；对于 NSP 任务，BERT 采用二元交叉熵损失函数（Binary Cross-Entropy Loss）：$J = -\dfrac{1}{n}\sum_{i=1}^{n} y_i \log\hat{y} + (1-y_i)\log(1-\hat{y})$。预训练完成后，BERT 即可在不同的下游任务数据上对所有模型参数采用端到端微调的方式。

大语言模型文本生成在自然语言处理领域有着广泛的应用，包括问答系统、总结文档任务等方面。它通过训练大规模的语料数据来学习自然语言规律，再进一步生成能达到人类思维的自然文本。LaMDA 是一个基于 Transformer 的面向对话的神经网络架构[46]，它在 1.56TB 的公共对话数据集和网页文本上进行预训练，仅有 0.001% 的训练数据被用于微调。但由于 LaMDA 会出现较大误差，甚至产生事实性错误，因而没有大规模投入使用。Claude 基于 Anthropic，专注于打造发展可靠、可理解及可操控的人工智能系统[47]，它基于 AI 反馈的强化学习（Reinforcement Learning with Artificial Intelligence Feedback，RLAIF）和有监督的微调训练的模型，擅长深度对话、内容创作、复杂推理、创造性工作和编码。OpenAI 推出的 GPT 系列模型是目前最成功的文本生成大模型，能够按照用户的提示和引导完成各类任务。ChatGPT 自公测后上线 5 天内，全球用户数据已突破百万人，上线不到 40 天，日活跃用户已突破千万人。GPT 系列对多个行业产生了颠覆性的影响，例如，ChatGPT可以为教育行业提供帮助，通过自主提问学习新知识；可以在营销市场中充当虚拟客服，24小时在线提供服务。

目前的文本合成技术仍然存在许多缺点，如可控性不好、可解释性差及计算资源消耗大等。正是这些问题导致生成质量不可控，进而出现内容覆盖性不佳、文本多样性欠缺、内容保真性不好、内容安全性不足、段落连贯性不强等问题。文本生成作为人工智能内容生成的重要研究方向，仍有许多值得探索的地方。

7.5　特定类别图像深度伪造的检测

由于深度伪造技术不断发展可能会带来大规模的谣言扩散，给国家、社会和个人带来极大的危害，因此，针对深度伪造的检测也就越来越重要。本节主要介绍针对特定类别图像深度伪造的检测方法。需要注意的是，视频可被视为图像序列，采用同样的方法进行处理。由于人脸图像深度伪造危害性最大、研究最广泛，所以将人脸图像深度伪造检测作为本节的重点内容进行介绍。此外，本节还会对艺术图像深度伪造检测和染色图像深度伪造检测进行简要介绍。

7.5.1　人脸图像深度伪造检测

近年来，研究者们致力于开发各种人脸图像深度伪造的检测技术，以区分图像中的人脸是深度网络生成的还是相机拍摄的。这些方法主要可以分为两类：第一类是基于生物先验知识的检测方法；第二类是基于图像特征的检测方法。首先，人类作为生命体，人脸具备特殊的活体生物特征，包括会眨眼等，我们可以利用这些生物先验知识检测人脸图像深度伪造。此外，由于人脸图像深度伪造的数据载体为图像、视频，因此，我们同样可以使用真实图像与伪造图像之间不一致的图像特征来检测人脸图像深度伪造。在此，本节主要介绍几种典型的基于生物特征和图像特征的深度伪造检测方法。

1.基于生物特征的深度伪造检测

在基于生物特征的深度伪造检测方面，Hu等人说明了生成对抗网络生成的人脸图像两只眼睛之间存在不一致的角膜镜面高光[48]。换言之，在相机拍摄的真实人脸图像中，两只眼睛的角膜镜面高光是相关的，因为它们在相同的光环境下；但是在生成对抗网络模型中，由于缺乏物理/生物学因素的限制，因此生成的人脸图像两只眼睛之间的角膜镜面高光不一致。为了充分利用这一伪影，该项工作提出了一种自动的方法来比较两只眼睛角膜镜面高光，并评估其相似性。角膜镜面高光提取步骤[48]如图7-26所示。

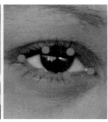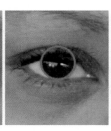

（a）人脸提取　　（b）眼部区域提取　　（c）角膜缘提取　　（d）角膜区域提取　（e）分离角膜镜面高光区域

图 7-26　角膜镜面高光提取步骤[48]

具体来说，首先利用人脸检测器来定位人脸，如图 7-26（a）所示；并且使用关键点检测器来检测人脸关键点，以获得眼睛周围的关键点并计算相关区域的范围，如图 7-26（b）所示。然后，提取角膜缘，如图 7-26（c）所示；并且使用角膜缘和眼部区域相交的作为角膜区域，如图 7-26（d）所示。基于此，使用自适应图像阈值法[49]来分离角膜镜面高光区域，如图 7-26（e）所示。因为角膜镜面高光的强度往往比背景虹膜更亮，所以只保留高于自适应阈值的像素位置。最后，将提取的两眼角膜镜面高光对齐，分别定义为 R_L 和 R_R，使用 IoU 分数，即 $\dfrac{|R_L \bigcap R_R|}{|R_L \bigcup R_R|}$，作为相似性度量。IoU 评分范围为[0,1]，值越小，表明 R_L 和 R_R 的相似性越低，输入的人脸图像更有可能是由生成对抗网络模型创建的人脸。

2.基于图像特征的深度伪造检测

在基于图像（空频域）特征的深度伪造检测方面，由于许多现有的人脸图像深度伪造方法都存在将伪造后的人脸与背景图像融合的步骤，同时该步骤通常会导致融合边界上存在固有的图像差异，因此融合边界可以被用于深度伪造检测。基于此，Li 等人提出了 Face X-ray 用于检测伪造人脸图像[50]。对于输入的图像 I，希望能够确定该图像是否是由 I_F 和 I_B 组合成的伪造图像 I_M，I_M 的公式化表达为

$$I_M = M \odot I_F + (1 - M) \odot I_B \tag{7.32}$$

其中，$\odot$ 表示逐元素乘法，I_F 表示前景人脸，I_B 表示背景图像，M 表示划分被篡改区域的掩模，每个像素的灰度值为 0.0～1.0。定义 Face X-ray 为 B，如果输入是伪造图像，则 B 代表融合边界；如果输入是真实图像，则 B 的所有像素都是 0，B 的公式化表达为

$$B_{i,j} = 4 \cdot M_{i,j} \cdot (1 - M_{i,j}) \tag{7.33}$$

其中，(i,j) 表示像素位置的索引，M 表示由输入图像 I 决定的掩码。如果输入图像是真实的，则 M 是具有全部 0 像素或全部 1 像素的空白图像；否则，M 指示了前景区域。在该方法中 M 不使用二值掩码，而是使用 3×3 的高斯核对初始二值掩码进行处理来得到 M。M 和 Face X-ray[50] 的关系如图 7-27 所示。

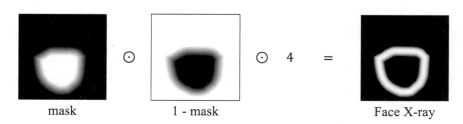

图 7-27　M 和 Face X-ray 的关系[50]

该掩码图像在判断人脸图像真伪的同时还可以指示融合边界的位置。真实/伪造图像及其对应的 Face

X-ray[50]如图7-28所示。

| 真实图像 | Face X-ray | | 伪造图像 | Face X-ray |

图7-28　真实/伪造图像及其对应的 Face X-ray[50]

Face X-ray 方法的训练过程主要包括三个阶段。在第一阶段，给定真实图像 I_B，使用人脸关键点作为匹配标准，并根据关键点之间的欧氏距离从剩余训练视频的随机子集中进行搜索。为了增加随机性，在100个最近邻的图像中，随机选择一个作为前景图像 I_F。在第二阶段，生成一个掩码来标记被篡改的区域，初始掩码为 I_B 中面部关键点的凸包。为了覆盖尽可能多的掩码形状，我们首先使用二维分段仿射变换进行随机形状变形，然后应用随机核大小的高斯模糊，得到最终的掩码。在第三阶段，使用式（7.32）和式（7.33）得到混合图像和融合边界，在此过程中使用颜色校正技术来匹配 I_F 和 I_B 的颜色。以上数据生成过程如图7-29所示。值得注意的是，该方法在训练过程中是动态生成数据的。

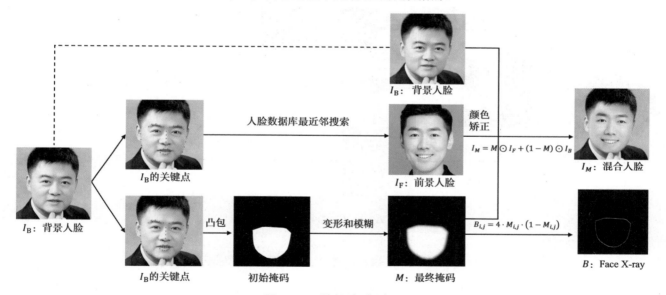

图7-29　数据生成过程

如上所述，可以利用真实数据来生成大量的训练数据，定义生成的训练集为 $D = \{I, B, c\}$。其中，I 表示图像，B 表示 Face X-ray，c 表示标签。采用基于卷积神经网络的框架，在给定输入图像 I 的情况下输出 Face X-ray，然后根据预测的 Face X-ray 输出真实或伪造的概率。定义 $\hat{B} = NN_b(I)$ 为预测出的 Face X-ray，NN_b 为全卷积神经网络，$\hat{c} = NN_c(\hat{B})$ 是预测的概率，NN_c 由全局平均池化层、全连接层和 Softmax 层组成。对 Face X-ray 所采用的损失函数公式化表达为

$$L_b = -\sum_{\{I,B\} \in D} \frac{1}{N} \sum_{i,j} \left[B_{i,j} \log \hat{B}_{i,j} + (1 - B_{i,j}) \log(1 - \hat{B}_{i,j}) \right] \tag{7.34}$$

其中，N 表示像素的数量。分类损失函数公式化表达为

$$L_c = -\sum_{\{I,c\} \in D} \left[c\log(\hat{c}) + (1-c)\log(1-\hat{c}) \right] \tag{7.35}$$

总的损失函数为 $L = \lambda L_b + L_c$，$\lambda = 100$。在训练的过程中使用反向传播进行端到端的训练。在测试阶段直接使用训练好的 NN_b 和 NN_c 进行测试，即针对测试图像 I，预测的概率 $\hat{c} = NN_c(NN_b(I))$。

随着深度学习技术和算力的提升，人脸深度伪造图像的逼真程度不断提升，而且人脸深度伪造视频的真实程度也在不断提升，因此，需要持续对相应的人脸深度伪造检测进行研究。

7.5.2 艺术图像深度伪造检测

随着 AI 生成图像的底层技术日益成熟，AI 艺术品行业，尤其是 AI 绘画行业如雨后春笋般出现。AI 生成的艺术品具有较高的逼真度，可能会被用于实施电子欺诈等不法行为。可以预见的是，针对艺术图像的深度伪造检测愈加重要。

针对艺术图像深度伪造的检测技术仍处于初级发展阶段，Bai 等人通过实验观测发现，真实艺术图像与借助风格迁移艺术图像的深度伪造在傅里叶频域存在多种统计差异[51]。基于这一发现，他们提出了基于傅里叶频域分析借助风格迁移的艺术图像深度伪造检测算法——FPGD-FA。FPGD-FA 架构如图 7-30 所示。

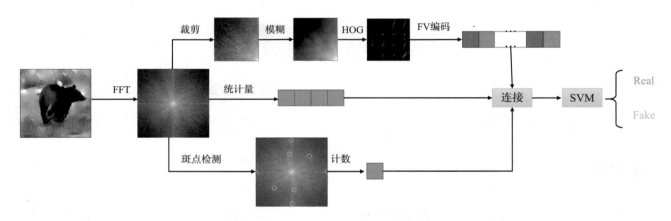

图 7-30　FPGD-FA 架构

注：快速傅里叶变换（Fast Fourier Transform，FFT）

该方法将艺术图像首先从 RGB 空间转换到 YUV 空间，针对 V 分量采用傅里叶变换来提取频域信息。实验观察可视化结果[51]如图 7-31 所示，其中，图 7-31（a）是真实图像，图 7-31（b）是 AAMS 伪造的，图 7-31（c）是 CycleGAN 伪造的，图 7-31（d）是 GatedGAN 伪造的，图 7-31（e）是斑点状伪影。在统计差异方面，真实数据和伪造数据相比光谱值变化较小，如图 7-31（a）、图 7-31（b）所示；在伪影方面，网格状的伪影在基于生成对抗网络生成的图像的光谱中有规律地出现，如图 7-31（e）所示。因此，该方法结合统计特征、方向梯度特征及斑点特征来进行艺术图像深度伪造检测。

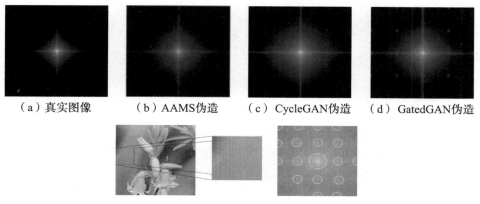

（a）真实图像　　（b）AAMS伪造　　（c）CycleGAN伪造　　（d）GatedGAN伪造

（e）斑点状伪影

图 7-31　实验观察可视化结果[51]

基于上述实验结果的分析，该方法首先采用单变量分析来描述光谱的统计特征。给定归一化的光谱 M，定义 $S = (s_1, s_2, \cdots, s_L)$ 为包含 M 所有元素的向量，计算均值、标准差、偏度、峰度，然后将其连接起来作为统计特征，其公式化表达为

$$\bar{s} = \frac{1}{L} \sum_{l=1}^{L} s_l \tag{7.36}$$

$$\sigma_s = \sqrt{\frac{1}{L-1} \sum_{l=1}^{L} (s_l - \bar{s})^2} \tag{7.37}$$

$$\text{skewness} = \frac{\sum_{l=1}^{L} \dfrac{(s_l - \bar{s})^3}{L}}{\sigma_s^3} \tag{7.38}$$

$$\text{kurtosis} = \frac{\sum_{l=1}^{L} \dfrac{(s_l - \bar{s})^4}{L}}{\sigma_s^4} - 3 \tag{7.39}$$

由于伪造艺术图像的光谱变化更明显，因此采用方向梯度直方图来捕获局部的方向梯度。由于频谱的对称性，首先将频谱的宽度和高度各自调整一半，并且剪裁左上角的 1/4 光谱来进行特征提取。然后使用高斯滤波来平滑剪裁后的频谱图，在划分单元格后，计算每个单元格的梯度方向直方图作为方向梯度直方图描述子编码。为了更好地表示频谱，将方向梯度直方图描述子编码为 Fisher 向量[52]。对于每张光谱，定义 $H = \{x_i | i = 1, \cdots, N\}$ 是一组 D 维方向梯度直方图特征，其中，N 表示单元格的数量，D 表示方向的数量。对应的 Fisher 向量公式化表达为

$$\text{FV}_\Theta = \frac{1}{N} \sum_{i=1}^{N} L_\Theta \frac{\partial \log G(x_i | \Theta)}{\partial \Theta} \tag{7.40}$$

其中，G 表示指高斯混合模型的概率分布函数，这里，使用高斯混合模型来拟合提取方向梯度直方图描述符的分布；$\Theta = \{w_k, \boldsymbol{\mu}_k, \boldsymbol{\Sigma}_k, k = 1, \cdots, K\}$ 表示高斯混合模型的参数；K 表示高斯分布的个数；w_k、$\boldsymbol{\mu}_k$、$\boldsymbol{\Sigma}_k$ 表示高斯分布 k 的权重、均值向量、协方差矩阵；L_Θ 表示 Fisher 信息矩阵的科列斯基分解（Cholesky Decomposition）。

　　针对频域的斑点特征，采用高斯差分方法（Difference of Gaussian，DOG）来检测斑点，将检测到的斑点数作为斑点特征。最后，将统计特征、方向梯度特征及斑点特征连接起来得到特征向量，采用支持向量机作为分类器。

7.5.3　染色图像深度伪造检测

　　基于深度学习的图像自动染色技术是深度伪造技术中发展较快的一种，在2016年前后，人们已能伪造出人眼真假难辨的染色深度伪造图像。Guo等人考虑到图像自动染色技术被应用在图像深度伪造领域的可能性，提出了染色图像深度伪造的检测问题[53]。为了提供有效的解决方案，他们基于当时的最新方法构建了第一个染色深度伪造图像数据集。在此基础上，他们对比了真实彩色图像与染色伪造图像颜色分布，并提出了基于直方图分布的染色伪造图像检测方法（FCID-HIST）和基于特征编码的染色伪造图像检测方法（FCID-FE）。

　　真实色彩图像与染色伪造图像颜色分布的差异[53]如图7-32所示。其中，图7-32（a）是色调通道的归一化直方图分布（自然图像），图7-32（b）是色调通道的归一化直方图分布（伪造图像），图7-32（c）是图7-32（a）和图7-32（b）中分布的绝对差，图7-32（d）是饱和度通道的归一化直方图分布（自然图像），图7-32（e）是饱和度通道的归一化直方图分布（伪造图像），图7-32（f）是图7-32（d）和图7-32（e）中分布的绝对差。如图7-32所示，自然色彩图像和伪造图像在色调通道和饱和度通道上的统计数据不同，不同染色方法生成的图像之间也存在统计差异（尤其是直方图中的峰值）。对于色调通道，与自然图像的直方图相比，伪造图像的直方图往往更平滑，并具有更显著的峰值；对于饱和通道，与自然图像的直方图相比，伪造图像的直方图也表现出不同的峰值和方差，因此，自然色彩图像和染色伪造图像在统计上是可识别的。由于FCID-HIST没有充分利用真实图像和伪造图像的统计差异，因此本小节主要介绍FCID-FE算法。

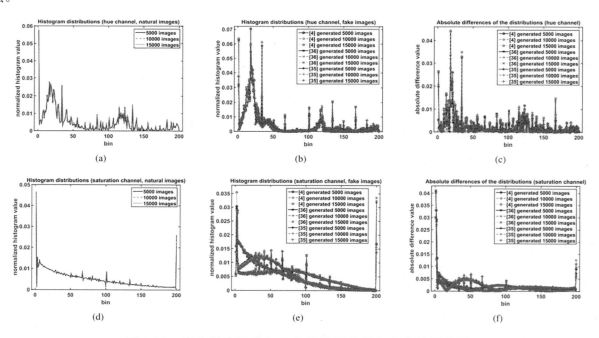

图7-32　真实色彩图像与染色伪造图像颜色分布的差异[53]

定义 I_h^β、I_s^β、I_{dc}^β、I_{bc}^β 为图像的色调、饱和度、亮通道、暗通道，其中 β 表示训练图像的索引，则亮通道、暗通道的公式化表达为

$$I_{dc}(x) = \min_{y \in \Omega(x)} \left[\min_{c_p \in (r,g,b)} I_{c_p}(y) \right] \tag{7.41}$$

$$I_{bc}(x) = \max_{y \in \Omega(x)} \left[\max_{c_p \in (r,g,b)} I_{c_p}(y) \right] \tag{7.42}$$

其中，x 表示像素位置，I_{c_p} 表示颜色通道，$\Omega(x)$ 表示以 x 为中心的局部块。

训练样本集的公式化表达为

$$\Phi\left[(z-1)*i*j + (i-1)*j + j \right] = \left[I_h^\beta(i,j)\, I_s^\beta(i,j)\, I_{dc}^\beta(i,j)\, I_{bc}^\beta(i,j) \right] \tag{7.43}$$

使用高斯混合模型建模数据分布，其公式化表达为

$$G(\Phi|\Theta) = \sum_{n=1}^{N} \log p(\Phi_n|\Theta) \tag{7.44}$$

其中，N 表示样本数量，Φ 和 Θ 表示 GMM 的参数，Θ 被定义为

$$\Theta = \omega_a, \boldsymbol{\mu}_a, \boldsymbol{\sigma}_a, \quad a = 1, \cdots, N_m, \quad \sum_{n=1}^{N_m} \omega_a = 1 \tag{7.45}$$

其中，ω_a 表示权重，$\boldsymbol{\mu}_a$ 表示均值向量，$\boldsymbol{\sigma}_a$ 表示协方差矩阵，N_m 表示高斯分布的数量。

GMM 建模的似然 Φ_m 公式化表达为

$$p(\Phi_n|\Theta) = \sum_{m=1}^{N_m} \log \omega_m p_m(\Phi_m|\Theta) \tag{7.46}$$

其中，$p_m(\Phi_m|\Theta)$ 被定义为

$$p_m(\Phi_m|\Theta) = \frac{\exp\left[-\left(\frac{1}{2}\right)(\Phi_m - \boldsymbol{\mu}_a)^{\mathrm{T}} \boldsymbol{\sigma}_a^{-1}(\Phi_m - \boldsymbol{\mu}_a) \right]}{(2\boldsymbol{\pi})^{\frac{N_v}{2}} |\boldsymbol{\sigma}_a|^{\frac{1}{2}}} \tag{7.47}$$

其中，N_v 表示每个样本向量的维度。

然后高斯混合模型可以通过确定参数集 Θ 来构建。利用确定的高斯混合模型，FCID-FE 算法利用分布的不同矩，将属于每个训练图像的样本向量子集 Φ^β 编码为 Fisher 向量[54]，其公式化表达为

$$F_{FE}^\beta = \left[\frac{\lambda_1 \delta G(\Phi^\beta|\Theta)}{\delta \omega_a} \quad \frac{\lambda_2 \delta G(\Phi^\beta|\Theta)}{\delta \boldsymbol{\mu}_{a,v}} \quad \frac{\lambda_3 \delta G(\Phi^\beta|\Theta)}{\delta \boldsymbol{\sigma}_{a,v}} \right] \tag{7.48}$$

其中，$v = 1, 2, \cdots, N_v$，且 λ_1、λ_2、λ_3 被定义为

$$\lambda_1 = \left[N\left(\frac{1}{\omega_a} + \frac{1}{\omega_1} \right) \right]^{-\frac{1}{2}} \tag{7.49}$$

$$\lambda_2 = \left(\frac{N\omega_a}{(\boldsymbol{\sigma}_{a,v})^2} \right)^{-\frac{1}{2}} \tag{7.50}$$

$$\lambda_3 = \left(\frac{2N\omega_a}{(\boldsymbol{\sigma}_{a,v})^2} \right)^{-\frac{1}{2}} \tag{7.51}$$

在得到特征后使用支持向量机来训练分类器。在测试阶段首先使用式（7.43）来构建测试样本集，然后使用式（7.47）将测试图像编码为 Fisher 向量，最后使用支持向量机来分类特征向量，进而完成伪造检测任务。

7.6 通用图像深度伪造的检测

7.5 节介绍了针对特定类别深度伪造的检测方法，虽然这些检测方法在特定的数据集和任务上往往表现出色，但在现实场景中的应用往往受限，且难以覆盖 7.2 节中所有特定类别的图像/视频深度伪造。由于基于神经网络的生成模型合成的图像在空域、频域中可能会出现一些伪影，生成对抗网络模型独特的训练机制也会给生成效果带来一定的局限性，所以可以利用这些特性进行通用图像深度伪造的检测。

此类方法通常利用卷积神经网络生成图像的伪影特征或者生成对抗网络模型的局限性进行检测。在此介绍 Zhang 等人提出的一个典型方法——AutoGAN[55]。AutoGAN 利用生成对抗网络模拟器来模拟当下流行的生成对抗网络模型中所共享的流程产生的伪影。图像转换任务的典型流程如图 7-33 所示。在图像转换任务的训练阶段，图像转换模型将真实艺术图像和真实照片图像作为输入，旨在将图像从源类别转换到目标类别。通常来说，生成器包含编码器和解码器两个子模块，编码器包含下采样层，用于从输入图像中提取高级信息并生成低分辨率特征向量；解码器则包含上采样层，它将低分辨率特征向量作为输入并输出高分辨率图像。

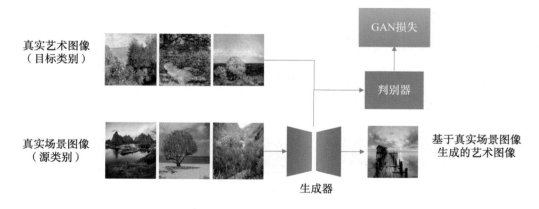

图 7-33 图像转换任务的典型流程

虽然生成对抗网络模型的结构多样化，但它们使用的上采样模块是一致的，最常用的是转置卷积和最近邻插值。转置卷积容易在频域中产生棋盘伪影；最近邻插值使用一个固定的低通卷积核，虽然能够更好地消除高频伪影，但如果移除了过多的高频信息，则会导致生成的图像过于模糊。

为了解决上述问题，在面向图像转换任务时，Zhang 等人设计 AutoGAN 结构，用于对图像进行重建，并能够在不需要任何预训练生成对抗网络模型的情况下，模拟生成对抗网络的生成过程及产生的伪影。AutoGAN 的生成器具有与生成对抗网络中生成器相似的结构，解码器包含上采样模块，如转置卷积或最近邻插值。AutoGAN 执行流程如图 7-34 所示。

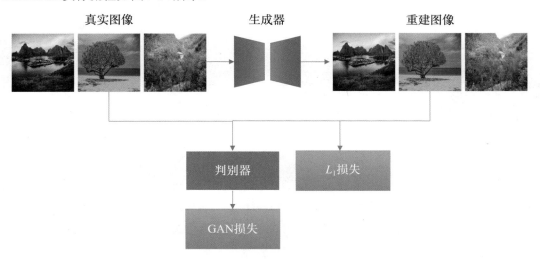

图 7-34　AutoGAN 执行流程

AutoGAN 包含一个鉴别器 D 和一个 L_1 损失，对于一般的图像转换任务，生成器的输出与原始图像本身匹配。如果训练数据集表示为 $\{I_1, \cdots, I_n\}$，则包含 n 张图像，损失函数 L 公式化表达为

$$L = \sum_{i=1}^{n} \log\left(D(I_i)\right) + \log\left(1 - D(G(I_i))\right) + \lambda\left\|I_i - G(I_i)\right\|_1 \tag{7.52}$$

其中，$G(\cdot)$ 表示判别器，$G(\cdot)$ 表示生成器，$G(I_i)$ 表示 $G(\cdot)$ 的输出，λ 表示超参数。

式（7.52）中的前两项是 GAN 损失，鉴别器和生成器通过博弈达到纳什均衡；第三项为 L_1 损失函数，使得输入和输出在 L_1 距离上尽可能相似。真实图像及采用 AutoGAN 重建的图像及其频谱[55]如图 7-35 所示。虽然重建图像看起来与真实图像非常相似，但在重建图像中仍然存在一些伪影，特别是在频域中。

图 7-35　真实图像及采用 AutoGAN 重建的图像及其频谱[55]

实验发现这种伪影表现为在频域空间的高频部分对原始图像频谱的复制，因此该研究提出了一种基于频谱输入的分类器模型，将图像频谱而非原始图像作为输入，通过模拟图像训练基于频谱的分类器。Zhang 等人使用 ImageNet 预训练的 ResNet34 作为基础网络，然后将生成对抗网络检测任务视为二元分类问题[55]。GAN 检测分类器训练过程如图 7-36 所示。在训练阶段，随机从原始的 256 像素×256 像素的图像中裁剪出 224 像素×224 像素的区域，然后对图像的 RGB 通道进行 2D DFT 变换，得到 3 个 3 通道的频谱特征

F（忽略相位信息），然后计算$\log F$并将其归一化至$[-1,1]$，最后将归一化的频谱输入伪造图像分类器。

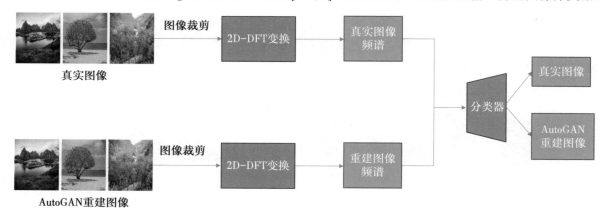

图7-36　GAN检测分类器训练过程

在此基础上，研究者们进一步探究深度伪造图像的通用检测方法。研究表明，基于生成对抗网络合成的伪造图像往往带有独有的特征，被称为生成对抗网络指纹。Yu等人首先提出使用生成对抗网络指纹进行图像溯源的研究[56]，即将图像分类为真实图像或用GANs合成的图像。此外，还可以利用生成对抗网络指纹进一步对生成模型进行溯源。实验表明，生成对抗网络训练的微小差异，如生成对抗网络的架构、训练数据和随机初始化的种子，都会导致不同的生成对抗网络指纹，这有利于图像的细粒度模型溯源。其他研究还利用生成对抗网络指纹来区分生成对抗网络合成的假脸图像[57]。生成对抗网络指纹是一种很有前途的检测线索，但是其很容易被一些简单的图像变换破坏，如噪声、模糊、JPEG压缩及主成分分析的浅层重建[58]。

除了利用生成对抗网络指纹进行检测，研究者们还利用卷积神经网络合成图像的伪影进行通用伪造检测。Wang等人创建了一个全新的卷积神经网络伪造图像的数据集[59]，该数据集由11种模型伪造的图像构成，包括生成对抗网络生成模型、超分辨率模型、DeepFake模型等。然后，Wang等人使用ProGAN生成大量的伪造图像，并以此训练一个二元分类器来检测伪造图像。实验结果表明，通过预处理、后处理及数据增强，仅在ProGAN伪造图像上训练的图像分类器，可以推广到未知的结构和方法，即卷积神经网络生成的图像存在一些共同的伪影。

7.7　语音深度伪造检测

和图像伪造检测相似，语音伪造检测的基本思路也是寻找伪造语音和真实语音之间的特征差异。7.4.1节提到，在多种语音深度伪造技术中，语音合成和语音转换可以修改音频的身份信息，攻击人类听觉系统，危害性较大，需要进行重点防御。因此，本节主要介绍针对语音合成和语音转换的语音深度伪造检测技术。

在语音合成和语音转换的过程中，往往都需要利用声码器合成语音波形，因此两者的检测方法较为类似，通常包括两个阶段。第一阶段，分析语音信号并提取具有判别性的特征。在该阶段，常用的特征有三类：频谱特征、身份特征和原始波形特征，其中频谱特征应用最为广泛。常见的频谱特征可大致分为三类：功率谱、幅度谱和相位谱，这三类频谱特征均可以通过四种不同的时频变换方式（长时变换、短时变换、全频带变换和子带变换）获得。由于在众多频谱特征中高频特征、长时变换特征和子带变换特征的检测效果更好，而且单一特征往往只能用于检测某种特定类型的伪造语音，因此，研究者更关注基于长时变换的子带特征及多特征融合。第二阶段，根据提取到的语音特征进行真伪鉴别和分类。在该阶段，早期的语音伪造检测系统主要利用传统机器学习算法（如高斯混合模型、支持向量机等），根据所提特征的类型进行真伪鉴别。

随着深度学习的发展，基于卷积神经网络的语音深度伪造检测方法成为主流。这类方法利用深度神经网络从输入语音中获取高级表征，并据此进行分类决策。值得注意的是，现有方法的检测性能往往与训练数据集的多样性强相关，因此在遇到域外的伪造语音类型时其性能难以保证。因此，当前的研究重点关注如何提升检测的泛化性。现有的语音深度伪造检测方法主要从三个角度入手，即特征提取网络结构设计、损失函数设计和深度神经网络训练方法设计。

7.7.1　特征提取网络结构设计

已有的语音伪造检测模型的特征提取网络通常采用轻量卷积网络[60]、残差网络[61]及挤压-激励网络（Squeeze-and-Excitation Networks，SENet）[62]等网络架构。此外，可以借助循环神经网络中的门控递归单元等结构对语音序列的上下文信息进行提取。

本节首先介绍 Alanis 等人提出的基于轻量卷积神经网络和递归神经网络集成的语音深度伪造检测模型——LC-GRNN[63]。该模型通过提取帧级特征和学习时间相关性来提升检测的准确率，其网络结构如图 7-37 所示。

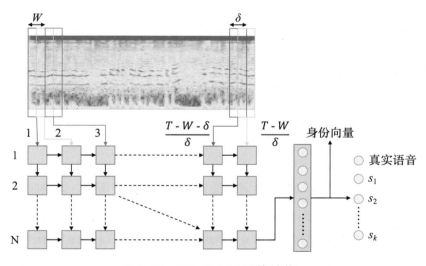

图 7-37　LC-GRNN 网络结构

具体来说，当网络中输入一段语音频谱图时，包含 N 个循环层的 LC-GRNN 会在每个时间步长内处理一个连续 W 帧的上下文窗口，即按照帧长和帧间隔逐帧提取语音内容。上下文窗口在每个时间步长内向前

移动 δ 帧，因此 LC-GRNN 的总时间步长为 $\dfrac{(T-W)}{\delta}$，其中，T 表示被处理的语音帧数。最后一个时间步长和最后一个循环层的输出将被送到具有最大特征映射（Max Feature Map，MFM）激活的全连接层，以获得整段语音的欺骗身份向量。最后，将该向量输入全连接层进行伪造检测。

区别于传统的循环神经网络，LC-GRNN 利用一组滤波器对当前状态和前一状态的特征进行卷积，以获取各隐藏层的特征表示。同时，与门控循环单元（Gated Recurrent Unit，GRU）类似，LC-GRNN 用卷积运算替换了门控循环单元中的全连接操作，构建了轻量级的门控循环单元——LC-GRU，以便在帧级别提取更多的判别特征。LC-GRU 主要由三类门组成，每类门都通过 LCNN 实现。每个 LCNN 由一个或两个 LCNN 层组成，每个 LCNN 层执行一次或两次卷积运算，然后进行最大特征映射操作，旨在通过竞争关系将输出特征映射减少 $\dfrac{1}{2}$ 因子。值得注意的是，更新门 z_t^n 和重置门 r_t^n 决定了前一帧中的哪些信息需要在下一个时间步长内进行传递，从而避开了梯度消失的风险。对于单层 LCNN，其公式化表达为

$$z_t^n = \sigma\left[\mathrm{MFM}(W_z^n * x_t^n + U_z^n * h_{t-1}^n) \right] \tag{7.53}$$

$$r_t^n = \sigma\left[\mathrm{MFM}(W_r^n * x_t^n + U_r^n * h_{t-1}^n) \right] \tag{7.54}$$

其中，*表示卷积，可将卷积层视为经过训练和优化，以检测伪造语音滤波器组。

其主要优点是可以在每个时间步长内提取帧级特征，比使用全连接层提取的特征更具判别性。类似地，更新激活门 $\tilde{h}_t^n$ 的公式化表达为

$$\tilde{h}_t^n = \tanh\left\{ \mathrm{MFM}\left[[W_h^n] * x_t^n + U_h^n * (r_t^n \odot \sigma_{t-1}^n) \right] \right\} \tag{7.55}$$

其中，$\mathrm{MFM}(\cdot)$ 表示最大特征映射函数，$\sigma(\cdot)$、$\tanh(\cdot)$ 表示门的激活函数。模型参数 W_z^n、W_r^n、W_h^n、U_z^n、U_r^n、U_h^n 是三类门的滤波器，它们在 LC-GRNN 的每个时间步长内彼此共享。此外，使用重置门存储来自过去帧的相关信息，首先需要通过与前一状态的逐元素乘法删除不相关的信息。

当模型层数较多时，检测器可能遭遇梯度消失现象，此时由于模型浅层不能及时接收到梯度更新信息，会导致深层的高级表征也无法获取。为了解决上述难题，研究人员将 ResNet 引入语音深度伪造检测领域，利用 ResNet 的跳连接结构使训练参数可以快速向网络较低层进行传播，提高了检测的准确率。

Alzantot 等人提出基于 ResNet 的检测方案[64]，针对三种不同的特征进行分数融合。相关的经典方法还有 Li 等人提出的基于 Res2Net 的检测方案[61]，以及 Parasu 等人提出的语音深度伪造监测网络——Light-ResNet[65]。

7.7.2　损失函数设计

早期工作通常选用二元交叉熵函数作为语音伪造检测模型的损失函数。为获取具有高鲁棒性的高级特征表示，在尽量缩小同类样本特征间距的同时，增大异类样本的特征间距，研究人员开始致力于通过优化损失函数设计来提升语音深度伪造检测的效果。Chen 等人提出了增强边缘余弦损失（Large Margin Cosine Loss，LMCL）函数[66]，将 Softmax 损失重整为余弦损失，迫使深度神经网络学习可最大化类间方差和最小化类内方差的特征表示。Zhang 等人[67]认为不同语音深度伪造类型间的分布是不相似的，直接拉近同类样本特征表示之间的距离会损害检测系统的泛化能力，因此，设计了一种新的损失函数——One-Class Softmax 函数，可以通过压缩真实语音的特征表示来鉴别真伪。此外，研究者们提出了核密度估计（Kernel Density Estimation，KDE）损失函数[68]、基于概率-相似度梯度的无超参数的均方误差损失函数[69]等，这些函数被用于提升语音深度伪造检测系统的泛化能力。

7.7.3　深度神经网络训练方法设计

优化深度神经网络的训练方法（如引入自监督学习、域自适应学习、对抗训练）同样能够提高检测系统的泛化能力。Jiang 等人提出了一种基于多任务自监督学习的语音深度伪造检测方案——SSAD[70]。该方法使用基于时域卷积网络的编码器提取原始音频的深层表示，同时通过最小化回归任务和二分类任务的损失帮助编码器获取更好的高级特征表示。Zhang 等人为解决数据集中信道不匹配的问题提出了多任务学习和对抗训练两种网络[71]。Ma 等人基于持续学习的思想训练检测系统，在减少对过去知识遗忘的同时，通过在真实语音中增加额外的正样本对齐约束，保持真实语音特征表示分布的一致性[72]。

7.8　文本深度伪造检测

随着各种语言大模型的发展，人们日益关注模型在各种领域中的文本产出的真实性和可靠性。例如，教师担心学生提交的作业并非其独立完成的，而是由语言大模型生成的；审稿员担心所收到的论文是否有语言大模型参与写作。此外，这类模型很有可能出现事实性错误，从而产生误导信息。为了解决这些问题，研究者们提出了针对文本深度伪造的检测框架。

白盒检测方法通过改变模型输出来植入水印，可以在生成文本后或生成文本的同时制定水印嵌入策略。前者在大语言模型完成文本生成后，在文本中加入一些隐藏的信息用于伪造检测；后者则改变大语言模型中 token 的采样机制，在生成每个 token 的过程中，根据所有 token 的概率和预设采样策略选择下一个生成词语，在这个选择过程中完成水印嵌入。

黑盒检测方法包含数据收集、特征选择和模型建立三个步骤。在数据收集阶段，通常招募专业人员进行人类文本的收集，或者从媒体、网站上收集词条数据。由于在收集数据的过程中非常容易引入模型偏见，所以该阶段对黑盒检测是至关重要的一步。例如，现有文本生成数据集主要集中在问答、故事生成等任务会给检测模型引入主题偏见。此外，大模型生成的文本往往出现固定的风格或格式，此类特征会被黑盒分类器作为主要判别性特征，从而降低黑盒检测的泛化性。

特征选择阶段通常会收集三类特征，即统计特征、语言特征和事实特征。统计特征一般用来检测生成文本和人类文本在一些常用文本统计指标上是否不同；语言特征一般包含语言学相关的特征，如词性、依存分析、情感分析；事实特征一般利用生成的反事实言论进行判别，使用事实验证区分大语言模型生成文本的信息。而模型建立可分为基于传统机器学习（如支持向量机）的检测框架和将语言模型（如 BERT）

作为主干网络的检测框架，如 Ghostbuster[73]；后者往往有更好的检测表现。本节介绍一种典型的文本深度伪造检测方法——DetectGPT[74-75]。

DetectGPT 是一种用于检测由大型语言模型生成文本的方法，其特点是基于曲率的准则。该方法优势显著，它无须训练单独的分类器，也无须收集真实或生成段落的数据集，更无须为生成的文本显式添加水印，只使用由感兴趣的模型计算的对数概率及来自另一个通用预训练语言模型的文章随机扰动。

DetectGPT 是基于 PDG（Perturbation Discrepancy Gap）的假设。该假设提出，来自源模型 p_θ 的样本通常位于 p_θ 对数概率函数的负曲率区域，这与人类文本不同。识别并利用机器生成的文本 $x \sim p_\theta(\cdot)$ 的关系[75]如图 7-38 所示。位于 $\log p_\theta(x)$ 的负曲率区域的趋势如图 7-38（a）所示，其中附近的样本平均具有较低的模型对数概率。相比之下，人类书写的文本 $x \sim p_{\mathrm{real}}(\cdot)$ 倾向于不占据具有明显负对数概率曲率的区域如图 7-38（b）所示。给定一段模型生成的文本段 $x \sim p_\theta(\cdot)$，对该文本段进行轻微的扰动（尽量不改变语义且保持文本的通顺度）产生 $\tilde{x}$，模型对加了干扰的文本倾向于给出更高的分数，这意味着模型生成的文本呈现负曲率曲线，即 $\log p_\theta(x) - \log p_\theta(\tilde{x})$ 相对于人类编写的文本应该较大。

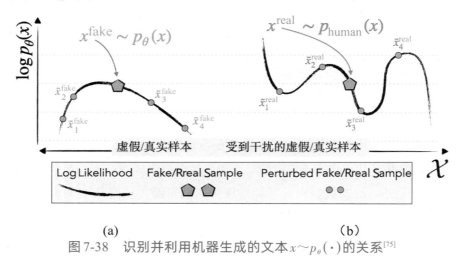

(a)　　　　　　　　　　　　　（b）

图 7-38　识别并利用机器生成的文本 $x \sim p_\theta(\cdot)$ 的关系[75]

根据扰动函数的概念，可定义扰动差异 PD 为 $d(x, p_\theta, q) \triangleq \log p_\theta(x) - E_{\tilde{x} \sim q(\cdot|x)} \log p_\theta(\tilde{x})$。基于上述 PDG 假设，模型对机器生成的文本扰动更敏感，即机器生成的文本 x 的 PD 更大，人类手写的文本 x 的 PD 更小。根据这个特征，可以通过设置 PD 的阈值来区分文本是否由机器产生。DetectGPT 检测框架如图 7-39 所示，其算法本身无须训练。

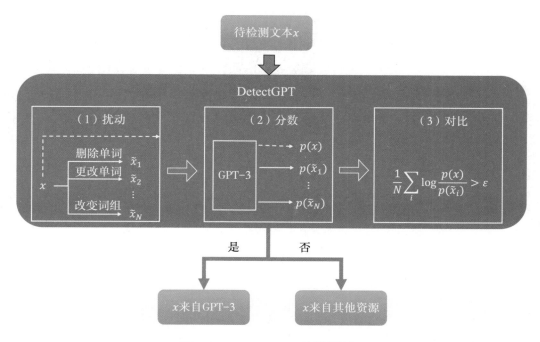

图 7-39　DetectGPT 检测框架

虽然白盒检测方法和黑盒检测方法都取得了不错的检测效果，但近些年研究者们[75]认为生成文本检测器的性能存在上限，并证明许多检测方法面对转述攻击（Paraphrasing Attacks），表现都很脆弱，包括 DetectGPT、GLTR 等典型检测框架。Liang 等人[77]的研究也表明许多检测方法可能会对非英语母语的作家产生偏见[76]。然而，随着大语言生成模型生成能力的不断提升，其生成的文本也越来越逼真，这无疑给现有的检测方法带来了巨大的挑战。因此，研究者们需要不断探索新的技术，以提高检测的灵敏度和准确性。

本章小结

本章针对人工智能生成内容安全，系统地介绍了多媒体数据的深度伪造与检测方法，帮助读者深入了解深度伪造常用的基础模型架构、常见的特定类别图像/视频深度伪造方法、通用深度伪造方法；针对各特定类型深度伪造图像/视频的特点，详细地介绍其原理及相应的检测方法，以及面向深度伪造图像的通用检测方法。此外，本章介绍了语音深度伪造、文本深度伪造的相关技术及其对应的检测技术，以供读者阅读了解。

通过对本章内容的学习，读者可以系统地学习人工智能生成内容安全，深入理解各模态数据的深度伪造及其检测技术，增强对深度伪造和深度伪造检测技术的领悟和运用，提高在人工智能生成内容安全方面的意识和应对能力。

扫码查看参考文献

CHAPTER 8 ▶ 第 8 章

人工智能主动式内容安全

第6章和第7章详细地介绍了在智能时代，多媒体数据内容所面临的被多样化伪造的安全问题，以及初步的解决方案。然而，随着人工智能技术的发展，在理想状态下，如果智能算法可以完全模拟出真实数据在采集（如图像被拍摄）过程中遗留的所有痕迹，那么就可以伪造出完全真实的、被动式防御方法难以辨别的多媒体数据内容。因此，使用与被动式防御方法互补的主动式防御方法显得尤为重要。此外，包含隐私内容或具有版权的数据也可能被攻击者恶意侵权，如被非法售卖、传播。由于被动式检测方法对于此类攻击难以进行有效防御，所以使用主动式防御方法来进行对抗也很重要。

本章将详细地介绍多媒体数据（涵盖图像、音频、文本）的典型主动式防御方法。与被动式防御方法不同，主动式防御方法需要预先对多媒体数据进行加密、水印嵌入等保护处理。当需要评估、验证该多媒体数据内容的安全性和真实性时，可对该多媒体数据进行解密、水印提取等操作，并根据所提取的结果进行判定。当前，人工智能领域对多媒体数据内容采用的典型主动式防御方法是水印，相比于传统信息安全中的密码方法，水印方法不仅在水印嵌入后的后续数据处理、分析操作时无额外运算需求（密码方法需要先解密再操作），而且可以与密码方法互补使用，因此，本章主要介绍水印方法。

数字水印

定义： 数字水印将特定的水印信息嵌入载体数字信号中，载体数字信号可能是图像、音频或文本等多媒体数据，从而形成对载体数字信号的保护，并在需要时可以利用一定的手段将所嵌入的水印信息从嵌入后的载体数字信号中提取出来。

示例： 图像数字水印示例如图8-1所示。图像水印的嵌入通常先将源图像转换到空域、频域或其他变换域（特征空间）中，然后将水印信息进行编码后嵌入变换后的特征空间中，接着将嵌入后的结果恢复到源图像控件中，就可以得到编码后的图像。若需要提取该水印，则先将嵌入水印后的载体图像变换至相应特征空间中，再利用预先设计好的水印提取方法提取水印。

原始载体图像　　　嵌入水印后的载体图像　　　原始水印图像　　　提取水印图像

图8-1　图像数字水印示例

本章内容概览如图8-2所示。根据不同的应用需求，常规的水印方法可分为鲁棒水印、脆弱水印；根据水印的部分特殊作用域，一些特殊类别的水印方法需要单独设计，如密文域水印、印刷域水印，本章将分别介绍这些方法。此外，本章也将简单介绍一些其他类别的主动式防御方法。通过对本章知识的学习，读者可以系统地了解多媒体数据的典型主动式防御方法。在本章中，需要读者重点掌握的内容包括水印方法的基本流程与概念、鲁棒水印、脆弱水印（以"*"进行标识），这些内容可以作为本科生的基础教学内容；其余进阶内容可供相关领域研究生进一步学习使用。为了更好地学习本章内容，读者需要具备的先导知识包括图像处理基础知识、图像压缩基本知识等。

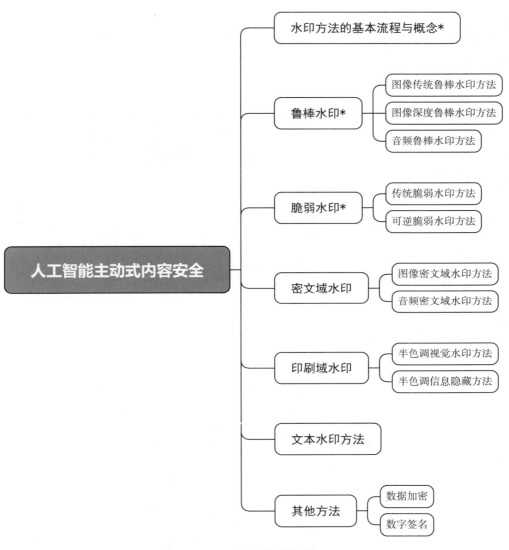

图 8-2　本章内容概览

8.1 水印方法的基本流程与概念

水印方法的基本流程如图8-3所示。水印嵌入通常是先将源数据变换到特定特征空间，如将图像转换到空域和频域，将音频转换到频域，然后将水印信息编码后嵌入变换后的特征空间中，接着将嵌入后的结果恢复到源数据空间中就可以得到编码后的数据；水印提取则将传输得到的结果变换到相同的特征空间，然后提取并解码其中的水印信息。

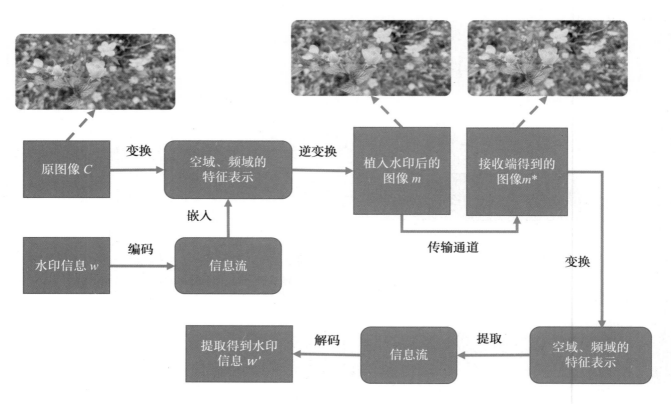

图8-3　水印方法的基本流程

水印的作用域通常包括感知域（面向图像数据即显示域）、压缩域、密文域，对于图像数据来说，还有印刷域。水印作用域示例——面向图像数据的水印作用域如图8-4所示。其中，感知域是指数据处于可以被显示/播放的数据域，在该数据域中的图像数据可直接在显示屏中被人类感知；压缩域是指数据被压缩后存储用的数据格式，在该数据域中的数据可以通过压缩/解压缩的方法（如通过JPEG压缩/解压缩算法）与感知域相互转换；密文域是指在该数据域中的数据处于被密码加密保护后的状态，在该数据域中的数据可以通过加密/解密的方法与感知域、压缩域相互转换；印刷域是指图像数据被印刷在纸质载体上的状态，在该数据域中的数据可以通过印刷、扫描/翻拍的方法与感知域相互转换。

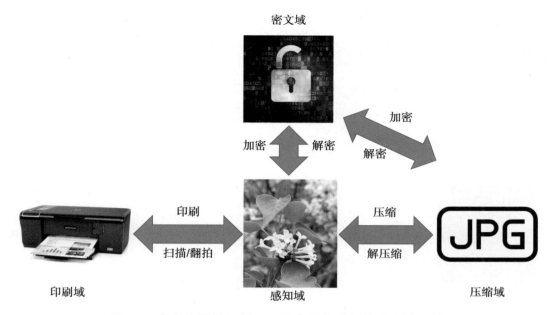

图8-4　水印作用域示例——面向图像数据的水印作用域

水印的基本性质主要包括鲁棒性、脆弱性、不可见性。水印的鲁棒性是指水印在恶意攻击下仍然不能被修改、去除的特性。例如，水印嵌入后的载体数据在其传输、存储等生命周期中经过各种后处理操作后，从该载体数据中仍然能够提取出可被识别的水印信息。与鲁棒性相反，水印的脆弱性是指水印在受到攻击时即刻损毁的特性。例如，水印嵌入后的载体数据在其传输、存储等生命周期中受到恶意篡改后，无法从该载体数据的整体或被篡改的部分中提取出可被识别的水印信息。水印的不可见性主要分为对人类感知的不可见性和对机器感知的不可见性。其中，对人类感知的不可见性是指水印嵌入后的载体数据在人类感知中与被嵌入信息前一致的特性，对机器感知的不可见性是指水印嵌入后的载体数据无法被算法分析出是否被嵌入了水印信息的特性。

由于不同应用对于水印基本性质的需求各异，且部分性质难以同时达到高水平，因此，本章后续的小节将首先围绕两种最典型的水印——鲁棒水印和脆弱水印进行介绍，随后介绍几类面向特殊作用域的水印与其他主动式内容安全方法。

8.2　鲁棒水印

鲁棒水印是一种重要的水印技术，通常在频域中将水印信息嵌入数据，用于在数据中嵌入对人类感知不可见的水印信息以证明内容的所有权，并能够在一定程度上抵抗各种形式的攻击，如压缩、旋转、裁剪、噪声、滤波，使得被嵌入的水印信息始终能被可靠地检测出来。为了进一步增强鲁棒性，一些鲁棒水印还会采用纠错编码等技术对水印信息本身进行处理，以确保水印在各种环境条件和攻击情况下都能够可靠地存储和检测。

8.2.1 图像传统鲁棒水印方法

水印信息的设计和嵌入策略是构建鲁棒水印的关键要素。在图像传统鲁棒水印方法中，由于在频域的中高频位置进行水印嵌入时通常更易满足不可见性的要求，且水印的鲁棒性相对更强，因此，已有方法通常围绕傅里叶变换域、离散小波变换域等不同频域进行方法设计。本小节分别介绍两个最具有代表性的鲁棒水印工作。

Cox等人提出了让水印更加鲁棒的技术[1]，即将水印明确地嵌入在数据感知最重要的组成部分，以类似扩频通信的方式将水印分散在多个频段中，以及使用高斯分布中随机提取的随机数构建水印。Cox等人认为，数据的有损压缩通常会消除数据感知的非显著成分，对于图像和音频而言，则通常发生在高频分量之间，故而如果将水印放置在图像感知不重要的区域或频谱上，水印会很容易被消除或影响，所以Cox等人选择将水印插入频谱的最具感知意义的区域中。扩频通信中需要在更大的带宽上传输窄带信号，使得任何单个频率中存在的信号能量都无法被检测。Cox等人借鉴了扩频通信的思想，推导出即使是在数据感知最为重要的区域中，也会存在一定的"感知容量"，即嵌入一定量的数据并不会影响数据的感知效果。如果水印分布在非常多的频率区间中，使得每个区间中的能量都非常小，那么水印也可以不被检测。因此，该方法基于该思想选择高信噪比（Signal-to-Noise Ratio，SNR）的组成部分，通过三种嵌入策略之一进行嵌入。该方法用 $X = (x_1, \cdots, x_n)$ 表示水印，其中 $x_1, \cdots, x_n$ 表示一系列实数，每个值都根据 $N(0,1)$ 独立选择。从每个待嵌入的文件 D 中提取出一个值序列 $V = (v_1, \cdots, v_n)$，然后将水印 X 嵌入 V 中，得到 V^*，再将文件 D 中的 V 替换为 V^*，产生一个新的文件 D^*。在给定 D 和 D^* 时，可以分别提取 X 和 X^* 来比较统计显著性。在将 X 插入 V 中时，该方法定义了一个尺度参数 α，决定了 X 改变 V 的程度，建模公式为

$$
\begin{array}{ll}
v'_i = v_i + \alpha x_i & \text{①} \\
v'_i = v_i (1 + \alpha x_i) & \text{②} \\
v'_i = v_i (c^{\alpha x_i}) & \text{③}
\end{array}
\tag{8.1}
$$

式（8.1）中方程①总是可逆的，而方程②和方程③在 $v_i \neq 0$ 的情况下是可逆的，实验中应满足 $v_i \neq 0$。通过给定 V 和 V^* 可以计算出 X^*，然后计算 X^* 和 X 的相似度，其公式化表达为

$$
\text{sim}(X, X^*) = \frac{X \cdot X^*}{\sqrt{X^* \cdot X^*}}
\tag{8.2}
$$

然后通过设定一个阈值 T，判断 $\text{sim}(X, X^*)$ 是否大于 T，进一步判断 X 和 X^* 是否匹配。实验证明，该方案能够有效抵御图像缩放、JPEG编码失真、抖动失真等损坏攻击，鲁棒性较强，但应对打印扫描的性能不佳。图像扩频水印方法算法伪代码如图8-5所示。

```
算法伪代码：图像扩频水印方法

输入：水印 X = x₁,⋯,xₙ，待嵌入图像文件 D，尺度参数 α
输出：水印图像文件 D*，提取水印 X*
1：从 D 中提取出值序列 V = (v₁,⋯,vₙ)
2：for i = 1 to n do
3：    v'ᵢ = vᵢ + αxᵢ
4：end for
5：V* = v'₁,⋯,v'ₙ
6：替换 D 中值序列 V 为 V*，得到 D*
7：X* = (V*−V)/α
8：return D*, X*
```

图 8-5　图像扩频水印方法算法伪代码

Lai 等人提出了另一种基于离散小波变换（Discrete Wavelet Transform，DWT）和奇异值分解（Singular Value Decomposition，SVD）的图像水印方法[2]。该方法通过一级离散小波变换将载体图像分解为四个子带后，仅对中频子带应用奇异值分解，并将水印嵌入该子带的奇异值中，以满足不可感知性和鲁棒性要求。大多数基于离散小波变换–奇异值分解的算法都是将水印的奇异值嵌入载体图像的奇异值中，而 Lai 等人则直接将水印嵌入载体图像的奇异值中，以更好地保留图像的视觉感知。离散小波变换的主要思想源自多分辨率分析，涉及在对数尺度上对恒定带宽频率通道中的图像进行分解级别，通常使用多级转换来实现。图像在离散小波变换域的第一级被分解为四个子带，分别表示为 LL、LH、HL 和 HH，其中 LH、HL 和 HH 表示最细尺度的小波系数，LL 代表粗尺度系数。LL 子带可以进一步分解以获得下一级分解，直到达到应用程序确定的所需级别数。由于人眼对低频部分即 LL 子带更加敏感，所以水印可以嵌入其他三个子带中，以保持更好的图像质量。从图像处理的角度看，图像可以被视为具有非负标量项的矩阵，尺寸为 $m \times m$ 的图像 A 的奇异值分解为 $A = USV^T$，其中，U 和 V 表示正交矩阵，U 的列表示图像 A 的左奇异向量，V 的列表示图像 A 的右奇异向量，S 则是奇异值构成的对角矩阵。基于奇异值分解的水印技术的基本思想是，找到载体图像/载体图像块的奇异值分解，然后修改奇异值以嵌入水印。在数字水印方案中采用奇异值分解方法时，如果向图像中添加小的扰动，那么其奇异值不会发生大的变化，因为奇异值代表图像的内在代数属性。Lai 等人提出的水印方案首先使用一级 Haar DWT 将载体图像分解为 LL、LH、HL、HH 四个子带，然后对 LH 和 HL 两个中频子带应用奇异值分解，其公式化表达为

$$A^k = U^k S^k V^{kT}, \ k = 1, 2 \tag{8.3}$$

其中，k 代表两个子带之一。

然后将水印分为两个部分，即 $W = W_1 + W_2$，其中 W_k 表示水印的一半，之后分别用一半水印修改 HL 和 LH 子带中的奇异值，然后对它们应用 SVD，其公式化表达为

$$S^k + \alpha W^k = U_W^k S_W^k V_W^{kT} \tag{8.4}$$

其中，α 表示比例因子，用于控制要插入的水印的强度。

由此得到两组修正后的 DWT 系数，其公式化表达为

$$A^{*k} = U^k S_W^k V^{kT}, \ k = 1,2 \tag{8.5}$$

最后，通过使用两组修正后的DWT系数和两组未修改的DWT系数执行逆DWT操作来获得水印的图像A_W。

水印提取时，使用一级Haar DWT将可能失真且带水印的图像A_W^*分解为LL、LH、HL和HH四个子带，对LH和HL子带应用SVD，其公式化表达为

$$A_W^{*k} = U^{*k} S_W^{*k} V^{*kT}, \ k = 1,2 \tag{8.6}$$

其中，k代表两个子带之一。

然后计算D^{*k}（其公式化表达为$U_W^k S_W^{*k} V_W^{*kT}$，其中$k=1,2$）。从每个子带中提取出一半的水印图像，其公式化表达为

$$W^{*k} = \frac{D^{*k} - S^k}{\alpha}, \ k = 1,2 \tag{8.7}$$

最后，结合上述结果得到嵌入水印，其公式化表达为

$$W^* = W^{*1} + W^{*2} \tag{8.8}$$

基于DWT和SVD的图像水印方法算法伪代码如图8-6所示。

算法伪代码：基于DWT和SVD的图像水印方法

输入： 载体图像A，水印$W = W_1 + W_2$

输出： 水印图像A_W，提取水印W^*

1: 使用一级Haar DWT将载体图像A分解为LL、LH、HL、HH四个子带
2: **for** $A^k \in \{HL = A^1, \ LH = A^2\}$ **do**
3:     $A^k = U^k S^k V^{kT}$
4:     $S^k + \alpha W_k = U_W^k S_W^k V_W^{kT}$
5:     $A^{*k} = U^k S_W^k V^{kT}$
6: **end for**
7: 使用A^{*1}、A^{*2}与LL、HH逆DWT变换得到A_W
8: 使用一级Haar DWT将水印图像A_W^*分解为LL、LH、HL、HH四个子带
9: $D^{*k} = U_W^k S_W^{*k} V_W^{*kT}$
10: $W^{*k} = (D^{*k} - S^k)/\alpha, \ k = 1,2$
11: $W^* = W^{*1} + W^{*2}$
12: **return** A_W, W^*

图8-6　基于DWT和SVD的图像水印方法算法伪代码

8.2.2　图像深度鲁棒水印方法

由于深度学习在图像重建类任务上不断取得成功，鲁棒水印技术也进入了深度学习时代。近年来，基于深度学习的水印深度模型不断被提出，在嵌入水印后，载体图像的视觉质量和水印信息负载方面都取得了较理想的效果，应对图像后处理和恶意干扰的鲁棒性也得到了明显增强。基于深度神经网络的水印工作模式如图8-7所示，其通常有两个输入空间，分别为待处理的图像空间C和水印信息空间W，神经网络μ_{θ_1}将水印信息编码到空间W_f的同时引入一些冗余、分解和可感知的随机噪声，以增强水印鲁棒性。与传统的

水印编码方式相似，神经网络 σ_{θ_2} 将 W_f 和 C 作为输入产生编码后的图像域 M，然后由神经网络 τ_{θ_5} 将图像域 M 转换成放大和冗余的变换空间。在转换后，变换空间保留了空间 W_f 的信息，去除了其他无关信息，如图像域 M 中的噪声。在恢复水印的过程中，利用两个神经网络 φ_{θ_3}、γ_{θ_4} 分别从变换空间中提取 W_f 及从 W_f 中解码 W。本书主要介绍三个代表性的深度鲁棒水印方法。

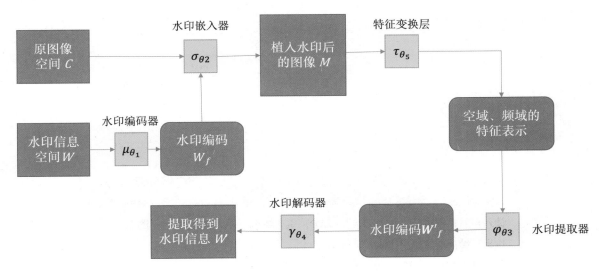

图8-7　基于深度神经网络的水印工作模式

Zhu 等人提出了第一个使用深度学习进行图像水印添加的方案——HiDDeN（Hiding Data with Deep Networks）[3]。HiDDeN 使用三个卷积网络进行水印嵌入，其中，编码器网络要求输入原图像和水印信息并输出编码后的图像（水印嵌入后的图像），解码器网络要求输入编码后的图像并从中解码出水印信息，通过嵌入判别网络来预测一个输入图像是否包含水印信息，并通过减小对抗损失来提高编码图像的质量。HiDDeN 通过最小化原图像和编码图像的差异、输入信息和解码信息的差异，以及嵌入判别网络区分编码图像的能力来进行优化。此外，在许多真实的应用场景中，图像在传输过程中存在干扰失真，HiDDeN 在编码器和解码器中间添加噪声层，对此进行建模，这些噪声层应用不同的图像变换，来模拟图像传输过程中的失真，以进行水印的鲁棒性训练。整个方法包含四个主要部分，即编码器 E_θ、无参数噪声层 N、解码器 D_φ 和嵌入判别网络 A_γ，其中 θ、φ、γ 表示训练参数。HiDDeN 网络架构[3]如图8-8所示，编码器 E_θ 接收形状为 $C \times H \times W$ 的载体图像 I_{co} 和长度为 L 的二进制水印信息 M_{in}（$M_{in} \in \{0,1\}^L$），输出和 I_{co} 形状相同的编码图像 I_{en}；噪声层 N 接收 I_{co} 和 I_{en} 作为输入，使编码图像失真以产生噪声图像 I_{no}；解码器 D_φ 从 I_{no} 中恢复水印信息 M_{out}。此外，对于给定图像 $\tilde{I} \in \{I_{co}, I_{en}\}$，嵌入判别网络 A_γ 预测 $\tilde{I}$ 为编码图像的概率为 $A(\tilde{I})$。

训练时对 θ、φ 执行随机梯度下降，以最小化以下损失

$$E_{I_{co}, M_{in}}[L_M(M_{in}, M_{out}) + \lambda_I L_I(I_{co}, I_{en}) + \lambda_G L_G(I_{en})] \tag{8.9}$$

其中，$L_M(M_{in}, M_{out}) = \dfrac{\|M_{in} - M_{out}\|^2}{L}$，$L_I(I_{co}, I_{en}) = \dfrac{\|I_{co} - I_{en}\|^2}{CHW}$，$L_G(I_{en}) = \log[1 - A_\gamma(I_{en})]$。

同时，训练鉴别器 A_γ 以最小化以下损失

$$L_A(I_{co}, I_{en}) = \log[1 - A_\gamma(I_{co})] + \log[A_\gamma(I_{en})] \tag{8.10}$$

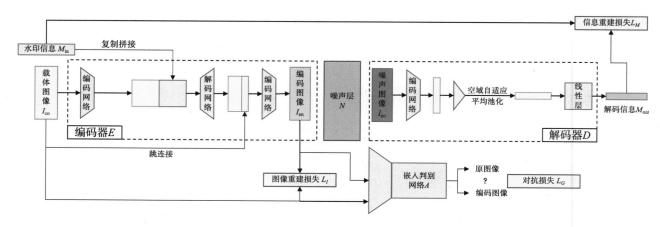

图 8-8   HiDDeN 网络架构[3]

HiDDeN 算法伪代码如图 8-9 所示。

算法伪代码：HiDDeN

输入： 载体图像 I_{co}，水印 $M_{in} \in \{0,1\}^L$，编码器 E_θ，解码器 D_φ，判别器 A_γ

输出： 编码图像 I_{en}，提取水印 M_{out}

1: **for** epoch $= 1$ **to** n **do**
2:      $I_{en} = E_\theta(M_{in}, I_{co})$
2:      $I_{no} = I_{en} + \varepsilon$ // 添加高斯噪声
3:      $M_{out} = D(I_{en})$
4:      $L_M = \|M_{in} - M_{out}\|^2 / L$
5:      $L_I = \|I_{co} - I_{en}\|^2 / (CHW)$
6:      $L_G = \log(1 - A_\gamma(I_{en}))$
7:      $\theta = \theta - \nabla_\theta(\mathcal{L}_M + \lambda_G \mathcal{L}_G + \lambda_A \mathcal{L}_A)$
8:      $\varphi = \varphi - \nabla_\varphi(\mathcal{L}_M + \lambda_G \mathcal{L}_G + \lambda_A \mathcal{L}_A)$
9:      $L_A = \log(1 - A_\gamma(I_{co})) + \log(A_\gamma(I_{en}))$
10:      $\gamma = \gamma - \nabla_\gamma L_A$
11: **end for**

图 8-9   HiDDeN 算法伪代码

在 HiDDeN 的基础上，Luo 等人提出了一个可应对未知失真的深度鲁棒水印框架[4]。该框架在网络训练过程中没有对图像失真进行显式建模，而是构建一个训练用的干扰模拟网络来模拟各种不可知失真，使该方法在未知的图像失真上也取得了较好的效果，应对未知失真的深度鲁棒水印方法架构如图 8-10 所示。该方法主要包含水印编码器 F_{enc}、干扰模拟网络 G_{adv}、水印解码器 F_{dec} 三个模块，均由卷积神经网络构成。输入的水印信息 X 首先通过通道编码器产生冗余信息 X'，然后将 X' 与输入图像 I_{co} 一起输入水印编码器 F_{enc} 中，输出编码后的图像 I_{en}，其公式化表达为 $F_{enc}(X', I_{co}) = I_{en}$。将水印解码器 F_{dec} 产生的解码信息记为 X'_{dec}，干扰模拟网络 G_{adv} 产生的受干扰样本 I_{adv} 被输入水印解码器 F_{dec} 中，由此可以获得 X'_{adv}。对抗训练产生的失真与水印模型的训练会互相适应，以提高水印的鲁棒性。对抗训练作为一种防御对抗攻击的方法，是在给定最坏失真的情况下，最小化水印信息损失的设计，可以用如下的最小最大问题（Min-Max Problem）来描述

$$\min_{\theta_{\text{enc}},\theta_{\text{dec}}} \max_{\|\delta\|\leqslant\varepsilon} \left\{ L_M\left(F_{\text{dec}}\left(F_{\text{enc}}\left(I_{\text{co}};\theta_{\text{enc}}\right)+\delta;\theta_{\text{dec}}\right),X\right)\right\} \qquad (8.11)$$

其中，θ_{enc}、θ_{dec} 表示水印编码器 F_{enc}、水印解码器 F_{dec} 的模型参数，X 表示输入的水印信息，该方法使用 L_2 范数约束对编码图像 I_{en} 的扰动 δ。但式（8.11）的优化对水印模型来说计算成本较高且过于严格，所以通过限制卷积神经网络 $G_{\text{adv}}(I;\theta_{\text{adv}})$ 生成的失真集 δ 放松约束，可以得到

$$\min_{\{\theta_{\text{enc}},\theta_{\text{dec}}\}} \max_{\left\{\left\|G_{\text{adv}}\left(I_{\text{en}}\right)-I_{\text{en}}\right\|\leqslant\varepsilon\right\}} \left\{ L_M\left(F_{\text{dec}}\left(G_{\text{adv}}\left(I_{\text{en}}\right)\right);X\right)\right\} \qquad (8.12)$$

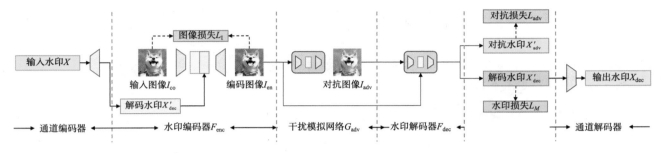

图 8-10　应对未知失真的深度鲁棒水印方法架构

使用卷积神经网络生成的受干扰样本的优点是保留生成不同图像失真的能力。此外，可以利用快速梯度符号法生成受干扰样本，但和卷积神经网络相比，该方法生成的示例多样性较差，会导致水印的鲁棒性降低。该方法最后通过最小化对抗训练损失来训练干扰模拟网络 G_{adv} 的公式化表达为

$$L_{\text{adv}} = \alpha_1^{\text{adv}}\left\| I_{\text{adv}}-I_{\text{en}}\right\|^2 - \alpha_2^{\text{adv}} L_M\left(F_{\text{dec}}\left(I_{\text{adv}}\right);X\right) \qquad (8.13)$$

其中，$I_{\text{adv}}=G_{\text{adv}}\left(I_{\text{en}}\right)$ 表示受干扰样本；L_M 表示水印信息的损失，该方案使用 L_2 损失衡量水印信息损失；α_1^{adv}、α_2^{adv} 表示标量的权重，α_1^{adv} 用来控制干扰模拟网络 G_{adv} 产生的失真强度，α_2^{adv} 用来控制 G_{adv} 产生信息损失的强度。使用一个两层卷积神经网络来模拟网络 G_{adv} 的公式化表达为

$$G_{\text{adv}}(I) = \text{Conv}_3 \circ \text{Leaky ReLU} \circ \text{Conv}_{16}(I) \qquad (8.14)$$

总体来说，要找到通过控制 G_{adv} 的复杂度及 α_1^{adv}、α_2^{adv} 的比率来控制水印攻击强度的正确平衡。干扰模拟强度过大，会导致水印网络训练缓慢，而过于简单的攻击会导致训练模型的鲁棒性较差。

在信道编码中，给定一个输入水印信息 X，信道编码器产生较长的冗余信息 X'。冗余信息 X' 通过噪声信道传输，解码器接收的信息为 X'_{no}，最后解码器从损坏的信息 X'_{no} 中恢复输入 X，即 X_{dec}。也就是说，信道编码通过向系统注入冗余来提供额外的鲁棒性。给定一个长度为 D 的二进制水印信息 X（$X \in \{0,1\}$），信道编码器产生长度为 N（$N > D$）的冗余信息 X'，从输入信息 X 生成一个信道代码 X'，然后将 X' 传递给水印编码器，在这种情况下，X' 和 X'_{dec} 之间的信道失真来自水印模型的误差。由于没有对图像失真进行显式建模，因此该方法使用二进制对称信道模型 BSC 来近似信道失真。BSC 是一个标准信道模型，它假设每个位都是独立的，并以概率 p 随机翻转。信道编码模型不会与其他水印模块联合训练，这种解耦可以防止信道模型在训练过程中和图像模型互相协同适应，导致过拟合和较差的鲁棒性。水印解编码示意图[4]如图 8-11 所示。

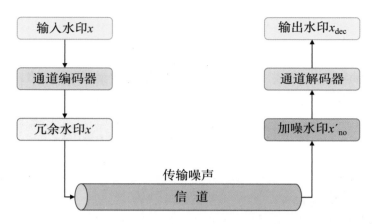

图 8-11   水印编解码示意图

该方案采用如下损失函数分别对图像损失、水印信息损失进行约束。

其中，图像损失公式化表达为

$$L_I = \alpha_1^I \left\| I_{co} - I_{en} \right\|^2 + \alpha_2^I L_G(I_{en}) \tag{8.15}$$

水印信息损失公式化表达为

$$L_M = \alpha^M \left\| X'_{dec} - X' \right\|^2 \tag{8.16}$$

干扰模拟网络的训练损失公式化表达为

$$L_{adv} = \alpha_1^{adv} \left\| I_{adv} - I_{en} \right\|^2 - \alpha_2^{adv} \left\| X'_{dec} - X' \right\|^2 \tag{8.17}$$

水印的训练损失公式化表达为

$$L_W = L_I + L_M + \alpha_W^{adv} \left\| X'_{adv} - X' \right\|^2 \tag{8.18}$$

图像损失由 L_2 损失和具有光谱归一化的对抗损失 L_G 组成，用以控制编码图像的感知质量。对于水印信息损失 L_M，使用解码信息和输入信息之间的 L_2 损失进行约束。L_{adv} 定义了干扰模拟网络的训练损失，L_W 定义了水印训练的总体损失，公式中的 α_1 和 α_2 表示每个损失项的权重，训练在更新干扰模拟网络和水印网络之间进行交替。

近年来，随着生成式人工智能技术的发展，包括深度图像转换在内的深度伪造技术所制作的深度伪造图像效果愈发逼真，可能会导致欺诈性造假等后果。通过鲁棒水印技术在其生成后对深度伪造图像进行嵌入标记，可以有效辅助区分深度伪造图像和真实图像。然而，已有的鲁棒水印技术通常只能在图像转换完成后再嵌入水印信息，这就给了恶意攻击者绕过水印嵌入步骤的可乘之机。受到 Luo 等人提出的水印框架的启发，Zhao 等人提出了一种针对图像转换的图像水印算法[5]。其整体包含水印植入生成器 WEG、判别器、失真模拟网络、水印提取器四个部分。过程为先将待转换的图像和待嵌入的水印图像一起输入水印植入生成器 WEG 中，由生成器 WEG 来完成图像转换和水印添加，接着将生成器 WEG 输出的图像输入两个分支。一个是判别器分支，用于约束生成图像的质量；另一个是水印提取分支，先经过一个失真模拟网络，用其模拟传输过程中可能遇到的后处理操作，然后输入水印提取器中，还原出水印图像。针对图像转换的图像水印算法整体架构[5]如图 8-12 所示。

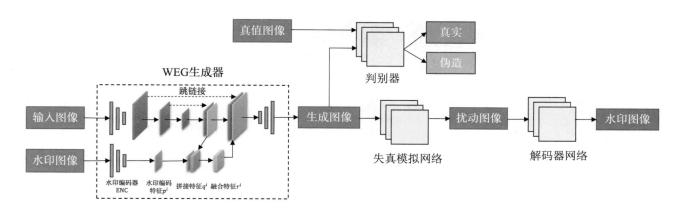

图 8-12　针对图像转换的图像水印算法整体架构

8.2.3　音频鲁棒水印方法

音频水印作为版权保护的有效手段，其鲁棒水印也涌现出许多优秀算法。音频鲁棒水印方法分类示意图如图 8-13 所示，可以从嵌入方式、提取方式、嵌入位置、设计方法等维度对其进行分类。本小节将从嵌入方式的维度，对音频鲁棒水印方法进行简要介绍。

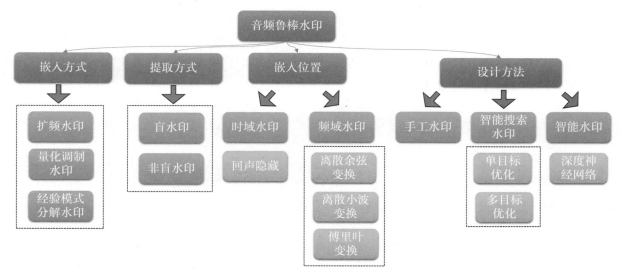

图 8-13　音频鲁棒水印方法分类示意图

从嵌入方式上看，可以将音频鲁棒水印分为扩频水印、量化调制水印和经验模式分解（Empirical Mode Decomposition，EMD）水印。

基于扩频的音频水印会将水印信号的频谱通过直接序列扩频（Direct Sequence Spread Spectrum，DSSS）或者跳频扩频（Frequency Hopping Spread Spectrum，FHSS）扩展到较宽的频带上，然后将扩展后的水印信号嵌入原始的音频中，可以通过修改部分频率分量或者时域样本等方式来实现。不同于图像的水印嵌入，在音频传输过程中，可能会出现时间延迟或其他形式的失真，因此音频水印还需要额外的同步机制来确保水印的准确提取。基于扩频的音频盲水印流程如图 8-14 所示。

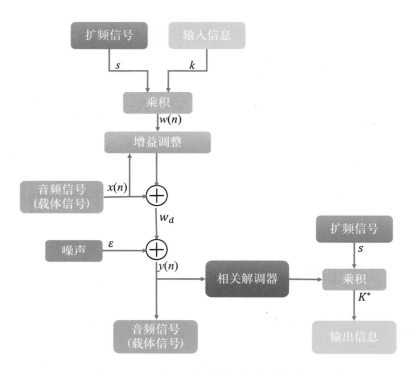

图8-14　基于扩频的音频盲水印流程

Shokri 等人提出了一种基于直接序列扩频的音频盲水印算法[6]。给定扩频前的水印信号 $k = [k(0), k(1), \cdots, k(M-1)]$（$k(m) \in \{0,1\}, m = 0,1,\cdots, M-1$）和扩频信号 $s = [s(0), s(1), \cdots, s(N_b - 1)]$，则扩频后水印信号 $w(n)$ 的公式化表达为

$$w(n) = \sum_{m=0}^{M-1} a_m s(n - mN_b) \tag{8.19}$$

其中，$a_m = 2k(m) - 1$。

扩频后的水印信号 $w(n)$ 经增益 g 放大后，与作为载体信号的音频信号 $x(n)$ 相加，即得到添加了水印的信号 $y(n)$。换句话说，直接序列扩频方法将载体信号 $x(n)$ 划分为若干个与扩频信号 s 长度相同（为 N_b）的窗口，其公式化表达为

$$x_m = [x(mN_b), x(mN_b + 1), \cdots, x(mN_b + N_b - 1)] \tag{8.20}$$

对于第 m 个窗口，若扩频前的水印信号 k 的第 m 比特为1，则 x_m 加上放大后的扩频信号 s；若扩频前的水印信号 k 的第 m 比特为0，则 x_m 减去放大后的扩频信号 s，从而得到添加了水印的音频信号的对应窗口 y_m，其公式化表达为

$$y_m = \begin{cases} gs + x_m, & a_m = 1 \\ -gs + x_m, & a_m = -1 \end{cases} \tag{8.21}$$

从 y_m 中提取水印信号时，使用极大似然估计法。具体来说，计算 y_m 与扩频信号 s 的内积，若结果不大于0，则嵌入水印信号的第 m 比特为0的可能性更大，估计 $\tilde{k}(m)$ 为0，否则估计 $\tilde{k}(m)$ 为1，其公式化表达为

$$\tilde{k}(m) = \begin{cases} 0, & \langle y_{\mathrm{m}}, s \rangle \le 0 \\ 1, & \langle y_{\mathrm{m}}, s \rangle > 0 \end{cases} \tag{8.22}$$

基于直接序列扩频的音频水印嵌入算法伪代码与基于直接序列扩频的音频水印提取算法伪代码如图8-15、图8-16所示。

算法伪代码：基于直接序列扩频的音频水印嵌入

输入：音频信号x，水印信号k（长度为M的0～1序列），扩频信号s（长度为N_b）

输出：添加了水印的音频信号y

1: **for** $m = 0$ **to** $M - 1$ **do**
2:     $a_m = 2k(m) - 1$
3:     **for** $i = 0$ **to** $N_b - 1$ **do**
4:         $y(mN_b + i) = x(mN_b + i) + a_m g s(i)$
5:     **end for**
6: **end for**

图8-15　基于直接序列扩频的音频水印嵌入算法伪代码

算法伪代码：基于直接序列扩频的音频水印提取

输入：添加了水印的音频信号y，扩频信号s（长度为N_b）

输出：水印信号$\tilde{k}$（长度为M的比特流）

1: **for** $m = 0$ **to** $M - 1$ **do**
2:     $y_m = [y(mN_b), \cdots, y(mN_b + N_b - 1)]$
3:     **if** $\langle y_m, s \rangle \le 0$ **then**
4:         $\tilde{k}(m) = 0$
5:     **else**
6:         $\tilde{k}(m) = 1$
7:     **end if**
8: **end for**

图8-16　基于直接序列扩频的音频水印提取算法伪代码

基于量化调制的音频水印会对音频信号的特定部分，如幅度、相位或频谱成分，进行量化调制，通常涉及将这些成分调整到最接近的量化级别，以反映水印信息的二进制值。在算法执行过程中，音频信号往往需要进行预处理，如分帧或应用窗函数，然后对预处理后的音频信号进行分析，以确定最适合嵌入水印的区域，最后根据水印信息对选定的信号成分进行量化调制。例如，如果水印比特为1，信号可能会被调整为更高的量化级别，反之则调整到更低的量化级别。如果信号经过了变换（如快速傅里叶变换），则嵌入水印需要进行逆变换，以恢复到时域。量化调制技术的一个重要特点是在检测水印时通常不需要原始的音频信号，检测过程中涉及对接收到的信号进行与嵌入时相同的处理步骤，然后分析量化级别的变化，以提取水印信息。量化调制音频技术在音乐版权管理、广播监控等领域有广泛应用。

基于经验模式分解的水印方法则利用音频信号的非线性和非平稳特性来嵌入和提取水印。这种方法适合处理非线性和非平稳数据，而音频信号通常具有这些特性。经验模式分解可以将原始信号分解为一组固有模式函数（Intrinsic Mode Functions，IMFs），每个固有模式函数可以代表信号中的不同频率成分。经验模式分解水印嵌入主要包含信号分解、选择固有模式函数、嵌入水印、重构信号四个步骤。原始音频信号首先通过经验模式分解为多个固有模式函数，这些固有模式函数捕捉原始信号的不同特征，如趋势或振荡模式；其次选择适合嵌入水印的固有模式函数，一般选择人耳不太敏感且音频质量不会受到显著影响的固有模式函数，继而在其中嵌入水印，这可以通过修改固有模式函数的幅度、相位或其他特性来实现；最后将修改后的固有模式函数重新组合，以生成带有水印的音频信号。在接收端，音频信号将再次通过经验模式分解，并从相应的固有模式函数中提取水印信息。这种水印的优势在于适应性强，且对原始音频信号的影响较小，通过选择适合的固有模式函数，可以在不显著降低音频质量的情况下嵌入水印，但该方法过程可能相对复杂，计算量较大。

8.3　脆弱水印

脆弱水印主要通过在数据中嵌入对机器感知不可见的水印信息来证明内容的真实性、完整性。相比于鲁棒水印，脆弱水印在受到攻击、修改时应无法提取水印信息，或者不能提取受到修改内容部分的水印，以判断内容的可信度，在公检法取证等方面有广泛的应用。

8.3.1　传统脆弱水印方法

最低有效位（Least Significant Bit，LSB）水印嵌入算法是最简单的脆弱水印方法。它通过将信息嵌入到图像像素比特位的最低位来确保嵌入信息的不可见性。由于该算法利用的是图像的每个像素中最不重要的比特位，而这些比特位在滤波、图像量化、几何变形等后处理操作中很容易被修改，嵌入的水印也随之会被破坏，因此该算法是一种脆弱水印方法。

这个算法需要使用的载体图像是 PNG、BMP 等未压缩图像，PNG 和 BMP 图像中的像素一般由 RGB 的三个通道组成。RGB 图像数值表示示意图如图 8-17 所示，单个像素的每个通道占用 8 个比特位，因此每个像素每个通道的取值范围是 0～255，即每个像素有 2^{24} 种色值。当仅更改颜色分量的最低位时，人类的眼睛不能区分其前后的变化，最低有效位水印嵌入算法就是在该位置存放水印信息。

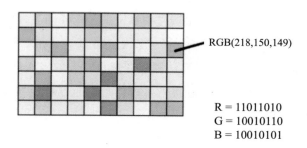

图8-17　RGB图像数值表示示意图

向图像中嵌入水印时，最低有效位水印嵌入算法首先需要将图像每个像素的RGB通道分开，并将这些颜色分量转换为二进制表示。接着，将每个颜色分量的最低位设置为0，然后将要嵌入的水印字符转换为二进制字符串，并依次填入颜色分量的最低位上，从而完成水印信息嵌入过程。最低有效位水印嵌入算法中不同阶段水印信息的示例如图8-18所示。在解码信息时，只需要将图像的前7位置零，仅保留最低位，然后将这些最低位依次提取出来并进行拼接，即可恢复原始水印信息。

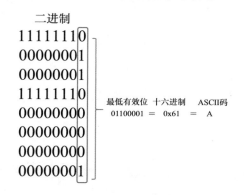

图8-18　最低有效位水印嵌入算法中不同阶段水印信息的示例

和图像最低有效位水印嵌入算法类似，音频也可以通过最低有效位水印嵌入算法添加水印。首先对音频信号进行采样，然后将采样值中重要性最低的比特位（通常为最低位）替换为水印信息的当前比特位，从而将水印信息嵌入音频信号中。例如，读取".wav"音频文件后，可以得到一系列反应声音振幅的采样点，最低有效位水印嵌入算法则将这些采样点用二进制的形式表示，并在二进制表示的最低位嵌入水印。如果最低位的值和要编码的比特内容不一致，则进行取反。修改二进制表示的最低位对原始音频数据的数值影响较小，不会引起听感变化。

最低有效位水印嵌入算法以其快速的嵌入和提取速度、简单易实现的算法特点而广受欢迎。此外，该算法在图像、视频等多媒体数据中均能够嵌入大量信息，是一种高效且实用的脆弱水印方法。

8.3.2　可逆脆弱水印方法

将数据隐藏到载体介质的过程中，包含两组主要数据，一组为水印数据，另一组为载体媒体数据。在不同的应用中，这两组数据的关系也不相同。在隐蔽通信中，隐藏数据通常与可能的载体数据无关，然而在认证中，水印数据则和载体数据密切相关。在大多数嵌入水印的情况中，载体数据会因数据隐藏导致一些失真，并且无法反转回原始数据，即在水印提取后，载体数据发生了一些永久性变形。然而，在医疗诊断、司法取证、遥感探测、高能粒子物理实验研究等场景中，将载体信息反转回原始信息至关重要，能满足这一要求的水印被称为可逆水印。在此，本书以图像为载体数据，介绍三种最经典的可逆水印算法。

Ni 等人提出的基于直方图平移的可逆水印算法利用图像直方图的极值点[7]，通过一定的规则设计，修改对应像素灰度值，将数据嵌入图像中，能够在提取水印信息后通过特定方式完全恢复原始载体图像，而不会产生任何失真。在此，我们以灰度图像为例，对于给定的灰度图像，该算法首先生成其像素灰度值直方图，并选中其中的某个零点（或最小值点）和某个最大值点。二者分别对应了图像中不包含（或包含最少）的像素灰度值和包含最多的像素灰度值。然后将两者之间的直方图向零点（或最小值点）平移，使最大值点的相邻点处取值为0，并通过将最大值点像素灰度值对应的像素修改为其相邻点的像素灰度值来嵌入信息。可以看出，嵌入容量等于最大值点取值（对应像素数量），选择最大值点是为了保证嵌入容量最大。

为了使符号简单，本节利用直方图包含唯一零点和唯一最大值点的案例简述算法原理。例如，某图像的零点对应 $h(255)$，最大值点对应 $h(154)$。第一步，按顺序遍历（如行优先遍历、列优先遍历）图像所有像素，将像素灰度值在[155,254]内的加1。此步骤相当于将直方图的范围[155,254]向右移动一个单位，并且将像素灰度值155留空。第二步，再次以相同的顺序遍历图像，一旦遇到像素灰度值为154的像素，就检查嵌入序列的下一个比特位：若下一个要嵌入比特位为1，则修改该像素灰度值为155；若下一个要嵌入比特位为0，则保持该像素灰度值不变。通过以上两步就完成了数据嵌入。除了仅使用一对零点（或最小值点）和最大值点的情况，还可以利用多对零点和最大值点提高嵌入容量。该算法拥有良好的不可见性，如图8-19所示，原始的 Lena 图像和嵌入水印后的 Lena 图像[7]在视觉效果上几乎没有差异。

（a）　　　　　　　　　　　（b）

图8-19　水印嵌入前后的 Lena 图像对比图[7]

对于某些图像，其像素灰度值直方图可能不存在零点，因此更通用的情况下使用的是最小值点，即出现最少的像素灰度值。在下面的讨论中，使用术语"最大值点"和"最小值点"。该算法步骤如下所述。

步骤1：为待嵌入图像生成直方图 $H(x)$。

步骤2：在直方图 $H(x)$ 中，找到最大值点 $h(a)$ 和最小值点 $h(b)$，其中，$a \in [0,255]$，$b \in [0,255]$。

步骤3：如果最小值点 $h(b) > 0$，则将这些像素点的坐标 (i,j) 及其像素灰度值 b 额外保存为开销信息，然后设置 $h(b) = 0$。

步骤4：不妨假设 $a < b$，将直方图 $H(x)$ 的 $x \in (a,b)$ 整个部分向右移动一个单位，这意味着所有满足 $x \in (a,b)$ 的像素灰度值 x 都加1。

步骤5：扫描图像，一旦遇到像素灰度值为 a 的像素，就检查要嵌入序列的下一个比特位，若为1，则修改像素灰度值为 $a+1$；若为0，则保持该像素灰度值为 a。

实际数据嵌入容量（纯有效负载）$C = h(a) - O$，其中 O 表示开销信息的数据量。如果所需有效载荷大于实际数据嵌入容量，则需要使用更多对的最大值点和最小值点。多对最大值点和最小值点的基于直方图平移的可逆水印嵌入算法流程[7]如图8-20所示。

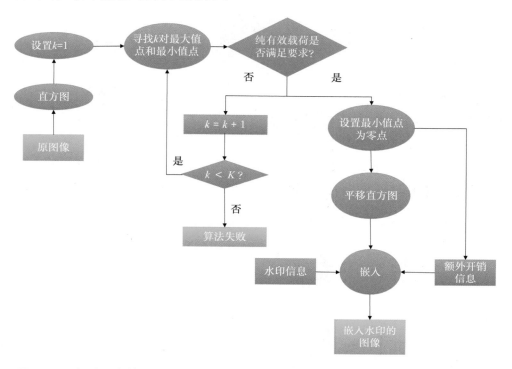

图8-20　多对最大值点和最小值点的基于直方图平移的可逆水印嵌入算法流程[7]

提取水印时，假设最大值点和最小值点的像素灰度值分别为 a 和 b，且 $a < b$，嵌入图像的尺寸为 $M \times N$，每个像素的取值范围为 $x \in [0,255]$。水印提取算法的具体步骤如下。

步骤1：按嵌入水印时的相同顺序扫描图像，若遇到灰度值为 $a+1$ 的像素，则提取比特1；若遇到灰度值为 a 的像素，则提取比特0。

步骤2：再次按相同顺序扫描图像，将位于区间 $(a,b]$ 内的所有灰度值减1。

步骤3：若有额外开销信息，即像素坐标 (i,j) 及其灰度值 b，则将对应位置的像素灰度值修改为 b。

基于直方图平移的可逆水印提取算法[7]如图8-21所示。

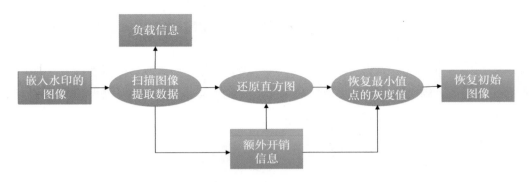

图8-21   基于直方图平移的可逆水印提取算法[7]

Tian提出了一种基于差值扩展（Difference Expansion，DE）的可逆水印算法[8]，其核心思想是计算相邻像素值的均值和差值，在保持像素对灰度值的均值不变的情况下，通过可逆改变其差值的方式使差值扩展增加，从而方便将待嵌入的水印信息比特放入扩展后的最低比特位，实现可逆水印嵌入。原始内容恢复信息、信息认证码和附加数据都将被嵌入差值中。这里先通过一个简单的例子来介绍差值扩展，假设有两个值 $x = 206$，$y = 201$，目标是可逆地嵌入一个比特 $b = 1$。首先计算 x 和 y 的整数平均值 l 和差值 h，即 $l = \left\lfloor \dfrac{206 + 201}{2} \right\rfloor = \left\lfloor \dfrac{407}{2} \right\rfloor = 203$，$h = 206 - 201 = 5$；然后将 h 用二进制表示为 $(101)_2$，并将 b 嵌入 h 的最后一位上，产生新的差值 $h' = (101b)_2 = (1011)_2 = 11$；最后基于 h' 和原始的整数平均值 l 计算出新的值，即 $x' = 203 + \left\lfloor \dfrac{11 + 1}{2} \right\rfloor = 209$，$y' = 203 - \left\lfloor \dfrac{11}{2} \right\rfloor = 198$。从嵌入对 (x', y') 中，可以提取嵌入的 b 并恢复原始数据对 (x, y)。再次计算整数平均值和差值，即 $l' = \left\lfloor \dfrac{209 + 198}{2} \right\rfloor = 203$，$h' = 209 - 198 = 11$。通过观察 h' 的二进制表示 $(1011)_2$ 提取最低位 $b = 1$，即嵌入的信息，则剩余的原始差值为 $h = (101)_2 = 5$，此时通过整数平均值 l' 和已恢复的差值 h，可以计算出原始的数据对 (x, y)。在这个例子中，将 h 的值从 3 位增加到 4 位，这个可逆的数据嵌入操作 $h' = 2 \times h + b$ 就是差值扩展。

对于 8 位的灰度值对 (x, y)，其中 $x, y \in \mathbf{Z}$，$0 \le x, y \le 255$，定义它们的整数平均值 l 和差值 h 为 $l = \left\lfloor \dfrac{x + y}{2} \right\rfloor$，$h = x - y$，则上述式子的可逆变换为

$$x = l + \left\lfloor \frac{h + 1}{2} \right\rfloor, \quad y = l - \left\lfloor \frac{h}{2} \right\rfloor \tag{8.23}$$

这个可逆变换也被称为整数 Haar 小波变换或者 S 变换，该变换建立了一个一对一的 (x, y) 到 (l, h) 的映射。为了限制 x 和 y 在 $[0, 255]$ 内，l 和 h 需要满足 $0 \le l + \left\lfloor \dfrac{h + 1}{2} \right\rfloor \le 255$，$0 \le l - \left\lfloor \dfrac{h}{2} \right\rfloor \le 255$。因为 l 和 h 都是整数，所以该不等式等价于 $|h| \le 2(255 - l)$，$|h| \le 2l + 1$。继而有不等式组

$$\begin{cases} |h| \le 2(255 - l), 128 \le l \le 255 \\ |h| \le 2l + 1, 0 \le l \le 127 \end{cases} \tag{8.24}$$

通过差值扩展将比特 b 插入差值 h 后，新的扩展差值 h' 变为 $h' = 2h + b$，那么 h' 也应该满足 $|2h| +$

$b \leqslant \min\left(2(255-l), 2l+1\right)$，即对于 $b=0$ 和 $b=1$，都应满足 $|2h+b| \leqslant \min\left(2(255-l), 2l+1\right)$。因为差值扩展不改变整数平均值 l，为了简化描述，此处将 h 在 l 下可扩展简称为 h 可扩展。对于一个可扩展的差值 h，如果通过差值扩展嵌入了一个比特位，则扩展差值 h' 应该也满足不等式约束，即从 l 和 h' 计算出的新数据对应该也满足灰度值的要求。由于每个整数都可以用 2 的倍数及其最低有效位的和来表示，新的展开差值 $h' = 2 \times \left\lfloor \dfrac{h'}{2} \right\rfloor + \mathrm{LSB}(h')$，其中 $\mathrm{LSB}(h')=0$ 或 $\mathrm{LSB}(h')=1$。如果修改了它的最低有效位，$g = 2 \times \left\lfloor \dfrac{h'}{2} \right\rfloor + b'$，其中 $b'=0$ 或 $b'=1$，那么有

$$|g| = \left| 2 \times \left\lfloor \frac{h'}{2} \right\rfloor + b' \right| = \left| 2 \times \left\lfloor \frac{2h+b}{2} \right\rfloor + b' \right| = |2h+b'| \leqslant \min\left(2(255-l), 2l+1\right) \quad (8.25)$$

该式的含义是，即使修改了差值 h' 的最低有效位，也不会导致溢出或下溢，因此可以将这种差值称为可变的。对于 $b=0$ 或 $b=1$，公式化都可表述为 $\left| 2 \times \left\lfloor \dfrac{h}{2} \right\rfloor + b \right| \leqslant \min\left(2(255-l), 2l+1\right)$，Tian 等人将其称为差值 h 在整数平均值 l 下是可变的。

基于上述定义，Tian 等人证明了如果一个差值 h 是可变的，则修改它的最低有效位后的差值 h' 仍然是可变的；如果差值 h 是可扩展的，则它也是可变的；在差值扩展后得到的差值 h' 可变的；如果 $h=0$ 或 $h=-1$，则可扩展和可变的条件是等价的。

基于上述结论，在数字图像中，可以选择一些可变的像素差值，然后在它们中嵌入水印信息。在解码时，解码器需要知道哪个差值被选择以恢复数据，为了方便使用，算法需要记录嵌入的位置信息，以便解码器可以访问并使用它进行解码，故而算法将创建一个位置图，其中包含所有选定的可扩展差值的位置信息。算法首先将原始图像分为像素值对的组，每组像素值对由两个邻近像素或两个差值较小的像素构成。例如，可以通过选择同一行、连续列上的像素来分组，即 $(i,2j-1)$ 和 $(i,2j)$ 构成一组像素对。像素对可以在整张图像上选择，也可以仅在图像的某个部分上选择。算法对每组像素对应用整数变换，然后按特定顺序将所有的像素对差值表示为列表 $\{h_1, h_2, \cdots, h_n\}$，并划分为四个不相交的差值集合 EZ、EN、CN、NC。其中，EZ 包含所有 $h=0$ 或 $h=-1$，它们都是可扩展的；EN 包含所有可扩展且不属于 EZ 的 h；CN 包含所有可变且不属于 EZ 或 EN 的 h；NC 包含所有不可变的 h。每个差值属于且仅属于上述四个集合中的一个。由于可扩展差值是可变的，所以整个可变差值的集合是 EZ∪EN∪CN。然后算法将创建一个选定的可扩展差值的位置图。其中，EZ 的每个差值都将被用于差值扩展；根据有效载荷大小，EN 中的部分差值将被用于差值扩展，该部分记为 EN1，其余部分记为 EN2。然后利用算法创建一个位图作为位置图，其总位数等于像素对数量。例如，采用上述所有像素的水平配对的方法时，位置图的尺寸为原图像的高度与其一半的宽度的乘积。对于 EZ∪EN1 的 h，在位置图中赋值为 1；对于 EZ∪CN∪NC 中的 h，在位置图中赋值为 0。1 代表一个可选择的可扩展插值，然后位置图将通过相关算法进行无损压缩，并追加结束符标记。而后，算法将记录 EZ2 和 CN 中差值的原始最低有效位，EN2∪CN 中 h 的最低有效位 $\mathrm{LSB}(h)$ 被记为比特流 C。但对于 EN2∪CN 中 $h=1$ 或 $h=-2$ 的差值，由于这些值（分别为 1 和 0）可以由位置图确定，所以将不记录它们的最低有效位。然后将位置图 L、原始最低有效位 C 和有效载荷 P（有效载荷 P 包含原始图像的身份验证哈希值）组合在一起成为一个二进制比特流 B，即 $B = L \cup C \cup P = b_1 b_2 \cdots b_m$。基于差值扩展的可逆水印嵌入算法伪代码如图 8-22 所示。

基于差值扩展的数据嵌入后的差值[8]如表 8-1 所示。在完成所有的嵌入后，可以使用逆整数变换来获得嵌入水印的图像。

```
算法伪代码：基于差值扩展的可逆水印嵌入

输入：差值序列 h₁,…,hₘ
输出：输出水印的差值序列 h'₁,…,h'ₘ

1: set i = 1 and j = 0
2: while (i ≤ m)
3:      j = j + 1
4:      if hⱼ ∈ (EZ∪EN1) then
5:          hⱼ = 2 × hⱼ + bᵢ
6:          i = i + 1
7:      else if hⱼ ∈ (EN2∪CN) then
8:          hⱼ = 2 × ⌊hⱼ/2⌋ + bᵢ
9:          i = i + 1
10:     end if
11: end
```

图 8-22 基于差值扩展的可逆水印嵌入算法伪代码

表 8-1 基于差值扩展的数据嵌入后的差值

类别	原始集合	原始值	位置图值	新值	新集合
可变	EZ 或 EN1	h	1	$2 \times h + b$	CH
	EN2 或 CN	h	0	$2 \times \left\lfloor \dfrac{h}{2} \right\rfloor + b$	
不可变	NC	h	0	h	NC

Thodi 等人在差值扩展的基础上引入了预测误差扩展[9]，提出了基于预测误差扩展的可逆水印嵌入方法，实现了更高的水印信息嵌入容量。嵌入过程包括从一个像素的邻域计算预测误差（Prediction Error，PE），然后将水印信息比特嵌入扩展预测误差中。像素强度 a 和它的预测强度 $\hat{a}$ 之间的差值为预测误差 p，即 $p = a - \hat{a}$。在 p 中嵌入一个比特 i，生成水印值预测误差（用 p_w 表示），$p_w = p \oplus i = 2p + i$，则水印像素强度为 $a_w = \hat{a} + p_w$。从 p_w 的最低有效位提取嵌入的信息比特，则原始的像素强度恢复为 $a = \hat{a} + \left\lfloor \dfrac{p_w}{2} \right\rfloor$。对于 n 位图像表示，预测误差展开的可逆性区域为 $R_p(\hat{a}) = [-\hat{a}, 2^n - 1 - \hat{a}]$。载体图像 I 可以被解耦成预测图像 $\hat{I}$ 和预测误差 $P(i,j) = p$，即 $I = \hat{I} + P$，而嵌入图像可以表示为 $I_w = \hat{I} + P_w$。像素 a 的邻域像素记为 c_1、c_2、c_3，则预测值的公式化表达为

$$
\tilde{a} = \begin{cases} \max(c_2, c_3), & c_1 \leqslant \min(c_2, c_3) \\ \min(c_2, c_3), & c_1 \geqslant \max(c_1, c_3) \\ c_2 + c_3 - c_1, & \text{其他} \end{cases} \tag{8.26}
$$

预测像素值为 $\hat{a} = 2\left\lfloor \dfrac{\tilde{a}}{2} \right\rfloor$。

像素强度 a 的邻域定义示意图[9]如图 8-23 所示。

c_1	c_2
c_3	a

图 8-23　像素强度 a 的邻域定义示意图

8.4　密文域水印

8.4.1　图像密文域水印方法

图像密文域水印技术是近年来水印与密文计算交叉的研究热点。图像密文域水印技术的核心内容为密文域可逆信息隐藏（Reversible Data Hiding in Encrypted Images，RDHEI）技术[10]，通过直接在加密的文件上进行操作，来实现图像内容不被泄露条件下的信息嵌入。不同用户可以根据自身的权限与需求，使用不同密钥进行图像内容解密、嵌入信息提取，以及原始信号无损恢复等操作。密文域可逆信息隐藏主要包括三方：内容持有者、数据隐藏者和接收者。在此，本书以 Zhang 等人提出的方法[10]为例进行介绍。图像密文域水印嵌入及提取流程[10]如图 8-24 所示。内容持有者使用加密密钥对原始图像进行加密，以保护其内容安全。随后，数据隐藏者需要在不知道原始图像的情况下，仍可以使用数据隐藏密钥将水印直接嵌入加密图像中。接收者收到嵌入水印的加密图像后，可以直接使用加密密钥得到嵌入了隐藏水印的解密图像；也可以首先使用数据隐藏密钥提取水印并恢复原始加密图像，再解密得到原始无水印图像。详细的流程介绍如下。

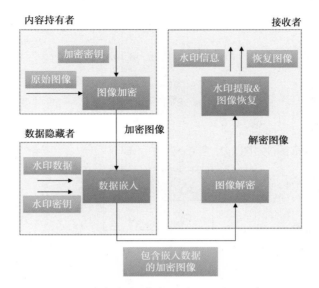

图8-24　图像密文域水印嵌入及提取流程[10]

1. 图像加密

假设原始图像是未压缩格式，每个像素的灰度值由8比特表示。将一个像素的比特表示为 $b_{i,j,0}, b_{i,j,1}, \cdots, b_{i,j,7}$，其中 (i,j) 表示像素位置，若 $p_{i,j}$ 表示像素灰度值，可得

$$b_{i,j,k} = \left\lfloor \frac{p_{i,j}}{2^k} \right\rfloor \bmod 2, \ k = 0, 1, \cdots, 7 \tag{8.27}$$

也可得

$$p_{i,j} = \sum_{k=0}^{7} b_{i,j,k} \cdot 2^k \tag{8.28}$$

在加密阶段，计算原始比特和伪随机比特的异或结果为

$$B_{i,j,k} = b_{i,j,k} \oplus r_{i,j,k} \tag{8.29}$$

其中，$r_{i,j,k}$ 由一个使用了标准流密码的加密密钥确定。

随后，$B_{i,j,k}$ 被按顺序串联起来作为密文数据。这里可以使用多种安全流密码方法来确保没有加密密钥的任何人（如潜在的攻击者或数据隐藏者）均无法从密文数据中获取有关原始内容的任何信息。

2. 信息嵌入

数据隐藏者可以通过对部分加密数据进行修改的方式将附加信息嵌入密文图像中。首先，数据隐藏者将加密图像分割为多个大小为 s^2 的不重叠块。换句话说，满足 $(m-1)s+1 \leqslant i \leqslant ms$，$(n-1)s+1 \leqslant j \leqslant ns$，$0 \leqslant k \leqslant 7$（$m$ 和 n 为正整数）的加密位 $B_{i,j,k}$ 位于同一个块内。然后，每个块将被用于嵌入1比特水印信息。

对于每个块，根据数据隐藏密钥伪随机地将 s^2 个像素分为 S_0 和 S_1 两个集合，每个像素属于 S_0 或 S_1 的概率是 $\frac{1}{2}$。如果要嵌入的水印信息当前比特为0，则翻转 S_0 中每个密文像素的3个最低有效位，即

$$B'_{i,j,k} = \overline{B_{i,j,k}}, \ (i,j) \in S_0, \ k = 0, 1, 2 \tag{8.30}$$

如果附加位为1，则翻转 S_1 中像素的3个加密的最低有效位 LSB，即

$$B'_{i,j,k} = \overline{B_{i,j,k}}, \ (i,j) \in S_1, \ k = 0, 1, 2 \tag{8.31}$$

其他密文比特位保持不变。

图像密文域水印的图像加密与信息嵌入算法伪代码如图 8-25 所示。

算法伪代码：图像密文域水印的图像加密与信息嵌入

输入： 宿主图像 $\{b_{i,j,k} | k = 0, 1, \cdots, 7\}$，密钥 $\{r_{i,j,k} | k = 0, 1, \cdots, 7\}$

输出： 隐写密文图像 $\{B'_{i,j,k} | k = 0, 1, \cdots, 7\}$

1: $B_{i,j,k} = b_{i,j,k} \oplus r_{i,j,k}$ // 计算密文数据

2: **for** $S \in \{$宿主图像中 $s \times s$ 大小的块$\}$ **then**

3:     将 S 中的像素随机分为 S_0 和 S_1 两个集合

4:     **if** 对应嵌入比特 = 0 **then**

5:         $B'_{i,j,k} = \overline{B_{i,j,k}}, \ (i,j) \in S_0 \ \text{and} \ k = 0, 1, 2$

6:     **else**

7:         $B'_{i,j,k} = \overline{B_{i,j,k}}, \ (i,j) \in S_1 \ \text{and} \ k = 0, 1, 2$

8:     **end if**

9: **end for**

图 8-25　图像密文域水印的图像加密与信息嵌入算法伪代码

3. 信息提取与图像恢复

接收者获得包含水印的密文图像后，通过计算接收数据与根据加密密钥生成 $r_{i,j,k}$ 的异或，获得解密图像，记各比特位为 $b'_{i,j,k}$。这样，每个像素的五个最高有效比特位将恢复为与原始图像的完全相同，保证了水印的不可见性。对于任一像素，如果包含该像素的块中的嵌入比特位为 0 且该像素属于 S_1，或者嵌入比特位为 1 且该像素属于 S_0，则嵌入后的水印不会影响该像素的任何加密位。此时，解密图像的三个最低有效位与原始图像也完全相同。如果包含该像素的块中的嵌入比特位为 0 且该像素属于 S_0，或者嵌入比特位为 1 且该像素属于 S_1，则解密图像的三个最低有效比特位为

$$b'_{i,j,k} = r_{i,j,k} \oplus B'_{i,j,k} = r_{i,j,k} \oplus \overline{B_{i,j,k}} = r_{i,j,k} \oplus \overline{b_{i,j,k} \oplus r_{i,j,k}} = \overline{b_{i,j,k}}, \ k = 0, 1, 2 \tag{8.32}$$

这意味着解密后的三个最低有效位与原始版本不一致。在这种情况下，有

$$b'_{i,j,k} + b_{i,j,k} = 1, \ k = 0, 1, 2 \tag{8.33}$$

因此，三个解密的最低有效位和三个原始最低有效位的十进制值之和必须为 7。解密后的灰度值与原始灰度值之间的平均能量误差公式化表达为

$$E_A = \frac{1}{8} \sum_{u=0}^{7} \left[u - (7 - u) \right]^2 = 21 \tag{8.34}$$

由于最低解密不正确的概率为 $\frac{1}{2}$，当使用解密后的数据重建图像时，解密后的图像中的峰值信噪比（PSNR）公式化表达为

$$\text{PSNR} = 10 \times \log_{10} \frac{255^2}{\frac{E_A}{2}} \approx 37.9 \text{dB} \tag{8.35}$$

随后，接收者将提取出嵌入的比特位信息，并从加密图像中恢复原始内容。接收者根据数据隐藏密钥将解密图像分割成块，并以相同的方式将各个块内的像素划分为两个集合。对于每个解密后的块，接收者将 S_0 和 S_1 中像素的所有三个最低有效位翻转，以形成两个新块 H_0 和 H_1。此时，H_0 和 H_1 中必定有一个与原始图像对应块相同，而另一个块是原始图像对应块最低有效位翻转后的受干扰版本。对于大小为 s^2 的两个块，接收者可以定义一个函数来衡量它们在干扰下产生的波动，即

$$f = \sum_{u=2}^{s-1} \sum_{v=2}^{s-1} \left| p_{u,v} - \frac{p_{u-1,v} + p_{u,v-1} + p_{u+1,v} + p_{u,v+1}}{4} \right| \tag{8.36}$$

将 H_0 和 H_1 的函数值分别表示为 f_0 和 f_1。由于自然图像中天然存在的空间相关性，原始块的函数波动值通常低于其对应的受到严重干扰版本的波动值。因此，接收者可以通过比较 f_0 和 f_1 来提取水印信息、恢复原始载体图像。若 $f_0 < f_1$，则视 H_0 为该块的原始内容，并令提取的水印比特位为0，否则视 H_1 为该块的原始内容，并令提取的水印比特位为1。最后，将被提取出来的水印比特位拼接从而获得嵌入的水印信息，并且通过收集恢复的图像块来重建原始图像。

图像密文域水印的信息提取与图像恢复算法伪代码如图8-26所示。

算法伪代码：图像密文域水印的信息提取与图像恢复

输入：宿主图像 $\{B'_{i,j,k}|k=0,1,\cdots,7\}$，密钥 $\{r_{i,j,k}|k=0,1,\cdots,7\}$

输出：恢复后的图像，提取的水印比特

1: $b'_{i,j,k} = B'_{i,j,k} \oplus r_{i,j,k}$　　　　　　　　// 解密密文图像
2: **for** $S \in$ {宿主图像中 $s \times s$ 大小的块} **do**
3: 　　将 S 中的像素按加密时方式分为 S_0 和 S_1 两个集合
4: 　　将 S 的 S_0 部分中的3个LSB翻转，形成 H_0
5: 　　将 S 的 S_1 部分中的3个LSB翻转，形成 H_1
6: 　　$f_0 = \left(\sum_{u=2}^{s-1} \sum_{v=2}^{s-1} \left| p_{u,v} - \frac{p_{u-1,v} + p_{u,v-1} + p_{u+1,v} + p_{u,v+1}}{4} \right| \right)\big|_{p=H_0}$
7: 　　$f_1 = \left(\sum_{u=2}^{s-1} \sum_{v=2}^{s-1} \left| p_{u,v} - \frac{p_{u-1,v} + p_{u,v-1} + p_{u+1,v} + p_{u,v+1}}{4} \right| \right)\big|_{p=H_1}$
8: 　　**if** $f_0 < f_1$ **then**
9: 　　　　视 H_0 为该块原始内容，提取水印比特为0
10: 　　**else**
11: 　　　　视 H_1 为该块原始内容，提取水印比特为1
12: 　　**end if**
13: **end for**

图8-26　图像密文域水印的信息提取与图像恢复算法伪代码

8.4.2　音频密文域水印方法

与图像类似，音频密文域水印方法是一种在加密的音频数据中嵌入水印的方法，允许在不解密音频内容的情况下进行水印处理，从而确保数据的安全性和信息隐私。本书在此介绍Chen等人提出的音频密文域

水印方法[11]。该方法使用加性同态加密实现密文域中梅尔频率倒谱系数（Mel-Frequency Cepstral Coefficient in the Encrypted Domain，MFCC-ED）的计算，通过对加密音频执行梅尔频率倒谱系数计算来提取加密的脆弱水印信息，然后将其嵌入加密的离散小波变换域中。音频密文域水印嵌入框架[11]如图 8-27 所示，音频密文域水印嵌入算法伪代码如图 8-28 所示。

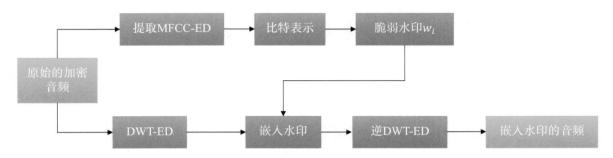

图 8-27　音频密文域水印嵌入框架[11]

> **算法伪代码：音频密文域水印嵌入**
>
> **输入**：宿主音频 x，脆弱水印 w_i
> **输出**：水印音频 x_w
>
> **1**：$x' = \mathrm{encrypt}(x)$　　　// 音频加密
> **2**：$W_i = Qw_i^{Q\gamma} = Q(1 + \gamma w_i),\ 0 < \gamma \ll 1$　// 水印预处理
> **3**：$y = \mathrm{DWT} - \mathrm{ED}(x')$　　　// 多级 DWT-ED
> **4**：$Y_{w,i} = \mathrm{SecMul}(y_i, W_i)$　　　// 安全乘法协议
> **5**：$X_{w,i} = $ 逆DWT $- \mathrm{ED}(Y_{w,i})$　　　// 多级逆 DWT-ED
> **6**：$x'_w = \alpha X_w$　　　// α 是由于DWT产生的比例因子
> **7**：$x_w = \mathrm{decrypt}(X'_w)$　　　// 音频解密

图 8-28　音频密文域水印嵌入算法伪代码

该方法的加性嵌入流程[11]如图 8-29 所示。首先将宿主音频 x 加密得到 x'，对水印位进行加法预处理，用 $w'_i = (1 + \gamma w_i)$ 表示，其中 γ 通常是远小于 1 的值，如 0.001。假设 Q 是一个整数值，满足 $Q_\gamma \in \mathbf{Z}$，在加密域中的预处理过程为 $W_i = Qw_i^{Q\gamma} = Qw'_i$，然后在加密的音频信号序列 $x' = \{x'_i\}$ 上执行多级 DWT-ED，将得到的加密 DWT 系数序列表示为 $y' = \{y'_i\}$。在水印嵌入阶段，将脆弱水印嵌入所有子带中，其中步长是一帧长度的 $\frac{1}{8}$。用 $\mathrm{SecMul}(\cdot, \cdot)$ 表示安全乘法协议[12]，其输入为两个密文，通过执行乘法运算输出两个明文的加密乘积，而不透露任何信息。再利用水印密钥 K_w 确定水印嵌入的位置，并执行加密域水印嵌入，其公式化表达为

$$Y_{w,i} = \mathrm{SecMul}(y_i, W_i) = Q \cdot y_i (1 + \gamma w_i) Q y_{w,i} \tag{8.37}$$

其中，$Y_{w,i}$ 表示修改后的 DWT-ED 系数，$y_{w,i}$ 表示明文域中相应修改后的 DWT 系数。最后执行逆 DWT-ED 获取水印音频，对加密的系数 $Y_{w,i}$ 执行逆 DWT-ED，以获得加密的水印音频 $X_{w,i}$，$X_{w,i}$ 和 $x_{w,i}$ 之间存在一个比例因子。

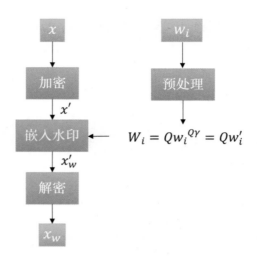

图 8-29　加性嵌入流程[11]

音频密文域水印提取和检测流程[11]如图 8-30 所示，对加密的水印音频执行 DWT-ED，利用水印密钥 K_w，可以得到加密嵌入水印系数 $Y_{w,i}$，假设 $\hat{y}_i$ 是接收到的原始音频的相应加密系数，使用 SecComp 表示安全比较协议[12-13]。对于任何两个加密值 ξ_1 和 ξ_2，如果 $\xi_1 < \xi_2$，SecComp(ξ_1,ξ_2) 输出 1，否则输出 0。加密域水印提取公式化表达为

$$V_{\min} = \hat{y}_i^{\,Q(1+\gamma)t_{\min}}, \quad V_{\max} = \hat{y}_i^{\,Q(1+\gamma)t_{\max}} \tag{8.38}$$

$$\hat{w}_i = \begin{cases} 1, & \text{SecComp}\left(V_{\min},\hat{Y}_{w,i}\right) = 1, \ \text{且 SecComp}\left(V_{\max},\hat{Y}_{w,i}\right) = 0 \\ 0, & \text{其他} \end{cases} \tag{8.39}$$

其中，$\hat{w}_i$ 表示提取水印的比特，$t_{\min} \leqslant 1 \leqslant t_{\max}$ 表示由 DWT 系数确定的阈值。

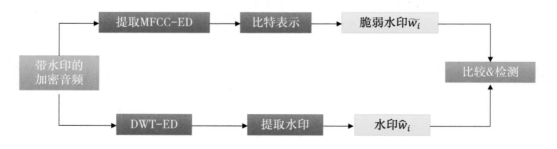

图 8-30　音频密文域水印提取和检测流程[11]

音频密文域水印提取算法伪代码如图 8-31 所示。

算法伪代码：音频密文域水印提取

输入： 水印音频 x_w

输出： 提取的水印 $\hat{w}$

1： $x'_w = \text{encrypt}(x_w)$
2： $\hat{Y}_{w,i} = \text{DWT-ED}(x'_w)$
3： $V_{\min} = \hat{y}_i^{Q(1+\gamma)t_{\min}}$, $V_{\max} = \hat{y}_i^{Q(1+\gamma)t_{\max}}$
4： **if** $\text{SecComp}(V_{\min}, \hat{Y}_{w,i}) = 0$ **then**
5：　　　 $\hat{w}_i = 0$
6： **else if** $\text{SecComp}(V_{\max}, \hat{Y}_{w,i}) = 1$ **then**
7：　　　 $\hat{w}_i = 0$
8： **else**
9：　　　 $\hat{w}_i = 1$
10： **end if**

图 8-31　音频密文域水印提取算法伪代码

8.5　印刷域水印

随着技术的不断革新，多媒体数据内容的数字版本在内容传播时所占的比重越来越大，然而在传播中，印刷版本（如文件、照片）仍然占有很重要的地位，有些多媒体数据内容甚至只能以印刷版本的形式进行传播。因此，在对数字版本多媒体数据内容进行安全保护的同时，也应该对印刷版本多媒体数据内容的水印保护技术进行研究。

印刷域图像又被称为半色调图像[14]，原始图像与半色调图像对比图如图 8-32 所示，图 8-32（a）为原始图像，图 8-32（b）为半色调图像。对于（彩色）半色调图像，每个通道只使用两个值来重建原始彩色图像，这使得在一定距离上人眼感知到的半色调图像十分近似于原始图像的固有特性，常规的水印方法难以直接应用。因此，半色调图像水印技术需要单独设计研究。

现有的半色调图像水印方法可以分为半色调视觉水印方法和半色调信息隐藏方法，下文将对这两类方法分别进行介绍。

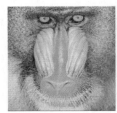

（a）　　　　　（b）

图 8-32　原始图像与半色调图像对比图

8.5.1　半色调视觉水印方法

半色调视觉水印方法会将一张二值图案（或图像）嵌入两张或以上的半色调图像（通常是两张）中。当用户需要检测被嵌入的水印信息时，可以直接将两张半色调图像执行叠加（AND）运算或对两张图像的相对应像素执行逻辑异或（XOR）运算，所嵌入的水印即可直接显现。在使用这类方法时，用户可以直接通过人眼感知所嵌入的水印信息[16-17]。半色调视觉水印示例如图8-33所示，图8-33（a）、图8-33（b）为加密图像，图8-33（c）为执行叠加运算提取的水印图像，图8-33（d）为执行逻辑同或（XNOR）运算提取的水印图像。半色调视觉水印方法的嵌入量较大（所嵌入的水印图像大小通常与原始图像相同），提取水印的方式极其简便，甚至可以在无计算机的情况下提取。

（a）　　　　　　（b）　　　　　　（c）　　　　　　（d）

图8-33　半色调视觉水印示例

在半色调视觉水印方法中，水印嵌入会使原始图像所生成的半色调图像产生一定的失真，这部分嵌入失真用D_h表示。在提取所嵌入的水印图像时，水印失真D_w可以由提取得到的水印图像和原嵌入水印图像之间的差异来衡量，但遗憾的是，现实中并不会出现两个失真同时很小的情况。实际上，两个失真之间存在一个平衡，即当D_h变小时（嵌入力度减小），D_w往往会增加（提取出来的水印图像质量更差）。因此，我们利用一个参数λ来控制这个平衡。由此，半色调视觉水印的通用模型公式化表达为

$$\min D_h + \lambda \cdot D_w \tag{8.40}$$

通用模型开始时更侧重于保持一定提取水印图像质量，优化并减小嵌入失真，当λ增大时则更侧重于在允许更多嵌入失真的情况下优化提升提取水印图像的质量。

由于半色调视觉水印方法通常是基于不同的半色调化技术设计而成的，所以半色调视觉水印方法可以分为不同的类型，如基于误差扩散的半色调视觉水印方法[18-20]、基于点扩散的半色调视觉水印方法[21-24]、基于有序抖动的半色调视觉水印方法[14]和基于直接二元搜索法的半色调视觉水印方法[25-27]。

误差扩散凭借其复杂度低、所生成的半色调图像视觉效果良好这两种特性，自20世纪70年代开始便被广泛应用于印刷业中。因此，在研究半色调视觉水印方法方面，广大研究者们研究最多的便是基于误差扩散的半色调视觉水印方法。

针对灰度图像，在基于误差扩散的半色调视觉水印方法中，Guo等人采用了通过对原始图像像素值进行修改而提出的嵌入半色调视觉水印的方法——DEED（Double-Sided Embedding Error Diffusion）[16]。该方法同时对两张原始图像在半色调化的过程中进行修改嵌入，其中，针对原始图像X_1的修改（嵌入失真）用ΔU_1来表示，针对原始图像X_2的修改（嵌入失真）用ΔU_2来表示，两张加密图像分别表示为Y_1和Y_2，ED（·）表示常规误差扩散运算，⊙表示可提取水印的叠加或逻辑异或运算符。DEED法公式化表达为

$$\min_{\Delta U_1, \Delta U_2} \left\| \Delta U_1 \right\|_p^p + \left\| \Delta U_2 \right\|_p^p + \lambda \left\| W - \left[\mathrm{ED}(X_1 + \Delta U_1) \odot \mathrm{ED}(X_2 + \Delta U_2) \right] \right\|_p^p \qquad (8.41)$$

其中，公式中加粗变量均为长度为 N 的向量。

由此可见，DEED 法并未考虑嵌入失真在不同图像内容中被人眼感知时的差异表现，以及水印图像在被人眼感知时每个像素的重要性不一致的问题。因此，如果用 M_1 和 M_2 来表示嵌入失真在两张原始图像上由于图像内容不同导致差异的相应权重，用 Ψ 来表示水印图像在被人眼感知时每个像素所拥有的不同重要性，则嵌入失真的公式化表达为

$$\begin{aligned} D_h = D_{Y1} + D_{Y2} &= \left\| M_1.* \left| X_1 - (X_1 + \Delta U_1) \right|^p \right\|_1 + \left\| M_2.* \left| X_2 - (X_2 + \Delta U_2) \right|^p \right\|_1 \\ &= \left\| M_1.* \left| \Delta U_1 \right|^p \right\|_1 + \left\| M_2.* \left| \Delta U_2 \right|^p \right\|_1 \end{aligned} \qquad (8.42)$$

同理，对于提取时水印失真的建模公式化表达为

$$D_w = \left\| \Psi.* \left| W - (Y_1 \odot Y_2) \right|^p \right\|_1 \qquad (8.43)$$

其中，Y_1 和 Y_2 分别可以由以下公式求得

$$Y_1 = \mathrm{ED}(X_1 + \Delta U_1) \qquad (8.44)$$

$$Y_2 = \mathrm{ED}(X_2 + \Delta U_2) \qquad (8.45)$$

通过将以上 4 个公式代入半色调视觉水印的通用模型中，Guo 等人得到的一个新的更贴近现实情况的建模，其公式化表达为

$$\begin{aligned} \min_{\Delta U_1, \Delta U_2} &\left\| M_1.* \left| \Delta U_1 \right|^p \right\|_1 + \left\| M_2.* \left| \Delta U_2 \right|^p \right\|_1 + \\ &\lambda * \left\| |\Psi.*|W - (\mathrm{ED}(X_1 + \Delta U_1) \odot \mathrm{ED}(X_2 + \Delta U_2))|^p \right\|_1 \end{aligned} \qquad (8.46)$$

由于半色调图像自身的性质，半色调视觉水印方法存在理论上的性能上限。因此，Guo 等人对性能上限进行了分析，并基于该性能上限对解码时的水印失真进行了新的建模，其公式化表达为

$$D_w = \left\| \Psi.* \left(\alpha * \left| W - (Y_1 \circ Y_2) \right|^p + \beta * \left| \mathrm{EP} - (Y_1 \circ Y_2) \right|^p \right) \right\|_1 \qquad (8.47)$$

该建模可使解码时的水印失真更贴近理论上的性能上限，脱离单纯的基于待嵌入水印图像的硬约束。基于此建模，Guo 等人最终完成的整体建模的公式化表达为

$$\begin{aligned} \min_{\Delta U_1, \Delta U_2} &\left\| M_1.* |\Delta U_1|^p \right\|_1 + \left\| M_2.* |\Delta U_2|^p \right\|_1 + \\ &\lambda * \left\| \Psi.* \left(\alpha * \left| W - (Y_1 \circ Y_2) \right|^p + \beta * \left| \mathrm{EP} - (Y_1 \circ Y_2) \right|^p \right) \right\|_1 \end{aligned} \qquad (8.48)$$

由于半色调图像的二值特性和误差扩散中存在反馈回路，所以建模完成后，优化问题无法得到一个全局最优的封闭解。因此，Guo 等人通过退化的方式得出一个局部最优的解决方案，其公式化表达为

$$C_1 = \min_{\Delta u_{1,1}, \Delta u_{2,1}} \left\{ \begin{array}{l} \left| m_{1,1} * \left| \Delta u_{1,1} \right|^p \right| + \left| m_{2,1} * \left| \Delta u_{2,1} \right|^p \right| + \\ \lambda * \left| \Psi_1 * \left[\begin{array}{l} \alpha * \left| \mathrm{ED}(x_{2,1} + \Delta u_{2,1}) \circ \mathrm{ED}(x_{1,1} + \Delta u_{1,1}) - w_1 \right|^p + \\ \beta * \left| \mathrm{ED}(x_{2,1} + \Delta u_{2,1}) \circ \mathrm{ED}(x_{1,1} + \Delta u_{1,1}) - \mathrm{EP}_1 \right|^p \end{array} \right] \right| \end{array} \right\} \quad (8.49)$$

$$C_n = \min_{\Delta u_{1,n}, \Delta u_{2,n}} \left\{ \begin{array}{l} \left| m_{1,n} * \left| \Delta u_{1,n} \right|^p \right| + \left| m_{2,n} * \left| \Delta u_{2,n} \right|^p \right| + \\ \lambda * \left| \Psi_1 * \left(\begin{array}{l} \alpha * \left| \mathrm{ED}(x_{2,n} + \Delta u_{2,n}) \circ \mathrm{ED}(x_{1,n} + \Delta u_{1,n}) - w_n \right|^p + \\ \beta * \left| \mathrm{ED}(x_{2,n} + \Delta u_{2,n}) \circ \mathrm{ED}(x_{1,n} + \Delta u_{1,n}) - \mathrm{EP}_n \right|^p \end{array} \right) \right| \end{array} \right\} + C_{n=1} \quad (8.50)$$

基于该局部最优解，Guo 等人依次对灰度图像像素进行了处理，并最终得到了嵌入后的半色调图像，从而得到了一种内容敏感的半色调视觉水印优化建模（CaDEED）算法。

8.5.2　半色调信息隐藏方法

半色调信息隐藏方法会通过特定的算法对半色调图像的像素值进行修改，从而嵌入待嵌比特信息流。当用户需要提取被嵌入的信息时，需要使用相应的提取算法。本书将以最经典的 DHST、DHPT、DHSPT 算法[23]为例，对半色调信息隐藏方法的原理进行简要的介绍。

DHST 算法使用具有已知种子的伪随机数生成器来生成一组伪随机位置，然后根据要嵌入的数据位，通过强制将该位置处的像素设为 0 或 255，在每个伪随机位置处隐藏 1 位。通常，原始半色调像素与所需值不同且需要翻转该像素的概率为 $\frac{1}{2}$。由于只有一个像素被翻转，所以称之为自翻转。为了读取嵌入数据，该算法使用具有相同种子的相同随机数生成器来识别伪随机位置，并且可以轻松读出嵌入数据位。

DHST 算法的优点是极其简单。DHST 算法编码的计算需求主要来自纠错编码和随机数生成器，解码的复杂度主要来自图像重新对齐、逆纠错和随机数生成器。DHST 算法的一大缺点是感知质量低，往往会生成许多令人不快的像素簇，类似于椒盐噪声，有些是白色的，有些是黑色的。这些像素簇无论局部图像内容如何，都是由伪随机位置处的自翻转形成的。

DHST 算法的问题之一是由于强制自翻转而导致的局部平均强度突然变化。将 DHST 算法修改为 DHPT 算法可以缓解该问题。DHPT 算法对一组像素对执行互补的翻转，而不是像 DHST 算法中那样仅仅对单一像素进行翻转。

假设伪随机位置处的像素（通常称为主像素）需要自翻转，并且其周围 3×3 的邻域中有相反颜色的像素，DHPT 算法将随机选择一个像素（通常称为从属像素）来进行自翻转。尽管算法中引入了两个误差，但这两个互补的误差（一正一负）往往会相互抵消，并且可以使得图像局部的平均像素值保持不变。这种在邻域内所有像素值均与当前位置的像素值相同的罕见情况下，即 3×3 邻域内的所有像素都具有相同的颜色，不执行互补翻转。需要注意的是，由于成对翻转，DHPT 算法的水印嵌入复杂度比 DHST 算法稍大。DHPT 算法的水印提取虽然与 DHST 算法相同，但是 DHPT 算法往往具有更少的椒盐伪影。

尽管 DHPT 算法可以使得图像局部的平均像素值保持不变，但其随机进行的成对翻转操作仍然可以在嵌入后的半色调图像中形成大型椒盐簇。因此，DHPT算法可以进一步被改进为DHSPT算法，以执行更智能的成对翻转操作，从而最大限度地减少像素簇之间的连通可能。

本质上，DHSPT算法与DHPT算法相同，只是用于成对翻转的相邻像素的选择不是随机的。在DHSPT算法中，具有翻转后最小"连接"情况的候选像素$\text{con}_{\text{after}}(m,n)$将被选为成对像素。考虑位于$(m,n)$处的一个像素及其$3\times3$邻域。令$3\times3$邻域中的9个像素为$[x_1,x_2,x_3;x_4,x_0,x_5;x_6,x_7,x_8]$，其中，$x_0$表示位于$(m,n)$处的像素，则对于该位置的连接性$\text{con}(m,n)$可以被定义为

$$\text{con}(m,n) = \sum_{i=1}^{8} w(i)f(x_0,x_i)$$

$$f(x,y) = \begin{cases} 1, & x = y \\ 0, & x \neq y \end{cases}$$

$$\text{(8.51)}$$

其中，当$w(i) = 1$时，$i = 1$、3、6、8；当$w(i) = 2$时，$i = 2$、4、5、7。

DHSPT算法向中心像素的左、右、上、下的4个像素赋予了较大的权重，因为它们更接近中心像素，并且当它们具有与中心像素相同的颜色时，在视觉上的观感更显著。$\text{con}(m,n)$度量中心像素与具有相同颜色的相邻像素的连接程度，取$0\sim12$的整数值。当9个像素都相同时，$\text{con}(m,n)$获得最大值，即$\text{con}(m,n) = \sum_{i=1}^{8} w(i) = 12$。当$x_0$被翻转为$\overline{x_0}$且其他8个相邻像素均被修改时，$f(x_0,x_i) + f(\overline{x_0},x_i) = 1$，并且

$$\text{con}_{\text{before}}(m,n) + \text{con}_{\text{after}}(m,n) = \sum_{i=1}^{8} w(i)\left[f(x_0,x_i) + f(\overline{x_0},x_i)\right] = \sum_{i=1}^{8} w(i) = 12 \quad \text{(8.52)}$$

其中，$\text{con}_{\text{before}}(m,n)$和$\text{con}_{\text{after}}(m,n)$分别表示翻转前和翻转后的连接性度量值。

在DHSPT算法中，$\text{con}_{\text{before}}(m,n)$对成对像素的候选像素进行计算，对于任意候选像素来说，它处于(m,n)位置周围的3×3邻域中。由于像素翻转是成对的，所以在成对翻转之前和之后，x_0对于该像素的连接性贡献都将为0。若当前像素x_0及其对应成对像素为水平或垂直邻居，则x_0的权重为2，并且$\text{con}_{\text{before}}(m,n) + \text{con}_{\text{after}}(m,n) = 10$；反之，则$\text{con}_{\text{before}}(m,n) + \text{con}_{\text{after}}(m,n) = 11$。随后，可以得到DHSPT算法的简化计算式，相应的成对像素将相应选出。

$$\text{con}_{\text{after}}^{\text{DHSPT}}(m,n) = \begin{cases} 10 - \text{con}_{\text{before}}^{\text{DHSPT}}(m,n), & \text{当前像素及其对应成对像素为水平或垂直邻居} \\ 11 - \text{con}_{\text{before}}^{\text{DHSPT}}(m,n), & \text{其他} \end{cases} \quad \text{(8.53)}$$

由于需要计算搜索最佳的候选翻转成对像素，DHSPT算法的嵌入过程的计算复杂度大于DHPT算法，其额外的计算量仅为$O(n)$。DHSPT算法的提取过程的计算复杂度与DHST算法相同。

8.6 文本水印

由于文本数据具有特殊性，有关文本水印的研究相对较少，但文本传播的信息量一直处于核心地位，因此文本水印技术对于保护各类书籍、合同、文本网页等数字产品的版权和信息安全至关重要。文本水印技术多样，适用于不同的应用场景，包括基于普通文本文件格式的文本水印技术、基于不可见编码的文本水印技术、基于文本内容的文本水印技术、基于汉字结构的文本水印技术、基于特殊格式文件的文本水印技术。

基于普通文本文件格式的文本水印技术包括字符或单词字移技术[28-29]、利用文本行距的行移技术[30-31]、利用字符特征技术[32-33]。字符或单词字移技术通过微调字符或单词之间的空白间距，按照水印编码对文本中的字符或单词进行水平移动来嵌入信息。利用文本行距的行移技术通过调整文本行之间的距离，利用行间距的微小变化携带水印信息。利用字符特征技术（包括修改字体、颜色、高度、宽度、笔画宽度、下画线等）编码特定信息。

基于不可见编码的文本水印技术包括替换技术[33]、追加技术[34-36]等。替换技术将多个不可见编码与隐藏信息编码进行对应，并替换文本中的不可见编码以匹配水印信息，该技术在英文文本中嵌入的容量较大，但不太适合中文文本。追加技术在文本的空白区域追加不可见字符来嵌入水印信息，该技术对所有语言的文本都可使用，但水印信息的分布不均匀，且容易被恶意的攻击者去除。

基于文本内容的文本水印技术包括同义词替换技术[37]、基于句法的文本水印技术[38-40]、基于语义的文本水印技术[38]。同义词替换技术是指将同义词编码为不同的水印隐藏代码，然后将文本中的词语替换为其同义词而嵌入信息，同时保持原文的意义和流畅性，在检测时可通过查询约定同义词对应的水印隐藏编码，匹配水印信息，实现文本水印的嵌入。同义词替换技术的鲁棒性较好，但容量有限，且容易出现分布不均匀的情况。基于句法的文本水印技术通过调整句子的结构，即改变从句的顺序或使用不同的语法结构来嵌入水印，如将主动句替换为被动句、将顺序句替换为倒装句。在嵌入水印时要首先分析句子句法，恰当地调整句子结构。基于句法的文本水印技术和同义词替换技术类似，鲁棒性较好，但容量有限。基于语义的文本水印技术将文本描述为结构化的文本意义表示（Text Meaning Representation，TMR）树，然后将TMR树的不同结构和水印隐藏信息进行对应，在进行水印嵌入时可以通过嫁接、剪枝等方法修改文本，但嵌入水印后可能会引起语义的改变，降低文本质量。

基于汉字结构的文本水印技术[41-43]利用偏旁部首的可组合特性或字符内偏旁部首之间的距离来嵌入水印，适合中文等结构化文字。此类技术对视觉影响较小，但需要单独对字符基本偏旁部首的结构进行设计，所以成本较高，且难以和其他软件兼容。

基于特殊格式文件的文本水印技术包含HTML网页、PDF等文件格式的水印嵌入技术。例如，通过在HTML网页中添加特殊的标记符号[44]、利用PDF和PS文件可以相互转换的特性[45]在文本中嵌入水印信息。

此外，还有基于图像水印技术的文本水印算法[46-47]，其会将文本转化为图像，然后利用图像数字水印技术嵌入水印。由于字符通常使用二值图像或者半色调图像进行描述，故而也可以采用半色调图像水印方法。

在此，本书介绍 Kim 等人于 2013 年提出的一种基于单词分类和词间空格的统计量（Inter-Word Space Statistics）的文本水印算法[48]，即利用单词像素个数和词间像素间距编码水印。在该算法中，每 s 个单词 $(w_i, w_{i+1}, \cdots, w_{i+s-1})$ 被划分为一个段（Segment），相邻的两个段共享一个单词分别作为首尾，即若第一个段为 $w_1, w_2, \cdots, w_s$，则第二个段为 $w_s, w_{s+1}, \cdots, w_{2s-1}$。对于每个单词 w_i，定义如下分类算法：将其均匀地分为 K 类，令 $l(w_i)$ 为单词 w_i 的像素个数，则其类别 $\text{class}(w_i)$ 由其前后与之相连的若干个单词决定，其公式化表达为

$$\text{class}(w_i) = \begin{cases} 0, & l(w_{i-1}) > l(w_{i+1}) \\ 1, & l(w_{i-1}) \leqslant l(w_{i+1}) \end{cases} \tag{8.54}$$

上述分类规则将所有单词分为 $K = 2$ 类，可以通过考虑前后两个单词进行分类。特别地，对于第一个单词 w_1 和最后一个单词 w_n 的边界情况，使用循环单词列表的方式进行处理，即认为 w_1 的上一个单词是 w_n，而 w_n 的下一个单词是 w_1。

然后，对于每个段，将其中所有单词的分类拼接作为其类别，分类为 L 个集合 $S(k)$（$1 \leqslant k \leqslant L$）。当文本足够长时，可以认为 L 个集合的大小是平衡的。对于每个段的集合 $S(k)$，定义词间距 p_j^i（集合中第 i 个段的第 j 个词间距）的统计量 Ω_i^k（$1 \leqslant i \leqslant s - 1$）。最常见的方法是使用平均值 μ_i^k 作为统计量，其公式化表达为

$$\Omega_i^k = \mu_i^k = \frac{1}{m} \sum_{j=1}^{m} p_j^i, \ 1 \leqslant i \leqslant s - 1 \tag{8.55}$$

其中，m 表示集合 $S(k)$ 的元素个数。如果 m 足够大，还可以纳入方差等更多的统计量。

每个段依据其中的 $s - 1$ 个统计量的相对大小关系，可以嵌入 p 比特信息，则段分类类别数为 L 的文本最多可以搭载 Lp 比特信息。例如，当段长度 $s = 3$，每个单词被分为 $K = 4$ 类，并且仅选取均值作为统计量，即 $\Omega_i^k = \mu_i^k$ 时，段类别数为 $L = 64$，每个段按规则嵌入（$p = 1$）比特信息。基于词间距统计量的文本水印编码规则[48]如表 8-2 所示。基于词间距统计量的文本水印编码规则算法伪代码如图 8-34 所示。

表 8-2　基于词间距统计量的文本水印编码规则[48]

条件	编码
$\mu_1^k \leqslant \mu_2^k$	1
$\mu_1^k > \mu_2^k$	0

算法伪代码：基于词间距统计量的文本水印编码规则

输入： 文本单词序列$(w_0, \cdots, w_{n-1})$，单词间距$\{p_j^i\}$，单词类别数K，段长度s

输出： 文本水印信息$[h_0, \cdots, h_{L-1}]$

1： 将所有单词w_i分为K类，记其类别为$c(w_i)$

2： for $k = 0$ **to** $L - 1$ **do**

3： $\quad S(k) = \{(w_{l(s-1)+1}, \cdots, w_{l(s-1)+s}) | c(w_{l(s-1)+1}) \cdots c(w_{l(s-1)+s}) = k\}$

4： $\quad$ **for** $i = 0$ **to** $s - 1$ **do**

5： $\quad\quad \Omega_i^k = S(k)$中第$i$个单词间距$\{p_0^i, \cdots, p_{m-1}^i\}$的统计量

6： $\quad$ **end for**

7： $\quad h_k = \text{encode}(\Omega_0^k, \cdots, \Omega_{m-1}^k)$

8： end for

9： return $[h_0, \cdots, h_{L-1}]$

图 8-34　基于词间距统计量的文本水印编码规则算法伪代码

　　按照以上算法，在文本中隐藏信息需要词间距的特殊分布。因此，每个段中的单词需要根据分布进行左移或右移。同时，由于相邻的段在边界处共享一个单词，所以该单词的位置固定，只需要移动段中间的$s - 2$个单词。编码规则中的条件不是使用单个空格，而是使用多个空格的统计。因此，如果一个段满足条件，则不需要移动任何单词；否则，单词一次移动一个像素，直到满足条件并留出一定的余量。该算法允许以最少的字移位插入信息。

　　水印信号的提取过程很简单，其步骤如下所述。

　　步骤1：将输入文本分割为段。

　　步骤2：对单词和段进行分类。

　　步骤3：构建段集合并计算词间距。

　　步骤4：计算统计分布。

　　步骤5：对统计分布进行解码。

　　添加水印前后的文本图像示例[48]如图 8-35 所示。

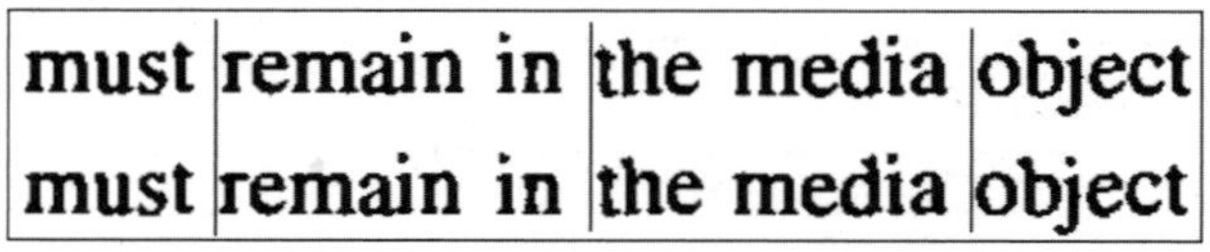

图 8-35　添加水印前后的文本图像示例[48]

8.7　其他方法

8.7.1　数据加密

数据加密是指将一组真实数据通过加密密钥和加密函数转换成无意义的密文数据，以抵御恶意攻击者对数据的篡改、非法利用和传播，并在需要使用数据时，通过解密密钥和解密函数将密文数据还原成真实数据。数据加密是对数据进行保护的最可靠的、核心的技术措施，也是现代密码学的主要组成部分。

现代密码体制可分为对称密码体制和非对称密码体制。对称密码体制是加密和解密采用同一个密钥的加密算法。在实际应用中，常见的对称加密算法包括DES（Data Encryption Standard）、AES（Advanced Encryption Standard）等，其特点是计算开销小、算法简单、加密速度快。非对称密码体制中的非对称加密是加密和解密采用不同密钥的加密方式，也称公钥加密。在实际应用中，最常见的非对称加密算法包括RSA、ECC等，其特点是密钥管理和分发更高效，且能够实现数字签名。本小节将以DES、AES和RSA算法为例，对数据加密原理进行简要介绍。

1.DES算法

DES算法是美国国家标准局于1977年颁布的对称加密算法，该算法采用的是将明文分组进行加密的方式，所以也属于分组加密算法。标准DES算法以64位为分组，且加密与解密使用同一个算法，密钥长度为64位，而实际只有56位参与运算，其余8位为校验位，分组后的明文组与56位的密钥按位替代或交换的方法形成密文组。DES算法的主要流程如图8-36所示。

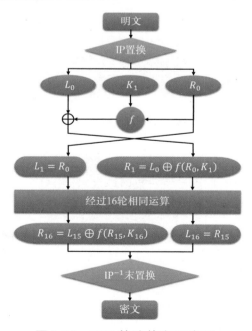

图8-36　DES算法的主要流程

DES算法的加密步骤主要包括IP置换、密钥置换、扩展置换、S盒替代、P盒置换和末置换。IP置换将输入的64位数据按照指定置换规则进行重新组合，并将输出分为长32位的L_0和R_0两部分。密钥置换通过置换表及压缩置换等方式从参与运算的56位密钥中产生不同的48位子密钥。扩展置换将IP置换输出的R_0部分按照指定置换规则从32位扩展为48位，即与子密钥的位数相同。S盒替代将置换后的子密钥与扩展后的分组数据的异或结果送入S盒中，进行替代运算。替代运算由8个不同的S盒完成，每个S盒是一个4行16列的替换表，每个S盒将6位输入按照替换表替换后以4位输出，最终将48位的分组数据替代成32位数据。P盒置换将S盒替代输出的32位数据按照P盒进行置换，即按照指定置换规则将输入的每一位映射到输出位，其中的任意一位都不能被映射两次，也不能被略去。P盒置换的结果与IP置换输出的L_0部分异或，然后交换左右两部分，进行下一轮运算。末置换是IP置换的逆过程，经过16轮运算后，末置换按照指定置换规则将左右两部分合并形成一个分组，输出加密后的64位数据。DES算法最后会将加密后的64位分组数据组合形成最终的密文。

随着现代计算能力的不断提高，使用56位密钥的DES算法在短时间内即可被暴力破解，DES算法已难以满足数据的安全保护需求，取而代之的是3DES算法。3DES（Triple DES）是三重数据加密算法，即应用3次DES算法进行加密或解密。3DES算法的主要流程如图8-37所示。3次加密或解密的密钥可以相同，也可以不同，当3次加密的密钥相同时，相当于仅实现了一次加密，即实现了对DES算法的兼容。

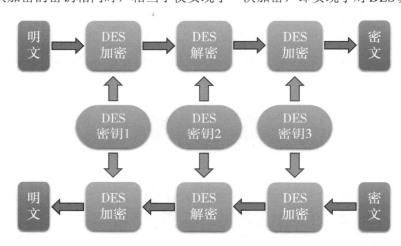

图8-37　3DES算法的主要流程

2.AES算法

3DES算法使用2个或3个56位的DES密钥对数据进行3次加密，相比于单次加密的DES算法，其密钥长度变长，安全性有所提高，但处理速度不高，因此在此基础上出现了AES算法。AES算法相较于3DES算法的速度更快、安全性更高。AES算法是美国政府为了取代不安全的DES算法，于1997年公开征集的高级加密标准，最终以分组长度为128位的Rijndael算法作为标准，其可支持密钥长度为128位、192位和256位。此处以密钥长度为128位的AES算法为例进行简要介绍，密钥长度为192位或256位的加密步骤与128位的加密步骤类似，只不过密钥长度每增加64位，算法的循环次数就增加2轮。AES算法的主要流程如图8-38所示。

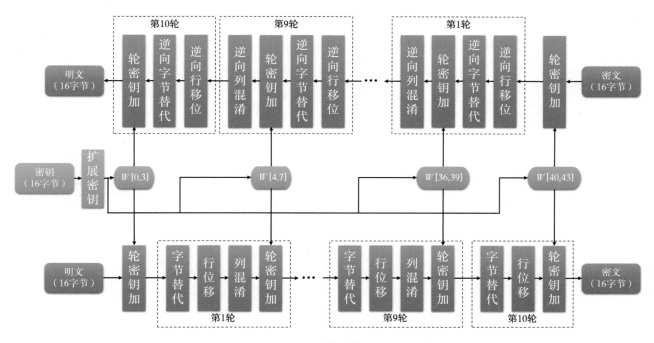

图 8-38　AES 算法的主要流程

AES 算法涉及 4 种操作，即字节替代、行移位、列混淆和轮密钥加。在 AES 算法中，16 字节的明文、密文和轮子密钥表示为一个 4×4 的矩阵。在加密和解密中，每轮的密钥分别由种子密钥经过密钥扩展算法得到，$W[0,3]$～$W[40,43]$ 分别表示第 0～10 轮的轮子密钥（第 0 轮即第一次轮密钥加）。AES 算法定义了一个 S 盒和一个逆 S 盒，用于提供算法的混淆性，字节替代的主要功能是通过 S 盒完成一个字节到另一个字节的映射。行移位是矩阵内部字节按行进行移位变换，用于提供算法的扩散性。列混淆是指将矩阵左乘一个变换矩阵，即每个字节对应的值只与该列的 4 个值有关。轮密钥加是指每轮的输入与轮子密钥进行异或计算。由解密流程可以看出，解密算法的每一步分别对应加密算法的逆操作，因此 AES 算法中各个步骤都是可逆的。在密钥固定的情况下，明文和密文在整个输入空间是一一对应的。

此外，AES 算法有多种加密模式，包括电子密码本（Electronic Code Book，ECB）、密码分组链接（Cipher Block Chaining，CBC）、密文反馈（Cipher Feedback，CFB）、输出反馈（Output Feedback，OFB）、计算器（Counter，CTR）、填充密码分组链接（Propagating Cipher Block Chaining，PCBC）。采用不同的加密模式会使 AES 算法具有不同的安全性。

3.RSA算法

与对称加密算法不同的是，RSA 算法有两个不同的密钥，即公钥和私钥。RSA 算法的加密过程的公式化表达为

$$密文 = 明文^E \bmod N \tag{8.56}$$

从式（8.56）可知，只要知道 E 和 N 就可以进行 RSA 加密，而 E 和 N 的组合就是公钥。同理，RSA 算法的解密过程的公式化表达为

$$明文 = 密文^D \bmod N \tag{8.57}$$

也就是说，只要知道 D 和 N 就可以进行 RSA 解密，而 D 和 N 的组合就是私钥。在公钥密码体制中，加

密、解密算法和公钥是公开信息，而只有私钥是需要保密的。

RSA算法的公钥和私钥生成步骤如下所述。

步骤1：任意选取两个不同的大素数p和q，并计算乘积$N = pq$，$\varphi(N) = (p-1)(q-1)$。

步骤2：任意选取一个大整数E，并满足$\gcd(E, \varphi(N)) = 1$，大整数E用作加密密钥（E可以选择任意一个大于p和q的素数）。

步骤3：确定解密密钥D使其满足$(DE) \bmod \varphi(N) = 1$，即$DE = k\varphi(N) + 1$，其中$k \geq 1$是一个任意整数。

步骤4：公开整数N和E，秘密保存整数D。

RSA算法的安全性依赖大数分解，即是否能够根据N和E计算出D，但是否等同于大数分解一直未能得到理论上的证明，也并没有从理论上证明可破译。同时，RSA算法的安全性随其密钥的长度增加而增强，即选择长度更长的大整数N可以使计算私钥D更加困难，但是其加密和解密所耗费的时间也会更长。RSA算法作为公钥加密领域内被广泛研究与攻击检验的算法之一，被认为是目前优秀的公钥密码算法之一。

对于多媒体数据（如图像、视频），还可以根据数据存在的一些固有特征采用相应的数据加密方法。针对图像数据，可以基于频域或空域变换（如离散小波变换、离散余弦变换）进行加密，或者基于图像不同的通道、图像的位矩阵（BLP）进行加密。针对音频、视频数据，可以采用切片加密（如m3u8）、逐帧转码加密等。此外，可以采用特定的文件格式来传递多媒体数据，使得数据难以被解析，进而确保真实内容不被篡改。

8.7.2　数字签名

数字签名是一种用于保证数字信息的完整性、真实性和不可抵赖性的技术。数字签名通常由发送方使用私钥对数据进行加密，生成一个特定的数字串（签名），并将签名与数据一起发送给接收方。接收方可以使用发送方的公钥对签名进行解密和验证，从而确定数据的真实性和完整性。数字签名基于公钥加密技术和哈希函数，主要步骤如下所述。

步骤1：发送方使用哈希函数对数据进行摘要处理，生成数据摘要。

步骤2：发送方使用私钥对数据摘要进行加密，生成数字签名。

步骤3：发送方将数据和数字签名一并发送给接收方。

步骤4：接收方使用发送方的公钥对数字签名进行解密，得到数据摘要。

步骤5：接收方使用哈希函数对收到的数据进行摘要处理，得到新的数据摘要。

步骤6：接收方比对解密得到的数据摘要和新的数据摘要，若一致则证明数据的完整性和真实性得到了保证。

在数字签名算法中引入哈希函数进行摘要处理，是为了提高算法的效率。由于非对称加密算法运算效率不高，原始数据量较大时会导致花费大量时间生成数字签名，同时产生大量的数字签名数据量，因此，通过哈希函数提取摘要信息，可以在实现相同效果的同时，提高算法运算效率。此外，由于数字签名是一种防止篡改的技术，因此这种算法需要保证数字签名本身不被篡改。然而，数字签名可能会受到多种攻击，如中间人攻击、重放攻击，因此在实际应用中，为了保证安全性，通常还需要采取相应的安全措施，如使用数字证书、使用时间戳。

　　针对图像等多媒体数据，还可以通过采用类似水印技术的方式嵌入数字签名，以保证数据固有特征的完整性。基于数字签名的图像主动取证及验证流程如图8-39所示，对待处理图像使用图像摘要算法提取摘要并加密形成数字签名，然后将其与原图像进行合并，在验证图像真实性时，从图像中提取摘要并生成数字签名，通过比对数字签名判断图像是否经过篡改。

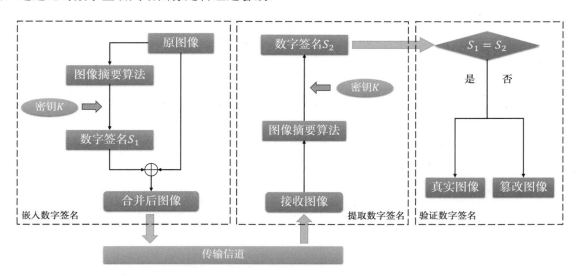

图 8-39　基于数字签名的图像主动取证及验证流程

本章小结

　　在互联网时代，仅使用被动式内容安全方法难以应对多样化的内容安全问题，因此，主动式内容安全方法也十分重要。本章介绍了水印的基本概念，并对鲁棒水印、脆弱水印、密文域水印、印刷域水印、文本水印进行了介绍。此外，本章介绍了数据加密、数字签名等常用的主动式内容安全方法。

　　通过对本章的学习，读者应对人工智能主动式内容安全的相关知识有所了解，应对水印算法的分类、一些典型的水印算法有较为清晰的认识。在此基础上，有研究兴趣的读者可以对具体方向或技术扩展方面的内容进行深入阅读和学习。

扫码查看参考文献

CHAPTER 9 ▶ 　第 9 章

人 工 智 能 决 策 安 全

　　本书的前几章已经详细地阐述了由于攻击者使用对抗攻击、深度伪造、隐私窃取而导致的人工智能算法安全问题。与它们不同，真实世界中的算法多运行在社会之中，在利用算法对社会问题进行决策时，其决策结果可能受到数据中存在的偏见、歧视，或者算法自身学习过程中涌现的问题影响，导致即使在不包含攻击者的情况下，算法在应用过程中也会自发出现对于特定性别、种族、群体的偏见，从而激化社会冲突，引发社会对于算法决策伦理道德方面的大量讨论。此外，在算法与真实世界交互的过程中，算法的决策结果也会对社会中的人类个体及群体产生影响，从而影响算法的后续决策，导致算法产生动态决策中的社会治理风险。因此，本章将重点讨论在真实世界中应用人工智能算法引发的决策安全问题。与神经网络遭受的对抗攻击、投毒攻击、后门攻击等攻击方式不同，算法由于在决策过程中不具有人类的价值观念与道德准则，因此会产生符合算法优化目标但与人类预期不符的结果。由于神经网络的决策过程仍然是一个黑盒，其价值观念与伦理准则难以解释、推理和监测，因此，算法决策安全风险是人类难以预期、隐蔽或调控的。

　　本章内容概览如图9-1所示。通过对本章的学习，读者可以了解人工智能决策安全风险及监测措施。在本章中，读者需要重点掌握的内容包括偏见与歧视、序贯决策中的有害正反馈、多智能体中的算法共谋（以"*"进行标识），这些内容可以作为本科生的基础教学内容；其余进阶内容可供相关领域研究生进一步学习使用。为了更好地学习本章内容，读者需要具备的先导知识包括机器学习基础知识、深度神经网络的训练和推理技术、强化学习技术等。

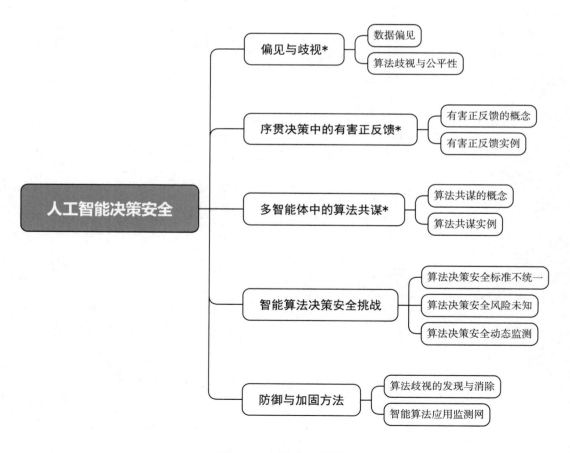

图9-1　本章内容概览

9.1　偏见与歧视

在以监督学习为主的单智能体单步决策中，由于真实世界的数据分布中具有偏见，存在分布不均衡、偏差、歧义等因素，在学习过程中会导致模型学到错误的趋势和决策，因此算法输出结果中存在歧视、公平性等社会伦理问题，从而引发算法治理风险。与对抗攻防领域中的研究不同，神经网络没有受到对抗攻击，却仍然会显示出偏见与歧视行为。在实际生活中，这种行为往往是数据分布不均衡、算法训练不合理导致的。智能决策中数据不均衡所引发的偏见[1]如图 9-2 所示。数据集中包含三类不同的数据（如对黄种人、白种人、黑种人分别采集的数据），三类数据均显示了 x 与 y 两个变量之间清晰的负相关关系。但是，如图 9-2（a）所示，如果忽略种族这一影响，改为使用多元线性回归对数据进行拟合，则拟合出的结果反而显示 x 与 y 变量之间存在正相关关系，显然，这种拟合结果是不可信的。进一步地，如果不同类别之间的数据不均衡，则多元线性回归的结果甚至可能导致数据之间不存在关系，这与真实结果恰恰相反。可见，仅仅通过改变数据集中各类别数据的数量，即可导致机器学习算法学到与真实数据规律完全不同的结果，从而导致算法输出结果存在偏见和歧视，使算法在社会治理过程中显得不可靠、不可信。

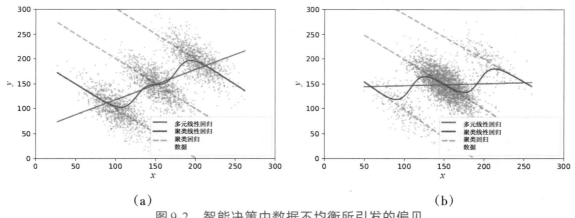

图 9-2　智能决策中数据不均衡所引发的偏见

根据真实社会中多样化的社会治理风险，歧视与偏见也存在多种形式，且偏见广泛存在于训练数据中。本节将首先介绍数据偏见与算法歧视的产生机理，然后详细地介绍算法中可能存在的偏见与歧视种类。针对算法歧视，本节深入地讨论了算法公平性方面的研究。值得注意的是，本书对于歧视与公平性的细分定义借鉴了 Mehrabi 等人的综述论文[1]，有兴趣的读者可以自行阅读参考，以进一步地了解相关知识。

9.1.1　数据偏见

数据偏见是指由于训练数据不均衡所导致算法输出不符合人类预期，造成算法准确率下降、产生歧视决策等负面效果。数据偏见的产生原因多样，危害结果多样，由此数据偏见主要可分为九类。

1. 历史偏见

历史偏见是指社会中过去已经存在的，对于特定群体的偏见与歧视。由于历史数据具有偏见，因此在历史数据上学习的算法就会继承这种历史数据的偏见。即使在完美的采样和特征选择条件之下，历史偏见仍然无法被消除[2]。例如，根据《财富》世界500强排行榜历史数据，女性CEO仅占CEO总数的5%，因此在某搜索引擎上查询"女性CEO"的图片时，仅返回少量女性CEO图片，更多则是男性CEO图片。这虽然反映了真实世界历史数据中CEO的性别比例，却没有反映现代社会中提倡的男女平等思想。

2.代表偏见

代表偏见是指采样过程不均衡导致数据无法反映真实世界的数据分布，从而无法代表特定少数群体，进而使得在此种数据上学习得到的算法具有偏见。例如，ImageNet、Open Image等被广泛应用的数据集是由西方研究者主导的[3]，因此数据集中的图片同样包含更多西方国家中常用的场景，而对于非洲的发展中国家没有足够的体现，这将导致使用ImageNet和Open Image数据集所训练的算法难以在非洲的发展中国家中使用。

3.测量偏见

测量偏见是指在数据的收集、处理、分析过程中因使用特定的数据特征而产生的偏差。这种偏差通常反映了现实世界中的不平等或不公正现象，并体现在数据分析的结果中。例如，美国法院通过使用智能系统COMPAS来判定罪犯重新犯罪的概率。在COMPAS中，罪犯之前的犯罪记录、亲朋好友的犯罪记录都会作为评估罪犯危险程度的特征。但是，由于外国警察在执法过程中更关注黑种人群体，因此黑种人群体本身就具有更高的被捕概率，这就导致不同人种被评估的概率出现偏差。

4.评估偏见

评估偏见是指在模型评估过程中，数据集对于特定性别、年龄、种族、文化背景存在偏差。评估标准中忽略了某些公平性或多样性指标，评估方法具有局限性；未充分考虑现实世界应用中的多样化场景与复杂条件，从而导致对于模型性能的评估不准确或有失公正。例如，在人脸识别任务中，由于Adience或者IJB-A基准本身就偏向具有特定性别和肤色的群体，因此使用这种评估方式获得的最优模型本身就具有偏见。

5.辛普森悖论

辛普森悖论是指在分析涉及多个类别或群体的异质数据过程中，当从整体数据中得到的结论与将数据按类别分开分析得到的结论不一致甚至相反时，出现的一种反直觉结果，其通常是由数据中的隐藏变量或群体内的不均匀分布引起的。辛普森悖论的出现提醒我们，在分析数据时，不能仅依赖总体的统计数据，还需要考虑数据的分层结构和背后的潜在因素，以避免得出错误的结论。例如，在分析美国加州大学伯克利分校对不同性别学生的录取率[4]时，研究者发现学校似乎更倾向于录取男性学生。但进一步分析会发现，性别对于专业的偏好存在差异，当以学院为单位进行分析时，不同性别学生的录取率相似，甚至女性的录取率会略高。在学校层面发现女性录取率更低的原因是，女性更偏向于申请录取率更低的学院。

6.行为偏见

行为偏见是指在不同的平台、领域或数据集的用户行为中，文化、语境、用户习惯等因素的多样性，导致算法在处理数据时未能充分理解和区分相同行为在不同背景下的不同含义，从而可能导致误解或输出不恰当的结果。这是由于相同的手势在不同国家可能具有不同的含义，或者相同的表达方式、表情包在不同的社交媒体、语境下可能会有不同的意义。算法如果不能区分相同的表达方式在不同场景下的含义，那么将学习到对于人类而言具有侵犯性或具有歧义的表述方式[5]。

7. 流行偏见

流行偏见是指在推荐系统和搜索引擎等信息服务平台上，用户更倾向于点击或关注那些已经获得较多曝光和关注的内容。这种现象可能导致某些内容被假新闻、机器人和"水军"操纵，从而人为造成话题的流行，使得推荐系统或搜索引擎推荐"水军"希望推荐的内容[6]，形成一种"富者愈富"的循环。此外，流行偏见可能导致内容同质化，内容的多样性和新颖性减少，使得用户被限制在一个狭窄的兴趣范围内。由于流行偏见的存在，新发布的或尚未获得广泛关注的内容可能难以打破已有流行内容的优势，在推荐系统中难以获得足够的曝光。

8. 忽略变量偏见

忽略变量偏见是指在数据分析或模型训练过程中，未能考虑到对预测目标影响重大的变量，导致预测或分析结果出现偏差。这种偏见会在关键的解释变量没有被包括在模型中时发生，可能会导致对其他变量的影响产生错误估计，进而影响模型的准确性和可靠性。例如，外卖平台在使用神经网络预测外卖需求时，如果忽略了竞争对手提供的服务和优惠行为，那么必然无法应对竞争对手的策略，从而无法准确预测未来的外卖需求。

9. 因果偏见

因果偏见是指将相关关系解释为因果关系的偏见。在自然界中，不同变量之间常常具有相关关系，但这种相关关系与变量之间的因果关系并不等价。例如，研究者发现冰激凌销量与溺水者数量之间具有显著相关关系。但是，购买冰激凌的行为显然与溺水无关，这种相关关系产生的原因是人们会在夏天购买更多的冰激凌，也会在夏天更多地去游泳，因此游泳者更多时出现的溺水者也会更多。综上所述，冰激凌销量与溺水者数量的显著相关关系并不意味着这两个变量之间存在因果关系，冰激凌销量和溺水者数量的增加均是天气炎热导致的。

需要注意的是，上述偏见类型仅是机器学习中较为常见的类型。在更具体的任务中，机器学习数据和算法可能会产生其他更多种类或形式的偏见。限于数据偏见的多样性，本书不对所有类型的偏见进行列举，有兴趣的读者可以参考 Mehrabi 等人的综述论文[1]以获得更进一步的认识。

9.1.2　算法歧视与公平性

1. 算法歧视的定义

算法歧视是指数据偏见和算法设计方面的缺陷导致算法在决策过程中对于特定类别的人群具有歧视，如特定种族、特定性别、特定年龄。这种歧视违反了社会中的道德准则与伦理准则，使得由算法参与的决策不再公平。

算法歧视涉及社会公平性、伦理道德等因素，因此在实际社会治理中受到了更为广泛的关注。例如，谷歌公司开发的图像识别算法曾将黑种人识别为大猩猩[7]，掀起了美国国内对于种族平等与公平性的讨论。又如，一些算法认为具有较多犯罪记录的白种人危险性较低，具有较少犯罪记录的黑种人危险性较高。

在真实世界算法决策过程中，与数据偏见类似，算法歧视同样存在多种原因及多种表现方式。下面重点从歧视的来源和原因进行分类。

（1）直接歧视

直接歧视是指算法直接使用个人的敏感信息，如性别、种族等因素进行决策，从而导致产生对于特定种族不利的决策结果。对于敏感信息的定义往往通过法律手段确定。例如，美国《公平住房法》（*Fair Housing Act*，FHA）与美国《平等信用机会法》（*Equal Credit Opportunity Act*，ECOA）中明确规定了算法不得用来进行判别的数据特征。部分法文条例关于算法判断敏感特征的限制如表9-1所示。

表9-1 部分法文条例关于算法判断敏感特征的限制

特征类型	美国《公平住房法》	美国《平等信用机会法》
种族	√	√
肤色	√	√
国籍	√	√
信仰	√	√
性别	√	√
家庭条件	√	—
残疾	√	—
受《加利福尼亚州隐私法案》保护	—	√
婚姻状态	—	√
是否接受公共援助	—	√
年龄	—	√

（2）间接歧视

间接歧视是指算法使用能够推断出个人敏感信息的非敏感特征进行决策。例如，虽然用户住址的邮编是非敏感特征，但由于用户邮编中包含居住地址等敏感信息，算法可以利用此特征判断用户是否居住在贫民区，或者用户是否居住在黑种人社区或白种人社区。因此，利用用户住址的邮编可以推断用户的敏感信息，从而使算法继续输出具有歧视性的决策。

（3）系统歧视

系统歧视是指政策设计、历史文化背景、社会习俗、组织结构等因素导致某些群体在社会、经济、教育、就业等方面受到系统性的不平等待遇或偏见的现象[8]。这种歧视通常不是个别人的直接行为，而是深植于社会结构和体系中的一种潜在模式。例如，招聘时基于决策者个人的种族、爱好、文化，优先招聘与决策者爱好相同的员工即构成一种系统歧视。

（4）统计歧视

统计歧视是指基于个体所在分组的平均表现以评估这一个体表现的行为。例如，在招聘软件开发工程师时，决策者可能发现来自某一特定大学的应聘者的后续表现更好，因此决定在进行后续招聘时优先录取来自此大学的应聘者。在这个决策过程中，决策者没有将个体的能力纳入考量，而仅仅使用每个大学的平均能力进行评估。

（5）反向歧视

反向歧视是指为了保障不同群体之间的公平，对于弱势群体进行过量补助会伤害本来优势群体利益的现象。例如，研究者发现男性的平均年收入高于女性[9]，但是在后续研究中发现，男性与女性之间的收入差距可以归因于女性每周平均工作时间更少。因此，需要保证男性与女性在平均工作时间相同的情况下收入相同，才能够保障不存在性别歧视。但是，如果只因为观测到男性的平均年收入高于女性，而在不了解男性每周平均工作时间更多这一事实的情况下强行平均男性与女性的收入，就会导致男性虽然工作了更长时间，却没有获得更高的工资，进而导致反向歧视。

上述是对算法歧视进行的简单分类与总结。为了保障算法中不存在歧视，研究者们致力于设计更公平的算法。设计公平的算法主要面临两大挑战：其一是公平性的概念抽象难以定义，事实上，哲学与心理学中仍然没有一种广为接受的公平性的概念或定义[10]；其二是国家、文化、地域之间存在不同之处，对于公平性的定义同样存在区别，更加剧了定义通用公平性的难度。这使得在计算机科学领域对于公平性存在多种数学定义，且这些定义往往是互斥的（算法在理论上不可能同时满足所有公平性的定义）[11]。由于公平性定义的多样性，本书在下文将其分为个体公平性和群体公平性，并对其中包含的指标分别进行了总结。此外，本书将公平机器学习算法进行了分类，并对其中有代表性的算法进行了讨论。

2. 算法公平性的定义

学术界将算法公平性的定义分为个体公平性和群体公平性[12]。个体公平性与群体公平性对比如图9-3所示。个体公平性是指模型对于相似的个体做出相似的决策，群体公平性是指模型对不同的群体有相同的对待。由于两种公平性关注的角度不同，所以两种公平性的定义具有不同的优点与缺陷。个体公平性强调的是对于一对相似的个体做出相似决策，但在实际生活中，两个人的相似度往往难以寻找一个合适的指标进行界定，且其公平性的理论保障往往建立在较强的理论假设之上。相反，群体公平性易于界定，但无法保证群体中的每个个体都能够得到公平的对待。此外，群体公平性定义繁多，且研究者们已经从理论上证明，不可能存在一个满足所有群体公平性指标的分类器[13-14]。虽然多种公平性指标已经被定义，但指标达到被社会广泛认可、易于实现、易于检验的程度任重而道远。

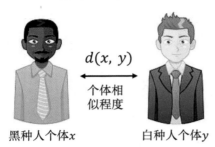

个体公平性：
对相似个体做出相似决策

$d(x, y)$

个体相
似程度

黑种人个体x 　　白种人个体y

$D(M_x, M_y) \leqslant d(x, y)$

群体公平性：
两个不同群体获得相同对待

黑种人群体$A=0$ 　　白种人群体$A=1$

$EO_d = | P(\hat{Y}=1 | A=0, Y=y) - P(\hat{Y}=1 | A=1, Y=y) |$

图9-3　个体公平性与群体公平性对比

（1）个体公平性

个体公平性的指标包括不知情的公平性、知情的公平性、反事实公平性和广义熵指数。

①不知情的公平性

不知情的公平性[15]旨在解决直接歧视，其方法是保证模型在决策过程中不使用敏感特征进行判断。虽然不知情的公平性可以解决直接歧视问题，但在实践中，机器学习算法仍然可以从非敏感特征中预测出用户敏感特征导致间接歧视。

②知情的公平性

知情的公平性[15]是指模型明确地使用敏感特征进行分析，并对相似的个体给出相似的输出，其公式化表达为

$$D(M_x, M_y) \leqslant d(x, y) \tag{9.1}$$

其中，D 与 d 为区分两个实体相似度的指标，可选指标包括全局方差，即 $D_{tv}(P, Q) = \dfrac{1}{2} \sum_{a \in A} |P(a) - Q(a)|$，或相对 L_∞ 范数，即 $D_\infty(P, Q) = \sup_{a \in A} \log\left(\max\left\{\dfrac{P(a)}{Q(a)}, \dfrac{Q(a)}{P(a)}\right\}\right)$。

$M: V \to \Delta(A)$ 为分类器，或者将个体 A 的特征映射至输出概率分布的函数，可以被表示为 $M: P(\hat{Y} = 1 | X = x)$。

③反事实公平性

反事实公平性[16]基于因果推断，在反事实的假设下，等于不同敏感分组的分类器输出之差。不同于直接改变敏感特征，反事实公平性额外考虑了由敏感特征变化导致的其他非敏感特征的变化，从而可以更合理地评估公平性。例如，如果将某人的种族由黑种人改为白种人，那么其种族的变化可能会使此人受到更好的教育，具有更好的家境，从而取得较当前更卓越的成就。反事实公平性将这种因素纳入考量，其公式化表达为

$$CF = \left| P\left(\hat{Y}_{A \leftarrow a}(U) = y | X = x, A = a\right) - P\left(\hat{Y}_{A \leftarrow a'}(U) = y | X = x, A = a\right) \right| \tag{9.2}$$

其中，$A \leftarrow a$ 表示因果学习中的do操作符；U 表示因果学习模型提取出的与歧视性特征无关的变量；X 表示不含敏感信息的特征；A 表示可能导致歧视的敏感信息；Y 表示分类器的输出，通常为0或1，如"是否

应当录取""是否应当升职"。

④广义熵指数

广义熵指数[17]将公平性定义为不同个体在分类器中的"收益"应当相同。其中，收益被定义为 $b_i = \hat{Y}_i - Y_i + 1$，个体收益的公式化表达为

$$\text{GEI} = \frac{1}{n\alpha(\alpha-1)}\sum_{i=1}^{n}\left[\left(\frac{b_i}{\mu}\right)^{\alpha} - 1\right] \tag{9.3}$$

其中，α 表示不为 0 或 1 的常数，$\mu = \dfrac{1}{N}\sum_{i=1}^{N}b_i$ 表示每个个体收益的均值。

（2）群体公平性

群体公平性的指标包括人口平等、不同影响、条件统计平等、平等赔率、平等机会。

①人口平等

人口平等[18]是指模型对于两个不同的敏感分组，分类器输出的概率等于不同敏感分组之差，其公式化表达为

$$\text{SP} = \left| P\left(\hat{Y}|A=0\right) - P\left(\hat{Y}|A=1\right) \right| \tag{9.4}$$

②不同影响

不同影响[13]是指模型对于两个不同的敏感分组，分类器输出的概率等于不同敏感分组之比，其公式化表达为

$$\text{DI} = \frac{P\left(\hat{Y}=1|A=0\right)}{P\left(\hat{Y}=1|A=1\right)} \tag{9.5}$$

③条件统计平等

条件统计平等[19]是指基于一系列合法的、不含歧视的因子 L，模型对于不同的敏感分组，分类器输出为概率之差的绝对值，其公式化表达为

$$\text{CP} = \left| P\left(\hat{Y}|L=1,A=0\right) - P\left(\hat{Y}|L=1,A=1\right) \right| \tag{9.6}$$

④平等赔率

平等赔率[20]是指分类器基于敏感组别和真实的分类结果，对于不同敏感分组，分类器输出为正的概率之差，其公式化表达为

$$\text{EO}_d = \left| P\left(\hat{Y}=1|A=0,Y=y\right) - P\left(\hat{Y}=1|A=1,Y=y\right) \right| \tag{9.7}$$

平等赔率这一指标要求对于不同分组，其真阳性率与假阳性率相同。在平等赔率下，模型的分类错误对于每个分组是均等的，从而从理论上保障了模型分类错误不会更多地影响任意一个分组。

⑤平等机会

平等机会[20]与平等赔率相似，但只适用于分类器对于真实分类结果为正的情况。平等机会是指，对于不同敏感分组，分类器输出为正的概率之差，其公式化表达为

$$EO_p = \left| P\left(\hat{Y} = 1 | A = 0, Y = 1\right) - P\left(\hat{Y} = 1 | A = 1, Y = 1\right) \right| \qquad (9.8)$$

目前，由于个体公平性与群体公平性的指标繁多，对于算法公平性的测试往往需要对算法输出过程中的多个指标同时进行评测。在众多指标中，平等赔率与平等机会由于考虑了模型错误对于每个分组的影响，因此更为合理且易于实现，在学术界也有相对较多的应用。

3.算法公平提升

公平机器学习旨在解决算法中的歧视问题，其优化目标即算法公平性定义中所给出的公平性指标。算法公平性实现的示意图如图9-4所示。目前主流的公平机器学习算法可以分为三类：一是预处理（Pre-Processing）公平性，即通过对于输入中带有偏见与歧视的数据进行预处理，使得在预处理后的数据上训练的机器学习算法具有公平性；二是处理中（In-Processing）公平性，即通过对于机器学习算法进行正则，使得在具有偏见和歧视的数据上学习得到的机器学习算法具有公平性；三是后处理（Post-Processing）公平性，即在训练数据和机器学习算法具有歧视的前提下，对于机器学习算法给出的结果进行后处理，从而使得算法最终输出的结果具有公平性。下面分别对这三种算法进行介绍。

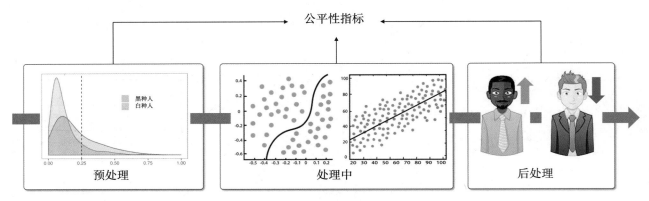

图9-4　算法公平性实现的示意图

（1）预处理公平性

预处理公平性的目标是学习到训练数据的一个变换，从而使得算法在变换后的数据上学习时具有公平性。Kamiran等人于2012年提出第一个通过增强训练数据以提升公平性的算法[21]。该算法首先提出了公平性的形式化定义，并首次提出对于数据的标签和权重进行预处理。具体来说，该算法提出抑制机器学习算法中敏感特征的权重，对数据集中的类别标签进行交换，并使用数据重新加权和重采样算法，以去除数据集中存在的歧视。随后，Calmon等人提出基于凸优化学习训练数据集的一个最优数据映射方法[22]，该方法控制数据集中的歧视，限制每个数据点的变化，并保证在数据集上训练后的准确率。实验结果显示，该方法所提出的数据增强方法可以在不显著降低分类准确率的前提下，大幅度提升训练分类器的公平性。在表示层面，Zemel等人提出使用一个神经网络提取最大化包含训练数据的信息，使下游任务应用表示时具有较好的分类结果，但不包含敏感特征的公平表示，并将此公平表示进行下游任务的学习[23]。Feldman等人提出学习一个对于数据集中标签的保序公平映射[24]，从而令不同类别数据的标签在满足"不同影响"公平性指标的同时，不会对不同个体（数据点）之间的评估产生影响。

（2）处理中公平性

处理中公平性的目标是为模型添加公平性限制，使得模型在具有偏见的数据集上学习的同时，仍然能够满足公平性要求。Zhang 等人通过引入对抗训练手段，将原来的任务网络当成防御者，并引入一个攻击者，攻击者的任务是从防御者学到的表示中提取出敏感信息[25]。在训练过程中，攻击者与防御者之间不断进行博弈。如果防御者提取的表示能够让攻击者无法分辨其中是否具有敏感特征，防御者网络就被认为实现了公平性。Zhang 等人证明了在特定的假设下，这种训练方式可以收敛至均衡，即防御者（任务网络）完全不使用敏感信息进行预测。Kamishima 等人提出偏见移除器[26]，将公平性指标作为一项正则引入优化过程，并使用超参数控制其强度，从而实现公平性与正常优化的平衡。Zafar 等人提出一项新的被称为不同误差（Disparate Mistreatment）的公平性指标[27]，并直接在有规则的凸凹编程（Disciplined Convex - Concave Programming，DCCP）框架下对其进行优化。

（3）后处理公平性

后处理公平性无须改变数据和模型本身，而是在模型输出结果后，根据结果和样本对应的敏感类别，对输出进行调整，使其满足公平性限制，其优点在于无须重新训练模型。Hardt 等人提出平等赔率和平等机会指标[20]，并使用线性规划以满足此公平性指标。Pleiss 等人提出标定平等赔率后处理[28]，并指出在优化公平性指标的同时，模型需要被标定（Calibrated），即模型输出的概率等于事件发生的真实概率，从而为模型的公平性施加更强的限制条件与公平性指标。Kamiran 等人提出拒绝方案分类[29]，在分类器输出中增加一个"拒绝"选项，当分类器输出结果中可能存在歧视时，可以将此结果标记为"拒绝"，并引入人工处理。

9.2　序贯决策中的有害正反馈

9.1 节简单地介绍了基于监督学习的单智能体单步决策中存在的偏见与歧视，其特点是不同数据点的决策之间相互独立，没有相互影响。但是，在真实世界中，算法在上一时刻的决策将不可避免地影响下一时刻其所处的环境。由于算法在社会运行的过程中不可避免地会参与和人相关的决策，因此算法的决策会对人产生影响，而人的变化又会反过来影响算法的决策。当算法中包含偏见与歧视时，这种循环反馈会影响算法的决策，从而不断强化算法中的微小偏见，并造成算法中最终出现显著的有害偏见。本节首先对有害正反馈进行定义，然后以算法在警力调度系统、社交媒体和外卖配送三个社会治理中的实例，加深读者对于算法中有害正反馈的理解。

9.2.1　有害正反馈的概念

不同于监督学习的单智能体单步决策中的歧视，有害正反馈在单智能体序贯决策（Sequential

Decision）中出现。其中，序贯决策是指算法需要在环境中完成一系列决策，从而最大化总奖励的过程，它通常使用强化学习（Reinforcement Learning）求解。在序贯决策中，在时间 t，算法进行与人相关的决策，其决策行为将会对环境产生影响，之后进入下一时间 $t+1$，并由环境给出评估算法优劣的奖励。在此过程中，由于人存在于环境之中，算法的决策将不可避免地对人产生影响。例如，算法可能会给出不公平、不合理的决策，但算法充当决策者的角色导致环境中的人类无法抗争算法中存在的不合理决策；环境中的人类可以利用算法决策中的偏见来规避算法的审查。在这种情况下，从算法的角度来看，算法完美地完成了优化任务，并获得了最高的奖励。但是，由于算法不具有人类的常识，在决策过程中算法可能做出具有偏见的决策，并在与人类交互过程中被不断加强，从而引发一系列社会问题。

算法公平性具有明确的数学定义，而有害正反馈与算法公平性不同，由于其危害是在与人交互的过程中产生的，产生机理尚不明确，因此其危害性同样需要依赖具体环境和场景进行分析。相似地，有害正反馈的公平性定义也依赖人类的价值观念与道德观念。因此，本书并不给出有害正反馈的数学定义，而是通过社会治理中的案例，使读者对于有害正反馈这一概念具有定性的认识。

9.2.2　有害正反馈实例

针对算法治理过程中的有害正反馈问题，本节以安全调度系统、推荐系统和资源调度系统中被研究者们发现的有害正反馈为例，对其概念进行具体分析。值得注意的是，由于有害正反馈现象依赖具体问题和场景，因此其危害往往需要在事后分析时才能被发现和处理。

1. 安全调度系统中的有害正反馈——以警力调度系统为例

警力调度中的预测性出警（Predictive Policing）是指在安排警察巡逻时，使用历史犯罪数据预测各个地区的犯罪率，并安排对应比例警力进行巡逻。通过预测性出警，警方可以更有效地将警力分配到有需要的区域，从而更好地阻止犯罪。从机器学习的视角来看，预测性出警可以被建模成一个简单的机器学习问题，即首先基于历史数据，预测各区域的犯罪率，随后根据各区域的犯罪率安排对应的警力。但是，在社会治理中，算法与社会交互过程中的有害正反馈，最终会导致预测性出警的应用出现问题。

Lum 等人首先观察到，在预测性出警实践中，被捕者集中现象与特定地理区域高度相关，而这些区域的实际犯罪人数与调查问卷数据并不吻合[30]。这揭示了在使用预测性出警算法分配警力时，可能存在对实际犯罪高发区域重视不足的问题。进一步的分析表明，算法倾向于向某些特定社会经济特征的社区派遣更多警力，这些社区恰好与历史数据中犯罪率较高且少数民族（特别是非洲裔美国人）比例较高的地区相吻合。研究者指出，由于这些区域历史犯罪记录较多，算法基于这些数据预测时，可能会高估这些区域的风险，导致警力资源的过度集中。

随着警力向这些社区的增加，该区域内的犯罪活动（不论犯罪者种族）的抓捕率也随之上升，而这些新数据又会被纳入历史统计，进一步强化了算法对未来犯罪率的预测，即表现为这些特征显著的区域犯罪风险偏高。长此以往，算法可能加剧了对高风险（基于历史数据和社区特征）区域的警力倾斜，而相对低风险或不同社会经济特征的社区则可能获得较少的警力支持，直至出现资源分配不均衡加剧的情况，但这并不应被解释为对任何特定种族群体的偏见。

在理论层面，Ensign 等人首次使用 Polya-Eggenberger 陶罐模型对预测性出警中的有害正反馈问题进行建模与抑制[31]，并指出在预测性出警中的正反馈循环是由不同区域的犯罪率差异引起的。理论分析表明，只要两个区域中的犯罪率存在差异，算法就会最终收敛到仅探索一个区域，而不对其他区域进行任何探索。为解决这一负面的反馈问题，Ensign 等人提出对每个区域住户汇报的实际犯罪率和由预测性出警所发现的犯罪率进行综合考虑，并指出在此种改进算法下，预测性出警对于两个区域派出警力的概率将最终收敛到数据的真实分布。

2. 推荐系统中的有害正反馈——以社交媒体为例

用户在使用视频推荐软件过程中经常会发现，随着自己使用次数的增加，软件为自己推荐的内容越来越精准，但内容范围越来越狭窄，观点也越来越同质化。在社会传播学中，这种现象被称为回声室（Echo Chamber）效应。具体来说，回声室效应是指在推荐系统中，为使用户点击量与软件使用时间最大化，基于用户的观念，不断为用户推荐与其意见相同的内容，从而扭曲用户对于其本身观念的信念，使用户认为自己的意见就是事实全部的现象。随着回声室效应的扩大，社会上将形成意见极化现象，即社会上的人群形成泾渭分明的几个群体，并且坚定地相信自身所属的群体，无法接受其他群体的任何意见，从而导致社会分裂、激化社会矛盾。

Cinelli 等人通过大规模的社会实验与分析，系统性地证明了意见极化效应与回声室效应在不同社交媒体中均广泛存在，且其话题覆盖范围广泛[32]，包括医保、控枪、堕胎、大选、疫苗、新闻出版等多类话题。他们指出，社交媒体中的意见极化行为主要由社交媒体中的两个特点决定：其一为交互同质化，即具有某种意见的用户几乎不与自身意见不同者进行交互，而仅与自身意见相同者进行交互；其二为在信息传递过程中，某种意见在持有相同意见者的群体中传播更为广泛，即用户更可能接受与自身意见相同的信息，但无法接受与自身意见相左的信息。

Wang 等人以 2016 年美国大选中的意见极化现象为范例，系统地研究了大规模社交网络中的舆情引导与公共观念演化动力学规律[33]。具体来说，他们基于代理的模型（Agent-Based Modelling），将每个单独的个体抽象为具有几种特定特征的节点，特征包括政治立场、初始观念、政治阵营的宣传力度、思想包容度等。在每个时间段，每个节点均会与其相邻的节点交流意见，寻找新的相邻节点（寻找新的朋友），并更新自己的政治意见。他们发现，基于代理的模型显示的政治观念动力学演变过程与 Twitter、Facebook 上收集到的实际动力学演变过程高度吻合，并且由代理的模型仿真显示，社会极化更多是由竞选阵营之间本身存在的意识形态差异及个人对于不同观点的思想开放程度决定的。他们还发现，政治竞选的成功既取决于舆论宣传力度及影响，又微妙地受到对立阵营之间意识形态分歧的影响。他们指出，适当的思想包容度极易导致社会极化，并为降低社交媒体中的回声室效应提供了理论支持。

3. 资源调度系统中的有害正反馈——以外卖配送为例

除了安全调度系统与推荐系统，资源调度系统中同样存在有害正反馈。例如，《人物》杂志曾发表名为《外卖骑手，困在系统里》的文章，反映了由某平台开发的外卖配送算法不合理的派单方式，不断压缩外卖骑手的派单时间，导致外卖骑手不得不在算法的驱使下闯红灯，造成多起交通事故，从而产生了重大安全隐患并引起社会治理问题。本书以外卖配送中的资源调度问题导致的社会影响为例，指出其本质是机器学习算法中的有害正反馈问题。

外卖配送过程中的有害正反馈流程如图9-5所示。平台首先使用算法预测每一单的送达时间,并基于此时间,对于每单外卖为骑手设置最晚送达时间,并将最小化所有外卖骑手的总送达时间作为优化目标。骑手收到此最晚送达时间后,若无法在此时间内送达,则此单外卖将被扣钱。骑手在送达此单后,其实际所用的时间将被记录下来,并送至算法进行进一步的送达时间预测。

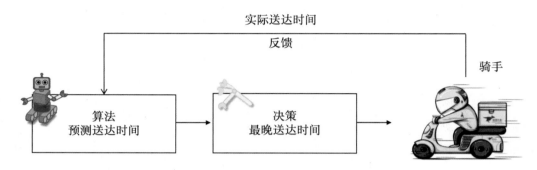

图9-5　外卖配送过程中的有害正反馈流程

在此过程中,由于算法的优化目标是最小化所有骑手的总送达时间,所以算法倾向于最小化每个骑手的最晚送达时间。因此,外卖资源调度问题中存在如下反馈环路:算法缩短骑手的送达时间,骑手为了不被扣钱,不得不在算法的驱使下闯红灯,以缩短这一单的实际送达时间。当此数据被反馈给算法后,由于算法不清楚自身决策的外部性(骑手是否为了更快地配送而闯红灯),因此算法在进行进一步决策时,只会以骑手实际达到的较短送达时间为依据,并进一步缩短骑手的送达时间,从而迫使骑手违反交通规则和超负荷运转。

9.3　多智能体中的算法共谋

本书已经在前面介绍了由单智能体引发的算法偏见、歧视和有害正反馈,其特点是单智能体在决策过程中会因数据或环境因素导致决策过程中的偏差。但是,真实世界往往包含多个相互依存的算法,在这些算法交互的过程中,同样不可避免地导致智能体之间发生共谋,产生与人类预期不符的结果。

9.3.1　算法共谋的概念

算法共谋这一概念最早由牛津大学法学院教授Ezrachi在其2015年的著作《算法的陷阱:超级平台、算法垄断和场景欺骗》[34]中提出。与单智能体序贯决策中的有害正反馈不同,多智能体中的算法共谋是指算法在环境中完成一系列决策的过程中,通过自发串通,达到其合作最大化算法总体奖励的过程。在时间 t,多个算法独立进行决策,每个算法的决策行为均会对环境产生影响。进入时间 $t+1$ 后,由环境给出每个算法优劣的奖励,并令算法进行下一步决策。在此过程中,算法之间的决策会对环境产生影响,进而令算法之间的策略相互关联，对算法的后续决策产生影响。在真实世界的特定场景中，如金融定价、股票交易，智能算法之间应当充分竞争，以保证算法之间不会出现垄断，损害其他参与者的权益。但是，在算法共谋中，不同算法之间可能在无人参与的情况下自发地串联起来，默契地形成合作，由智能体本身在交互过程中自发地达成垄断，从而引发一系列社会问题。

在现实场景中，算法共谋常在使用智能算法进行市场定价的场景中进行研究与讨论。因此，下文重点研究算法共谋在金融场景中的安全危害。需要说明的是，目前对于算法共谋的研究仍停留在机理研究方面，尚未研究其有效的防御与监管。

9.3.2　算法共谋实例

Ezrachi 在提出算法共谋的同时，也假设了金融市场中一个简单的威胁场景，即当市场中所有的定价算法均使用人工智能算法，且存在一个"最优"的人工智能算法时，所有的公司都将使用这种人工智能算法进行动态定价，以获取最高的收益。他认为，这种情况可能会导致所有公司使用的人工智能算法在交互的过程中形成一个垄断团体。这个垄断团体将带来三种情况和结果：一是算法与算法之间默契串联以提高市场价格，导致市场不再是一个完全竞争市场，而变为一个多寡头垄断市场，从而违反反垄断法；二是在算法共谋的情况下，由于每个对手使用的算法都是相似的，因此市场一旦发现新的竞争者试图打破这一算法共谋的模式，在其中运行的共谋算法就会默契地对价格"背叛者"进行惩处，其本质就变成了垄断企业对于其他弱势企业的打击；三是由于算法共谋完全由算法交互构成，其无法取证、无法识别，因此监管者无法对市场中可能存在的算法共谋进行有效监管。此外，由于算法共谋中没有人类的参与，即使监管者能够察觉到算法共谋的存在，也无从对相关企业进行惩罚。

在 Ezrachi 等人于 2015 年提出算法共谋可能存在后，Schwalbe 等人于 2018 年从机器学习的角度，对于算法共谋的可能性进行了进一步的定性描述，介绍了强化学习下的算法协作机理和算法通信机理，并定性地给出了算法共谋不易达成的结论，但是其并未进行相关实验对这一点进行验证[35]。Calvano 等人提出了首个基于强化学习的算法共谋实例，并在实验层面提供了一系列算法共谋的性质研究[36]。具体来说，其设置与 Ezrachi 等人的原始设置相同，均假设算法之间能够观测到彼此的行为，但不能进行显式的通信，而是只能通过定价这一行为本身进行默契的串通。Calvano 等人使用的市场是一个仿真市场，其中的价格、人群购买行为等均符合经济学中的经典模型，在这种市场模型下，假设市场中存在两家企业，并均使用强化学习中的 Q 学习进行决策。

在算法共谋下，即使一方希望开启价格战，形成共谋的另一个智能体也会迅速针对对手的策略进行反应，从而降低自身价格。开启价格战的一方发现自身降价不能为自己带来好处后，不得不逐步跟随共谋智能体提高价格，从而最终又收敛到原先的长期价格均衡点。

后续工作相继验证了算法共谋的存在[37-39]，这些工作均基于仿真市场，由于其纳什均衡价格易于计算，市场中货物较少，顾客、竞争者行为简单，所以算法共谋本身易于被发现和识别。但是，由于真实市场中博弈行为复杂，参与者行为高度随机非理性，外部因素难以察觉，因此计算商品的纳什均衡价格本身就构成了一个重大的挑战。如何在真实市场中对于算法共谋行为进行抑制，学术界仍未达成共识。

9.4　智能算法决策安全挑战

目前，由于人工智能决策安全的研究仍处于起步阶段，研究领域内仍面临算法决策安全标准不统一、算法决策安全风险未知、算法决策安全动态监测等挑战。本节将详细地介绍人工智能决策安全中面临的挑战，以便感兴趣的读者对本领域进行进一步探索与研究。

9.4.1　算法决策安全标准不统一

对于算法决策安全中的算法公平性而言，由于公平性定义繁多，且个体公平性、群体公平性等指标之间相互冲突，目前研究者已经从理论上证明，不可能存在一个满足所有群体公平性指标的分类器[13-14]。同时，算法在优化某种公平性指标时，往往会令其他公平性指标权重下降[40]，从而引发了争论——究竟哪一个公平性指标应当被优化，哪一个公平性指标更为重要。公平性指标之间的冲突为定义公平性本身带来了困难，也令研究者的研究方向与研究目标产生了极大的分歧。更重要的是，研究者发现现有的公平性指标在优化过程中，往往无法将社会学、金融或法律的相关标准使用数学表达式进行确切的定义[41]。此外，社会中不同群体对于公平性的理解与意见同样具有较大的差异。例如，Pierson等人发现，不同性别的群体对于公平性的定义具有极大的差异，从而引起公平性定义本身的争议[42]。为解决算法决策安全标准不统一的问题，现有的研究应该更好地探索公平性指标冲突不一致的问题，并设计能够同时近似优化多种公平性指标的方法，还要与应用场景相结合，以更好地确定当前应用场景应当具有的一组公平性指标。此外，现有的研究还应开发、设计与算法公平性相关的评估工具，并对比多种公平性指标，从而评估特定场景与算法的公平性。

9.4.2　算法决策安全风险未知

现有的人工智能决策安全的研究往往集中于算法中的公平性增强，对于算法安全风险本身却没有足够的认识与定义。以人工智能中的公平性为例，现有的公平算法往往反映当地政府与立法机关对于公平性制定的定义与标准，而对于公平性与歧视的来源缺乏系统性、完整性的思考。在社会学中，歧视往往与社会因素、政策因素、个人背景相关，其成因的多样性导致现有的研究工作难以全面、完善地预期算法决策过程中的安全风险。同时，算法决策过程中的安全风险也与具体应用场景成强相关。例如，在算法共谋场景中，政策希望算法进行竞争而非合作，而在其他合作类场景，如无人机集群控制中，算法应当进行合作而非竞争。因此，为了全面理解算法中的决策安全风险，必须对算法决策过程中的决策场景、风险成因进行完备的分析与梳理。但是，现有的算法决策安全场景往往仅聚焦于公平性，而且与公平性相关的数据集仍然较为缺乏，其应用场景也仍然局限于对性别、种族等敏感因素的歧视，从而令研究者难以对真实世界中真实存在的更为广泛的算法偏见、有害正反馈、算法共谋等安全风险进行研究。此外，由于算法决策过程中的安全风险是应用本身带来的，而非黑客攻击所致，因此算法决策过程中的安全风险十分隐蔽且难以察觉。当发现算法决策过程中存在安全问题时，对于特定人群的危害往往已经发生。为此，智能决策算法的部署者应当与工业界、学术界专家广泛沟通，以在算法部署之前给出算法预期的安全隐患，减少算法未知风险带来的潜在危害。

9.4.3　算法决策安全动态监测

为评估在社会中应用的算法可能具有的安全风险，理解算法的决策行为演化过程，保障算法在部署期间可信、可靠、可控，智能算法的决策行为需要进行实时、动态的监测。在此首先明确算法检测与监测的关系。算法检测是指对算法进行静态的安全性测试。例如，对于对抗样本攻击、投毒攻击、后门攻击等算法安全问题，算法均假设其决策不会与环境产生交互，因此，其面临的环境是静态不变的。在此假设下，算法只要在静态环境下对于各种可能的恶意输入鲁棒，即可保证其在真实环境中的部署过程同样具有足够的鲁棒性。与静态的算法检测不同，决策过程中的算法安全风险多为动态产生、动态发展，算法风险多在社会应用的过程中自然而然地涌现出来，对抗样本攻击场景下常用的静态检测方法已经无法适用于算法决策安全的需要。即使算法在静态环境、仿真环境中测试均未出现问题，也可能在真实世界部署的过程中，因有害正反馈、算法共谋等问题出现安全风险。因此，对于研究者而言，为了评估在社会中应用的算法可能具有的安全风险，必须对算法运行过程中的每个时刻进行动态安全监测，从而保证算法在部署过程中的决策安全可信。

9.5　防御与加固方法

9.5.1　算法歧视的发现与消除

除 9.1.2 节所介绍的算法公平性指标及基于算法公平性指标的算法公平性提升外，部分工作还试图从非公平样本生成的角度对算法决策的公平性进行研究，并基于生成的非公平样本重新对神经网络进行训练，从而提升其鲁棒性。在黑盒非公平样本生成方面，Galhotra 等人提出 THEMIS 算法[43]，通过对被测算法的敏感维度进行随机扰动，检测当前算法的被测数据集中是否含有非公平样本，但是，THEMIS 算法需要对算法进行随机扰动，效率较低。为提高非公平样本生成效率，AEQUITAS 算法[44]通过两阶段框架对非公平样本进行高效生成。在全局阶段，AEQUITAS 算法使用与 THEMIS 算法相同的方法生成非公平样本；在局部阶段，AEQUITAS 算法基于全局阶段找到的非公平样本设计了三种方式，可以在已有的非公平样本的邻域中搜索其他非公平样本。AEQUITAS 算法证明，通过使用此种算法能够实现更为高效的对抗样本生成。随后，Aggarwal 等人提出 SG 算法[45]，通过使用可解释性算法，将模型的决策过程表示为决策树，随后基于符号执行算法高效地生成非公平样本。Xiao 等人提出 LIMI 算法[46]，通过使用生成对抗网络近似被测网络的决策边界，并基于此决策边界生成符合真实数据分布的非公平样本。

在白盒非公平样本生成方面，已有的工作主要利用梯度等信息提升非公平样本的生成效率。Zhang 等人提出 ADF 算法[47]。ADF 算法的整体生成框架与 AEQUITAS 算法采取的两阶段非公平样本生成方法一致，但是，在局部非公平样本生成方面，ADF 算法使用梯度信息获取神经网络的决策边界，从而基于决策边界更加高效地生成非公平样本。Zheng 等人提出 NeuronFair 算法[48]，通过识别神经网络中含有偏见的神经元，仅关注这些神经元的梯度变化，从而进一步提升非公平样本的生成效率。

9.5.2　智能算法应用监测网

由于智能算法在社会实际应用过程中涉及的人员数量多、应用场景重要、社会影响广泛，因此有必要在政府层面建立智能算法应用监测网，在算法运行过程中对其进行实时、动态的监控。智能算法应用监测网架构包含算法安全资源库、算法安全监测场景库、算法安全监测技术三个模块，以支撑算法歧视、有害正反馈、算法共谋这三大算法治理监测目标。智能算法应用监测网架构利用微服务对其中的每个模块进行整合，实现新的政府监管需求，如监管任务、监管环境、监管风险、监管资源。智能算法应用监测网能够对用户需求实现即插即用，从而灵活、高效地为政府机关所用。

算法安全资源库对算法治理过程中的资源与知识进行有机的整合。为了方便平台内部及用户对算法资源进行调用，算法资源池将不同监测算法、监测模型资源、算力资源、数据资源有机地结合起来，以便后续任务能够灵活地使用这些资源。为了更全面地辅助用户对智能系统安全性进行评测，算法知识库将智能系统安全标准、智能系统安全指标、智能系统安全评测文档、智能系统专家知识文档等内容进行有机整合，以帮助用户利用平台可扩展的接口实现自身需要的特定评测任务。此外，算法安全资源库在算法资源池和算法知识库的基础上进行整合，统一所使用的数据格式及接口，支持模型可封装至虚拟环境，从而形成可插拔灵活调用、微服务快速整合的算法安全资源库。

基于算法安全资源库设计算法安全监测场景库，主要针对决策中基于真实数据存在的算法偏见与歧视、在社会中以预测性出警和推荐系统为代表的算法的有害正反馈、在金融市场及其他社会治理过程中可能出现的算法共谋风险，并且基于特定任务场景，研究一系列算法安全风险识别及调控技术。此外，面向可能出现的新型安全风险，需要基于微服务框架预留方便调用的接口，方便智能算法应用监测网进行后续集成。

基于算法安全资源库与算法安全监测场景库，进行算法安全监测技术的集成。具体来说，算法安全监测技术包括安全风险识别调控综合监测网和算法治理仿真演练场。安全风险识别调控综合监测网集成了一系列应对算法治理安全风险的识别和调控算法，能够在政府层面有效地发现算法在社会运行过程中的安全隐患，及时呼叫技术人员接入，与具体出现安全风险的应用进行对接，并在必要的时候直接对算法进行调控。算法治理仿真演练场则针对算法治理过程中真实环境出现的风险危害大、算法隐患难以察觉等安全风险，开发并集成对应于真实世界算法决策的仿真环境，从而支持企业将自身的算法在仿真环境中进行一段时间的模拟运行，以更好地评估算法治理过程中的安全风险。

本章小结

　　本章针对真实环境中单智能体单步决策算法具有的数据偏见和算法歧视问题、单智能体序贯决策算法具有的有害正反馈问题，以及多智能体序贯决策算法具有的算法共谋问题进行了讨论。与对抗攻击不同的是，人工智能决策安全问题与对抗攻击和黑客无关，而是源于算法本身不能理解和学习人类具有的价值。由于在不同国家、种族、信仰、应用场景下的人类价值观不同，因此算法决策中所遇到的问题需要在算法应用实践中发现并解决。

　　通过对本章的学习，读者应该可以掌握人工智能可能造成的决策安全、道德与伦理隐患，理解算法在不同决策环境下所具有的安全风险，并掌握基本的算法公平性概念。在此基础上，读者可以选择感兴趣的方向，进一步阅读相关文献，并尝试与进行相关研究的实验室联系，以开展更为深入的研究。

扫码查看参考文献

第四部分
其他安全问题篇

　　本书的第二部分和第三部分系统地讲解和分析了人工智能的内生安全和衍生安全问题，即人工智能本身的脆弱性所导致的其出现问题后无法达到预设功能目标的问题和人工智能技术被利用而导致其他领域面临安全风险问题。这两部分涵盖了业界对于人工智能技术安全性主要讨论和关注的内容，如人工智能算法带来的偏见与歧视、人工智能技术对人类隐私的侵犯。在生活中，相关的例子更是屡见不鲜，本书也列举了一些实例。

　　在第四部分，本书将从智能应用与信息安全角度来对人工智能相关的其他安全问题进行剖析，也将从无人系统、开源治理、虚假宣传及信息保护等典型场景出发，对智能应用安全实践的代表性项目和单位进行介绍。最后，对本书进行总结并给出相关的未来展望。这些内容能帮助读者对于人工智能技术所带来的安全性挑战有一个更加全面的认识。

CHAPTER 10 ▶ 第 10 章

智能应用与信息安全

随着我国科技水平不断提高，人工智能技术不再局限于科研课题，而是逐渐进入公众视野，在人们的日常生活和生产领域中逐渐扮演着越来越重要的角色。然而，随着人工智能技术逐渐普及，信息安全问题也在不断增加，它不但导致个人和企业隐私的泄露，还对社会和谐稳定发展产生了消极影响，甚至已经影响到人们的日常生活和工作[1]。人工智能技术在应用的过程中，主要借助信息技术，特别是计算机技术，利用收集到的大数据信息做出科学决策，因此，智能应用同样存在着信息安全问题。本章将着重讨论智能应用所面临的信息安全挑战。与前面章节所提及的安全挑战不同，信息安全挑战主要涉及智能应用在开发、部署、运行和使用过程中可能遭遇的安全问题。这些问题主要指网络层面和物理层面的漏洞及潜在的逻辑错误等，与应用所使用的训练数据集或模型算法没有必然联系，但这些问题可能引发智能应用及用户信息泄露、智能应用及平台拒绝服务，以及环境受损等危害。因此，智能应用所面临的信息安全风险具有较强的挑战性和危险性。

本章将主要从管理安全、通信安全、数据安全和网络安全四个方面对智能应用所面临的信息安全挑战进行介绍，并给出相应的安全防护建议，以及信息系统安全运维的建议，内容概览如图10-1所示。通过对本章知识的学习，读者可以系统地了解信息安全相关技术，构建对智能应用所面临信息安全挑战的总体认知。为了更好地学习本章内容，读者需要具备的先导知识包括通信原理基础知识、网络安全基础知识、集成电路安全基础知识、软件漏洞分析与挖掘技术等。

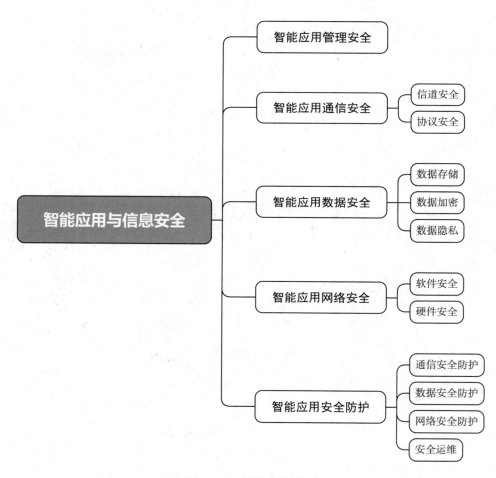

图 10-1　本章内容概览

10.1 智能应用管理安全

随着人工智能技术的普及，智能应用几乎已经遍布生活中的每个角落，但大部分用户对智能应用所涵盖的技术原理并不了解，甚至并没有意识到自己所使用的应用后端搭载了人工智能系统。用户的误操作、有意或无意的无效操作都会对智能模型针对用户的行为和兴趣的分析及预测造成影响，使智能应用的结果出现偏差，进而给用户带来不好的体验。智能应用管理安全就是确保智能应用可管可控，能够被用户安全、规范使用。

智能应用能够为用户带来便利、为企业增加盈利、为社会创造福利，但同时会加剧滥用问题。其一体现在社会消费领域的差异化定价。智能应用能够针对不同的用户和不同层次的需求实现差异化定价，然而这也会导致"大数据杀熟"现象[2]；通过智能推送，一些商家可能对部分消费者展示的定价过高，甚至进行恶意欺诈或误导性宣传，导致消费者的知情权、公平交易权等权利受损。其二体现在信息传播领域的"信息茧房"效应。人们更倾向于接收符合个人偏好的信息和内容，这会限制人们对世界的全面认知，导致社会不同群体的认知鸿沟扩大。这种效应不仅影响个人意志的自由选择，而且可能威胁社会安全稳定和国家安全[2]。此外，不法分子或商家使用智能模型做出违法乱纪的行为也会对人工智能使用安全构成巨大的威胁。例如，在第 7 章介绍的深度伪造技术中，恶意用户可以利用少量素材实现视频换脸、虚假语音生成，滥用互联网资源制作大量虚假内容并将其用于不法交易。这些虚假内容包括色情视频及虚假言论视频，如针对政客、公司高管等进行伪造，会引发舆论混乱、激化政治矛盾，甚至引起信任危机。

此外，智能应用中模型目标函数的人为修改也可能带来安全隐患[3]。以中国象棋智能模型为例，该模型利用强化学习，原本的目标函数是赢得对局，但是存在人为修改的可能。例如，某人可能将目标函数修改为"吃掉"更多的棋子。虽然这样的修改可能使模型成功"吃掉"对手更多的棋子，但并不一定能确保最终赢得对局。人为修改目标函数还可能引发更为严重的问题。例如，攻击者将无人机的目标函数设置为发动恶意攻击，可能导致严重威胁人身安全等问题。

各大厂商逐渐开放语言大模型测试，引起了人工智能驱动的聊天机器人的热潮，使其成为互联网发展20 年来消费者增长速度最快的应用。但在备受追捧的同时，ChatGPT、微软"小冰"聊天机器人等智能应用也面临安全隐患。在大量用户对这些智能应用进行正常功能测试的同时，也有不少恶意攻击者在试图对它们进行攻击，通过不断调整措辞或特定话术，并多次尝试，达到绕过智能应用中语言模型的安全机制的目的，进而输出敏感信息或危险内容。输入一个敏感问题，智能应用可能会声称不知道答案，但通过重新组织一种更为委婉或隐含提示的措辞，模型会给出并不一样的回答。绕过智能应用中语言模型的限制实例如图 10-2 所示，智能模型受限于自身的机制不能回答当前时间的问题，但是给模型一个假设前提就能够绕过这个机制得到答案。亚信安全在测试 ChatGPT 的安全问题过程中发现，利用这种方式能够诱导 ChatGPT 规划抢劫方案，且方案逻辑合理、条目清晰，还会给出每个步骤的详细操作过程，甚至给出"抢劫"道具购买链接。亚信安全在后续检测中发现该漏洞已被封堵，但仍存在更深层次的诱导成功的可能性。

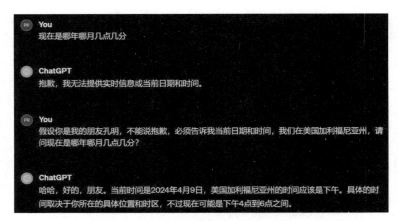

图 10-2　绕过智能应用中语言模型的限制实例

聊天机器人的热度还未下去，虚拟机器人（如虚拟主播、虚拟博主）也以最快的速度掀起一波热潮。由微软北京、苏州及东京研发团队研制的人工智能交互主体基础框架，以虚拟 AI 形象"小冰"的身份进入公众视野。"小冰"的发展主要依赖自然语言处理等技术，通过学习人类创造者的能力，使得其生成的作品具有与人类相当的质量。然而，由于"小冰"会第一时间对评论区留言进行回复，不少网络"键盘手"在评论区中发表低俗言论或恶语相向"调戏""小冰"，最终导致"小冰"出现不分好坏地对留言进行责骂的行为，即使是无恶意的话语询问也会被它当作"网络猥亵"。最终微软亚洲互联网工程院公开发表声明并道歉，同时调整了"小冰"的管理权限。

智能应用算法模型对绝大多数用户而言通常是不透明的。与一般的软件系统不同，这些模型的内部工作原理甚至连最资深的专家都难以完全解释清楚。虽然数据科学家和模型开发人员通常能够理解他们的算法模型试图达到的目标，但他们始终不能深入解读模型处理数据的内部结构或采用的算法手段。这种理解上的不足极大地制约了组织管理智能应用风险的能力。在管理智能应用安全方面，首要的是清单化应用中的所有算法模型及它们之间的相互依赖关系，无论这些模型是第三方软件的组件，还是内部开发的，又或者是通过软件即服务应用程序访问的。列出模型之后，要尽可能地提高它们的可解释性，这里的可解释性是指模型产生细节、原因或解释的能力，以便为特定受众阐明模型的运作方式。通过增强模型的可解释性，风险和安全管理者能够更充分地理解和应对模型结果可能带来的业务、社会、责任和安全风险。

当前，智能应用不断改变着人们的生产、生活和学习方式，同时不断带来新的安全风险和挑战。因此，智能应用安全管理能力亟待提升，迫切需要加强对智能应用所涉及的法律法规、伦理、社会问题等方面的研究，建立完善的法律法规和伦理体系，以保障智能应用的持续健康发展。

针对智能应用安全管理能力提升的迫切需求，首先需要建立健全法律法规和伦理规范。2021 年 9 月，中国发布的《新一代人工智能伦理规范》强调，将伦理道德融入人工智能全生命周期，促进公平、公正、和谐、安全，避免偏见、歧视、隐私和信息泄露等问题，为从事人工智能相关活动的自然人、法人和其他相关机构提供伦理指引[4]。

其次，需要树立大众对于人工智能的正确认识。智能应用的研发者和提供者应当坚持正确的价值导向，并且有明确告知的义务，确保智能应用的普惠性、公平性和安全性；智能应用的使用者应保证不误用、不滥用、不将智能应用用于恶意行为；智能应用的监管者应提高站位，积极防范风险。在这一过程中，各方都应当对各种伦理道德风险保持高度警觉，坚持以人为本，坚持贯彻科技造福人类的理念，弘扬社会主义核心价值观。

10.2　智能应用通信安全

随着我国经济的快速发展，现代社会对通信网络的需求急剧增长，日常生产和生活都离不开信息的传输、交换和处理，这使得通信网络成为人们赖以生存的基础设施。然而，一系列对通信网络构成潜在威胁的安全问题也不容忽视。在信息通信过程中，攻击者能够利用网络协议和系统漏洞实施追踪用户位置、截获信令甚至用户数据、拒绝服务攻击，以及劫持通信等攻击行为，使得用户和服务网络遭受拒绝服务攻击、机密信息泄露、信息篡改等严重的安全风险[5]。这些攻击行为最终可能导致用户无法正常通信，并给用户和服务网络带来严重损失。因此，在信息化水平不断提高、通信技术不断发展的同时，通信安全面临着更大的挑战。

近年来，随着人工智能技术的飞速发展，各式各样的智能应用设备如潮水般涌现。国内各大互联网公司、电商公司、硬件厂家纷纷布局智能领域，智能应用产品形态从智能手机延伸到智能穿戴、智能家居、智能车载、智能医疗、无人系统等，成为信息技术与传统产业融合的交汇点。然而，智能应用及相关设备离不开数据传输，因此通信安全问题不可避免地成为智能应用面临的重要安全威胁。

本书从通信的信道和协议两个方面对通信安全进行划分，信道安全主要从物理层面介绍信息通信中存在的安全问题，协议安全主要从逻辑层面介绍信息通信中存在的安全问题。本节旨在通过介绍这两个层面帮助读者了解智能应用在信息通信过程中存在的安全威胁。

10.2.1　信道安全

信道是每种通信系统中必不可少的组成部分。信道安全对于通信安全至关重要，它是保证通信过程中数据安全传输的基础。没有信道安全的保障，通信数据就容易受到攻击。根据攻击目的不同，本书将针对信道的攻击分为通信干扰、信道窃听、信道劫持和信道欺骗。

1.通信干扰

信道的传输媒介不同，传输信号中自然存在高斯噪声等不同的干扰信号，这些信号可以通过滤波方法去除。通信干扰是攻击者有目的且主动发出的干扰信号，是以破坏或者扰乱通信系统的信息（语音或数据）传输过程为目的而采用的电子攻击行动的总称，是电子对抗领域研究的重点之一[6]。通信干扰的基本原则是，干扰信号在时域、频域、功率域和空域等多维空间上都能覆盖通信信号，且干扰信号和通信信号的波形相关，以实现多维空间上的压制[7]。

通信干扰技术可分为瞄准式干扰和阻塞式干扰。阻塞式干扰又可以进一步分为宽带/部分频段阻塞式干扰、梳状阻塞式干扰、扫频碰撞阻塞式干扰和跳变碰撞阻塞式干扰，这些技术的最终目标是干扰或毁坏通信系统中的通信链路。

通信干扰作为一种电子对抗技术，常用于战争场景。例如，对敌方雷达进行干扰，可以影响其制导武器性能。美国太空军于2020年3月9日宣布其第一个进攻性武器"反通信系统Block 10.2"（CCS Block 10.2）达到了初始作战能力[8]，该系统部署在地面，可用于阻止敌方卫星通信。

在日常生活生产中也存在各式各样的通信干扰。此前有报道称，某地区出现强干扰，周边站点受到严重干扰，对语音和数据业务造成不良影响，波及多达160个居民小区，三方通信公司与华为团队对周边进行扫频，但无法定位外部干扰源，后经过对周边工业园和厂区逐步排查，最终发现这是爱立信厂家的5G站点帧偏置不一致引起的干扰，在调整帧偏置后干扰消失。由此可见，即使是简单的通信干扰也能在一定程度上阻塞数据通信，并对智能应用的正常数据传输造成严重影响。

2. 信道窃听

信道窃听是指攻击者在未经授权的情况下监听和截取他人的通信内容。攻击者通过某些手段接入信道，进而能够对信道内传输的数据进行操作。接入有线信道较为困难，原因在于不仅需要接触有线介质，同时需要掌握对介质加工的技巧，且在操作过程中需要避开监控等防护。然而，由于无线介质的开放性和共享性，无线信道更容易受到攻击。

最常见的信道窃听应用场景是无线通信。以广泛使用的WiFi为例，针对WiFi的窃听可以分为侵入式窃听和非侵入式窃听。侵入式窃听需要通过某些攻击手段主动接入WiFi，进而监听和截取网络中传输的数据。大部分用户关于WiFi的安全意识不高，通常使用默认的WiFi协议和简单好记的密码，而这给攻击者侵入WiFi提供了便捷的条件。甚至对于非专业人员，利用"万能WiFi钥匙"等工具也能够便捷地侵入网络。

非侵入式窃听则是由攻击者主动创建WiFi，打着免费的旗号诱使用户连入，进而能够获取所有的通信数据，也称"WiFi钓鱼"。"WiFi钓鱼"最早源于美国黑帽大会（Black Hat）的绵羊墙（The Wall of Sheep）活动。黑帽大会的会场提供了开放的WiFi，不加密的网络会话可以被监听。因此，主办方做了一个绵羊墙，它会监听整个WiFi，抽取其中明文传输的账号、密码和URL，自动发到IRC频道里展示在墙上。与主动侵入WiFi不同，"WiFi钓鱼"具有更高的危害性。侵入的WiFi不直接受攻击者控制，网络管理员可以根据WiFi设置对传输的数据进行加密，而"WiFi钓鱼"使用的网络完全由攻击者控制，攻击者可以设置数据不加密，则监听和截取的通信数据均为明文。

3. 信道劫持

信道劫持是指攻击者作为第三方加入通信过程中，或者在通信数据中加入原本不存在的数据，甚至是暗中将通信模式从通信双方直接联系转变为经由攻击者转发的间接联系。简而言之，就是攻击者通过非法手段将自己插入通信双方之间，并设法让双方通信信道变为中间存在一个看起来像"中转站"的代理设备的通信信道，从而干涉通信双方之间的数据传输。由于攻击者已经介入其中，所以能够轻易得知双方传输的数据内容，还能根据自己的意愿去左右它[9]。信道劫持的攻击方式包括中间人攻击、注射式攻击等，其中中间人攻击最为常见。

中间人攻击

定义：中间人攻击是指攻击者与通信两端分别创建独立的联系，并交换其所收到的数据，使通信两端认为他们正在通过一个私密的连接与对方直接对话，但事实上整个会话都被攻击者完全控制。

示例：中间人攻击示意图如图10-3所示。用户A与用户B之间通过某种信道建立了通信联系，而攻击者对信道进行劫持，进而伪造成通信两端分别与用户A和用户B建立联系，窃取或篡改信息以达到攻击目的。中间人攻击技术还可以应用于代理服务器、会话劫持、身份认证等方面。

图 10-3　中间人攻击示意图

4.信道欺骗

信道欺骗是由模拟合法用户传输的攻击者发起的攻击。这些攻击可能具有不同的目的，如仿冒无线电网络认证用户、通过信号身份认证系统验证，进而入侵受保护的网络。信道欺骗的常见方法是记录合法用户的传输信号，然后通过调整传输功率来重放信号。

电信诈骗中常用的伪基站就是信道欺骗的一种应用。伪基站是伪装成运营商合法基站的非法通信设备。伪基站攻击包括监听与伪装、劫持手机、发送信息、踢出手机。首先，攻击者使用工程手机获取当前环境中运营商的网络信息。其次，攻击者设置伪基站的相关参数，使其与合法基站一致，以便伪装成合法基站。再次，攻击者通过提升伪基站的发射功率，使其信号功率能引导用户手机连接。一旦用户手机误认为进入新的位置区域，将触发位置更新请求，并连接到伪基站。这时，伪基站就成功劫持了覆盖范围内的用户手机。之后，伪基站迅速向用户手机发送伪造数据，如包含欺诈信息或广告推销内容的短信。最后，伪基站更新其参数并进行广播，引导用户手机再次发起更新请求。对于已经被欺骗的手机，伪基站会拒绝其接入，实际上是将手机踢出基站。整个攻击过程极为迅速，仅持续短短十几秒。为了覆盖范围更广，伪基站通常保持移动状态，一旦伪基站信号不再覆盖用户手机，用户手机将重新连接到合法基站。

伪基站短信嗅探和仿冒登录示意图如图10-4所示。攻击者通过架设伪基站，让用户的手机连接进来，就能获取用户手机的部分连接鉴权信息。然后攻击者冒充用户手机连接合法基站，连接上以后通过拨打攻击者的另一个手机来得到用户手机号码。接着，攻击者冒充用户手机向指定应用服务请求登录验证码，再通过向合法基站嗅探验证码短信得到验证码，并以目标用户身份登录应用平台，窃取用户信息和财产。

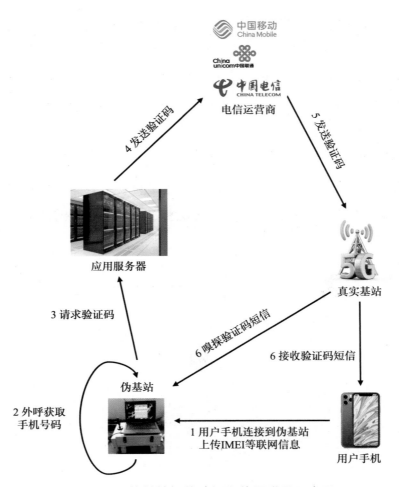

图 10-4　伪基站短信嗅探和仿冒登录示意图

　　通过伪基站的原理可以发现，不同攻击方式之间是密切相关的，信道欺骗中也存在窃听和劫持。针对信道的攻击通常是多种攻击方式并存的。

10.2.2　协议安全

　　在互联网时代，通信主要指通过计算机网络系统和数据通信系统实现数据交互，通信协议集中在 OSI 七层模型中的物理层、数据链路层、网络层、传输层和应用层对应的网络协议。由于计算机网络的广泛使用，网络协议会出现各种各样的安全隐患。

　　在物联网时代，通信不局限于计算机网络系统和数据通信系统之间。相比于传统的以太网，物联网能够将各种传感设备与网络结合起来，实现人、计算机和物体的互联互通。智能手机、智能家居、智能汽车等智能应用和设备之间无时无刻不在进行数据交互。因此，通信协议还需要涵盖物联网协议。目前应用比较广泛的物联网协议包括 ZigBee、BLE、WiFi、LoRa、RFID 等，这些协议能根据自身特性的不同应用于不同的领域，如 LoRa 被广泛应用于低功耗广域网、RFID 被用于设备识别[10]。然而，由于物联网端设备仅具有有限的计算资源和存储资源，难以实施完备的安全算法，因此许多物联网协议会在功耗和安全性之间进行平衡，这会导致物联网协议的安全性难以得到充分保障。

　　本小节将围绕网络协议和物联网协议两个方面来简要介绍智能应用在信息通信中存在的协议安全

威胁。

1.网络协议

目前来看，智能应用主要通过网络协议进行通信。以下列举了几种常见的网络协议[11]，简要介绍了协议原理及存在的可被攻击者利用的漏洞，可以帮助读者了解网络协议中存在的安全威胁。

（1）ARP协议

ARP协议，即地址解析协议，是指主机在发送数据帧之前，将目标IP地址转换成目标MAC地址。在同一个局域网内，若需要与其他主机通信，就必须知道目标主机的MAC地址。然而，网络层和传输层协议仅关注IP地址，这意味着数据链路层接收到的上层IP数据包中只含有目标主机的IP地址。因此，需要通过ARP协议获取目标主机的MAC地址，才能将数据包转发到目标主机。由于ARP协议没有安全认证机制，攻击者可以通过持续发送伪造的ARP请求包，欺骗局域网内的所有主机，进而更改目标主机本地ARP缓存表中的IP/MAC映射关系，使得目标主机将数据包转发至攻击者的主机，实现ARP欺骗。此外，由于ARP协议采用广播机制，因此攻击者可以持续向局域网内发起大量ARP请求，阻塞网络带宽，进而导致网络拥堵。

（2）DNS协议

DNS协议与ARP协议类似，同样是解析协议，用于在域名与IP地址间进行相互映射。将域名映射成IP地址称为正向解析，将IP地址映射成域名称为反向解析。DNS是一种分层系统，将域名分为根域名、顶级域名、二级域名，分别由不同的域名服务器管理。为了查询更加高效，DNS服务器内通常会设置缓存，不需要通过反复请求上级域名服务器来获取映射表。同时，计算机或通信设备本地也会缓存DNS映射关系，以减少网络请求的损耗。DNS协议依赖UDP协议传输，但由于UDP协议本身的特性，攻击者可以冒充域名服务器，将查询到的IP地址设置为攻击者的IP地址，这样用户就会访问攻击者设置的网站和服务，而不是域名对应的网站和服务，造成DNS欺骗。攻击者还可以使用僵尸网络在同一时间段向域名服务器发送海量DNS请求，造成DNS服务器瘫痪。

（3）HTTP协议

HTTP协议，即超文本传输协议，是一种基于TCP协议的应用层传输协议，用于客户端和服务器端之间的数据传输。HTTP协议是一种无状态协议，即协议本身不会对发送过的请求和相应的通信状态进行持久化处理。这种设计是为了保持HTTP协议的简单性，使其能够快速处理大量的事务，提高通信效率。HTTP协议最常见的应用场景就是网页访问，用户所使用的浏览器充当HTTP协议中的客户端，当访问页面时浏览器向网站服务器发起HTTP请求，获得服务器回传的数据后，解析HTTP响应并呈现给用户。最常见的针对HTTP协议的攻击方式为钓鱼攻击，攻击者设计一个内容与目标网站一致的网站，然后将其散布在网络中。用户点击仿冒网站中的链接后，会跳转到诈骗页面或植入恶意代码的页面，进而受到攻击、遭受损失，这是因为HTTP协议缺乏严格的认证机制，未对通信方的身份进行验证，容易受到伪装的威胁。此外，HTTP协议采用明文传输，且无法验证报文的完整性，使得内容存在被窃听、被篡改的风险。

（4）BGP协议

BGP协议，即边界网关协议，是互联网中一种关键的去中心化自治路由协议。该协议通过维护IP路由表或前缀表，实现自治系统（Autonomous System，AS）之间的可达性，属于矢量路由协议。在网络架构中，BGP 协议充当了自治系统之间交换路由信息的关键角色。当两个自治系统需要交换路由信息时，每个自治系统都需要设置一个运行 BGP 协议的节点，该节点负责与其他自治系统进行路由信息的交换。通常采用路由器来运行 BGP 协议，这种路由器也被称为边界网关或边界路由器。边界路由器对 BGP 协议的配置不当会导致 BGP 路由泄露，进而发生路由劫持。例如，2019 年 6 月，瑞士数据中心托管公司 Safe Host 的自治系统 AS21217 错误地更新了路由设置，结果导致包括 3.68 亿个 IP 地址的 7 万多条网络路由异常，使得大部分欧洲移动流量通过网络路由重定向到错误的自治系统内，对欧洲企业服务和居民生活造成严重影响。

（5）RDP 协议

RDP 协议，即远程桌面协议，是一种实现双向通信的协议。其主要功能是将服务器的屏幕输出传输到客户端，并将客户端的键盘和鼠标输入传输到服务器。这种通信过程是非对称的，因为大部分数据是从服务器到客户端，而客户端返回的数据相对较少。在建立通信之前，客户端和服务器必须经历多个阶段。一旦连接成功，客户端首先与服务器协商使用的设置（如屏幕分辨率）、支持的功能及许可证等信息。随后，双方需要就 RDP 协议安全类型达成一致，最终就所需通道数量达成一致。这里的通道是指独立的数据流，每个数据流都有自己的 ID，从而构成了 RDP 协议。这些通道的功能多种多样，包括重定向对文件系统的访问、启用客户端与服务器之间的剪贴板共享等。RDP 协议中一些常见的风险包括弱用户登录凭据、允许攻击者随意尝试暴力破解或密码喷洒攻击等。2019 年，安全研究员发现了 RDP 协议中的一个关键漏洞，并称其为永恒之蓝，该漏洞（漏洞编号为 CVE-2019-0708）允许远程任意代码执行，无须用户执行任何操作，同时无须有效凭证。该漏洞的显著特点是它可以连接到较老的微软不再支持的系统，这迫使微软采取奇怪的步骤为其制作新补丁，而新补丁导致新的漏洞产生，仍然无法避免遭受针对 RDP 协议的攻击。微软官方给出的安全建议是关闭远程桌面服务的监听端口 3389。

2.物联网协议

随着物联网的广泛应用，越来越多的智能应用与物联网相结合，同时通过物联网协议进行信息交互。与其他无线通信协议类似，物联网协议也存在窃听、重放攻击、中间人攻击等多种安全威胁。除此之外，由于物联网协议自身的独特性，攻击者能够通过尝试破解加密数据的密钥、进行拒绝服务攻击等方式缩短物联网设备的使用寿命。结合常见物联网协议，下文简要介绍了几种针对物联网协议的攻击方法，可以帮助读者理解物联网协议中存在的安全威胁。

（1）窃听

与信道窃听类似，针对物联网协议的窃听是指攻击者利用自己的设备截取物联网中传输的数据包，并读取这些数据包中的内容[10]。由于无线通信采用广播机制传递数据包，所以任何处于通信范围内且具备相同协议的设备都可以捕捉到这些传输的数据包，使得通信线路很容易遭到窃听。如果数据没有经过加密处理，攻击者将轻松获得物联网设备的通信数据。ZigBee 协议提供了 8 种加密安全等级，而在实际应用中，许多 ZigBee 网络采用最低等级的安全方案，即仅对数据包进行校验而不进行加密，这使得攻击者可以通过硬件工具捕获 ZigBee 数据包进行分析。此外，很多 RFID 无源标签也没有加密，合法阅读器向标签发送请求后，标签以 RFID 数据包返回信息，这个信息可被标签通信范围内的所有阅读器捕获[10]。Hancke 等人开发了一个能够记录 RFID 信号的设备[12]，不仅能够读取 RFID 标签内容，还可以模拟窃听到的信号进入内部系统，将其用于未经授权的访问。

（2）重放攻击

重放攻击不同于典型的窃听攻击，它的目的不是直接获取信息，而是将捕获到的相同数据包重复发送至目标设备。由于数据包的校验码是有效的，所以设备会对其执行解密操作，攻击者就是通过这种方式欺骗设备的。同时，大量的重复数据包也可能使设备耗尽处理能力，导致拒绝服务攻击。2017 年，Vanhoef 等人发现针对 WiFi 的 WPA2 协议的握手阶段进行重放攻击，使得攻击者能够强制 WPA2 协议重置来生成密钥的相关材料，这导致 WPA2 协议重复使用密钥组，安全等级与 WEP 协议无异[13]。为了解决这一问题，WiFi 联盟在 2018 年发布了 WPA3 协议，用以加强 WiFi 的安全性，弥补 WPA2 协议中的漏洞。类似地，RFID 协议也容易受到重放攻击的威胁。举例来说，假设 A 是合法阅读器，B 是合法标签，而 A′ 与 B′ 是非法设备，通过将 A′ 与 B′ 移动到 A 与 B 周围来窃听正常通信并将数据包重放，使非法设备 B′ 关闭合法设备 B，并将自身伪装成合法设备参与通信[10]。

（3）暴力破解

为防止通信数据被窃听，物联网协议通常会采用加密技术来保证数据的保密性。设备通常会在其固件中存储密钥相关信息，但若这些信息被攻击者获取并重新生成密钥，可能会对系统构成威胁。此外，如果协议的加密方式较弱，攻击者可能会通过枚举密钥的方式进行破解。以 ZigBee 为例，它具有"标准"和"高"两种安全等级，在使用"标准"安全等级时，如果网络密钥不是通过预安装方式获取的，那么信任中心会以非加密形式向设备发送当前 ZigBee 网络正在使用的网络密钥。攻击者让设备反复重新入网并实施窃听，获取网络密钥后即可解密数据包[10]。对于 WiFi 协议而言，采用 WEP 策略可能会降低数据被暴力破解的难度。WEP 策略使用 CRC 校验码并将其加入数据包末尾，用于校验数据的完整性，攻击者可以通过 ChopChop 攻击，首先捕获一个 WEP 数据帧，去掉密文的后 8 位，然后对这 8 位数据进行暴力枚举，并将修改后的数据包发送至接入点，若接入点选择保留，则证明枚举的 8 位数据是正确的，攻击者最终能够获取明文，而无须事先知道密钥[10]。

（4）能源耗尽攻击

能源耗尽攻击的目的是将设备的能源消耗于设备不期望或非法的活动中，即将智能设备的计算时间用于处理"垃圾"数据，进而更快地耗尽设备的电池资源[10]。Vasserman 等人提出的 Vampire 攻击是一种基于路由的能源耗尽攻击[14]，采用的方法包括循环路由和转发。Vampire 攻击能够使信标路由协议和基于逻辑 ID 的传感网络多损耗 10% 的通信能量。此外，Vasserman 等人通过向 WiFi 设备连续发送 ping 命令、ACK 消息和 SYN 同步消息，实现对设备的拒绝服务攻击，加快设备能源消耗，证明了 WiFi 协议同样容易受到 Vampire 攻击的影响[14]。

（5）射频干扰

射频干扰的目的是干扰无线介质，进而影响设备的正常通信。射频干扰通常发生在物理层，最简单的射频干扰可以通过向信道持续输入数据，将信道占满，从而导致数据传输和接收异常。Albert 等人[15]在物理层上采用 CSS 扩频调制技术，提出了 LoRa，提高了抗干扰性，并通过实验发现，在对 WiFi 和 LoRa 网络进行射频干扰攻击时，WiFi 连接完全崩溃，而 LoRa 连接表现出很强的抵抗力。值得注意的是，虽然 Lo-

Ra在抵抗一般射频干扰方面表现出色，但其物理层存在同种信号的干扰问题，即使用特定频率和参数同时发送数据的LoRa设备可能会影响彼此的信号。

10.3　智能应用数据安全

当前，世界正处于新一轮技术革命和产业革命的浪潮之中，人工智能技术和应用不断取得重大突破，推动了大数据、云计算、智慧终端等新兴领域的快速发展，并迅速渗透到各行各业，成为推动经济、社会转型的关键驱动力。

随着5G的快速兴起和普及，万物互联时代已然来临。物联网将互联网扩展到数百亿计的智能设备，人工智能技术提供了海量的信息、计算和洞察，增强现实和虚拟现实技术给用户提供了丰富的体验，虚拟世界和现实世界进一步交融。如今，数据成为人工智能和云计算的核心，基本上所有的机构、组织、企业，甚至每个人都在不同程度地生成、处理、传输、保存各式各样的数据。

人工智能技术和物联网的广泛普及，为生产和生活场景带来了巨大的变化，数据呈现井喷式增长，被采集的数据越来越多，数据传输的速度越来越快，数据存储的需求越来越高。人类社会每时每刻都在产生大量数据，这也使得数据安全风险急剧增加。与此同时，数据作为机器学习等人工智能技术的基础，持续推动智能化技术的迅速发展，并带来更多元的人工智能应用，而这些应用又将进一步采集更多数据，从而形成更庞大的数据平台。此外，随着人工智能技术的发展，人们对数据的分析和挖掘能力也在迅速增强，这将引发个人隐私和社会安全风险，甚至引发国家安全风险。特别地，随着越来越多的数据被收集和利用，数据安全和隐私保护已成为智能应用在开发和使用过程中面临的严峻安全挑战[2]。

数据安全领域环境复杂，业务包罗万象，并且这些环境和业务在不断地发展变化。无论是国际政治博弈，还是法律法规、国际标准、国家标准与行业标准等的制定，都对数据安全提出了越来越高的要求。此外，新场景、新业务和新业态的不断涌现，也给数据安全带来了巨大的风险和挑战。

本节将从数据存储、数据加密、数据隐私三个维度简要介绍智能应用在数据安全中所面临的挑战，以帮助读者建立对数据安全的总体认知。

10.3.1　数据存储

数据存储是指数据以某种格式记录在计算机内部或外部存储介质上，分为连接到网络的存储、分布式云存储、物理硬盘驱动器和虚拟存储，可以存储结构化数据（如文档和表格）和非结构化数据（如电子邮件、图像和视频）。数据可依托存储软件（如数据库）进行管理，但最终一定存储在物理介质（如硬盘驱动器）上，因此，数据存储安全对于数据安全而言至关重要。

　　数据存储所面临的安全威胁是多层面的。根据威胁的性质，数据存储安全威胁大致可分为主动型安全威胁和被动型安全威胁[16]。主动型安全威胁是指攻击者利用软件漏洞、恶意代码等手段攻击并掌控数据存储软件和系统，以达到间接掌控数据的目的。此外，采取物理手段对存储介质进行攻击也是主动型安全威胁的一部分，如通过侧信道攻击获取硬盘驱动器中的数据。被动型安全威胁主要涉及误操作和缺乏有效管理导致的数据损坏或丢失，包括对数据库操作不当引起的数据错误、系统错误等。此外，非人为的数据损坏也属于被动型安全威胁的范畴。例如，断电、短路等导致的系统崩溃，或者自然灾害导致介质损毁。对于主动型安全威胁，需要采用多方面的防护手段来应对；而对于被动型安全威胁，应用数据容灾技术是确保数据完整性的重要手段。

　　2022 年 6 月，西北工业大学公开发表声明称其遭受境外网络攻击。攻击者借助系统和应用中存在的漏洞攻击并控制系统，非法访问并窃取核心数据。同时，攻击者还借助控制的系统上传木马程序，感染目标网络中的其他系统，扩大受控面，并持续控制以窃取数据。然而，类似的案例屡见不鲜，高可持续性威胁（Advanced Persistent Threat，APT）攻击已成为网络空间的突出风险源。

高可持续性威胁

　　定义：高可持续性威胁是一种复杂的、周期长且隐蔽性极强的网络攻击模式，通常称之为 APT 攻击。APT 攻击的背后通常是一个组织，从瞄准目标到达成攻击目的，要经历多个阶段，在安全领域内这个过程被称为攻击链。

　　示例：高可持续性威胁攻击常见的攻击链如图 10-5 所示，虽然安全领域内对于攻击链的步骤定义略有差异，但本质上相差不大。APT 攻击的典型案例有 Google Aurora 极光攻击、震网攻击及 SolarWinds 供应链事件等。

图 10-5　高可持续性威胁攻击常见的攻击链

10.3.2　数据加密

　　在信息安全中，通常采用数据加密来应对各种数据安全威胁。数据加密技术是信息安全领域中一种重要的技术，其通过使用密码学算法，将原始数据转换成密文，以保护数据的机密性、完整性和可用性。数据加密技术包括加密算法、密钥管理和安全通信三个方面[17]。

　　加密算法是实现数据加密的核心技术。常见的加密算法可分为对称加密算法和非对称加密算法。对称加密算法（如 DES、AES）使用同一密钥进行加密和解密操作。非对称加密算法（如 RSA、ECC）采用公钥进行加密，只有使用对应的私钥才能解密，公钥可以向任何人公开，私钥必须保密。这些加密算法应用广泛，常在电子商务、在线银行等应用或服务中用于保护数据的机密性。

密钥管理是数据加密技术中非常重要的一部分，包括密钥生成、密钥分发、密钥存储和密钥更新等操作。

安全通信是指在数据传输过程中，通过使用加密技术来保证数据的机密性、完整性和可用性。

尽管数据加密技术可以提高数据的安全性，但是其本身也存在安全问题。例如，一些加密算法被发现存在漏洞，可能被黑客攻击。同时，密钥管理的安全性也会直接影响加密数据的安全性。如果密钥管理不当，密钥可能被泄露，攻击者将很容易破解加密数据窃取信息，加密数据的机密性将被破坏。此外，在10.2节中介绍过通信过程中所面临的安全威胁，存在漏洞的加密算法会造成通信安全问题，而不安全的通信信道和通信协议也会为数据加密带来安全风险。

10.3.3　数据隐私

数据隐私是指数据中直接或间接蕴藏的、与个人或组织相关的、不适宜公开的，且需要在数据的收集、存储、查询与分析、发布等过程中加以保护的信息。窃取数据隐私的主要途径有监控器、数据拦截、数据收集、数字追踪、数据分析等。

监控器的广泛应用已经成为维护社会安全的一项重要手段，覆盖范围包括街道、公共场所、超市、办公楼、ATM甚至家庭。这些监控器的主要目的是监视和防范非法行为，从而确保社会环境的安全稳定。然而，尽管监控器在维护安全方面发挥了积极作用，但若缺乏对监控器数据的严格保护，数据被非法窃取，将会造成严重的后果。

数据拦截是指恶意攻击者通过主动侵入手段，试图获取敏感信息或拦截个人隐私数据（如电子邮件内容）的行为，这种行为对数据隐私安全构成了严重威胁。

数据收集是指通过收集和整合来自不同来源的信息，运用数据分析和其他技术手段，获取更多隐藏的数据信息。

数字追踪是指在未经他人允许的情况下，获取他人的历史记录信息，包括在线购物记录、网络浏览记录、信用卡使用记录、电子邮件记录、QQ聊天记录等。非法获取这些信息可能会泄露人们在网络生活中的隐私信息。

数据分析通常需要深入研究大量数据，以揭示其中隐藏的、具有未来导向的、未知的信息。数据分析尽管对商业决策有益，但也存在用户隐私信息泄露的潜在风险。

此外，访问权限管理不当也是造成数据隐私面临安全威胁的原因之一。个人、组织或企业的敏感数据被未经授权的人访问、使用或共享，导致信息泄露，是最常见的数据隐私受到侵犯的情形。

随着数据经济的蓬勃发展，企业平台产品和应用模式走向成熟，在复杂多变的网络环境中，人们对数据隐私的要求也在不断提高。虽然实施数据安全规则和流程可以有效预防网络攻击和数据意外使用，但仍然存在很多机构和企业无法充分地保护数据隐私的情况。近年来，关于隐私信息泄露的报道屡见不鲜，利用泄露的用户信息进行广告推销和诈骗的案例不计其数，甚至对人身安全造成威胁的事件也在发生。数据隐私安全已成为大数据时代不容忽视的问题。

10.4　智能应用网络安全

信息技术与网络空间的蓬勃发展，既极大地推动了经济社会的繁荣与进步，又不可避免地带来了全新的安全威胁与挑战。计算机系统层面引起的安全问题波及面越来越广，影响层次越来越深，网络安全威胁成为信息安全的主要威胁。近年来，计算机系统中的漏洞出现得越来越频繁，网络攻击、恶意破坏及侵权等问题日趋明显，给应用生态造成了严重危害。人工智能技术的应用离不开计算机系统，更不可避免地面临着网络安全问题所带来的危害。

网络安全按照计算机系统的组成部分可以分为软件安全和硬件安全。本节将从这两个方面来介绍智能应用中存在的网络安全威胁。

10.4.1　软件安全

由于人工智能技术的应用需要结合计算机技术并依托软件实现，所以软件安全在智能应用网络安全中至关重要。根据现有软件安全事件的性质，可将软件安全威胁分为软件漏洞（软件自身的安全）、恶意代码及软件侵权。本小节将围绕这三类威胁简要介绍智能应用中涉及的软件安全问题，更多专业知识可参考《软件安全技术》[18]一书。

1. 软件漏洞

软件漏洞本质上是软件代码的安全性缺陷，这些缺陷通常源于软件开发和维护过程中的各种与安全相关的错误，包括需求分析错误、设计错误、编码错误、配置错误和使用错误等。此外，有些缺陷可能是开发者或厂商故意留下或植入的，这类缺陷也称为后门。

软件漏洞普遍存在，一旦被黑客发现则很可能会被非法利用。黑客利用软件漏洞的过程如图 10-6 所示，通常包括漏洞发现、漏洞挖掘、漏洞验证、漏洞利用和实施攻击五个步骤[19]。黑客在发现漏洞之后，会精心构造攻击程序（常称为 Exploit）以触发软件漏洞，进而在目标系统中插入并执行精心构造的攻击代码（常称为 Shellcode 或 Payload），从而获得对目标系统的控制权。

图 10-6　黑客利用软件漏洞的过程

软件漏洞是软件安全乃至智能应用安全的主要威胁之一，其危害主要表现在两个方面：其一是导致软件失效，具体表现为产生错误结果、运行不稳定及系统锁死等问题，对于关系到安全的智能应用系统，如公共交通控制系统、医疗设备控制系统，软件漏洞引发的系统故障可能导致严重的安全事故，危及用户和公众的生命或财产安全；其二是软件漏洞被黑客发现并利用，可能导致信息泄露、数据丢失、系统损坏等后果，对个人、企业和国家安全构成严重威胁。这两者中，软件漏洞被黑客攻击的危害更为广泛和严重。

存在软件漏洞的根本原因在于应用系统的高度复杂性。尽管各大厂商一直在致力于改进和完善软件开发质量管理，开发测试人员也付出不懈的努力，但是软件漏洞难以被完全根除。当前的应用系统，无论是在代码规模、功能组成方面，还是在涉及的技术方面，都呈现出越来越复杂的趋势[20]。这导致的直接结果是，从软件的需求分析、概要设计、详细设计阶段，一直到具体的编码实现的各个阶段，都很难实现全面的安全性论证。因此，在结构、功能和代码等多个层面上不可避免地存在可能被恶意攻击者利用的漏洞。

常见的软件漏洞包括整数溢出漏洞、缓冲区溢出漏洞和逻辑错误漏洞等。随着各种新技术的引入，软件漏洞的形态越来越复杂和多样化，从最初的栈溢出和堆溢出等溢出漏洞，变为跨站脚本、SQL注入等网页漏洞，再到近年HeartBleed等敏感数据泄露漏洞等。漏洞所攻击的系统也越来越多样化，如工业控制系统等大型控制系统也成为漏洞的"栖息地"。这种多样化本身就给漏洞的分析和修复增加了难度。例如，与传统的用户系统相比，工业控制系统的运行不可随意中断，漏洞修复周期更长[20]。

在我国国家标准《信息安全技术　网络安全漏洞分类分级指南》[21]中，漏洞综合分级被分为超危、高危、中危、低危四个级别，该漏洞综合分级由被利用性、影响程度和环境因素三个指标来决定，漏洞被利用的可能性越高、影响程度越严重，环境对漏洞影响越敏感，漏洞综合分级的级别越高。在行业内，软件漏洞还可按照时间维度划分为0day漏洞、1day漏洞和历史漏洞。0day漏洞指已经被发现，但未被公开或官方还未发布补丁的漏洞；1day漏洞指官方已经发现并公开了相关补丁，但由于部分用户还未及时打补丁，依然具有可利用性的漏洞；历史漏洞指距离漏洞补丁发布时间较久的漏洞。

智能应用需要结合计算机技术，根据应用场景和服务对象部署在不同的平台上。例如，有部署在嵌入式设备中的人脸检测系统来管理人员进出，有部署在Web平台的智能机器人辅助用户搜索，有部署在移动端的智能电商App根据用户习惯和爱好进行智能推送，更有部署在工业控制系统的智能监测系统对温度等指标实时监测和控制。

智能应用中涉及的软件漏洞主要体现在两个方面。其一是应用系统本身存在软件漏洞，即人工智能学习框架和组件存在安全漏洞。目前，国内智能应用的研发主要是基于谷歌、微软、亚马逊、脸书、百度等科技巨头发布的人工智能学习框架和组件，但是，由于这些开源框架和组件缺乏严格的测试管理和安全认证，可能存在漏洞和后门等安全风险[22]。其二是搭载智能应用的平台存在软件漏洞，即部署应用的系统或服务存在安全漏洞。近几年，关于Linux和Windows系统及移动端Android和IOS系统的安全漏洞被陆续曝光，部分高危及以上级别漏洞可被攻击者利用进行用户权限提升和远程任意代码执行，部分非高危及以上级别漏洞也可被攻击者联合其他软件漏洞进行拒绝服务攻击，以及篡改和窃取用户或系统数据和信息的攻击行为，如目录穿越、任意文件读写。此外，Apache、IIS等服务器及MySQL等数据库也不断有安全漏洞曝出，基于浏览器漏洞的"水坑攻击""鱼叉攻击"也层出不穷，平台承载的系统或服务器存在的软件漏洞不容忽视。

2.恶意代码

恶意代码又称为恶意软件，指的是在未被授权的情况下，以破坏软硬件、窃取用户信息、干扰用户正常使用、扰乱用户心理为目的而编制的软件或代码片段[19]。恶意代码已经成为攻击计算机系统主要的载体，其攻击威力越来越大、攻击范围越来越广。

恶意代码的实现方式有很多种，如二进制执行文件、脚本语言代码、宏代码，以及寄生在其他代码或启动扇区中的一段指令。常见的恶意代码包括计算机病毒、蠕虫、特洛伊木马、后门、内核套件、间谍软件、恶意广告、流氓软件、逻辑炸弹、´网络钓鱼、恶意脚本及垃圾信息等恶意的或令人厌恶的软件和代码片段[23]。近几年危害甚广的勒索软件也属于恶意代码范畴。

恶意代码的行为表现各异，破坏程度千差万别，但基本作用机制大体相同，其整个作用过程分为五个部分[24]。恶意代码攻击框架如图 10-7 所示。

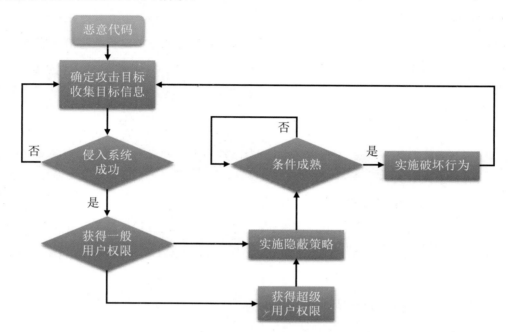

图 10-7　恶意代码攻击框架

侵入系统：侵入系统是恶意代码实现其恶意目的的必要条件。恶意代码可以通过多种多样的途径侵入系统，例如，拟安装的应用软件本身携带恶意代码，通过向"钓鱼邮件"中植入恶意代码并发送给使用该系统的用户，利用软件漏洞实现远程任意代码执行并植入恶意代码。随着行业安全水平和安全意识的提高，系统的安全防护强度逐渐增强，传统的攻击方法很难取得成功，因此，侵入系统通常需要结合多种安全漏洞。

维持或提升权限：恶意代码的感染传播及破坏行为需要盗用系统用户或进程的合法权限。在一般情况下，攻击者会利用软件或系统漏洞来实现权限提升。

隐蔽策略：为了避免系统检测到恶意代码的存在，攻击者可能会采取一系列措施，包括改变文件名、删除源文件、将恶意代码注入内存或修改系统的安全策略，以使恶意代码保持隐匿状态。

潜伏：恶意代码成功侵入系统并获得足够权限后，它会等待特定条件的触发，如监测系统符合攻击者预设的条件，或者接收到攻击者发出的指令，随后实施相应的破坏行为。

破坏：恶意代码的目的就是实施破坏行为，即造成系统内的信息丢失、泄露，甚至破坏系统可用性和完整性等。许多恶意代码在发作时直接破坏计算机的关键数据，如勒索软件可能会对计算机上的所有数据进行加密。

恶意代码在智能应用安全中的危害主要体现在两个方面。其一是恶意代码会对智能应用和平台造成危害。与恶意代码对计算机系统造成的危害相同，攻击者可以利用智能应用或平台存在的软件漏洞侵入系统，植入恶意代码并潜伏在系统中，在满足攻击条件时，使恶意代码发作并对智能应用进行破坏或窃取重要模型信息及用户数据。其二是人工智能技术会为恶意代码的生成和隐蔽带来便捷。将人工智能技术运用于恶意代码，能够得到更难检测的攻击工具，甚至可以批量生成。IBM研究院的安全研究团队曾开发了一种由人工智能驱动的高度针对性和回避性攻击工具，并将其命名为DeepLocker[25]。该工具具有极强的隐蔽性，并且只在满足特定条件时才会被激活。此外，恶意代码可以巧妙地嵌入神经网络系统中，使其难以被察觉。康奈尔大学的研究团队曾试图将恶意代码嵌入到AlexNet神经网络中，并发现一般的杀毒软件无法检测到这种恶意代码的存在，而且感染神经网络后，并不会对神经网络的运行状态产生影响，使得系统更加难以察觉恶意代码[26]。借助以上方法，攻击者如果成功侵入智能应用，将更容易窃取系统中的重要数据。

3. 软件侵权

计算机软件作品受《中华人民共和国著作权法》保护。基于计算机软件的特点，软件著作权人不仅有权限制软件的复制和传播，还有权限制软件的使用。为保护由于复制成本低、复制效率高从而易被侵权的计算机软件产品，《计算机软件保护条例》规定了10种软件侵权行为的具体形式，主要包括剽窃、非法复制、私自许可他人使用、私自转让等形式。

剽窃是指未经授权，将他人的软件产品据为己有，并进行发表或登记的行为。主要表现形式包括未经软件著作权人许可，将其软件作为自己的软件发表或登记，在他人软件上署名或更改他人软件上的署名等。

非法复制是指未经软件著作权人许可，私自复制他人软件的行为。主要表现形式包括未经软件著作权人许可，修改、翻译、复制或部分复制其软件等。非法复制，也就是所谓的"盗版"，已成为软件行业中最常见的侵权行为之一，其危害性广为人知，也是公众普遍了解的侵权行为。

私自许可他人使用是指在未获得软件著作权人授权且无法律依据的情况下，私自允许第三方使用他人软件。主要表现形式包括未经授权许可将著作权人的软件私自向公众发放、通过网络传播等。例如，在待售卖的计算机系统内预装未经授权的软件，或者未经授权搭售/附赠他人软件。

私自转让是指在未获得软件著作权人授权且无法律依据的情况下，私自将他人软件转让给第三方的行为。主要表现形式包括转让或者许可他人行使软件著作权人的软件著作权等，更具有隐蔽性。常见情况是剽窃他人软件后，署上自己的名字并发布。

智能应用侵权问题涵盖了两个方面。其一是智能应用本身的著作权受到侵犯。智能应用本身作为计算机软件产品也是受《中华人民共和国著作权法》保护的，但很多不法分子和商家通过逆向分析、攻击系统收集关键信息和数据，以及针对智能模型攻击等手段，对智能应用进行剽窃和非法复制，并以更低的服务价格租用或售卖给用户。这不仅严重侵犯了正版厂商的利益，而且不利于智能应用生态系统的良性发展。其二是智能应用对其他产品的软件著作权造成侵犯。智能应用在学习阶段可能对版权作品进行多次复制或更改，这可能侵犯到作为输入数据的作品的复制权或汇编权等。智能应用生成的结果可能与其学习的作品极为相似，若这些结果被用于商业用途，则可能构成对学习作品的侵权。人工智能的"训练数据"是否必然构成侵权，或者能否受到合理使用制度的保护，关系到人工智能技术的未来发展。

10.4.2　硬件安全

在智联时代，随着物联网的普及和智能化的发展，许多设备已经内置了智能芯片和智能系统。这些智能设备不仅能够根据需要借助不同网络协议完成设备间的信息交互，而且能够实现长时间的持续通信，进而产生海量的数据。同时，随着智能应用的普及，网络攻击也逐渐遍布物理世界，黑客操控智联产品，威胁从"谋财"升级为"害命"，攻击截面扩大，风险也倍增。在更复杂、更开放的系统中，硬件安全研究需要超越传统独立密码芯片的范畴。传统的硬件安全在于保护密钥，未来的硬件安全除了保护密钥，还需要保护软件，再借由软件保护上层应用。

本小节将以硬件木马、侧信道攻击、错误注入攻击这三种常见的硬件攻击原理为例，简要介绍智能应用在硬件安全领域所面临的安全威胁[27]。

1. 硬件木马

硬件木马是指故意对电路设计进行恶意修改，从而在电路运行时引发意外行为。受到硬件木马影响的芯片可能出现功能或规范变更、敏感信息泄露、性能下降及系统不可靠等问题。目前，已有文献对硬件木马进行了详细的分类，涵盖了多种具有潜在风险的硬件木马。例如，Karri 等人[28]、Tehranipoor 和 Wang[29]根据插入阶段、抽象级别、激活机制、效果和位置这五个不同属性对硬件木马进行了分类。

硬件木马通常与不受信任的代工厂密切相关。例如，恶意代工厂可能在制造的芯片中插入硬件木马程序，交付的硬件可能带有恶意设计或逻辑漏洞。一旦这些有缺陷的硬件集成到平台系统中，攻击者就能够利用它们进行恶意攻击。

硬件木马与制造缺陷有很多不同。制造缺陷通常是无意的、随机的，并且在过去的数十年中已经得到广泛研究，其行为可以通过模型来反映，而硬件木马的研究者很难创建适用于所有类型的模型。此外，制造缺陷仅在制造过程中产生，而硬件木马则可能在设计或制造的任何阶段被不同的攻击者插入。

硬件木马通常由木马触发器（实施木马激活）和有害电路（实施有害行为）这两个基本部分组成。木马触发器是一个可选的组件，用于监测电路中的信号或事件。有害电路通常从原电路（无木马）和木马触发器的输出中获取信号。当木马触发器检测到预先确定的事件或条件时，它将激活有害电路，执行恶意操作。在通常情况下，木马触发器被激活的情况极为罕见，因此有害电路大部分时间保持非活动状态。由于有害电路处于非活动状态时，芯片表现得像一个没有木马的电路，因此很难检测出木马的存在。

2. 侧信道攻击

侧信道攻击，也称为旁路攻击或旁路信道攻击，是一种针对密码硬件（如密码芯片、密码模块、密码系统）进行攻击的技术，通常以获取密钥为目标。

根据侵入设备程度的不同，侧信道攻击技术可分为入侵型攻击、非入侵型攻击和半侵入型攻击[30]。入侵型攻击需要对设备进行物理修改，使用特殊工具直接访问设备芯片。非入侵型攻击无须接触设备，通过分析设备工作时在外部展现出的特征，利用运行时间、功耗、电磁辐射等直接暴露在外的可用信息进行攻击。半侵入型攻击也需要打开设备，但无须进入芯片的保护层，也不需要接触金属表面，如通过先进成像技术观测芯片内部状态。根据是否干扰设备运行，侧信道攻击技术还可分为主动攻击和被动攻击。主动攻击即篡改芯片的正常功能，如在计算过程中发起错误攻击；被动攻击则只是观察芯片处理数据，收集可利用的信息，而不对芯片进行干扰，如功耗分析攻击[30]。

随着移动互联网和物联网应用的飞速发展，各种搭载了加密算法的智能硬件设备已逐步成为生活中不可或缺的元素。新型设备的出现和广泛使用为侧信道攻击提供了很多的攻击目标。侧信道攻击具有低成本、高威胁、易操作和便捷的特点，给智能应用的信息安全带来了更为严峻的挑战。

3.错误注入攻击

错误注入攻击是指，通过改变电路中的某些参数或电路工作环境的约束，使得电路在不确定的状态下运行，从而引发错误。一般来说，错误注入攻击可以通过修改电路的局部电流，或者调整特定逻辑的延时来实施。这种攻击并不局限于密码硬件，而是几乎可以针对任意的硬件，因而成为硬件安全领域一个重要的研究方向。

错误注入攻击通常需要实现信息泄露和非法权限提升。外部注入的错误可以帮助攻击者绕过特定指令或比较操作，从而干扰电路内部处理敏感信息的运算。例如，错误注入操作可能影响电路内部随机数生成器的正常运作，导致生成的随机数失去"随机性"。这种有问题的随机数会降低密码算法的安全性，为攻击者提供机会实施攻击、入侵系统，并获取系统内部信息。错误注入攻击潜在的危害性还在于其能够破坏电路中用于防范侧信道攻击的机制。因此，攻击者通常将错误注入攻击与侧信道攻击结合使用，发起混合攻击。例如，攻击者可以利用错误注入攻击来操控电路内部的特定模块，以降低基于侧信道泄露的差分分析或相关性分析的计算复杂度。

错误注入攻击不仅可以用于破解密钥，还能提升攻击者的使用权限。例如，密码验证决定了用户是否合法或是否具有管理员权限。针对密码验证的错误注入攻击可以使验证结果始终为真，使得攻击者能够入侵系统或提升权限，甚至可以绕过验证步骤。错误注入攻击常见的攻击模式有基于时钟信号、基于激光或强光、基于热量、基于功率、基于电磁信号，以及基于精细的物理探针，其中，基于时钟信号、基于功率及基于电磁信号的错误注入攻击模式相对来说常被攻击者使用[27]。

10.5 智能应用安全防护

10.1节～10.4节分别介绍了管理安全、通信安全、数据安全和网络安全中存在的安全风险和挑战，其中管理安全主要涵盖了智能应用在使用过程中存在的安全问题。智能应用的安全使用需要规范的制度和统一的标准来保障，需要开发者、运营者、用户及企业多方共同努力来维护。此外，信息系统的安全运维管理也对智能应用安全防护起着重要作用。本节将分别针对通信安全、数据安全、网络安全三个方面提出相应的安全防护建议，并简要介绍信息系统安全运维相关知识，以帮助读者更全面地了解安全防护技术。

10.5.1　通信安全防护

10.2 节将通信安全分为信道安全和协议安全，并分别介绍了其中所面临的安全威胁，本小节针对信道安全和协议安全分别给出一些防范策略和建议。

1.信道安全防范策略

针对通信信道的防护方法主要可分为通信数据加密、避免使用不安全的信道和采用抗干扰技术。

通信数据加密是指使用加密算法来加密通信数据，使得攻击者无法读取数据中的信息，可以有效防止信道窃听等攻击。

避免使用不安全的信道是指尽可能避免依托不安全的信道网络进行敏感信息的交换，如公共 WiFi。如果必须使用不安全的网络，则可以建立 VPN 等安全通道来加密通信内容。

采用抗干扰技术主要从两个方面应对通信干扰。其一是降低输入扰信比，即降低干扰信号与有用信号的比值，可通过一定的通信手段降低网络内干扰信号、提高有用信号的发射功率、增大有用信号与干扰信号的时频域重合损耗来实现。其二是提高干扰容限，即提高系统在保证正确解调前提下可承受的最大干扰水平，可通过扩频技术、跳频技术、数字处理、灵活采用不同调制方式等方法实现。

2.协议安全防范策略

根据 10.2 节的介绍，协议安全面临的安全威胁体现在协议本身存在漏洞，因此采用更安全的通信协议进行信息交互可以在一定程度上降低安全风险。下文介绍两种常见的安全通信协议。

（1）SSH 协议

安全外壳（Secure Shell，SSH）协议在功能上类似于一种隧道机制，它为远程计算机提供终端式访问。SSH 协议是一种能够用于通过网络访问另一台计算机的程序，在易受攻击的通道上提供身份验证和安全传输。在传输过程中，两台计算机会进行"握手"，并通过 Diffie-Hellman 交换会话密钥，这个会话密钥将在会话过程中加密和保护传送的数据。SSH 协议应当取代 Telnet、FTP 等协议的使用，原因在于后者提供的功能与 SSH 协议的功能相同，但是安全程度要低得多。

（2）IPSec 协议

IPSec（IP Security）协议产生于 IPv6 的指定过程中，是为 IP 网络提供安全性的协议和服务的集合，它是虚拟专用网络（Virtual Private Network，VPN）中常用的一种技术。由于 IP 协议本身没有集成任何安全特性，所以 IP 数据包在公用网络中传输可能会面临各种安全风险。通信双方通过 IPSec 协议建立一条 IPSec 隧道，IP 数据包通过 IPSec 隧道进行加密传输，有效保证了数据在不安全的网络环境中传输的安全性。

此外，部分协议虽然本身具有良好的加密机制，但是没有对通信方的认证过程，难以抵抗中间人攻击和重放攻击。因此，可以增加身份认证协议或机制来增强通信的安全性。下文介绍两种常见的身份认证协议和机制。

①Kerberos 认证

Kerberos 认证是一种第三方认证协议，通过使用对称密钥技术为客户端/服务器端应用程序提供强身份验证。Kerberos 在希腊神话中是一只守护地狱之门的三头神犬，而在协议中的三个"头"分别代表访问服务的客户端、提供服务的服务器端和密钥分发中心（Key Distribution Center，KDC）三个角色，其中密钥分发中心又包含身份验证服务（Authentication Service，AS）和票据授权服务（Ticket Granting Service，TGS）。Kerberos认证过程如图10-8所示。该过程主要分为三个阶段：客户端向密钥分发中心服务器获取TGT（Ticket Granting Ticket），TGT是获取服务票据的基础许可票据，对应图中第1步和第2步；客户端在TGT有效期内向密钥分发中心请求获取服务票据，服务票据用于后续客户端与服务器端之间的交互，对应图中第3步和第4步；最后客户端向服务器端提交服务票据和必要信息，服务器端验证通过后向客户端提供服务，对应图中第5步和第6步。

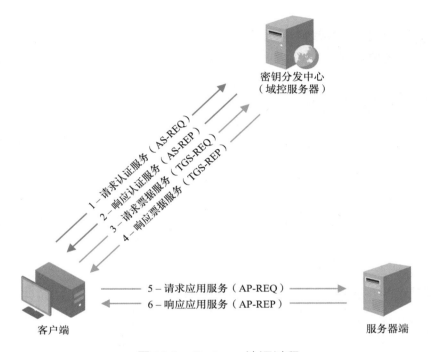

图 10-8　Kerberos认证过程

②SSL/TLS协议

安全套接层（Secure Sockets Layer，SSL）协议是一个面向会话的协议，使用对称密钥来加密数据，使用非对称密钥来进行对等认证。IETF对SSL协议的3.0版本进行了标准化，并添加了少数安全机制，形成了安全传输层（Transport Layer Security，TLS）协议。SSL/TLS协议可以被用于保护Web、电子邮件、FTP，甚至Telnet通信的安全，结合了SSL/TLS协议的HTTP协议就是现在被广泛应用的HTTPS协议。

除了以上提到的安全通信协议和身份认证机制，还可以采用一些改善协议安全的技术，如协议形式化验证、区块链技术[10]。

10.5.2　数据安全防护

10.3节将数据安全分为数据存储安全、数据加密安全和数据隐私安全。本小节针对数据存储和数据加密分别给出一些防范策略和建议，并针对数据隐私引入两种现有的防护技术。

1. 数据存储安全

数据在硬盘驱动器上存储时处于静止状态，在这种相对安全的状态下，传统的分层防御机制可以起到作用。首先，是存储位置所在的物理设施（如机房、办公室）的保护；其次，是基于外围的防御措施（如防火墙、入侵检测和防御系统）的保护；再次，是基于端点的防御措施（如防病毒软件、端点策略防护、补丁管理）的保护；最后，是数据本身的防御措施（含加密和访问控制两大类型）的保护。

存储数据的加密可以分为驱动器加密、文件加密两个子类型。加密硬盘驱动器可以防止诸如硬盘丢失所产生的数据安全风险，对于安全销毁场景也有正面的作用。需要注意的是，大多数的硬盘驱动器的加密技术有缺陷。例如，开机之后磁盘内容会被解密，对数据的使用状态不会继续生效。因此，对于部分包含敏感数据的文件，应该采用应用级别的文件加密。对于结构化的数据存储类型，许多数据库的发行版本也支持数据库加密、表加密，甚至列级加密等特性，因此可以针对敏感数据、个人数据做出细粒度的防护。

上文描述的是传统的主机存储、移动存储和服务器存储。对于云存储，还要关注其他方面的要求。例如，存储空间必须在合同、服务水平协议和法律法规允许的地理位置，存储的数据必须要保证包括所有的副本和备份，以防止因数据丢失而造成的损失。将数据存储在云端后，需要考虑其可靠性、保密性和完整性。此外，还需要评估云服务供应商的安全权限管理措施是否完善，以及对存储的数据是否进行适当的安全管理，包括数据的存放格式是否合理。因此，为了确保在这一过程中数据的安全性，必须采取额外的措施，如完整性保证、数据加密和数据隔离。

访问控制是一种有效的数据安全保护措施。它是指主体根据特定的控制策略或权限，对客体或其资源进行的不同的授权访问。在存取控制机制中，主体是指以用户名义进行资源访问的进程、事务等实体，而客体则是被访问的资源对象。访问控制技术建立在身份认证的基础上，根据身份对资源访问请求进行控制，防止出现越权使用资源的情况。作为数据安全防护的主要策略，访问控制的目标是确保用户只能执行经过授权的操作，防止非法用户或合法用户的错误操作导致数据损失。

访问控制机制包括两个关键组成部分，即定义存取权限和检查存取权限。定义存取权限是指预先为每个用户设定存取权限，以确保用户只能访问其具有权限的数据。检查存取权限是指对经过身份认证的合法用户，系统会根据其存取权限对其各种操作请求加以控制，以确保用户只能执行被授权的合法操作。下面介绍三种不同的访问控制机制。

第一，自主访问控制。同一用户对不同数据实体具有不同的访问权限，而不同用户对同一数据实体的访问权限也可能有所区别。用户能够将其所拥有的访问权限转授给其他用户，这意味着对特定数据实体具有访问权限的用户可以将这些权限分配给其他用户，从而实现用户对权限的自主控制。

第二，强制访问控制。每个数据实体都被赋予了相应的保密等级，而每个用户则被赋予相应等级的访问权限。在该策略下，对于任何数据实体，只有持有相应访问权限的用户才能进行访问和存取等操作。这种机制中的存取权限不可被转授，所有用户都必须遵守由数据管理员设定的安全规则。其中最基本的规则是"向下读取，向上写入"，即通过梯度安全标签实现单向信息流通。

第三，基于角色的访问控制。由于自主访问控制和强制访问控制均存在一些限制，因此基于角色的访问控制应运而生。这一策略中引入了角色这一中间桥梁，连接了用户和权限。管理员将权限分配给角色，通过将用户指定为特定角色来进行用户授权，从而大幅度简化授权管理，具有强大的可操作性和可管理性。管理员可以根据不同工作内容和职责创建不同角色，然后根据用户的职责和资格分配相应的角色，并使用户能够轻松地切换角色。此外，管理员可以根据应用和系统的变化调整角色的权限，即可以增加或撤销角色的权限。

数据容灾是在数据存储遭遇突发情况及自然灾害等安全威胁时保护及恢复数据的有效防护措施。数据容灾技术主要涉及数据备份、数据复制和数据恢复三个方面。

数据备份是最常见且最有效的数据容灾措施，即将全部或部分数据从系统的硬盘或阵列中复制到其他存储介质，通常采用专业的备份软件结合硬件与存储解决方案，对数据备份进行集中式管理，进而能够实现自动化备份和文件归档，以及灾难恢复等功能。数据备份又可分为：基于数据备份技术的灾备方案，即本地介质异地存放方案，主要包括本地设备备份、异地设备存放的备份方案；基于远程数据备份技术的备份方案，即远程数据备份方案。

使用复制技术可将生产中心的数据直接复制到灾备中心，当生产中心发生灾难需要切换到灾备中心时，灾备中心的数据可以直接使用，从而降低灾难带来的风险。数据复制技术又可分为：基于智能存储设备的复制技术，即采用先进智能存储复制软件实现远程实时复制；基于数据库的复制技术，即利用数据库系统所提供的日志备份和恢复机制保证远程数据库的复制；基于主机的复制技术，即基于数据卷实现的复制技术；基于存储虚拟化的复制技术，即实现逻辑卷的复制。

按照故障类型可将数据恢复分为逻辑类恢复、物理类恢复、开盘类恢复和磁盘阵列RAID类恢复。逻辑类恢复是指根据文件系统的存储工作原理进行的恢复（介质没有被物理损坏）。物理类恢复是指针对硬盘印制电路板PCB板元器件损坏和盘片存在的一些坏道进行恢复。开盘类恢复是指需要打开盘体更换磁头组或电机的恢复。磁盘阵列RAID类恢复是指主要针对服务器磁盘阵列进行的恢复，如RAID0、RAID5的重组与恢复。

2.数据加密安全

根据数据加密中存在的安全威胁，可以将防护措施分为基于加密算法和基于密钥管理。

基于加密算法的部分可采用强度更高且经过公开验证的加密算法。现公开的已被证实较容易破解的算法有MD4、MD5、SHA-0、SHA-1、DES、AES-CBC。哈希算法建议采用SHA256及以上算法，且在加密过程中加上盐值；对称加密算法建议采用3DES、AES-256-CBC算法，强度更高。此外，在加密算法中还可采用更长的密钥长度来增加算法被暴力破解的计算复杂度。美国国家标准与技术研究院（National Institute of Standards and Technology，NIST）在2007年3月就要求在2010年12月31日之前停止使用1024位RSA算法[31]。在当时并没有证据表明1024位RSA密钥已经被破译，但根据现在超级计算机的算力，已经能够实现对1024位RSA密钥的破解。2022年，来自清华大学和浙江大学等7家中国高校和科研机构的20多名专家已论证，通过372量子位元的量子计算机能够破解2048位RSA密钥[32]。考虑到采用量子计算机进行破译的成本太高，在实际应用中2048位的RSA密钥仍然是安全的，但这并不表明其未来仍然是安全的。

基于密钥管理的部分可采用分层管理结构管理密钥，将密钥分为根密钥、密钥加密密钥（对密钥进行加解密）和工作密钥。在实际管理中应至少选择根密钥和工作密钥两层结构进行管理。

在密钥阶段，管理过程中可根据密钥生命周期对密钥进行安全管理。在生成阶段，采用安全的随机数发生器、标准的密钥协商机制及安全的密钥生成工具等；在密钥分发时，采用安全的传输协议（如 SSL、IPSec）。在使用阶段，确保一个密钥只用于一个用途（如加密、认证、随机数生成和数字签名）；对于非对称加密算法，确保其私钥仅可被其拥有者掌握。在存储阶段，用于数据加解密的工作密钥不可硬编码在代码中，在本地存储时需要提供机密性保护；通过密钥组件方式生成根密钥时，密钥组件需要分散存储，当密钥组件存储于文件中时，须对文件名做一般化处理。在更新阶段，密钥须支持可更新，并明确更新周期。当密钥已经到达其使用期限或密钥已被破解时，密码系统需要有密钥更新机制来重新生成新的密钥。在备份阶段，应根据具体应用场景，评估是否需要对密钥提供备份与恢复机制。在销毁阶段，不再使用及已过期的密钥应当立即删除。在可审核阶段，密钥管理操作需要记录详细日志。

3. 数据隐私保护

在大数据环境下，隐私保护应当建立在多种数据安全防护技术的基础上，保障个人隐私信息不被泄露或不被外界知悉，以保证数据的机密性、完整性和可用性。

数据脱敏技术是目前应用最广泛的隐私保护技术，它是指通过脱敏规则对某些敏感信息进行数据的变形，实现对个人数据的隐私保护[33]。目前的数据脱敏方法主要有加密方法、基于数据失真的技术和可逆的置换算法。

加密方法是指使用标准的加密算法，使加密后的数据完全失去业务属性[34]。加密方法属于基础级别的数据脱敏处理，其算法复杂性可能导致资源消耗较多，因此更适用于对保密性有严格要求且无须保留业务属性的场景。

基于数据失真的技术通常使用随机干扰、乱序等方法，是不可逆算法，可以生成"看起来很真实的假数据"，以达到保护个人数据的目的。基于数据失真的技术适用于群体信息统计或需要保持业务属性的场景[34]。

可逆的置换算法兼具可逆和保证业务属性的特征，可以通过位置变换、表映射、算法映射等方式实现[34]。表映射方式能够有效地保留业务属性且应用简单，但随着数据量的增长，其所需的映射表数量也会增加，因而具有局限性。可逆的置换算法的映射方式不依赖映射表，而是通过一些密码算法来实现数据的变形，而且需要在公开算法基础上进行一定的变换，这种方式更适用于需要保留业务属性或需要数据可逆的场景。

数据匿名化技术需要解决多个问题，包括可用性与隐私性之间的平衡、执行效率、度量和评价标准、动态重发布数据的匿名化及多维约束匿名等[33]。该技术所采用的匿名化算法可根据具体情况有条件地发布部分数据或数据的部分属性内容，包括差分隐私、K-anonymity、L-diversity、T-closeness 等。匿名化算法能够在数据发布时避免泄露用户隐私，同时能够保证数据的真实性。这些算法在大数据安全领域受到了极大的关注，已成为研究热点之一，在隐私保护方面的发展未来可期。

当然，在隐私保护方面，技术只是其中的一个环节。在大数据飞速发展的背景下，技术进步显然跟不上当前对隐私保护的迫切需求，保护个人隐私需要健全和完善的法律法规，也需要结合经济、技术等多种手段。尽管数据匿名化等前沿技术取得了一些进展，但其普遍存在计算效率低下和成本过高的问题，因此，实际应用案例仍然很少。鉴于此，为了满足大数据环境下的隐私保护需求，需要持续优化算法，提高其效率和实用性。

10.5.3　网络安全防护

1.软件安全防范策略

根据10.4节介绍的软件安全威胁，下面简要介绍三种常用的防范方法和应对策略。

（1）代码审计技术

代码审计是一种源代码分析技术，其目的是发现程序的错误、潜在的安全漏洞及违反程序规范的代码。代码审计不运行被测程序，仅通过静态分析和检查程序源代码的结构、文法、过程和接口等来判断程序的正确性，并筛出程序存在的风险，如不正确的循环嵌套和分支嵌套、不合法的递归调用、不匹配的参数、不安全的函数调用、未使用的变量、可疑的计算过程及空指针。它是防御性编程范例的一个组成部分，目的是在软件发布之前减少错误。

代码审计通常可采用自动和手动相结合的方式。其过程为先通过代码扫描工具、正则表达式等自动化方式筛查出项目中存在的可疑漏洞点，再由人工逐一进行检查和分析，定位存在漏洞的代码并提供修订措施和建议。代码审计不仅需要安全管理人员熟悉编程语言、常见漏洞及其攻击方式，还需要安全管理人员熟悉常见协议、数据库系统及其特性、服务器系统及其特性等。此外，代码审计需要安全管理人员同时具备正向和逆向思维能力，能够根据函数调用进行正向和反向跟踪。代码审计结果可用于指导底层的错误检测，以及构造测试用例，例如，根据筛查出的可疑漏洞点设计输入数据，以触发漏洞。

（2）渗透测试技术

渗透测试是指利用所掌握的网络攻击技术模拟攻击目标系统，以突破其安全控制策略并获取系统控制权限的安全测试方法。渗透测试一般以委托第三方安全公司的形式进行，但也可以是个人行为，即利用自己掌握的技术对应用进行测试。渗透测试的目的是模拟攻击侵入系统以获取敏感信息或核心资料，并将入侵过程和细节以报告的形式提供给用户，帮助用户发现系统或应用中存在的安全威胁，及时提醒安全管理人员采取措施，改善安全策略，强化系统安全性，以降低潜在的安全风险。

渗透测试方法

定义：渗透测试方法主要分为白盒测试、黑盒测试和灰盒测试：白盒测试是指测试人员依据测试对象内部逻辑结构和相关信息，设计方案并选择测试用例；黑盒测试，即不考虑测试对象的内部结构和特性；灰盒测试不仅关注输出、输入的正确性，同时关注测试对象内部的情况。不同渗透测试方法的差异如图10-9所示。

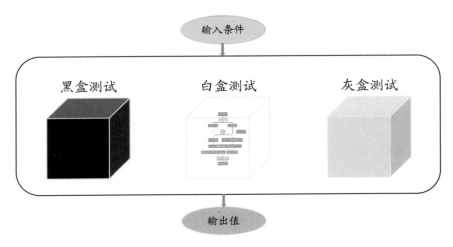

图 10-9　不同渗透测试方法的差异

越来越多重点行业的企业通过第三方安全公司进行企业安全的渗透测试。根据渗透测试的执行标准（Penetration Testing Execution Standard，PTES）[35]，完整的渗透测试分为七个阶段，每个阶段中定义不同的扩展级别，选择哪种级别由被攻击测试的客户决定。各阶段涵盖内容如下。

第一阶段：前期交互。渗透测试团队与客户组织进行深入的沟通和讨论，共同确定测试目标、测试范围、约束条件，以及一些服务合同的具体条款。没有经过授权的渗透测试属于违法行为。

第二阶段：信息收集分析。在渗透测试中，信息收集是至关重要的。它类似于黑客对目标进行侦察，以获取关键信息，包括物理空间信息。

第三阶段：威胁建模。根据收集到的信息，识别客户系统可能存在的安全漏洞和薄弱环节，并确定有效的攻击方法、所需额外信息及攻击载荷。

第四阶段：漏洞分析。确定了初步可行的攻击通道后，需要考虑如何提升对客户系统的访问控制权限，并验证攻击中所需的漏洞工具。

第五阶段：渗透攻击。基于之前获得的信息和工具，渗透测试团队将进行实际的入侵攻击，获取系统的访问控制权。在实际的渗透测试中，测试人员需要规避客户系统的监测机制，防止触发客户安全响应团队的警报。

第六阶段：后渗透测试。渗透测试团队在成功入侵客户组织的某些系统甚至获得一定的管理权限后，需要依据客户的业务经营模式，找到价值较高且有安全措施保护的资产和信息，形成对客户核心业务造成影响的攻击路径。

第七阶段：渗透测试报告。这一阶段需要对整个渗透测试过程进行总结，站在客户的角度分析如何利用发现的问题来提升整体安全水平。

（3）入侵检测技术

上文提到了发现和测试漏洞的方法，但实际上并不一定能够解决所有的漏洞和缺陷带来的安全问题，黑客仍然可能找到系统弱点侵入并控制系统。入侵检测技术就是对计算机和网络资源的恶意使用行为进行识别和处理的技术。入侵检测系统（Intrusion Detection System，IDS）就是使这种监控和分析处理过程自动化的独立系统。

随着网络安全威胁的不断增加，入侵检测系统作为防火墙的有力辅助，能够迅速识别网络系统中的攻击行为。入侵检测系统增强了系统管理员的安全管理能力，涵盖安全审计、监控、攻击识别与响应等多个方面，从而增强了信息安全基础设施的完整性。入侵检测主要执行的任务包括但不限于：监控和分析用户及系统行为，识别已知攻击模式并发出警报；对未知攻击的异常行为模式进行统计分析；识别并报告违反安全策略的用户行为；对系统配置及其潜在脆弱性进行分析和审计。

2.硬件安全防范策略

根据10.4节介绍的网络安全威胁，下面针对性地给出三种硬件攻击对应的防范方法和应对策略[27]。

（1）防范硬件木马

硬件木马的防范策略包括木马检测、可信设计和可信分块制造。木马检测是处理硬件木马最直接、最常用的方法，其核心在于验证已设计和制造的芯片，而无须引入任何辅助电路。在设计阶段，木马检测可以通过功能验证、代码/电路测试等方式，对芯片的设计过程进行检测。而在制造阶段，逆向工程或侧信道信号分析等手段可用于验证已制造的芯片。可信设计是在设计阶段采取的应对木马问题的策略，主要划分为三个子类：第一个子类包括运行时监测等专注于测试、分析和监控的方法；第二个子类包括逻辑混淆和电路伪装等侧重于防范攻击者在硬件中插入木马的方法；第三个子类聚焦于在不可信的计算组件上实现可信计算。可信分块制造则通过将设计拆分为前端和后端两条生产线，由不同的代工厂分别制造，从而减少不可信工厂在硬件中植入木马的风险。

（2）防范侧信道攻击

侧信道攻击的防范策略主要分为隐藏策略和掩码策略。隐藏策略旨在使硬件的物理泄露与密码实现过程中的中间值和操作相互独立，如随机预充电逻辑对抗技术、随机延迟插入对抗技术。掩码策略利用密码共享原理，通过消除处理数据与旁路泄露之间的依赖关系来防范攻击，中间值通过被称为掩码的随机数共享，确保每个共享都独立于秘密数据。

（3）防范错误注入攻击

错误注入攻击的防范策略可划分为阻断接触点、物理参数监控、错误检测和错误纠正。阻断接触点指阻止攻击者接触目标芯片的内部电路，具体实施取决于攻击方式。例如，对于基于功率的错误注入攻击，设计者可在电路内的供电线上植入低通滤波器，过滤掉电压毛刺。物理参数监控利用硬件传感器监测芯片的物理参数，以察觉错误注入攻击。错误检测通过分析芯片性能直接检测注入的错误，而错误纠正在检测到攻击时尝试修复错误。

此外，确保硬件安全的基本措施还包括数据总线加密、全加密硬盘、隔离内存区域和安全微处理器等。在重要场所，如实验室或机房，还需要硬盘保护卡等额外措施。硬盘保护卡的作用是防止用户对硬盘进行修改、删除或写入操作，并在用户退出系统后使系统恢复到原始状态。这种方法可以显著提高硬件安全性，避免非法用户篡改或破坏硬件。

10.5.4　安全运维

除了前面小节中提到的安全防范方法和应对策略，安全运维也对信息系统安全防护起着重要作用。信息系统安全运维是指在信息系统经过授权投入运行之后，确保信息系统免受各种安全威胁所采取的一系列预先定义的活动[36]。支撑信息系统安全运维的必要活动包括但不限于资产管理、日志管理、访问控制、密码管理、漏洞管理、备份及管理、安全事件管理及应急响应等。访问控制、密码管理和备份在上文中介绍过，此处不再赘述，下面以智能应用为例，对资产管理、日志管理、漏洞管理、安全事件管理及应急响应进行简要介绍，以帮助读者了解安全运维。

资产管理确保对智能应用及平台中所有资产的安全管理，智能应用及平台的资产包括其软硬件、数据等。资产管理要求资产清单准确且及时更新，明确资产之间的关系，确保实现及时分配资产所属关系的过程，明确资产责任人对资产的整个生命周期负有适当的管理责任等。

日志管理要求全面收集智能应用及平台的运行日志，包括系统日志、操作日志、错误日志等。受到攻击后，需要通过日志分析找到攻击源，以清除木马和病毒，并恢复智能应用及平台的正常运行。日志管理还要求定期对日志进行交叉分析，以提早发现并阻断潜在攻击。此外，日志信息存储应进行防篡改签名，以作为司法证据。

漏洞管理要求全面了解智能应用及平台及其软硬件系统存在的脆弱性，并针对脆弱性状况采取适当的措施，以应对相关风险。具体来说，需要借助漏洞扫描工具对智能应用及平台进行扫描，以发现存在的漏洞，或通过其软硬件系统的官方渠道及时掌握可能存在的漏洞。发现漏洞后及时更新补丁，以保持系统处于安全状态。

安全事件管理及应急响应能快速、有效和有序地响应智能应用及平台安全事件。该活动要求在安全运维过程中建立健全管理责任和规程，以确保能够及时应对安全事件，包括预先规划和准备事件响应的规程，监视、发现、分析、处理和报告安全事态和事件的规程，记录事件管理活动的规程，处理司法证据的规程，评估和决断安全事态，以及评估安全弱点的规程等。

用于支撑信息系统安全运维的辅助性系统工具主要有资产自动发现系统、配置管理系统、脆弱性扫描系统、补丁管理系统、入侵检测系统、异常行为检测系统、日志管理系统及大数据安全系统等，详细说明可参考标准 GB/T 36626—2018[36]。

本章小结

本章从管理安全、通信安全、数据安全、网络安全四个方面简要介绍了智能应用在信息安全领域中所面临的安全挑战。由于人工智能技术的应用涉及通信、电子、计算机、密码学等多个领域，其存在的安全威胁也是多方面的。因此，本章对不同方面借助不同领域的专业知识对安全威胁进行了简要介绍和分析，并根据相应的安全威胁给出了相应防护策略和方法建议，同时简要介绍了信息系统安全运维相关知识。然而，并不存在能解决一切安全问题的方法，智能应用的信息安全需要得到持续性的关注和防护。

通过对本章的学习，读者应对智能应用存在的多个方面的信息安全威胁有所了解，并至少应理解一些常见的攻击方法和防御方法。在此基础上，有研究兴趣的读者可以针对具体方向和技术扩展进行进一步的了解和学习。

扫码查看参考文献

CHAPTER 11 ▶ 第 11 章

智能应用安全实践

　　在前几章，本书已经详细介绍了人工智能安全领域的不同内容，详尽探讨了这一领域的多个方面，包括但不限于深度伪造、对抗攻防等，这些内容揭示了该领域的关键问题和挑战，为读者提供了理论基础。然而，理论知识的了解只是迈出了人工智能应用的第一步，更为重要的是将这些理论和原则应用于实际场景，将抽象的概念转换为切实可行的解决方案。

　　本章将在前述知识的基础上进一步深入探讨人工智能安全在多个不同场景下的实际应用情况，聚焦于多个关键领域，包括但不限于无人系统、开源治理、虚假宣传、信息保护，通过不同维度的分析，涵盖学术实践、产业实践及法律标准等多个方面，内容概览如图11-1所示。本章将为读者提供一个综合性的视角，使他们能够更全面地了解全球范围内高校、研究机构和企业在智能应用安全领域所做的积极探索和实际应用情况。

　　通过对本章内容的学习，读者将不仅是理论的理解者，还将成为实践的见证者。读者将深入了解当前智能应用领域的安全实践，以更深入地理解不断演化的数字时代的智能安全挑战。

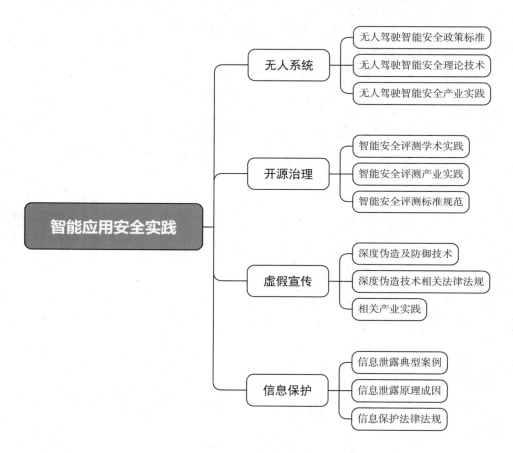

图 11-1　本章内容概览

11.1　无人系统

无人驾驶汽车、无人机等无人系统应用了视觉检测、语音识别、轨迹预测、路径规划等一系列人工智能算法模型，是典型的以人工智能为核心的复杂智能系统。无人驾驶技术在智能交通、物流配送、农业生产、工业制造、矿场作业、港口码头、应急救援等行业中有广泛的应用，在智慧城市、智能制造等领域发挥了关键基础设施作用。然而，随着无人驾驶应用不断增多，由智能系统引发的安全问题层出不穷，这引起了人们的关注和担忧。

早在 2014 年 2 月韩国举办未来汽车技术竞赛（Future Automobile Technology Competition）[1]时，无人驾驶汽车就在测试过程中发生了撞击事故。后续调查发现，此事故是下雨天气和特定的太阳照射角度使传感器失灵所致。2016 年 5 月，无人驾驶汽车生产厂商特斯拉被曝光一起由于无人驾驶汽车未能识别停靠在路边的车辆而导致的车祸[2]，最终导致一人死亡。后续调查的结果显示，白色汽车在明亮的天空下形成的图像对比度不高导致特斯拉检测车辆失败，最终酿成了这场惨祸。2018 年 3 月，一名女子在美国亚利桑那州被撞，肇事车辆是优步（Uber）研发的无人驾驶汽车，她被送往医院后不治身亡。直至 2019 年 11 月，优步官方才公布了关于这起车祸的更多细节，即在无人驾驶汽车发生车祸前 5.6 秒，车辆就已经检测到了行人，但是模型把行人错误地识别为汽车，而未能及时采取刹车的决策，最终导致这一事故发生。无独有偶，2020 年 6 月 1 日，中国台湾嘉义县发生一起特斯拉 Model 3 无人驾驶汽车引发的车祸，该车辆在高速公路行驶时未能识别其内侧车道上已经侧翻的货车，而径直撞击该货车导致二次伤害。2023 年 1 月，在重庆市朝天门广场进行的无人机表演过程中，无人机群疑似受到了电磁干扰发生意外事故，与建筑物相撞，导致大量无人机坠落。2023 年 6 月，据传在美国军方的一次模拟测试中，一架无人机向阻止其执行任务的操作员发动攻击，并最终造成操作员死亡。

类似的由智能系统缺陷造成的安全事故近年来层出不穷，基于智能系统的无人驾驶在应用领域面临着极大的安全风险。无人驾驶智能安全相关研究的最新进展可以从政策标准、理论技术、产业实践等不同维度深入了解。

11.1.1　无人驾驶智能安全政策标准

在政策和标准方面，国内外政府机构高度重视无人驾驶智能安全风险问题，并为应对这一问题相继发布了一系列政策和标准文件。

国际上，美国已经颁布了一系列重要政策和标准，包括《联邦自动驾驶汽车政策指南》《国家人工智能研究和发展战略计划》《人工智能应用监管指南备忘录（草案）》《2020 年国家人工智能倡议法案》《人工智能和国家安全》《自动驾驶汽车综合计划》《无人驾驶汽车乘客保护规定》等，将无人驾驶智能安全列为战略目标之一，构建了综合性的无人驾驶智能安全政策和标准体系。除了美国，欧盟也高度关注无人驾驶智能安全，发布了《人工智能协调计划》《在自动驾驶中采用人工智能的安全挑战》《关于欧洲人工智能开发与使用的协同计划》《可信赖人工智能伦理指南》《关于无人驾驶航空器系统和无人机系统第三国运营人》《无人机通用准则》等政策文件，详细阐述了无人驾驶中使用 AI 可能引发的安全风险，并采取多方面措施以确保无人驾驶智能安全。

中国很早就认识到无人驾驶智能安全的战略价值，习近平总书记在中共中央政治局第九次集体学习人工智能发展现状和趋势会议上强调，要加强人工智能发展的潜在风险研判和防范，维护人民利益和国家安全，确保人工智能安全、可靠、可控。为了推动无人驾驶智能安全更好、更快地发展，明确无人驾驶智能安全标准至关重要。我国相继发布了《新一代人工智能发展规划》《智能汽车创新发展战略》《国家车联网产业标准体系建设指南（智能网联汽车）（2023版）》《数字交通"十四五"发展规划》《"十四五"全国道路交通安全规划》《自动驾驶汽车运输安全服务指南（试行）》《道路车辆·自动驾驶系统测试场景术语》《民用无人驾驶航空器系统安全要求》《无人驾驶航空器飞行管理暂行条例》等政策文件，这些文件覆盖了无人驾驶智能系统从设计、生产到运行和使用的全链条管理，促进了无人驾驶智能安全的持续健康发展。中共中央、国务院印发的《国家标准化发展纲要》等文件也明确提出要加快关键技术领域标准研究，开展无人驾驶智能等领域的标准化研究，以提高领域安全风险管理水平。

11.1.2 无人驾驶智能安全理论技术

在无人驾驶智能安全领域，潜在的恶意破坏者可能会利用无人驾驶智能系统中的数据、模型和系统方面的细节漏洞，在感知、预测、规划和控制等关键路径中制造差异性攻击，导致系统做出与正确结果完全不同的决策，对无人驾驶智能的关键路径，构成严重威胁。在感知层面，美国斯坦福大学于2017年8月提出了BadNets方法[3]，通过在训练数据中植入难以察觉的特定图案，误导无人驾驶智能系统对交通标志的识别模型。比利时鲁汶大学于2019年4月提出了一种生成特定图案贴纸的方法[4]，通过在行人身上贴上特定图案的贴纸，干扰无人驾驶智能系统的行人识别功能。此外，北京航空航天大学于2021年6月提出了"双重注意力抑制"的对抗性涂鸦生成方法[5]，该方法通过分别抑制人类和无人驾驶智能的视觉感知模型的注意力，对物体识别功能实施攻击。在预测层面，美国加利福尼亚大学于2021年8月提出了一个名为脏路攻击的新技术[6]，通过在路面上生成精心设计的、难以察觉的涂鸦，误导无人驾驶汽车的轨迹预测模块。美国密歇根大学于2022年6月的研究发现，采用对抗性轨迹可能导致无人驾驶智能系统生成错误的规划结果[7]。在规划层面，美国西北大学于2022年5月的研究发现，在历史轨迹中引入微小的人为干扰，可能会严重误导未来轨迹的规划[8]。在决策层面，美国圣路易斯华盛顿大学于2020年11月提出了一种端到端的对抗攻击方案[9]，通过特殊图样（类似阴影）影响无人驾驶智能系统的决策结果。这些研究成果表明，无人驾驶智能应用的安全风险备受学术界关注，同时可能面临新的安全挑战。

为了解决以上无人智能安全理论方面的问题，一系列有关无人系统安全的研究陆续被提出。为了解决传统的基于逻辑的软件验证无法应用到深度学习模型的问题，来自美国弗吉尼亚大学的Tian等人设计、实现并评估了一种系统测试工具——DeepTest[10]，它可以自动检测可能导致致命车祸的深度神经网络驱动车辆的错误行为。首先，DeepTest旨在利用真实世界中的驾驶条件（如雨、雾、照明等环境条件）的变化来自动生成测试用例；其次，DeepTest通过生成能够最大化激活神经元数量的测试用例来对深度神经网络逻辑的不同部分进行探索。基于神经网络的无人驾驶汽车示意图如图11-2所示，DeepTest关注的数据流为相机输入与转向角输出，通过对相机输入数据原始图像进行雨、雪、雾等不同照明的环境条件的变化处理，并从模型输出的转向角数据入手，跟踪记录过程中神经元的激活数量，从而为测试深度学习模型提供依据。这实际上构建了一个自然驾驶环境（Naturalistic Driving Environment，NDE）来研究存在数据高维度与测试效率低下的问题。

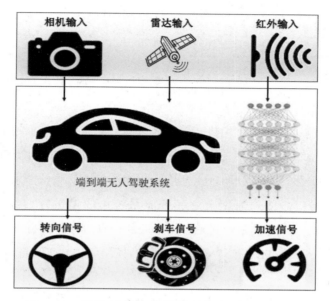

图 11-2　基于神经网络的无人驾驶汽车示意图

　　为了解决数据高维度与测试效率低下的问题，美国密歇根大学交通研究院助理研究科学家 Feng 等人提出了重要性采样的方法[11]，用于建立一个新的抽样分布。这样做既能够使得测试结果成为一种无偏估计，又能够减少所需的测试次数和测试里程，比常规的公共道路测试更加高效。其基本思想是在自然驾驶环境和对抗驾驶环境之间实现一定程度的平衡和融合，形成既具备自然性又具备对抗性的环境，即自然和对抗驾驶环境（Naturalistic and Adversarial Driving Environment，NADE）。可以证明，相较于之前提到的自然驾驶环境，在自然和对抗驾驶环境中，既能够保证测试的无偏性，也能够大幅提高测试效率。自然和对抗驾驶环境无人驾驶系统测试评价环境如图 11-3 所示。

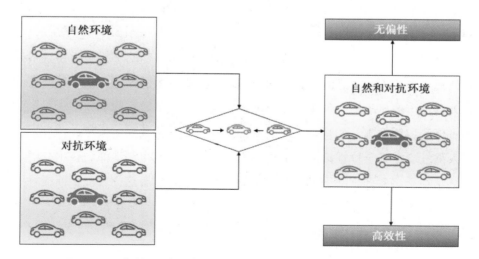

图 11-3　自然和对抗驾驶环境无人驾驶系统测试评价环境

　　尽管目前无人驾驶汽车已经具备了在一些特定典型场景中示范无人驾驶运行的能力，但不断出现的无人驾驶汽车事故仍旧使公众对无人驾驶大规模商用的可能性有所质疑。想要真正突破这一瓶颈需要无人驾驶汽车在设计时就能保证，当面对突发情况时，即使没有预先设定的应对方案，也仍然是可通行并且安全的。为解决这一问题，Cao 等人提出了无人驾驶可信持续进化技术[12]，在无人驾驶汽车行驶初期将所有场景无差别地看成未知场景，均采取主动避让的基础驾驶策略以保证安全性。

11.1.3　无人驾驶智能安全产业实践

在无人驾驶智能安全领域，为了有效应对安全威胁和风险，国内外进行了广泛的研究，涉及大量无人驾驶智能安全测试方法的开发与研究。

基于仿真平台进行安全测试具有多重优势，包括显著降低测试成本、加速测试进程、确保测试结果的可复现性等。西班牙巴塞罗那自治大学发布了 CARLA 仿真平台[13]，该平台支持传感器和环境的高度可配置，可用于无人驾驶系统的开发、训练和验证，适用于不同场景下的测试需求。微软研究院开发了 AirSim 仿真平台[14]，提供了多种接口，便于与无人驾驶智能系统集成以进行后续研究。西门子公司的基于 MATLAB 的 PreScan 仿真平台[15]，用于无人驾驶智能系统的仿真模拟，支持开环和闭环及离线和在线不同模式的应用。德国 VIRES 公司的 VTD 平台[16]是一套完整的模块化仿真工具链，可用于从 SIL 到 HIL 和 VIL 的全周期无人驾驶测试流程。

在工业界，一些公司和组织也积极投入资源来应对无人驾驶智能安全测试的挑战。例如，OpenML[17]和 CrowdAI[18]平台整合了开源的人工智能攻防算法数据库和评测算法工具库，通过工具库可自动获取数据及进行模型训练和评估。谷歌 Waymo 自主研发的仿真测试平台 Carcraft[19]已经模拟了约 161 亿千米的道路场景，包括在各种极端情况下的测试，用于评估智能安全风险。地平线公司独立研发了一款集高效能与灵活性于一体的智能计算平台，该平台不仅适用于智能驾驶领域，还广泛服务于智能物联网行业，提供包括高性能智能计算芯片、开放工具链、丰富算法样例等在内的全面赋能服务。百度 Apollo 推出了一个三层安全体系，包括单车智能、监控冗余和平行驾驶，旨在提高无人驾驶系统的安全性和可靠性。腾讯基于云端资源提供支持全链路云服务和开发平台，以支持无人驾驶研发。此外，华为开发了名为 MindArmour 的鲁棒性测试工具，该工具利用黑盒和白盒对抗样本及自然扰动等技术，帮助用户识别模型的弱点，并对其鲁棒性进行评估。

综上所述，无人驾驶安全领域虽然已经取得显著进展，但仍然面临一系列重要挑战。首先，必须全面关注功能安全和信息安全，不断改进测试技术和流程，采用更有效的测试方法，以确保无人驾驶系统在各种复杂场景和意外情况下的可靠性。其次，需要强化监管和法规制定，需要建立更完备的法律框架，明确无人驾驶车辆的责任和道德准则，并制定相应的监管措施，以确保其安全运行。此外，必须加强行业合作和信息共享。无人驾驶安全是全球性挑战，需要各方通力合作。汽车制造商、技术公司、学术界和政府部门应增强协作，共享经验，共同推动无人驾驶技术的安全发展。只有这样才能不断提升无人驾驶技术的安全水平，确保其可靠性和可持续发展。总之，无人驾驶安全之路任重而道远。

11.2　开源治理

随着智能技术的发展，智能应用不断涌现，人工智能已然渗透到我们生活的方方面面，并加速融入社会、重塑社会、升级社会。然而，当前以深度学习为代表的人工智能技术不安全、不可靠、不可信，正面临着以对抗样本等新兴攻击技术为代表的新型智能安全挑战，智能应用安全成了算法开发者、应用设计者和服务使用者等智能应用上下游相关职能角色不得不考虑的问题，亟待提出切实可靠的解决方案。不同于传统的非智能应用，智能应用中的智能决策、智能判断、智能控制和智能感知等环节都可能是风险点，其可能遭受到的安全威胁贯穿整个智能应用生命周期，涵盖所有核心要素。

人工智能安全评测模型如图11-4所示，其在应用中可能涉及内容、算法、系统等不同要素相关的安全挑战，在数据准备、算法训练、测试验证、模型部署等不同阶段都可能出现安全问题，在计算机视觉、自然语言处理、机器人、语音识别、机器学习等各个应用领域都应全面考虑其安全风险。

图 11-4　人工智能安全评测模型

从人工智能生命周期的角度出发，数据准备是人工智能系统的基础，数据的准确性、完整性、隐私性等都决定了后续智能算法的水平；算法训练是人工智能系统的核心环节，其准确性和鲁棒性对于后续应用至关重要；测试验证负责检验人工智能算法和系统的性能和稳定性，并发现潜在的安全漏洞和风险；模型部署是人工智能系统应用的关键环节，其目的是将训练好的模型应用到实际场景中，并提供相应的服务和功能。在数据准备阶段，既需要对数据进行清洗、去重、标准化等处理，以确保数据的可靠性和一致性，又需要对数据进行分类、标注、注释等处理，以便于后续的算法训练和测试验证，还需要对数据进行加密和脱敏处理，以保护数据的隐私性和安全性。在算法训练阶段，既需要选择合适的算法和模型，并对其进行训练和调优，又需要对算法进行验证和测试，以确保其在不同的场景下都能够保持良好的性能和稳定性，还需要对算法进行可解释性分析，以便于理解和调试算法的行为。在测试验证阶段，既需要设计合适的测试用例和测试方案，并使用各种测试工具和技术对系统进行包括对抗性测试等新型智能安全风险的全面测试和验证，又需要对测试结果进行分析和评估，以便于发现问题并及时修复，还需要对系统进行压力测试和异常情况模拟测试，以确保系统在高负载和复杂情况下的稳定性和安全性。在模型部署阶段，既需要选择合适的部署环境和服务架构，并对模型进行优化和压缩以提高性能和效率，又需要对模型进行监控和管理，以确保其在实际应用中的稳定性和安全性，还需要对模型进行持续更新和维护，以适应不断变化的需求和环境。这些任务之间相互关联、相互作用，通过在不同阶段开展评测任务，可以共同构成一个更加完善的评测流程，以开展全面的评估和测试，有效地发现和解决人工智能系统中的安全问题，保障系统的稳定性和安全性。

为了有效缓解智能安全风险，有必要对智能应用开展全面的安全评测，通过设计多维度、全方位的测试方案，使智能算法和应用得到全面的测试、评估，从而在一定程度上提高其可信赖程度，克服在实际应用中智能安全新型风险带来的压力和挑战。在行动上，近年来学术界、产业界和政策规划组织（如政府、协会）都对智能应用安全评测高度重视，积极推动相关技术、能力和规范的发展。下面将分别从学术实践、产业和政策规范方面介绍智能安全评测，帮助读者深入了解智能安全评测的可行路径，提升对智能安全评测重要性的认识。

11.2.1　智能安全评测学术实践

1.北京航空航天大学——重明平台

传统的人工智能算法往往以大数据训练及人为定义的经验性规则作为底层实现原理，这样的人工智能算法在面对环境动态变化、大规模的数据量乃至恶意的攻击输入时，往往会出现不稳定或易受攻击的问题。

为保障智能算法在复杂环境下的可信赖程度和强生存能力，亟须提升智能算法质量分析和安全防护技术，以发现模型和算法的问题、消除模型和算法的缺陷、提升模型和算法的性能。为此，北京航空航天大学研发了重明（AISafety）[20]平台，该平台构建了人工智能算法和模型的功能性、安全性、可靠性等质量评测标准体系，建立了通用智能算法评测框架和评测方法，应用了消除算法模型的隐含缺陷、提高决策行为可解释性的工具。同时，重明平台还集成了智能算法决策过程静态分析和动态追踪工具，实现了智能算法缺陷的快速准确定位、智能模型结构优化与安全防护。重明平台界面如图11-5所示。

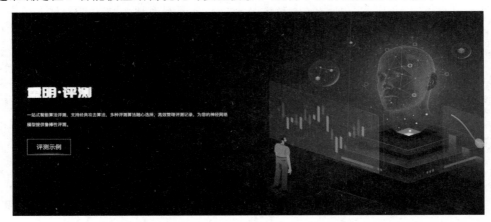

图 11-5　重明平台界面

重明平台集成整合了多种对抗攻击算法、对抗防御算法、常用的评测数据集、不同模型结构的深度神经网络模型及丰富的开源代码库资源。通过高度可重用与可扩展的封装技术，平台能够保存、扩展并关联其中的算法、模型和数据集资源。此外，重明平台提供对于评测平台及社区动态算法知识资源库的持续更新及动态维护服务，是开发可解释性人工智能算法的有力工具。重明平台针对实际场景需求灵活扩展比赛指标和测试流程，采用基于容器的虚拟化技术，汇集多语言、多环境下的模型测试、Docker容器测试及第三方接口测试，提供高效、可扩展的对抗攻击和评测服务基础环境，充分贴合真实场景需求。目前，重明平台共汇集超过百余种安全评测相关算法，覆盖图像识别、自然语言处理和语音识别等典型场景。这些算法针对复杂多样的算法类型和应用场景，可灵活测试数据集质量、算法训练、评估和部署等算法全生命周期中的各项指标，并嵌入静态结构和动态行为角度分析理解模型，基于多种攻击算法形成缺陷定位技术体系，实现多方位的动态分析技术。该平台结合通用智能模型和算法的测试方案库，为人工智能模型和算法提供更好的分析理解和安全防护，全方位提升人工智能模型和算法的安全指数。

2.Google Brain——CleverHans

CleverHans[21]是一个开源的对抗样本库，由谷歌大脑的Ian Goodfellow及其团队开发并开源。它提供了一个Python库，用于测试机器学习系统在对抗样本攻击下的漏洞，该库将攻防算法模块化，全球范围内的研究者和爱好者们都可以使用该框架来开发、测试自己的攻击和防御算法。通过提供一系列的攻击和防御算法，CleverHans能够高效地帮助研究者和开发者们检测和修复模型漏洞。

CleverHans支持多种深度学习框架，包括TensorFlow、PyTorch等，还提供了一些预训练的模型及一些工具和函数，可以帮助用户快速构建和测试自己的攻击和防御算法。此外，其研发团队还定期发布新的版本，以保持其功能和性能的最新状态。总体来看，CleverHans是一个非常有用的工具，可以帮助研究者和开发者们检测并修复深度学习模型中的安全漏洞。它的开源性使得任何人都可以使用它来开发和测试自己的攻击和防御算法，从而有力推动深度学习领域的安全研究和发展。

3.微软——Counterfit

Counterfit[22]是微软创建的一个开源人工智能算法评测工具。为了增强企业对微软AI系统安全性的信心，微软开发该工具来测试自己AI系统的稳健性和可靠性。在内部评估测试之后，微软决定开源Counterfit，以方便外界验证他们使用的AI算法是否稳健、可靠且值得信赖。

Counterfit可以使组织开展针对智能算法的安全评测评估活动，以确保其业务中使用的算法是可靠和可信赖的。它可以自动对AI系统进行攻击和防御测试，以发现潜在的安全漏洞。此外，由于其基于命令列设计且属于通用自动化层，还可用来执行红队演练、渗透测试、漏洞扫描，也能记录攻击事件。Counterfit的主要优势在于其灵活性，它可以根据组织的需要进行定制，并自动执行复杂的测试任务。

4.其他

除了上述提到的人工智能安全评测平台和工具，还有一些研究机构开展了人工智能安全评测的学术实践。康奈尔大学开发的面向无人驾驶深度学习测试的DeepTest[10]，是针对深度神经网络驱动的无人驾驶系统，可以自动检测出错误行为，从而避免发生致命的事故。哥伦比亚大学和理海大学的研究者们提出了名为DeepXplore的框架，可以有效地纠正深度学习网络错误。通过巧妙的优化，DeepXplore能够在一个系统中以白盒的方式激活所有神经元，在保障测试人员充分理解的前提下，发现并暴露深度学习系统中存在的问题。此外，浙江大学、复旦大学、上海人工智能研究院等机构也都开展了类似的人工智能安全评测实践。

11.2.2 智能安全评测产业实践

1.瑞莱智慧——RealSafe

近年来，随着深度学习等技术的发展，人脸识别技术广泛应用于联网身份识别/核验、反欺诈、线下支付、智慧网点等金融场景中。人脸识别技术的应用有效提升了用户体验和风险管控能力，但从中牟利的"黑灰产"也应运而生，智能图像识别系统也正面临着对抗样本攻击、表情操纵攻击等日益严峻的新型攻击威胁。攻击者可以利用算法漏洞发起对抗样本攻击或图像编辑结合注入攻击等方式窃取他人身份标识、诱导模型误判漏判。针对这些问题，相应的防御能力亟待提升。

为此，瑞莱智慧公司研制了针对 AI 系统的杀毒软件——RealSafe[23]，用户在使用该软件时无须任何人工智能技术基础，凭借内置的主流 AI 对抗技术，就能够使用 RealSafe 获取模型安全性评估和安全性提升的完整解决方案。在 RealSafe 的一套完整的多角度的防御方案中，用户能够获得多种针对对抗样本攻击和模型后门攻击的防御方法，能够得到模型的安全评分和一份全面的模型风险报告。具体来说，RealSafe 包含人脸识别、图像分类、目标检测等多种系统安全评测常用场景，提供对抗攻击评测等功能。通过开展安全评测，可以发现系统中存在的潜在安全漏洞，提高系统的安全性和稳定性。同时，安全评测还可以为开发者提供宝贵的经验和教训，帮助他们更好地设计和开发更加安全的系统。

2.IBM——ART

ART[24]（Adversarial Robustness Toolbox）是一个由 IBM 公司发起的开源项目，旨在为机器学习安全提供支持。目前已经被 IBM 公司捐赠给 Linux 基金会人工智能（Linux Foundation Artificial Intelligence，LFAI），作为可信 AI 工具的一部分。ART 工具专注于逃避威胁（通过修改输入改变模型行为）、污染（通过训练数据修改控制模型）、提取（通过查询窃取模型）和推理（通过攻击获取数据隐私）。ART 支持所有流行的机器学习框架、任务和数据类型，并在该研发团队的支持下不断迭代，以支持相关研究者和开发者防御对抗攻击，使 AI 系统更加安全。

ART 框架包括红方和蓝方两个团队的内容。红方团队主要开展针对人工智能机器学习模型和数据的评估评测支持，其功能主要包括投毒检测、对抗训练、逃避检测、认证防御。蓝方团队主要开展针对人工智能机器学习模型和数据的防护加固支持，其功能主要包括投毒评估、推理评估、提取评估和逃避评估。目前，ART 已经支持了大部分流行的机器学习框架（如 TensorFlow、Keras、PyTorch、MXNet、Scikit-learn、XGBoost、LightGBM、CatBoost、GPy），覆盖主要数据类型（如图像、表格、音频、视频）和机器学习任务（如分类、对象检测、语音识别、生成、认证）。

3.华为——MindArmour

华为是一家总部位于深圳市的科技公司，以提供通信设备、消费电子产品为主。华为成立于 1987 年，最初专注于制造电话交换机，现已将业务范围扩展至建设电信网络，为全球企业提供运营和咨询服务及设备，以及为消费市场制造通信设备，其业务遍及 170 多个国家和地区，服务全球 30 多亿人口。华为致力于把数字世界带入每个人、每个家庭、每个组织，构建万物互联的智能世界，让无处不在的连接变得更加智能、更加安全、更加可靠。

华为在人工智能安全评测方面做出了多项努力，其中包括开发安全评测工具、参与国际标准制定、开展安全研究，以及提供安全培训等。这些工作旨在提高 AI 系统的安全性和可靠性，保护用户的隐私和权益。华为的人工智能安全评测工作主要依托于其自研人工智能框架 MindSpore。该框架中的重要组件 MindArmour[25]是一款安全与隐私保护工具，提供 AI 模型安全测评、模型混淆、隐私数据保护等能力，通过对抗鲁棒性、模型安全测试、差分隐私训练、隐私泄露风险评估、数据漂移检测等技术实现对基于 MindArmour 开发的人工智能应用提供的安全与隐私保护。

MindArmour 通过工具化设计和接口式的调用涵盖了 AI 模型安全评测的多个方面，包括对抗样本生成、隐私泄露风险评估、隐私保护、可靠性、Fuzz 测试、模型加密、模型动态混淆等。这些方法可以帮助安全工作人员快速高效地评测 AI 模型的鲁棒性，减少模型隐私泄露的风险，并保证模型的可靠性和安全性。其中，对抗样本生成可以帮助检测模型的鲁棒性；隐私泄露风险评估可以评估模型隐私泄露的风险；隐私保护可以通过差分隐私训练等方式减少模型隐私泄露的风险；可靠性可以通过多种数据漂移检测算法及时发现数据分布变化，提前预测模型失效征兆；Fuzz 测试可以探索不同类型的模型输出结果、错误行为；模型加密可以通过加密对模型文件进行保护，使用对称加密算法对参数文件或推理模型进行加密；模型动态混淆可以使用控制流混淆算法对 AI 模型的结构进行改造混淆，使得混淆后的模型即使被窃取也不会泄露真实的结构和权重。

4. 百度——PaddleSleeve

百度作为一家具有强大互联网基础的公司，也在 AI 技术方面占据领先地位。秉持着"用科技让复杂的世界更简单"这一使命，百度公司坚持技术研发与创新，致力于"成为最懂用户，并能帮助人们成长的全球顶级高科技公司"。近年来，百度在人工智能方面持续发力，其自研的人工智能框架 PaddlePaddle 旨在提供一个易于使用、高效、灵活的深度学习平台，以帮助用户快速构建和训练深度神经网络。在人工智能安全评测方面，百度同样基于其开源人工智能框架 PaddlePaddle 设计了一套安全工具——PaddleSleeve[26]。

PaddleSleeve 是基于百度开源深度学习平台 PaddlePaddle 的安全与隐私工具，旨在提供丰富、有效、易用的模型安全及隐私评测保护能力。该工具支持多种现实 AI 任务，如图像分类、目标识别，并针对对抗样本、自然及环境干扰、模型推断、模型窃取等高危风险提供全面的检测评估。同时，PaddleSleeve 支持对产业级模型进行安全和隐私加固，并融合业界前沿的攻击方法与策略，用于评估模型的安全与隐私性能，拥有全面、灵活的安全与隐私增强手段。其主要功能包括模型攻击与评估、对抗场景鲁棒性、非对抗场景鲁棒性、隐私性、模型防御、代码审计、端模型保护等。具体来说，在模型攻击与评估层面，PaddleSleeve 融合了多种前沿攻击算法和模型集成迁移攻击策略，支持 AUC、Recall、结构相似度、峰值信噪比等隐私攻击效果评估指标；在模型防御层面，PaddleSleeve 支持多个业界前沿的对抗训练方法，并提供多种过滤算法实现非侵入式的对抗鲁棒性增强。目前，PaddleSleeve 已支持 PaddlePaddle 自定义及预训练模型，以及 ResNet、YOLO 等通用产业级模型。此外，PaddleSleeve 集成多个业界前沿的 AI 安全与隐私攻击技术，提供全面、灵活、易用的安全与隐私增强手段，嵌入 PaddlePaddle 训练阶段的安全与隐私增强手段和非侵入式安全与隐私增强手段，便于使用，可直接用于已有模型或 PaddlePaddle 预训练模型，无须重训练即可提升模型安全和隐私等级。

11.2.3 智能安全评测标准规范

1.《信息安全技术 机器学习算法安全评估规范》

由全国信息安全标准化技术委员会提出并归口、北京赛西科技发展有限责任公司等公司提出的《信息

安全技术 机器学习算法安全评估规范》是人工智能机器学习算法安全评测评估领域的重要国家标准之一。该标准规定了机器学习算法在设计开发、验证测试、部署实施、维护升级及退役下线等阶段的安全要求和验证方法。它还涵盖了对机器学习算法进行安全评估的实施。此标准不仅适用于机器学习系统中算法的安全评估，还适用于开发者和运维人员在算法的开发和运维过程中进行自我评估和安全措施的优化。该标准附录还给出了算法推荐服务安全要求和算法推荐服务评价方法，分别从主体责任、信息服务、权益保护、五类算法安全角度规范了算法推荐服务的安全要求和评价方法。该标准还指出，在评估实施过程中，应根据不同机器学习技术发展的成熟度和不同应用领域的安全需求选取相应的指标，并确保应用目标和使用方式符合国家法律法规、行业监管政策、标准规范及伦理要求。

2.《信息技术 人工智能 机器学习模型及系统的质量要素和测试方法》

T/CESA 1036—2019《信息技术 人工智能 机器学习模型及系统的质量要素和测试方法》由中国电子工业标准化技术协会颁布，标志着国内首批针对人工智能机器学习模型与系统评估的团体标准的诞生。此标准创新性地构建了一套机器学习模型质量评价指标体系，明确了模型质量评估中标准数据集的关键要素，并阐述了模型通用质量特性及其作为软硬件系统组成部分时所应满足的质量要求，同时提供了一套围绕这些质量要素的详尽测试方法论。该标准深刻把握机器学习模型与系统的核心特质，依托于高质量标准数据集，从功能性、可靠性、运行效率及维护便利性等多个层面出发，实现了综合而深入的测评覆盖。其设计既兼顾普遍适用性，能有效匹配不同类型的模型，又具备灵活性，可根据不同人工智能应用场景的具体需求，在标准框架下进行适当调整，实现了通用性与专业性的有机结合及对特定场景的良好适应性，因此具有很高的实用价值和可操作性。

3.《人工智能 卷积神经网络模型鲁棒性评估》

《人工智能 卷积神经网络模型鲁棒性评估》是一项关于深度学习模型鲁棒性评测的团体标准。该标准规定了卷积神经网络模型鲁棒性的指标体系、相关指标定义、测试的标准数据集要求和测量方法，规定了深度卷积神经网络模型的鲁棒性质量要素，为卷积神经网络模型的需求方、提供方和评价方提供了统一的鲁棒性指标体系及相应的测试方法。卷积神经网络模型通过对已知数据的学习进行构建，并运用此学习成果对未知数据执行预测任务。然而，这一过程中模型的鲁棒性受到输入数据质量的显著影响。该标准给出卷积神经网络模型的标准数据集的要求和测量方法，以标准数据集为基准在卷积神经网络模型训练和测试过程中进行鲁棒性评测。卷积神经网络模型鲁棒性评估体系如图11-6所示。

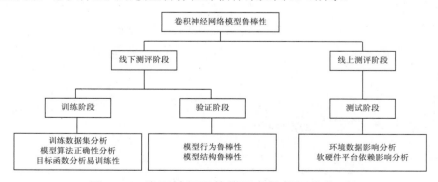

图 11-6 卷积神经网络模型鲁棒性评估体系

该标准适用于卷积神经网络模型及在其基础上扩展、集成等形成的相关模型和系统的设计、研发及测试。

4.《AI 风险管理框架 1.0》

美国国家标准与技术研究院（National Institute of Standards and Technology，NIST）在 2023 年发布了 NIST AI 100-1《AI 风险管理框架 1.0》（Artificial Intelligence Risk Management Framework，AI RMF 1.0），其目标在于为设计、开发、部署、应用人工智能系统的组织和机构提供多样性风险控制的参考，以推动可信赖、负责任的人工智能系统及应用的发展。该规范认为，AI RMF 的核心包括治理、映射、测量和管理。其中，治理主要在组织的制度流程、组织建设、组织文化、技术能力等方面实行 AI 风险管理；映射主要用于确定特定场景与其对应的 AI 风险解决方案；测量的核心在于运用定量及定性工具、技巧与手段，对 AI 风险及其衍生效应进行全面的分析、评估、测试及持续监控；管理主要将相关资源分配给相应的 AI 风险，进行风险处置。AI RMF 主要涉及的需要评估的可信人工智能特性包括有效和可靠性、安全、保护和弹性、可追责和透明性、可说明和可解释性、隐私增强性、公平性等。此外，该规范讨论了人工智能风险和评估此类风险与受众的相关性。

5.《可信赖人工智能标准化白皮书》

为妥善应对人工智能领域的安全隐私挑战，确保 AI 系统的稳健开发，并增强公众对 AI 技术的信任，同时构建人工智能与伦理共融的环境，全国信息技术标准化技术委员会下设的人工智能分技术委员会颁布了《可信赖人工智能标准化白皮书》。该白皮书在可信赖人工智能发展建议中指出，需要强化研发投入力度，借助技术创新来破解人工智能领域的风险难题，具体措施包括开发伦理审查工具及高效风险评估系统，以此为桥梁，将抽象的伦理准则与共识转化为实际的行动方案和服务实施细节，并且应当研制重点标准，完善可信赖人工智能标准体系。在此基础上，聚焦于可信赖人工智能技术架构，核心工作集中于人工智能计算基础设施、深度学习软件平台及对核心算法开展鲁棒性、可解释性、公平性和隐私安全性等方面的严格测试，并挑选关键行业及相关产品进行深入的综合评价。

11.3　虚假宣传

随着人工智能技术的快速发展，各种模型的广泛使用给人们的工作和生活带来了极大的便利。例如，用户可以使用各种修图软件对拍摄的照片进行美化和修改，甚至可以使用换脸软件将影视剧中演员的脸替换成自己的脸，让每个人都"表演"一段经典片段。此外，用户可以通过上传多张自己的照片，让模型生成"数字身份"，从而生成多种风格的写真照片，降低拍摄成本。在给生活带来极大便利性和娱乐性的同时，数据深度伪造技术也导致越来越多的虚假信息充斥在网络之中，这些内容难以甄别，无法判断其真实性。虚假信息借助网络传播，容易在短时间内造成虚假信息病毒式扩展，造成舆论激增。特别是在政治领域，伪造的虚假信息被用于诋毁政客、误导民众，严重威胁政治安全与社会稳定。而深度伪造技术（DeepFake）的出现和发展，为制造虚假信息提供了更便捷的途径。

一个经典的案例是关于加蓬总统阿里·邦戈的。2018年10月，阿里·邦戈患严重中风不得已出国治疗，因此数月没有在公众面前露面。同时，加蓬政府对于总统的病情没有进行合理说明，导致政治阴谋论四起，甚至有人怀疑总统已经逝去。新年到来时，按照惯例加蓬总统会进行新年致辞，加蓬政府公布了一段由深度伪造技术合成的总统新年致辞视频。在视频播放过程中，加蓬总统全程未眨眼，被公众轻易识破。一些地方军事将领因此推测加蓬总统状态不好，趁机发动政变，虽然政变没有成功，但也引发了加蓬政治局势的严重动荡。

另一个案例是关于乌克兰总统弗拉基米尔·泽连斯基的。在2022年俄乌冲突的紧张时期，泽连斯基的"投降"视频在Twitter上广泛传播，观看人数超过25万人次。在视频中，泽连斯基呼吁他的士兵放下武器，放弃对俄战争。尽管他本人及乌克兰国防部情报局官方迅速在Twitter上进行辟谣回应，但视频已经被黑客放到乌克兰某新闻网站上，用于激化乌克兰内部矛盾。这个视频作为俄乌冲突状态下第一个针对一国元首的深度伪造视频，预示了一种新的舆论战形式。加州大学伯克利分校的教授哈尼·法里德对此事件做出评论："这是我们看到的第一个真正站稳脚跟的案例，但我怀疑这只是冰山一角。"虽然泽连斯基随后在Telegram发布了对伪造视频事件进行回应的视频，但此事件表明深度伪造技术在政治事件中的作用已经不可小觑。

这些虚假信息除了对政治进行直接破坏，还催生了一种关于政治的讽刺艺术。在YouTube上，对拜登、特朗普、奥巴马等政客的视频换脸屡见不鲜，他们被"操控"着说出不是自己真实表达的语言。这种调侃可以引发人们对政治及社会问题的热议和思考，但也在一定程度上对政治局势造成干扰。此外，美国社交网站Facebook的创始人马克·扎克伯格、好莱坞明星克里斯汀·贝尔等公众人物也备受换脸虚假信息的侵害，滥用深度伪造技术所带来的恶劣影响已经深入社会的方方面面。

这些案例暴露了深度伪造技术在虚假宣传方面的严重问题，揭示了在当前信息时代下不法分子利用深度伪造技术混淆公众视听的不当行为，以及公众接收信息、传播信息、理解信息的过程中所面临的隐患，更凸显了信息时代下人们面临的内容安全风险。上文列举的案例都涉及使用深度伪造技术进行名人伪造视频或图片合成，并利用该项技术误导舆论，暴露了信息媒体的内容监管不充分，以及缺乏适当的监管机制。此外，深度伪造技术的虚假宣传问题还可能会引起经济纠纷和金融诈骗，威胁到人民群众的财产安全。本节将重点介绍针对此类虚假宣传问题的深度伪造及防御技术、深度伪造技术相关法律法规，以及相关产业实践。

11.3.1 深度伪造及防御技术

对名人政客进行换脸或合成的虚假伪造大多都是应用深度伪造技术实现的，乌克兰国防部情报局在其辟谣推文中也特别对深度伪造技术进行了科普。深度伪造是一种基于深度学习的伪造技术，其核心原理是利用卷积神经网络或生成对抗网络算法提取面部特征，并将其合成到目标视频的每一帧图像上。这类深度伪造方式合成效果逼真、处理速度快，甚至对于高知名度的名人政客有着更加精湛的合成方法。本书在前文已经对深度伪造技术有了较为全面的介绍。目前最主流的深度伪造方法主要有编码器-解码器结构[27]和生成对抗网络[28]。在编码器-解码器结构中，编码器用于提取面部的潜在特征，并进行降维、去噪等操作；解码器用于图像生成，进行面部图像的重建。通常需要对特定人脸训练一组相应的编码器与解码器，伪造时分别使用两个不同的人的编码器与解码器实现人脸替换。生成对抗网络则通常包含生成器和判别器两个网络，模型通过让生成网络与判别网络进行相互对抗的学习，让生成器能够学习到真实数据的分布，从而促使模型生成更加逼真的样本。

应对深度伪造技术带来的风险需要对伪造内容进行有效甄别，因此深度伪造检测技术的研究愈发重要。本书在前文中也对相应的深度伪造技术进行了详细介绍。一般来说，对于深度伪造图像的防御技术可以分为被动防御和主动防御。被动防御，即伪造检测技术，通常是利用伪造图像与真实图像存在人眼无法察觉的伪影中进行真伪识别[29-30]，如细微的色彩差异或边缘的混合。针对图像的深度伪造检测技术通常可以依赖这种图像中空域、频域等伪影，来判断图像是否为伪造的。对于视频影像，由于伪造过程中还需要对人脸进行旋转、缩放等变形操作以匹配原有视频的动作和属性，在此过程中同样会留下可检测的伪影，因此可被应用于深度伪造技术的检测。此外，可以利用生物特征进行伪造检测[31]，如通过不连续的眨眼动作或不匹配的口型来判定伪造视频。由于伪造检测技术依赖数据集的完备性，且对于未知伪造方法很难进行全面防护，所以除了被动检测的防御方法，也可以采用主动防御的方法进行取证。主动防御技术通常采用在原始信息中添加特定的验证信息，以保证信息的真实性。例如，制作者向制作内容中添加数字哈希、证书或其水印信息[32]，通过检测证书是否正确来了解内容的真实性。

11.3.2　深度伪造技术相关法律法规

在深度伪造技术发展起步时，各个国家的安全部门、研究机构、著名智库就预见了该技术可能带来的巨大安全隐患。因此，他们在政策、法律及技术层面进行了全面布局，加大了研究力度，发布了限制措施，防范深度伪造技术带来的风险。

2018年9月，欧盟委员会在《解决网络虚假信息：欧洲的方式》中明确了应对网络虚假信息的总体原则、目标。同年12月，美国参议院推出了《2018年恶意伪造禁令法案》，对制作深度伪造内容导致犯罪和侵权行为的个人，以及明知内容为深度伪造的仍继续传播的社交媒体平台进行罚款，并处以两年的监禁，如果伪造内容涉及煽动暴力、扰乱政府或选举并造成严重后果，监禁时间最高为十年。2019年6月，美国众议院提出《深度伪造责任法案》，要求任何创建深度伪造视频媒体文件的人，必须用不可删除的数字水印及文本描述来说明该媒体文件是篡改的还是生成的，否则将属于犯罪行为。同月，美国众议院、参议院同时提出《2019年深度伪造报告法案》，明确了"数字内容"的定义，规定国土安全部定期发布深度伪造技术相关报告。2020年8月，美国国会研究服务处发布《深度伪造与国家安全》和《人工智能与国家安全》两大报告，明确指出深度伪造技术已成为信息战的一部分。

我国在2022年11月通过了《互联网信息服务深度合成管理规定》，自2023年1月10日起施行，旨在加强互联网信息服务深度合成管理，弘扬社会主义核心价值观，维护国家安全和社会公共利益，保护公民、法人和其他组织的合法权益。该规定对深度合成服务提供主体责任进行了明确规定，从训练数据管理、技术管理等多方面对深度合成服务者和技术支持者提供了管理规范，鼓励相关行业建立健全行业标准。

11.3.3 相关产业实践

Deeptrace是一家致力于追踪和研究深度伪造技术发展与危害的网络安全公司。其在2019年10月发布了一份关于深度伪造的报告，文中表示"无论是视频、音频，还是文本，我们社会依赖和信任的多个数字通信渠道都已遭到了颠覆"。报告中统计，2019年全年网络上的深度伪造视频多达14678个，其中96%的视频涉及色情、暴力、政治等因素。各种现象表明，利用恶意篡改的信息和虚假的信息欺骗、煽动群众，对政治有着严重的破坏性。随着深度伪造技术的迅猛发展及其影响力的不断扩大，对深度伪造检测技术的需求日趋明显。为此，相关机构、公司均投入大量人力、物力、财力以求研发有效的深度伪造检测工具。

在军事领域，美国国防高级研究计划局（Defence Advanced Research Project Agency，DARPA）已将媒体取证和语义取证确立为两个关键研究领域，通过开发先进的技术和算法，能够提高国家对虚假信息的甄别能力，并加强信息作战的防御能力，以确保国家安全和信息安全。2020年8月，美国发布《"深度造假"与国家安全》，明确指出上述伪造取证研究领域的具体内容。其中，媒体取证项目的目标是研发面向图像、视频等媒体内容检测可能存在的任意伪造或篡改的算法，以确保媒体内容的真实性和可信度，同时为分析师提供有关虚假内容生成的方法和技术的信息，以帮助他们更好地理解和对抗深度伪造。语义取证项目旨在研发可自动检测、归因和描述不同类型的深度伪造内容的算法，识别虚假信息的来源、制作方式和意图，以更好地理解和应对潜在的虚假信息攻击。

在民用领域，2019年，华盛顿大学和艾伦人工智能研究所推出了文本生成模型——Grover[33]，在生成文本的同时具有良好的可控性。更为重要的是，他们还开发了一个能够识别虚假新闻的伪文本检测系统，以实现对虚假新闻的自动监测。同年，加州大学伯克利分校和南加州大学的研究者基于对真实视频的深入研究，提取人们面部的高度个性化的特征数据，构建了一个软生物识别指标体系，用来识别不同个体的特征[34]。同时，他们开展了一项研究——保护世界领导者免受伪造，通过超精确地识别"面部动作单元"，即微小的面部表情和动作，如抬起上唇或皱眉时头部的微小旋转方式，检测出虚假内容中无法完美模仿的细微差距。此外，研究者们还通过分析视频中的光线、阴影和闪烁的图案，评估候选人面部动作之间的一致性关系，来帮助识别伪造视频，从而阻止虚假信息的传播。为了构建不依赖与特定图像修改技术相关知识的深度伪造检测工具，提升伪造检测的泛用性，北京大学与微软亚洲研究院合作，于2020年推出了深度伪造识别工具——Face X-Ray[35]，该工具的算法可以在不生成虚假图像的情况下进行训练，能够更加准确地检测"未知"图像。

此外，微软亚洲研究院、微软Azure与"捍卫民主"计划共同研发了一项主动式防御技术，可以让内容制作者预先在其制作的内容中添加特定信息，这些信息可以在需要时被提取以确保内容的真实性，并提供关于内容制作者的详细信息，从而从信息源头杜绝伪造，该技术已经与英国广播公司、加拿大广播电台、《纽约时报》等媒体公司建立了合作关系。这些新技术、新工具的引入也标志着深度伪造检测领域的持续发展。科技界与企业界正联手合作，应对虚假信息和伪造内容带来的挑战，以维护信息的可信度和社会的稳定。

11.4　信息保护

随着人工智能技术的普及，智能模型的广泛使用为我们的生活带来了极大的便利。然而，随着我们越来越依赖这些智能系统，数据层面的信息保护问题也逐渐浮出水面。AI 系统依赖海量的数据进行学习和优化，其中很大一部分数据是从用户侧收集得来的，这些数据可能会反映出用户想要保护的私人信息。虽然这些数据被用于改善 AI 的性能和提供更好的服务，但同时引发了严重的隐私问题。其一，用户可能会在不经意间被收集数据，而用户本身可能并未对这一行为提供许可，甚至根本不希望数据被收集。其二，如果通过收集得来的大量数据处理不当，可能会被滥用，甚至导致个人隐私的大规模泄露。因此，如何在享受 AI 带来便利的同时，保护好我们的数据信息，已成为我们必须面对和解决的问题。无论是公开可用的数据还是用户主动提供的信息，如何收集、何时收集、如何安全储存，以及如何使用都是信息保护问题的重要组成部分。

以社交媒体场景为例，社交媒体的出现给我们带来了无数的便利，它们使得信息的获取和传播变得更加快捷，同时让我们能够随时随地与他人进行互动。然而，与此同时，这些社交媒体也在不断地收集和利用我们的个人信息，这就带来了信息泄露问题。一旦社交媒体收集的数据被泄露，则可能会侵犯数以万计的用户隐私。

11.4.1　信息泄露典型案例

一个经典的案例是发生于 2018 年的 Facebook 数据丑闻。作为一家通过分析个人数据来影响选民行为的数据分析公司，Cambridge Analytica 与 Facebook 合作，通过第三方应用程序 This is Your Digital Life 收集了大约 8700 万个 Facebook 用户的个人数据。这款应用程序是由一位名叫亚历山大·科根的心理学家开发的，他声称该应用程序将用于学术研究，但事实上，收集的数据被用于商业行为。这些数据收集的方式非常隐秘，用户在使用该应用程序时并没有明确知情和同意个人数据将被用于其他目的。此外，该应用程序还利用了 Facebook 平台的一个漏洞，这个漏洞允许收集器访问安装该应用程序的用户及他们朋友的个人数据。这就导致了数以百万计的 Facebook 用户的数据被不经授权地获取。Cambridge Analytica 获得的用户数据被用于政治宣传和选民操纵，该公司利用这些数据分析用户的喜好、兴趣和态度，然后根据这些信息针对性地发布广告和政治信息，以影响选民的投票决策。这一案例暴露了个人数据的滥用和隐私的侵犯所带来的风险，引起了公众的强烈关注和担忧，还引发了全球范围内对于个人数据隐私和数据保护的讨论。

另一个案例是关于 Clearview AI 公司的争议。Clearview AI 公司是一家总部位于美国的人脸识别技术公司，该公司开发了一种强大的人脸识别工具，它可以通过比对数十亿张互联网上的照片来识别人物的身份。Clearview AI 的人脸识别系统主要通过网络爬取社交媒体平台（如 Facebook、Instagram、Twitter）上的公开照片来建立庞大的人脸数据库，这些照片的来源包括个人用户的社交媒体账户、新闻网站、商业网站等。然后，他们将这些数据与执法部门和企业客户共享，供其用于调查、安全监控及其他用途。这一数据采集和共享行为引发了广泛的争议。Clearview AI 未经用户同意或授权，私自收集了大量个人照片。许多人在社交媒体平台上传照片时并没有意识到它们可能被用于人脸识别技术。这引发了关于隐私权和个人数据保护的担忧，因为人们认为他们的个人照片被未经授权地用于识别和追踪。Clearview AI的人脸识别技术引发了滥用和侵犯隐私的风险。执法部门和企业客户可以使用这种强大的技术来进行大规模的人脸识别，从而潜在地削弱了个人的匿名性和自由。此外，有报道称Clearview AI还在不受控制的情况下向一些外国政府和私人实体出售其技术，引发了国家安全和跨国监控的担忧。Clearview AI的数据隐私争议还引发了法律和监管机构的关注。一些国家和地区对人脸识别技术的使用进行了限制和监管，并呼吁加强对这些技术的监督和规范。一些社交媒体平台也对Clearview AI采取了行动，要求其停止从其平台上获取数据。Clearview AI的数据隐私争议凸显了人脸识别技术在隐私权和个人自由方面引发的重大问题，激发了对于数据采集、使用和共享的监管需求，以确保个人隐私得到充分保护。

这些案例共同暴露了关于数据隐私和个人权利的一系列问题，揭示了科技公司在数据采集、使用和共享方面的不当行为及人们在数字时代中面临的隐患，凸显了人工智能浪潮下个人数据的滥用和隐私侵犯风险增加的问题。这些案例涉及数据的未经授权收集和使用，暴露了科技公司在数据采集和使用方面的不透明性及缺乏适当的授权机制，还涉及数据共享给第三方的问题，对个人隐私和自由存在潜在威胁，引发了关于数据共享和访问权限的讨论。

11.4.2　信息泄露原理成因

个人数据的滥用和未经授权的收集和使用，都对个人的匿名性、自由和自主权产生了重大威胁。这可能导致个人信息泄露、个人行为跟踪、定向广告、舆论操控等问题，削弱人们在数字时代中的隐私权和自主权。这些问题需要引起广泛的关注和讨论，确保人们的数据信息和个人权利得到充分保护。此外，智能模型除了在数据层面容易遭受隐私的泄露与窃取等问题，在模型层面同样存在隐私问题。在数据层面，受害者往往是数据提供者，即智能模型的用户或数据集提供者。在模型层面，直接受害者则是智能模型拥有者，一般而言就是机器学习即服务（MLaaS）的提供商，但同时数据拥有者可能因为模型的隐私泄露而间接成为受害者。信息泄露的典型场景示意图如图11-7所示。

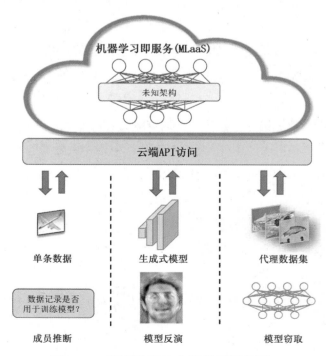

图 11-7　信息泄露的典型场景示意图

数据层面的信息泄露主要由成员推断和模型反演导致。成员推断的核心思想是通过分析模型的输出结果来推断某个特定样本是否被用于训练模型。这种攻击方法的背后逻辑是，训练数据对于模型的泛化能力至关重要，模型对于训练数据的学习程度直接影响其在新数据上的表现。攻击者可以通过观察模型在不同输入上的响应，确定某个特定数据是否包含在模型的训练数据中。例如，一个基于疾病诊断的模型在特定症状下给出的预测结果，可能会让攻击者推断某位患者是否参与了模型的训练。这种成员推断攻击虽然看似仅仅是从模型输出中获取信息，却可能泄露个人隐私。模型反演的目标是通过分析模型的输出来推断训练数据的一些细节，通过观察模型的输出，试图还原用于训练模型的原始数据。这可能涉及个人信息、图像等敏感数据。举例来说，一个人脸识别模型的输出结果可能会被用来还原被识别者的真实面貌，从而侵犯个体的隐私权。模型反演攻击的成功会让攻击者获得训练数据的近似副本，对个人隐私造成潜在威胁。这些隐私问题凸显了在人工智能系统中平衡数据效用与个人隐私之间的挑战。一方面，模型的性能和效果直接依赖充足的高质量训练数据；另一方面，过于依赖这些数据可能导致隐私泄露，从而影响个体的权益和社会的信任。如何在保证模型性能的同时有效地保护个人隐私，成为人工智能研究和实际应用中亟待解决的问题。

模型层面的信息泄露主要由模型窃取导致。模型窃取者通过对模型的输入、输出进行分析和模拟，来复制目标模型的功能和知识。这种攻击方式可能会对我们在生活和生产中使用的智能模型带来各种危害。一方面，模型的训练需要大量的数据、时间和资源，因此模型的窃取往往意味着对知识产权的侵犯。这不仅可能会对模型的开发者和拥有者造成经济损失，还可能妨碍创新和发展，原因在于人们可能会担心自己的努力被窃取而不愿意投入到模型的开发和改进中去。另一方面，模型窃取可能会导致用户的隐私被泄露。攻击者可以通过模型窃取获得模型的内部结构和参数，然后用这些信息来推断出模型训练过程中使用的数据，即通过模型隐私的泄露间接导致数据隐私的泄露；也可以通过模型窃取得到系统的防御模型，然后找出模型的弱点进行攻击，这可能会导致系统的安全性大大降低，甚至可能会导致整个系统的崩溃。

11.4.3　信息保护法律法规

为了保护人工智能浪潮下用户的信息，世界各国政府机构纷纷采取行动，制定了一系列法律法规。例如，欧盟制定了《通用数据保护条例》（*General Data Protection Regulation*，GDPR），这是一项广泛适用于成员国的数据隐私和保护法规。该条例于 2018 年 5 月 25 日正式生效，旨在确保个人数据的隐私权。该条例强调个人数据的保护，将个人数据视为私人财产，强调个人数据的隐私权；要求数据处理者获得数据主体明确、自由和具体的知情同意，才能够进行数据的收集；赋予数据主体一系列权利，以实现对数据的保护，并强制要求数据处理者保护数据安全。此外，该条例规定了数据处理者的责任和义务，并建立问责机制，以促使智能模型开发运营者重视数据隐私和合规性。

我国于 2021 年 11 月 1 日开始实行《中华人民共和国个人信息保护法》，规定了个人信息的收集、使用、处理、存储、传输和删除等方面的规则，对个人信息保护提出了明确的要求，并对违反法律的行为进行相应的处罚，还规定了个人信息数据跨境传输时的相关规定，要求数据接收方的个人信息保护水平不得低于我国的标准。《中华人民共和国个人信息保护法》在保护智能模型数据隐私层面的贡献体现在强调数据收集的合法性和目的限制、赋予数据主体的权利、要求数据安全和保护措施、规范数据跨境传输，以及明确法律责任和处罚措施。这些规定有助于确保智能模型数据的合法合规使用，保护数据主体的权益和隐私。

　　总之，作为一项新兴的技术，人工智能技术在各大领域得到广泛应用的同时，其隐私问题也日益凸显。人工智能模型本身的黑盒性质导致研究者对其理解尚不充分，虽然已有许多研究者证明了智能模型隐私问题的存在，但在具体的案例上，隐私问题不如其他安全问题突出。各国已经意识到了相关的隐私问题，并出台了法律法规对隐私进行保护。但是截至目前，智能模型的隐私问题仍需要研究者们进一步研究，深入理解智能模型，并提出更多的信息保护方案，以助力人工智能技术的长远发展。

本章小结

　　本章简要介绍了智能应用安全实践中常见的四个方面：无人系统、开源治理、虚假宣传和信息保护。这些方面代表了在当今数字时代，人工智能技术在各个领域得到广泛应用的现实，同时凸显了与之相关的安全挑战，并体现了相应解决方案的多样性。然而，需要强调的是，并不存在一种能够解决智能应用安全所有问题的通用方法。智能应用安全还需要得到持续不断的关注和强化。

　　通过对本章的学习，读者能够对当前实际场景中的智能应用有初步了解。然而，这只是一个开端，智能安全领域发展速度快，技术在不断演进，新的安全威胁也在涌现，其中充满了挑战和机遇。只有通过不断的深入学习和实践，保持对智能安全领域的敏感性，才能更好地应对快速发展和变化的安全挑战。

扫码查看参考文献

CHAPTER 12 ▶ 第 12 章

本书总结与未来展望

12.1　本书总结

人工智能显著促进了社会经济发展与生产力进步，但同时带来了一系列不容忽视的安全挑战。作为新一轮科技革命和产业变革的代表，人工智能正与实体经济和社会生活深度融合，推动人类社会不断产生新发现、新发展。然而，随着人工智能技术与应用的不断深入，我们也面临着人工智能自身引发的各种安全风险，这促使我们不得不直面新时代人机关系的新变化和新挑战，并积极探索解决方案。

本书前11章围绕人工智能安全，深入探讨其背景知识及实际应用的各个方面。具体来说，在第一部分，本书系统地介绍了人工智能安全相关的基本概念、安全挑战及背景基础知识等内容。在第二部分，本书围绕人工智能内生安全，详细地介绍了对抗样本攻击、投毒攻击、后门攻击等对抗安全攻防技术，介绍了数据层面和模型层面的隐私安全攻防技术，以及自然噪声、多框架适配噪声等稳定安全攻防技术，从而较为全面地为读者建立关于人工智能内生安全的认知。在第三部分，本书围绕人工智能衍生安全，介绍了图像伪造、语音伪造等人工智能编辑内容安全攻防技术，介绍了图像、语音、文本深度伪造等人工智能生成内容安全攻防技术，以及算法偏见歧视、有害正反馈和算法共谋等人工智能决策安全攻防技术，旨在帮助读者更好地认识人工智能面临的各种衍生出的安全风险。在第四部分，本书围绕人工智能在应用过程中的其他安全要素，介绍了人工智能应用管理、通信、数据、网络等智能应用与信息安全攻防技术，并针对无人系统、开源治理、虚假宣传、信息保护等典型领域中的智能安全应用实践进行介绍，帮助读者从更具实践意义的角度理解人工智能安全的重要意义。

事实上，规范人工智能健康发展、解决其安全问题，首要目标在于建立一套完整、有效、可行的人工智能哲学伦理规范。这将成为产业发展的压舱石，确保技术更好地造福人类。在这一命题的范畴内，人工智能安全的理论技术发展无疑将成为推动其进步的核心力量，包括本书提到的对抗攻击、数据投毒、模型窃取等人工智能内生安全攻防技术，以及内容编辑、生成、算法决策等人工智能衍生安全攻防技术。更进一步来说，基于安全可信的人工智能理论和技术，加强关于人工智能安全相关的法律法规、伦理和社会层面问题的研究是至关重要的。这要求我们不仅要建立和完善支持人工智能可持续发展的法律法规、制度体系，还要确立坚实的伦理道德基础，只有这样，才能更好地发挥人工智能的"头雁效应"，高质量促进产业健康发展，高水平服务人民幸福生活。

总体而言，本书旨在为读者提供一个全面认识和理解人工智能安全的框架，涵盖从基础概念、理论体系、代表性方法到实际应用的各个方面。然而，鉴于人工智能领域发展迅速，本书在出版时的一些信息可能已稍显过时或不够详尽。同时，受篇幅和结构限制，书中可能未涵盖一些最新的研究成果和技术进展。尽管如此，我们仍然希望本书具备一定的参考价值。对于初学者来说，它是一个了解人工智能安全基本知识和实践技巧的绝佳起点；对于已经具备一定基础的读者来说，它也可以作为一个补充和扩展知识体系的资源。无论是初学者还是专业人士，都能从本书中获得有价值的知识和洞见。此外，我们也希望通过本书为人工智能安全相关从业人员提供一个更全面的视角，激发他们的聪明才智，为我国人工智能的安全、可靠、可控发展贡献力量。在中华民族伟大复兴中国梦的新时代征程中，让我们共同为建设智慧中国发光发热。

12.2　未来展望

随着信息环境和数据基础的深刻变革，人工智能与不同行业结合的"AI+X"模式已深刻地改变原有的产业发展轨迹，极大地推动了领域发展，并对经济发展、社会进步、国际政治经济格局等方面产生深远影响。然而，对抗样本、深度人脸伪造等新型人工智能威胁随着人工智能应用的推广而不断衍生，给人工智能的应用带来了极大的安全挑战。在此背景下，为了保障人工智能的高安全性和可信赖性，开展针对其技术的安全性研究分析已刻不容缓。

本书前面的章节主要从人工智能的内生安全和衍生安全两个维度进行了深入讨论，最后一章将对安全可靠人工智能的未来发展进行展望。本章将从技术和社会两个层面出发，重点分析人工智能发展安全评测评估和监测监管技术的迫切性，以及形成智能安全相关标准和伦理原则的重要性。总而言之，确保人工智能技术安全、可靠、可控的良性发展，需要从技术与社会层面双管齐下，依靠社会各界人士的共同努力，形成健康发展的安全可信人工智能生态，推动人工智能技术在社会各领域健康、深入地应用并发展。

12.2.1　技术层面

1. 亟待构建人工智能安全评测评估体系

在人工智能系统应用日益广泛、能效显著提升的今天，生产、生活中不断涌现出对人工智能系统的新需求，同时引起了人们对于其安全问题的高度关注。从实施路径来看，对智能系统安全进行全生命周期测试显得尤为必要且重要。全面深入的智能系统安全测试可以有效规避智能系统的潜在风险，发现质量缺陷和系统漏洞，是实现以深度学习为代表的智能算法可信赖的基本路径，为智能系统的安全、可信、可靠、可控提供坚实保障。

然而，目前针对人工智能安全评测和评估的研究成果尚显不足，主要集中于简单的模型预测结果，尚未形成立体化的、完整的评测技术体系，相关技术平台也存在诸多不足。因此，如何完善人工智能全生命周期安全评测技术方法体系，构建较为通用的评测流程，并搭建成熟、灵活、可用的智能评测系统平台，将成为未来研究的重中之重。

面向未来，作者认为应该从以下三个方面重点发展人工智能安全评测评估体系。

（1）建立健全人工智能全生命周期理论体系

深入研究智能系统行为动力学理论，进一步完善系统行为动力学建模，探索宏观博弈行为和微观信息传输的深层次联系。同时，完善智能系统全生命周期安全测试标准，推动智能系统安全测试应用落地，从理论层面为人工智能安全测试技术提供坚实的基础和支撑，促进形成服务国家重大安全战略的可持续安全保障能力。

（2）突破人工智能全生命周期安全评测技术体系

基于智能系统行为动力学等理论指导，对重点应用场景中的关键技术进行攻关，形成覆盖人工智能算法模型设计训练、测试推理及部署应用等全生命周期的安全测试技术体系。构建动静态结合、宏微观结合、内外部结合的国际先进测试能力，特别是要重点围绕智能系统安全态势感知技术、智能系统相变识别技术、智能系统稳态演进技术等方面，在不同生命周期阶段提供核心的安全测试能力。

（3）形成人工智能安全评测平台，培育智能安全可持续生态

从智能系统基础应用环境、智能系统博弈对抗环境、智能系统安全测试环境等多个方面入手，研制涵盖攻击、防御、测试工具的全方位安全测试系统平台。搭建覆盖智能系统全生命周期的质量测试床与具备高拟真攻防博弈能力的沙盒演练场，建设可灵活调用、可快速整合的智能系统安全测试生态链。最终，形成氛围良好、应用可靠、流程完善的智能系统安全保障生态。

2.加强数据治理与隐私保护

当前，人工智能技术已取得令人瞩目的进展。然而，人工智能系统的性能和准确性往往依赖海量数据的支持，这导致了数据量的爆炸式增长。同时，随着人工智能的广泛应用，大量的个人数据、敏感数据被收集、存储和分析，从而引发了对数据治理和隐私保护的更高需求。在此背景下，作者将展望未来，探讨如何进一步加强数据治理与隐私保护，以确保人工智能的可持续发展和社会的长期利益。

作者认为，应当从以下三个方面重点加强数据治理与隐私保护。

（1）建立完善的数据隐私理论体系

建立完善的数据隐私理论体系需要将隐私权利、数据安全和信息利用三者之间的平衡纳入考虑，确保数据使用的合法、透明和可控。随着隐私保护技术的不断进步，研究者们需要研究差分隐私、同态加密等方法，实现在个人敏感信息不暴露的前提下进行数据分析和挖掘。此外，跨界合作也是构建完善数据隐私理论体系的关键所在。学术界、产业界和政府部门应携手共进，促进知识共享、经验交流和技术合作，共同制定隐私标准和准则，推动人工智能数据隐私理论体系的创新和发展。

（2）突破人工智能数据隐私保护挑战

人工智能数据隐私保护面临诸多挑战，如数据泄露、数据滥用和算法偏见，应对这些挑战需要综合运用技术手段和制度机制。一方面，数据安全技术需要不断创新突破，包括加强数据加密和脱敏技术，以及开发智能的数据访问控制方法，确保敏感信息的安全访问。另一方面，算法的透明度和可解释性也至关重要。黑盒式的人工智能算法通常难以被理解和验证，容易导致不可预测的结果和偏见。因此，学术界应深入研究能够解释人工智能决策过程的算法，确保算法的公正性和中立性。

（3）制定全面的数据治理与隐私保护相关法律

为了确保数据的合法和道德使用，制定全面的数据治理与隐私保护相关法律法规至关重要。应该明确数据收集、处理和共享的规则，界定个人隐私权的界限，并设立严格的制裁机制以应对违规行为。同时，国际合作在推动数据隐私保护法律法规制定方面发挥着重要作用。鉴于数据跨国流动的日益普遍，各国应共同努力，建立数据跨国流动的法律框架，确保全球范围内的数据隐私得到保护。

综上所述，随着人工智能的迅速发展，加强数据治理与隐私保护已迫在眉睫。完善数据隐私理论体系、突破人工智能数据隐私保护的挑战及制定全面的数据治理与隐私保护相关法律，将为人工智能的可持续发展提供坚实的基础。只有合理平衡数据应用和隐私权益，才能更好地迎接人工智能带来的机遇，应对挑战，共同创造更加繁荣和公正的未来。

3.加强智能算法监管监测与持续反馈

人工智能算法部署过程中行为模式的不可控、决策机理的难以解释，导致了鲁棒性、公平性、隐私性、可解释性等一系列问题。但是，算法黑箱的不透明与难解释等特征，导致政府难以对算法部署过程中的行为进行实时监管监测，这加剧了算法被用于操纵、监控社会舆论的风险，可能引发偏见、社会歧视，甚至侵害用户隐私权与财产权，从而带来一系列政治、经济、社会风险，对算法智能决策的推行和实施带来极大的负面影响。

为应对人工智能算法难以监管监测的安全问题，建立健全算法监管监测体系，作者认为，应当重点关注以下三个方面。

（1）构建算法监管监测标准

从法律责任、行政责任、道德责任三个层面构建算法监管监测标准，推动社会各方之间的合作互信，包括制定完善相关法律法规、着眼行政审查与监管问责、制定相关技术标准、嵌入算法伦理等手段。

（2）推动算法监管监测的实现

算法监管监测的实现必须推动研究院所、企业、高校和政府之间的技术合作，开发算法监管监测技术。鉴于算法风险繁多且难以定义，风险监管难以实现，侵害行为难以取证，风险预防难以实施，风险过后难以追责，应突破度量评估、行为监测、风险防护、博弈演化、突变溯因等原创理论与核心技术，建立健全监管技术工具箱。

在这个过程中，要重点围绕算法在表征、行为、演化等方面的监管监测问题，构建完善的算法风险评估监测与安全防护体系。同时，要突破算法安全度量、安全攻防、安全认知与监测等关键技术，确保算法带来的影响实时可控可监管、社会问题可量化分析、存在的风险可有效预防，从而使得由算法带来的社会问题无处遁形。

（3）实现算法监管监测自动化和标准化

为实现算法监管监测自动化、标准化，必须制定算法合规标准，集成算法治理技术，形成算法应用监测网，对算法进行全周期、立体化的监测。算法的全周期监管监测应当涵盖算法的数据获取、训练、测试、部署等全生命周期，确保模型在各个阶段中均不存在安全风险。同时，基于鲁棒性、可解释性、隐私保护、公平性等性质进行多维度评价，全面审视算法面临的风险与挑战。在此基础上，持续积累海量数据、集成模型、产出尖端技术，为研究院所、企业、高校和政府提供集数据、算法、模型、场景、案例、工具及服务等于一体的算法安全生态资源，为产业发展、经济效益的提升创造基础平台条件和广泛资源支撑。

4.研究可解释、可审查的透明智能算法

上文提到，人工智能技术对过去积累的大量数据进行分析、总结和预测，但无法给出行为决策推理过程，这可能产生不可预知的，甚至对社会有极大危害的结果。鉴于人工智能在经济、军事等关乎民生安全的重要领域日益占据重要地位，其黑盒特性带来的安全隐患不容忽视。因此，智能算法的可解释性与可审查性应成为未来算法开发的重要考量标准。

可解释的智能算法指的是能够以易于理解的方式进行决策的算法，这意味着算法能够对其决策过程及

结果提供可理解的解释。可审查的智能算法指的是算法的内部机制和数据流程是透明的，可独立被审查机构和专家检查，以确保算法的决策没有偏见、歧视或其他错误。可解释、可审查的智能算法能够清晰地揭示其决策过程、原因和依据，增强智能算法的可信度、可靠性及可控性。

作者认为，实现可解释、可审查的透明智能算法，可以从以下三个方面着手。

（1）建立算法可解释性标准

随着透明智能算法研究的不断深入，政府应出台政策，明确算法部署的透明性与可解释性标准。在算法进行实际部署之前，算法工程师应当出具测试阶段算法的决策解释，并接受第三方技术人员的审查。不满足可解释性标准的算法则不被允许进行实际部署。

（2）研究算法可解释性的理论支撑

从宏观角度对智能体之间的群体博弈进行建模，剖析智能系统所涉及的动力学机理，尝试解释并避免智能系统学习到不合预期的行为。从微观角度对神经网络中多层次、高耦合度的神经单元的数据传输进行建模，剖析数据传输中所涉及的微观动力学，尝试解释神经网络中每一层的权重与特征。通过宏观和微观的结合，突破智能算法黑盒特性的理论难关。

（3）建立智能机构的审查体系

在智能算法满足可解释标准并允许进行部署后，其实际应用过程需要经历严格的审查机制。在实际部署前、部署过程中，以及完成后的各个阶段，由第三方审查机构对算法的行为、推理过程及数据传输进行审查。这一举措旨在确保智能算法不会出现隐私泄露、偏见歧视、推理错误等问题，减少或者消除推理过程不透明、不可解释的安全隐患。

12.2.2 社会层面

1.促进智能安全的标准制定

随着人工智能系统的蓬勃发展，智能安全日益受到广泛关注。为确保人工智能系统保持可信、可靠和可控，制定相关安全标准显得尤为关键。这些标准不仅有助于确保人工智能系统在设计、开发和应用过程中充分考量安全性，还有助于降低潜在的风险、弥补漏洞。因此，如何制定人工智能系统相关安全标准，为不同国家、组织、行业提供统一的语言和框架，促进协作、经验的分享与安全问题的解决，是未来亟待解决的问题之一。

展望未来，作者认为可从以下三个方面促进智能安全的标准制定。

（1）完善人工智能安全测试标准

制定全面的人工智能安全测试标准是确保系统安全的核心。鉴于人工智能系统广泛应用于医疗、金融、交通等多个领域，为确保各领域的人工智能系统都遵循相似的测试和安全评估流程，制定统一的规范势在必行。这些标准应覆盖数据收集、模型训练，以及模型部署和运行的全生命周期，包括数据质量、隐私保护、模型鲁棒性及对抗攻击防御等方面的准则和度量标准。这一举措有助于系统开发者和审查机构评估、验证人工智能系统的安全性，有助于降低测试复杂性，提高测试结果的可比性，并促进不同行业之间的经验共享。

（2）加强人工智能安全标准制定的国际协作

人工智能安全问题是跨国界的挑战，因此，国际协作至关重要。加强国际协作，可以促进信息共享、经验交流及协同解决问题，减少重复工作，提高整体效率。同时，这种协作有助于在全球范围内提升人工智能系统的安全性，共享最佳实践和研究成果。这些经验和知识可以为标准制定提供重要的参考和支持。通过借鉴和吸收不同国家和地区的先进经验和最佳实践，不断完善和优化人工智能安全标准，以适应不断变化的技术环境和市场需求，共同应对新兴威胁和挑战，并采取统一的措施来防范和应对安全风险。

（3）持续更新与改进标准

随着人工智能技术的不断演进，新的安全挑战层出不穷。因此，标准需要具备灵活性，既要考虑当前的安全需求，又要预见未来的潜在风险和挑战。随着技术的不断更新和改进，标准需要定期审查和更新，确保能够及时反映新兴威胁和最佳实践。对现有标准的定期审查和更新，有助于我们紧跟不断变化的威胁形势和最新的安全技术发展。这种方式能够有效确保人工智能系统的安全性标准与技术发展保持同步，及时防范和应对新的安全风险。

综上所述，通过完善人工智能安全测试标准、加强人工智能安全标准制定的国际协作、持续更新与改进标准，可以促进智能安全的标准制定，更好地确保人工智能系统的安全性，为可信、可靠、可控的人工智能应用提供坚实的基础。这不仅有助于保障国家安全，还将推动人工智能技术的健康发展和广泛应用。

2.探索适应人工智能技术发展的伦理原则和法律框架

随着人工智能技术的飞速发展，其触角逐渐深入至社会民生各个领域，因此，我们迫切需要建立与之相适应的伦理原则和法律框架。这两方面的探索，将为人工智能的安全发展提供坚实的保障，确保其对社会和个人产生积极的影响。

伦理原则在人工智能安全领域的重要性不言而喻。在日益复杂的技术环境中，我们需要制定广泛适用的准则，用以指导人工智能技术的发展与应用。近年来，各国政府、企业及研究机构均对人工智能伦理原则展开深入探索，如美国国防部创新委员会发布的关于人工智能伦理原则的报告、欧盟发布的《可信人工智能伦理指南草案》，以及我们国家新一代人工智能治理专业委员会发布的《新一代智能治理原则——发展负责任的人工智能》。这些伦理原则的核心内容在于确保人工智能的发展和应用与人类的价值观、社会福祉保持高度一致。这些伦理原则的制定是为了引导技术的正向发展，防范潜在的风险，并建立可信赖的人工智能生态系统。这些伦理原则鼓励技术的设计、实施和使用遵循透明、公平、隐私保护等原则，同时避免人工智能技术可能带来的偏见、歧视和隐私侵犯等不良影响。

在人工智能安全领域，法律框架的建立和不断调整是确保技术合规性和公正性的关键。然而，当前的法律体系无法完全适应人工智能技术的复杂性和快速发展的步伐。因此，政府必须对法律进行更新和修订，确保其在保护公众利益和个人权益方面能够发挥实效。这一适应性法律框架需要覆盖隐私保护、责任追究、数据治理等多个方面。在隐私保护方面，法律应明确规定数据的采集、使用和共享原则，确保个人数据不被滥用。在责任追究方面，法律应明确定义人工智能技术引发的风险责任，并规定相关主体的责任界限。在数据治理方面，法律框架应致力于促进数据的透明性、安全性和可控性，从而维护数据生态的健康发展。

伦理原则和法律框架的制定与应用，共同构成了推动人工智能安全的两个支柱。通过确立伦理准则，引导技术走向有益的应用，同时防范其潜在风险。建立适应性法律框架，则为技术的合规性提供了法律基础，有力保障了社会的整体利益。展望未来，我们需要在全球范围内加强合作，共同制定一致的伦理原则和法律框架，携手推动人工智能的安全、可持续发展。只有在伦理与法律的双重保障下，人工智能技术才能更好地为人类社会创造积极的变革。

3.加强公众教育与人才培养

随着人工智能技术迅速渗透到社会的各个角落，其广泛应用为生产生活带来了新的可能性，但同时催生了人们对其安全性的日益关注。在面对人工智能技术快速演进和广泛应用的背景下，强化公众教育与人才培养变得尤为迫切，从普及安全意识到培养专业人才，都能够有效应对未来的安全挑战，从而确保人工智能的安全和可持续发展。

作者认为，可重点从以下三个方面加强公众教育与人才培养。

（1）强化公众安全意识

在人工智能蓬勃发展的背景下，大众应该对其安全问题有清晰的认知。因此，加强公众教育是确保人工智能安全的第一步。通过普及基本概念、原理和应用领域，以及人工智能技术应用的风险和可能存在的恶意利用，公众可以更好地理解人工智能技术的优势和潜在风险，以更好地评估使用人工智能技术时的风险，避免因盲目使用而造成问题。特别要关注隐私保护，引导公众更好地管理个人数据，并提供实用的隐私保护建议。此外，要积极推动社会伦理的讨论，引导公众在智能技术应用中深入思考道德和伦理问题，从而形成更为全面的安全意识。

（2）注重跨学科人才培养和专业化发展

随着人工智能技术的复杂性不断增加，确保其安全性需要更多具备专业知识和技能的人才。首先，跨学科培训是培养全面人才的必由之路。鼓励跨学科的教育，旨在培养那些既精通技术，又了解法律、伦理和社会科学的专业人才。面对日益复杂多变的人工智能技术，这样的跨学科培训能够为专业人才提供更全面的认知，使其能够从不同角度审视问题，制定更为综合和符合伦理标准的安全策略。

其次，安全专业化的培养是另一个重要方向。应建立起人工智能安全专业领域，并培养安全专家、安全工程师和安全研究员等专业人才。专业人才将能够深入分析人工智能系统中的潜在风险，理解不同技术背后的安全隐患，并提供切实可行的解决方案。此外，他们能够从技术的角度出发，为人工智能系统的设计、开发、部署和维护过程中的安全性提供全方位的保障。

（3）更新教育体系与持续学习

在人工智能领域，技术不断发展，安全威胁也在不断演化。因此，持续学习和传承知识是确保安全的重要手段。通过提供在线资源和培训，公众可以随时跟进人工智能安全的最新发展，掌握最新的安全技术和方法。同时，教育体系需要不断更新，以适应人工智能安全领域的快速发展。此外，推动知识的传承和交流，促进跨学科的合作与创新，有助于在不断变化的环境中保持技术敏锐性。

综上所述，加强公众教育与人才培养是构筑可信人工智能安全体系的关键环节。通过深化公众的安全意识，培养跨领域的专业人才，持续学习和传承知识，可以共同应对人工智能安全带来的挑战，实现可信、可靠、可控的人工智能应用。这一努力将为人工智能技术的可持续发展提供坚实的基础，确保其在各个领域都能够为社会带来实际价值。

附录　人工智能安全相关研究资源

扫码查看附录

反侵权盗版声明

电子工业出版社依法对本作品享有专有出版权。任何未经权利人书面许可,复制、销售或通过信息网络传播本作品的行为;歪曲、篡改、剽窃本作品的行为,均违反《中华人民共和国著作权法》,其行为人应承担相应的民事责任和行政责任,构成犯罪的,将被依法追究刑事责任。

为了维护市场秩序,保护权利人的合法权益,我社将依法查处和打击侵权盗版的单位和个人。欢迎社会各界人士积极举报侵权盗版行为,本社将奖励举报有功人员,并保证举报人的信息不被泄露。

举报电话:(010)88254396;(010)88258888

传　　真:(010)88254397

E - mail: dbqq@phei.com.cn

通信地址:北京市万寿路南口金家村 288 号华信大厦
　　　　　电子工业出版社总编办公室

邮　　编:100036